확률과 확률과정론 입문

이외숙 지음

KM 경문사

머리말

확률과정론은 통계학을 포함하여 금융공학, 산업공학, 통신공학, 경영과학 등 여러 분야에 필요하며 시간이 흐름에 따라 그 필요성이 더욱 증대되고 있다.

학부 및 대학원에서 통계, 경영, 및 경제를 전공하는 학생들을 대상으로 확률과정론을 강의한지도 어느덧 30년 가까이 되어간다. 여러 해 동안 확률과정론을 강의해오면서 항상 교재 선택에 많은 고민을 해왔다. 특히 학부생을 대상으로 한 확률과정론 강의에서는 적절한 교재 선택이 무엇보다 중요한데, 확률과정론에 관한 훌륭한 책들이 많이 있지만 학생들의 지적과 환경적 배경을 고려할 때 한 학기 동안 부족하지도 넘치지도 않는 적당한 분량의 책을 찾기란 쉽지 않았다. 너무 쉬운 것도 문제이지만 하나의 예제를 이해하는 데 많은 시간이 소요되는 예들로 가득한 책으로 시작하다보면 지레 포기하게 되기 때문이다. 그리하여 1학기 강의 내용에 맞도록 저자의 강의 노트를 바탕으로 확률과정론 입문(2005, 경문사)을 저술하게 되었고 이는 1판~3판까지 판을 거듭하면서 수정·보완되어 왔다.

그러나 강의를 거듭하면서 맞게 되는 또 다른 문제는 학생들이 1~2년 전에 수강했던 확률이론에 대한 기억이 생생할 수 없으니 이를 적용하는 과정에서 어려움을 느끼는 것이다. 수업시간 중에 확률이론과 관련되는 부분이 나올 때 바로 찾아서 확인해볼 수 있다면 확률과정에 대한 이해뿐 아니라 확률이론을 다지는 데에도 좋겠다고 생각하였다. 따라서 본 교재는 확률 부분을 대폭 보강하여 Part 1으로 두고 언제든 간단한 확률이론은 그 자리에서 확인해볼 수 있도록 하였고 주된 목표인 확률과정이론은 Part 2에 두었다.

이 책은 저자가 지난 몇 년 동안 교재로 사용해오던 기초확률론(교우사, 2013)과 확률과정론 입문(경문사, 2005)을 바탕으로 저술하였다. 강의 교재로 사용할 때에는 학생들의 준비 상태를 고려하여 Part 1에 할당하는 시간을 조정하면 되고, 확률이론이 충분히 준비되어 있다면 Part 1은 참고로만 활용할 수도 있겠다.

Part 2의 확률과정 부분에는 기초확률론을 수강한 학생이면 한 학기 동안 처음부터 끝까지 큰 부담 없이 소화할 수 있는 정도의 내용을 담았다. 수리적인 증명에 무게를 두기보다는 확률과정을 처음 접하는 다양한 분야의 전공자들이 기초적인 확률과정의 개념과 의미 그리고 활용영역 등에 대해 나름대로 감을 잡을 수 있도록 도와주는 것을 목표로 한다. 그리하여 각자 확률과정이론을 바탕으로 하는 전공 분야로 심화하여 들어갈 수 있도록 한다.

이 책의 확률과정 부분은 마르코프연쇄부터 브라운운동까지 총 9개의 장으로 이루어졌다. 각 장은 별개의 것이기보다는 서로 유기적으로 연결되어 있다. 8장 마르코프연쇄부터 11장 마르코프과정까지는 비교적 자세히 설명하였으나 마팅게일, 대기행렬체계, 브라운운동은 기본적인 용어와 개념만을 간략히 설명하였다. 같은 현상도 여러 각도에서 바라볼 수 있으며 보는 각도에 따라 서로 다른 확률과정으로 표현될 수 있다. 하나의 현상을 여러 각도에서 생각해보고 모형화하고, 결과를 예측하고, 수리적인 결과를 이용하여 분석하고, 또한 수리적 계산 결과가 주는 의미를 파악하는 훈련을 계속하는 것이 중요하다고 본다.

이 책을 계기로 하여 확률과정론에 흥미를 느끼고, 좀 더 심화된 책을 읽고자 하는 욕망이 생긴다면 소임을 다했다고 본다. 모쪼록 그러한 학생들이 많이 생겨나길 바란다.

끝으로 아내, 엄마로서의 부족함을 말없이 채워주고 있는 사랑하는 가족에게 감사의 마음을 전한다.

2018년 지독히 더운 여름을 보내면서

저자 이외숙

차례

Part I 확률이론

PART I
확률이론

1장 확률

1.1 표본공간과 사상

확률이란 일상생활에서도 많이 사용되는 단어이며 국어사전을 보면 확률이란 일정한 조건 아래에서 어떤 사건이나 사상이 일어날 가능성의 정도 또는 그런 수치라고 정의되어 있다. 확률 및 통계 분야에서 쓰이는 학문적 용어로서의 확률의 정의에 대해 알아보자.

확률을 정의하기 위해서는 확률이 정의되는 공간인 표본공간(sample space)과 사상(event)에 대한 정의가 필요하다. **표본공간**이란 통계적 실험(random experiment)이나 시행의 결과 일어날 수 있는 모든 가능한 결과들의 모임을 일컬으며 표본공간의 부분집합을 **사상**이라 한다. 여기서 통계적 실험이나 시행이란 시행의 결과가 무엇이 될지 꼭 집어서 확신할 수 없지만 모든 가능한 결과들의 집합은 알 수 있음을 가정한다. 예를 들어 주사위를 던지면 분명히 1에서 6 사이의 눈이 나오겠지만 이 중 어느 눈이 나올지는 확신할 수 없다. 표본공간은 Ω, 사상은 이의 부분집합으로 $A, B, C, \cdots$ 등의 문자를 사용하여 나타낸다.

예 1.1.1 어느 부부에게 두 자녀가 있다. 두 명 중 적어도 한 명은 여자일 사상은? 이때 $\Omega = \{(g,g),(g,b),(b,g),(b,b)\}$. (g,b)는 첫째는 여아, 둘째는 남아를 의미한다. 따라서 둘 중 적어도 한 명이 여아일 사상을 A라 하면 $A = \{(g,g),(g,b),(b,g)\}$가 된다. 두 명의 성별이 같은 사상을 B라 하면 $B = \{(g,g),(b,b)\}$이다. $A \cup B = \Omega$, $A \cap B = \{(g,g)\}$, $A^c = \{(b,b)\}$가 된다.

예 1.1.2 오전 5시 이후 ○○ 대학병원 응급실에 첫 환자가 들어올 때까지의 경과된 시간을 조사한다면 표본공간 $\Omega = [0, \infty)$라 할 수 있고 5시 30분부터 6시 사이에 첫 환자가 들어오는 사상 $A = [\frac{1}{2}, 1)$이라 할 수 있다.

1.2 확률의 정의

확률의 개념은 우선 전체에 대한 부분의 비, 또는 퍼센트의 개념으로 생각할 수 있다. 예를 들어 남자 7인, 여자 3인 총 10명으로 구성된 위원회가 있다면 위원회의 여성비는 3/10, 즉 30%라고 말할 수 있으며, 이를 위원회 구성원이 여자일 확률이 0.3이라고 할 수 있다.

표본공간 Ω가 유한개의 원소로 이루어져 있고 각 원소가 선택될 가능성이 동등할 때의 확률의 정의는 쉽다. 즉 사상 A가 일어날 확률 $P(A)$는 다음과 같다.

$$P(A) = \frac{\#(A)}{\#(\Omega)}$$

여기서 $\#(A)$는 A의 원소의 개수를 의미한다.

예 1.2.1 1부터 100까지 기록되어 있는 공에서 임의로 하나를 꺼냈을 때 결과가 한 자리 숫자일 확률은, 한 자리 숫자일 사상을 A라 할 때 $A = \{1,2,\cdots,9\}$이므로 $P(A) = 9/100$이다. 여기서 임의로(at random) 하나를 꺼낸다는 말은 모든 공이 선택될 가능성이 같다는 것을 의미한다.

예 1.2.2 생산라인에서 품질관리를 위하여 제품 중 일부를 뽑아 이상이 없는지를 조사한다. 100대의 TV 중 5대를 뽑아 정밀조사를 하기로 했다. 만약 100대 중에 6대의 불량품이 들어 있다고 가정할 때 100대 중 5대를 뽑아 정확히 2대의 불량품을 얻게 될 확률은 얼마인가? 100대 중에서 5대를 선택하는 가지 수는 $\binom{100}{5}$이고 100대 중 5대를 선택할 때 2대의 불량품이 들어가는 가지 수는 $\binom{6}{2}\binom{94}{3}$이 된다. 따라서 구하는 확률은 다음과 같다.

$$\frac{\binom{6}{2}\binom{94}{3}}{\binom{100}{5}} = \frac{2,010,660}{75,287,520} \approx 0.0267$$

유한 표본공간에서 각 원소들이 갖는 확률이 같다고 가정할 수 없을 때는 각 원소에 대한 확률을 먼저 결정해 주어야 한다. 동전을 앞면이 나올 때까지 던지되 5번까지만 반복한다면 이때 얻게 되는 표본공간 $\Omega = \{H, TH, TTH, TTTH, TTTTH, TTTTT\}$이 되고 각 원소에 대한 확률은 순서대로 1/2, 1/4, 1/8, 1/16, 1/32, 1/32이다. 그러나 경우에 따라서는 각 원소에 할당되는 근원확률이 분명하지 않을 때가 있다. 예를 들어 신생아의 성별 $\Omega = \{$남아, 여아$\}$에서 남아일 확률을 결정하고자 한다. 편의에 의해 1/2로 가정하는 경우가 많으나 자료에 의하면 남아가 태어날 확률은 약 0.513(미국, 1974-1981 자료)이다. 이는 이 기간 동안 태어난 약 2400만 명의 신생아에서 남아의 비율을 구한 것이다. 이는 상대도수로서 n번 시행에서 근원사상 $\{\omega\}$가 일어난 횟수를 $P_n(\{\omega\})$라 할 때 $P_n(\{\omega\})$는 n이 커짐에 따라 $P(\{\omega\})$에 근사한다(대수의 법칙, law of large numbers)는 이론을 이용하는 것으로 실제로는 근삿값을 확률로 이용하게 된다. 표본공간의 각 원소에 대한 확률이 결정되면 사상에 대한 확률은 사상에 들어 있는 각 근원사상에 대한 확률의 합으로 얻을 수 있다. 즉 $A = \{\omega_1, \omega_2, \cdots, \omega_k\}$에 대한 확률 $P(A) = \sum_{i=1}^{k} P(\{\omega_i\})$를 이용하여 구할 수 있다. 이 경우 $A \cap B = \varnothing$이면 $P(A \cup B) = P(A) + P(B)$이 성립한다든가 $P(A^c) = 1 - P(A)$ 등 확률의 기본 법칙들도 쉽게 확인할 수 있다.

무한 상태공간은 크게 이산의 경우와 연속인 경우로 나눌 수 있다. 이산이란 원소의 개수가 유한이거나 가산 무한일 때를 가리킨다. 원소의 수가 무한이면 이산이든 연속이든 각 원소가 같은 크기의 양(positive)의 확률을 가질 수는 없다. 왜냐하면 아무리 적은 양의 값이라도 무한개를 합하면 무한 값을 갖기 때문에 전체 확률값이 1이라는 사실에 모순이 된다. 예를 들어 동전을 앞면이 나올 때까지 연속해서 던지는 실험을 하면 이산의 무한 상태공간 $\Omega = \{H, TH, TTH, \cdots\}$를 얻는다. 이때 각 근원사상에 대한 확률은 $1/2$, $1/2^2$, $1/2^3$, $\cdots$가 되며 각 원소에 대한 확률은 양의 값을 갖고 이들의 합은 1이 된다. 따라서 표본공간의 원소의 수가 가산 무한이면 표본공간의 원소를 나열하고 각 원소에 확률을 할당한다. 표본공간 $\Omega = \{\omega_1, \omega_2, \omega_3, \cdots\}$일 때 $p_n = P(\{\omega_n\})$이라 두면 $p_n \geq 0$와 $\sum_n p_n = P(\Omega) = 1$이 성립한다. 확률의 개념에서 보면 이산의 무한 상태공간은 유한 상태공간과 크게 다르지 않다.

반면 연속 표본공간(연속은 모두 비가산무한)에서의 확률은 이산의 경우와는 다른 접근 방법을 요구한다. 즉 각 원소에 확률을 할당하는 방법으로는 접근할 수 없으며 다른 측도를 도입하여야 한다. 예를 들어 $\Omega = (0,1)\times(0,1)$의 단위정사각형에서 임의의 한 점(즉 모든 점이 선택될 확률이 같다)을 선택할 때 각 점이 선택될 확률은 같고 또한 0이다. 그러나 사상 $A \subset \Omega$가 일어날 확률, 즉 선택된 점이 A에 포함될 확률은 A의 넓이에 비례함을 알 수 있다. 이 경우 확률을 계산하기 위해 넓이의 개념이 필요하게 된다.

예 1.2.3 중심으로부터 반경 5cm, 10cm, 20cm의 세 영역으로 구분된 다트 판이 있다. 다트 판 위의 각 점들을 맞힐 확률이 모두 같다고 할 때 반경 5cm에서 10cm 사이를 맞힐 확률을 알아보자. 다트 판 위의 점들은 맞힐 확률이 모두 같으므로 어떤 영역 위의 점을 맞힐 확률은 넓이에 비례한다고 할 수 있다. 전체 넓이는 $(20)^2\pi$이고 5cm에서 10cm 사이의 넓이는 $(10)^2\pi - 5^2\pi = 75\pi$이다. 따라서 구하는 확률은 $75/400$가 된다.

이때 동등 확률이 아니면 어떻게 될까? 이 경우 넓이나 부피를 구하는 문제는 적분의 개념을 이용할 수 있을 것이다.

지금까지 원소의 개수로, 상대도수로 또는 길이나 넓이 등과 같은 측도 등으로 확률을 정의하였다. 주어진 상황에 따라 확률을 정의하는 방법도 다르고 상대도수의 극한을 확률로 정하는 것과 같이 이론적으로도 빈틈이 있다. 따라서 과거 고전적 확률이나 통계적 확률을 기반으로 하여 현대의 공리적 접근방식이 제안(Kolmogorov, 1931)되었고 이와 같은 확률의 정의는 현대 통계추론 분야의 발전의 토대가 된다.

Ω의 부분집합들의 모임인 $\mathscr{F}$ 위에서 $[0,1]$로 가는 실숫값 함수 $P:\mathscr{F}\to[0,1]$가 다음 세 가지 공리(axiom)를 만족하면 P를 **확률**(probability) 또는 **확률측도**(probability measure)라고 부르며, 사상 A에 대한 실숫값 $P(A)$를 사상 A의 확률이라 한다.

- **공리 1** 임의의 사상 A, $P(A)\ge 0$
- **공리 2** $P(\Omega)=1$
- **공리 3** $A_1, A_2, \cdots$이 서로 배반사상이면, 즉 $A_i\cap A_j=\varnothing\ (i\ne j)$이면 다음이 성립한다.

$$P\left(\bigcup_{i=1}^{\infty}A_i\right)=\sum_{i=1}^{\infty}P(A_i)$$

앞에서 언급한 고전적 및 통계적 확률은 모두 위의 세 가지 공리를 만족한다. 앞으로는 확률이란 지금까지의 모든 확률 개념을 포함하는 공리적 확률을 지칭한다.

위의 세 가지 공리를 이용하여 다음과 같은 확률의 기본성질들을 증명할 수 있다.

(1) $P(\varnothing)=0$

(2) $A_1, A_2, \cdots, A_n$이 서로 배반사상이면 $P\left(\bigcup_{i=1}^{n}A_i\right)=\sum_{i=1}^{n}P(A_i)$

(3) $P(A)\le 1$

(4) $P(A^c)=1-P(A)$

(5) $A\subset B$이면 $P(A)\le P(B)$

(6) $P(A \cup B) = P(A) + P(B) - P(A \cap B)$

위의 확률의 기본성질 (6)을 세 개의 사상으로 확대하면 다음과 같다.

$$P(A \cup B \cup C) = P(A) + P(B) + P(C) - P(A \cap B) - P(A \cap C) \\ - P(B \cap C) + P(A \cap B \cap C)$$

이는 A, B, C 각 확률을 더하고 A, B, C의 두 개의 교집합의 확률을 모두 빼고 다시 A, B, C 모두의 교집합의 확률을 더한 것이다.

예 1.2.4 서대문구 대현동에 사는 주민들을 대상으로 구독하는 일간지를 조사하였다. D일보를 구독하는 가정은 48%, C일보를 구독하는 가정은 36%, H일보를 구독하는 가정은 34%였다. 또한 D와 C를 구독하는 가정은 12%, D와 H는 16%, C와 H는 9% 그리고 세 신문을 모두 구독하는 가정은 5%였다. 다음을 구하라.

(1) 이 지역에서 임의로 한 가정을 선택했을 때 적어도 하나 이상의 신문을 구독할 확률은?

(2) C 또는 H를 구독하나 둘을 모두 구독하지는 않을 확률은?

(3) 세 신문 중 하나만 볼 확률은?

풀이 (1) $48 + 36 + 34 - 12 - 16 - 9 + 5 = 86$. 따라서 86%이다.

(2) $36 + 34 - 9 = 61$. 61%

(3) $(48 - 12 - 16 + 5) + (36 - 12 - 9 + 5) + (34 - 16 - 9 + 5) = 59$. 따라서 59%이다.

이와 같은 문제는 벤다이어그램을 이용하면 쉽게 구할 수 있다. ■

1.3 조건부 확률과 사상의 독립

앞에서 고전적 확률에서부터 최근의 공리적 확률에 이르기까지 확률의 일반적인 개념에 대해 알아보았다. $A \subset \Omega$일 때 $P(A)$는 $P(\Omega) = 1$을 기준으로 전체 Ω

에 대하여 A가 차지하는 부분(proportion, ratio, percentage)이 되겠다. 그러나 때때로 어떠한 사전 정보가 주어지는 경우가 있다. 예를 들어 범죄수사 과정에서 피의자의 지문이 현장에서 발견됐다면 피의자가 범인이 될 확률이 크게 증가한다고 볼 수 있다. 혈액검사에서 콜레스테롤 수치가 높으면 고혈압 위험군에 들어갈 확률이 높아진다. 이처럼 사전 정보가 주어졌을 때 A가 일어날 확률은 아무런 정보 없이 구하는 $P(A)$와는 다를 수 있다. 이처럼 어떠한 사전 정보가 있을 때의 확률을 사전 정보 아래서의 조건부 확률이라 한다. 경우에 따라 주어진 사전 정보가 A가 일어날 확률에 아무런 변화를 주지 않는다면 두 사상은 서로 독립이라 말할 수 있겠다.

조건부 확률의 개념을 파악하기 위하여 다음 예를 먼저 살펴보자.

예 1.3.1 나이와 혈압이 관련이 있을 거라는 예상 아래 자료를 조사하여 다음 표를 얻었다. (가상자료임)

나이 \ 최고혈압	120 이하	120 이상 130 이하	130 이상	합계
30대	12	4	2	18
40대	8	10	6	24
50대	10	24	14	48
합계	30	38	22	90

30대인 사람의 혈압이 130 이상일 확률은 1/9=0.11, 50대인 사람의 혈압이 130 이상일 확률은 7/24=0.29, 나이에 대한 정보가 없을 때는 혈압이 130 이상일 확률은 22/90=0.24가 된다.

위의 예에서 보는 바와 같이 사전 정보가 있을 때와 그렇지 않을 때는 같은 사상이라도 확률이 달라진다. 이와 같이 추가적인 정보가 주어졌을 때의 확률을 조건부 확률이라고 한다.

$P(B) \neq 0$일 때 사상 B를 주어진 조건으로 하는 사상 A의 **조건부확률**(conditional probability of A given B) $P(A|B)$는 다음과 같이 정의된다.

$$P(A|B) = \frac{P(A \cap B)}{P(B)} \tag{1.3.1}$$

$P(B)=0$이면 B를 주어진 조건으로 하는 조건부 확률은 정의되지 않는다. 식 (1.3.1)에서 B를 주어진 조건으로 한다는 말은 사상 B를 마치 새로운 표본공간으로 생각하고 $A\cap B$의 확률을 구하는 것과 같다. 당연히 $P(B|B)=1$이 성립한다.

예를 들어 동전을 세 번 던져서 나오는 결과를 기록하자. 그리고 $A=\{$앞면이 두 번 이상 나오는 사상$\}$, $B=\{$첫 번째 결과가 앞면인 사상$\}$이라 두면 $P(A\cap B)=P(\{\mathrm{HHT,HTH,HHH}\})=3/8$이다. $P(A)=P(B)=1/2$이므로 $P(A|B)=\dfrac{P(A\cap B)}{P(B)}=\dfrac{3/8}{1/2}=3/4$이 된다.

조건부 확률도 확률이다. 즉 $P(B)>0$일 때 $P(\cdot|B)$는 Ω의 부분집합 위에서 정의되는 집합함수로 다음과 같이 공리 1, 공리 2, 공리 3을 모두 만족함을 보일 수 있다.

- 공리 1: $P(A|B)=\dfrac{P(A\cap B)}{P(B)}\geq 0,\quad \forall A\subset\Omega$
- 공리 2: $A=\Omega$이면 $P(\Omega|B)=\dfrac{P(B)}{P(B)}=1$이다.
- 공리 3: $A_1,A_2,\cdots$이 서로 배반사상이면 다음이 성립한다.

$$
\begin{aligned}
P(\cup_{i=1}^{\infty}A_i|B)=\frac{P((\cup_{i=1}^{\infty}A_i)\cap B)}{P(B)}&=\frac{P(\cup_{i=1}^{\infty}(A_i\cap B))}{P(B)}\\
&=\sum_{i=1}^{\infty}\frac{P(A_i\cap B)}{P(B)}\\
&=\sum_{i=1}^{\infty}P(A_i|B)
\end{aligned}
$$

따라서 $P(\cdot|B)$는 공리1-공리3을 만족한다. $Q(\cdot)=P(\cdot|B)$라 두면 Q는 B가 일어날 확률이 1이 되는 Ω 위에서 정의되는 새로운 확률이다.

(1.3.1)식의 양변에 $P(B)$를 곱하면 다음 식을 얻는다.

$$P(A\cap B)=P(B)P(A|B)\tag{1.3.2}$$

(1.3.2)식의 좌변은 A와 B를 바꾸어도 변하지 않으므로 $P(A\cap B)=P(A)P(B|A)$도 성립한다. 이는 교집합의 확률을 구할 때 유용하게 이용할 수

있다.

(1.3.2)식을 두 번 적용하면 다음을 얻는다.

$$
\begin{aligned}
P(A \cap B \cap C) &= P(B \cap C) P(A|B \cap C) \\
&= P(C) P(B|C) P(A|B \cap C)
\end{aligned}
$$

이는 다음과 같이 일반화할 수 있다.

■ **확률의 곱법칙**

$$
\begin{aligned}
P(A_1 \cap A_2 \cap \cdots \cap A_n) = & P(A_1) P(A_2|A_1) P(A_3|A_1 \cap A_2) \\
& \cdots P(A_n|A_1 \cap \cdots \cap A_{n-1})
\end{aligned}
$$

예 1.3.2 전염병 전파나 대규모 공장 시설에서의 사고와 관련된 문제를 연구하기 위한 모형의 하나로 다음과 같은 PÓlya's urn model을 들 수 있다. b개의 검은 공과 r개의 붉은 공이 들어있는 항아리에서 임의로 하나를 꺼내어 색깔을 확인하고 같은 색의 공을 c개 더 추가하여 항아리에 넣는다. 이와 같은 과정을 세 번 반복했을 때 첫 번째, 두 번째는 검은 공을, 세 번째는 붉은 공을 꺼낼 확률을 구하라.

풀이 첫 번째 검은 공을 꺼내는 사상을 B_1, 두 번째 검은 공을 꺼내는 사상을 B_2 그리고 마지막으로 붉은 공을 꺼내는 사상을 R_3라 했을 때 구하는 확률은 $P(B_1 \cap B_2 \cap R_3)$이다. 이때 $P(B_1) = \frac{b}{b+r}$, $P(B_2|B_1) = \frac{b+c}{b+r+c}$, $P(R_3|B_1 \cap B_2) = \frac{r}{b+r+2c}$이다. 따라서 구하는 확률은 다음과 같다.

$$
\begin{aligned}
P(B_1 \cap B_2 \cap R_3) &= P(B_1) P(B_2|B_1) P(R_3|B_1 \cap B_2) \\
&= \left(\frac{b}{b+r}\right)\left(\frac{b+c}{b+r+c}\right)\left(\frac{r}{b+r+2c}\right)
\end{aligned}
$$

A와 A^c는 전체집합 Ω를 분할한다. 따라서 $B = (B \cap A) \cup (B \cap A^c)$이며 오른쪽 항의 두 사상은 서로배반이므로 다음이 성립한다.

$$
\begin{aligned}
P(B) &= P(B\cap A) + P(B\cap A^c) \\
&= P(A)P(B|A) + P(A^c)P(B|A^c) \qquad (1.3.3)
\end{aligned}
$$

예 1.3.3 GG 손해보험회사에서는 과거의 자료에 근거하여 새로이 계약하고자 하는 고객을 사고 성향이 높은 그룹과 그렇지 않은 그룹의 두 그룹으로 나눈다. 사고 성향이 높은 그룹에 속하는 계약자가 1년 동안 사고를 일으킬 확률은 0.2이고 사고 성향이 낮은 그룹에 속하는 계약자가 1년 내에 사고를 일으킬 확률은 0.05이다. 전체 계약자의 25%가 사고 성향이 높은 그룹에 속한다고 할 때 새로운 계약자가 1년 이내에 사고를 일으킬 확률은 얼마인가?

풀이 새로운 계약자가 사고 성향이 높은 그룹에 들어가는 사상을 A, 일 년 이내 사고를 일으키는 사상을 B라 하면 구하는 확률은 $P(B)$이다. 여기서 (1.3.3)식을 이용하면

$$
\begin{aligned}
P(B) &= P(B|A)P(A) + P(B|A^c)P(A^c) \\
&= (0.25\times 0.2) + (0.75\times 0.05) \\
&= 0.0875
\end{aligned}
$$

■

보통 젊은 운전자는 자동차 보험을 들 때 더 많은 보험료를 내곤 한다. 그 이유는 P(보험청구|젊은 운전자) >> P(보험청구)이기 때문이다. 이는 마치 생명보험료가 나이 든 사람에게 더 비싼 이유와 같다.

(1.3.3)식을 일반화하여 다음을 얻는다.

■ **총확률(total probability)**

$B_1, B_2, \cdots, B_n$이 Ω의 분할, 즉 $B_i \cap B_j = \varnothing \ (i \neq j)$, $\bigcup_n B_n = \Omega$이라 하자.

$P(B_i) > 0\,(i = 1,2,\cdots,n)$이면 다음이 성립한다.

$$P(A) = \sum_{i=1}^{n} P(A \cap B_i) = \sum_{i=1}^{n} P(B_i)P(A|B_i) \tag{1.3.4}$$

(1.3.4)식은 다음과 같이 증명할 수 있다.

$$\begin{aligned} P(A) &= P(A \cap \Omega) \\ &= P(A \cap (\cup_{i=1}^{n} B_i)) \\ &= P(\cup_{i=1}^{n} (A \cap B_i)) \\ &= \sum_{i=1}^{n} P(A \cap B_i) \\ &= \sum_{i=1}^{n} P(B_i)P(A|B_i) \end{aligned}$$

세 번째 등식은 집합의 분배법칙에 의해 성립되고 네 번째 등식은 $\{A \cap B_i\},\ i = 1,2,\cdots,n$이 서로 배반사상이므로 성립된다.

조건부 확률을 구할 때 다음의 베이즈공식을 이용하면 편리할 때가 많다.

■ 베이즈공식(Bayes' formula)

$B_1, B_2, \cdots, B_n$이 Ω의 분할이고 $P(B_i) > 0\,(i = 1,2,\cdots,n)$이다. $P(A) > 0$일 때 $P(B_i|A)$는 다음과 같이 구할 수 있다.

$$P(B_i|A) = \frac{P(B_i \cap A)}{P(A)} = \frac{P(B_i)P(A|B_i)}{\sum_{j=1}^{n} P(B_j)P(A|B_j)}$$

위 베이즈공식은 (1.3.4)의 총확률 공식과 $P(A \cap B) = P(B)P(A|B)$을 이용하면 바로 증명된다.

예 1.3.4 예 1.3.3에서 1년 동안 사고를 일으켰던 계약자가 다음 해에 다시 사고를 일으킬 확률을 구하여보자.

풀이 먼저 1년 내에 사고를 일으킨 계약자가 사고 성향에 들어갈 확률을 구해보자.

$$P(A|B)=\frac{P(A)P(B|A)}{P(B)}=\frac{0.25\times 0.2}{0.0875}=\frac{4}{7}$$

따라서 첫해에 사고를 낸 계약자가 사고 성향에 들어갈 확률은 $\frac{4}{7}$로 0.25보다 훨씬 커졌다. 첫해에 사고를 낸 계약자가 두 번째 해에 또 사고를 일으킬 확률은 다음과 같다.

$$\frac{4}{7}\times 0.2+\frac{3}{7}\times 0.05=\frac{19}{140}$$ ■

예 1.3.5 I_1, I_2, I_3 각 기종에 의해 생산되는 제품의 양은 각각 전 생산량의 50%, 30%, 20%이고 I_1, I_2, I_3 세 기종에 의해 만들어진 제품의 불량률은 각각 1% , 2% , 3%라고 한다. 임의의 한 불량품이 I_1 기종에서 만들어졌을 확률을 구하라.

풀이 B_1, B_2, B_3을 각각 I_1, I_2, I_3에 의해 만들어지는 사상이라 하고 A를 불량품일 사상이라 하면 구하는 확률은 $P(B_1|A)$가 된다. 베이즈 공식에 의해 다음을 얻는다.

$$\begin{aligned}P(B_1|A)&=\frac{P(B_1)P(A|B_1)}{\sum_{i=1}^{3}P(B_i)P(A|B_i)}\\&=\frac{0.5\times 0.01}{0.5\times 0.01\times 0.3\times 0.02+0.2\times 0.03}\\&=\frac{0.005}{0.017}=\frac{5}{17}\end{aligned}$$ ■

동전을 세 번 던져서 세 번 모두 같은 결과가 나오는 사상을 A라 하고 최대 한 번의 앞면이 나오는 사상을 B라 하면 $A=\{HHH, TTT\}$가 되고

$B=\{TTT, HTT, THT, HTT\}$이다. 여기서 B 조건 아래서의 A의 조건부 확률을 구해보면 다음과 같다.

$$P(A|B)=P(A\cap B)/P(B)=1/4=P(A)$$

이는 B 조건 아래서의 A의 확률은 조건 없는 A의 확률과 같음을 보여준다.

위의 예에서와 같이 $P(A|B)=P(A)$, 즉 사상 B가 주어진 조건 아래서의 A의 조건부 확률이 조건 없이 구한 A의 확률 $P(A)$와 같다면 (1.3.2)식은 다음과 같게 된다.

$$P(A\cap B)=P(A)P(B) \tag{1.3.5}$$

(1.3.5)식이 성립할 때 두 사상 A와 B는 확률적으로 서로 **독립**(independent)이 된다. 즉 A와 B가 서로 독립이라는 의미는 A의 확률은 B의 성립 여부와는 상관없이 결정된다는 말이다. 이 경우 B의 확률도 A조건의 만족 여부와 상관없이 결정된다.

또한 A와 B가 서로 독립이면 A와 B^c도 서로 독립이다. 왜냐하면

$$\begin{aligned}P(A\cap B^c)&=P(A)-P(A\cap B)\\&=P(A)-P(A)P(B)=P(A)(1-P(B))=P(A)P(B^c)\end{aligned}$$

즉 (1.3.5)식을 만족하기 때문이다.

위의 결과를 이용하면 A와 B가 서로 독립이면 A^c와 B^c도 서로 독립임을 쉽게 파악할 수 있다. 또한 A와 B가 서로 독립이면 $P(A|B)=P(A|B^c)$도 성립한다.

세 개 이상의 사상에 대한 독립을 알아보기 위하여 먼저 다음 예를 살펴보자.

예 1.3.6 동전을 두 번 던져 얻은 결과는 $\Omega=\{HH, HT, TH, TT\}$이다. A는 두 결과가 같은 집합, B는 첫 번째 결과가 H, C는 두 번째 결과가 H인 집합이다. 즉

$$A=\{HH, TT\},\quad B=\{HH, HT\},\quad C=\{HH, TH\}$$

이다. 다음이 성립한다.

$$P(A \cap B) = P(\{HH\}) = 1/4 = (1/2)(1/2) = P(A)P(B)$$
$$P(A \cap C) = P(\{HH\}) = 1/4 = (1/2)(1/2) = P(A)P(C)$$
$$P(B \cap C) = P(\{HH\}) = 1/4 = (1/2)(1/2) = P(B)P(C)$$

그러나

$$P(A \cap B \cap C) = P(\{HH\}) = 1/4 \neq (1/2)(1/2)(1/2) = P(A)P(B)P(C)$$

이다.

위 예에서 보는 바와 같이 세 개 이상의 사상에서 2개씩 짝지은 쌍들이 서로 독립(이때는 pairwise independent라고 부른다)이라는 사실이 세 개 이상의 사상의 교집합의 확률이 각각의 확률의 곱이 되는 것을 보장하지 못한다. 세 개 이상의 사상의 독립은 다음과 같이 정의된다.

$A_1, A_2, \cdots, A_n\,(n \geq 3)$이 다음 조건을 만족하면 **서로 독립**(mutually independent)이라고 한다. 임의의 k, $0 < k \leq n$, $\{i_1, i_2, \cdots, i_k\} \subset \{1, 2, \cdots, n\}$에 대해서

$$P(A_{i_1} \cap A_{i_2} \cap \cdots \cap A_{i_k}) = P(A_{i_1})P(A_{i_2}) \cdots P(A_{i_k}) \tag{1.3.6}$$

이다.

$A_1, A_2, \cdots, A_n$이 서로 독립이면 $A_1, A_2, \cdots, A_n$의 어떤 부분집합들로 만들어진 집합은 나머지 부분집합들로 만들어진 집합과 독립이 된다. 예를 들어 $A_1, A_2, \cdots, A_5$가 서로 독립이면 두 집합 $A_1 \cap A_3^c$와 $A_2 \cup A_4 \cap A_5$는 서로 독립인 사상이다.

예 1.3.7 경마게임에 4번 연속해서 판돈을 걸었다. 각 게임에서 선택한 말이 이길 확률은 각각 p_1, p_2, p_3, p_4이다. 적어도 한 번 이길 확률, 모두 질 확률을 구하라.

풀이 A_i, $i = 1,2,3,4$를 각 게임에서 이기는 사상을 나타낸다고 하자. 각 게임의 결과는 서로 독립이므로

$$
\begin{aligned}
P(\text{모든 게임에서 진다}) &= P(A_1^c \cap A_2^c \cap A_3^c \cap A_4^c) \\
&= P(A_1^c) \cdots P(A_4^c) \\
&= (1-p_1)(1-p_2)(1-p_3)(1-p_4)
\end{aligned}
$$

$$P(\text{적어도 한 번 이기는 사상}) = 1 - P(\text{모든 게임에서 진다})$$

이다. ■

이제 독립과 서로 배반사상과의 관계를 생각해보자. 두 사상 A, B가 서로 배반사상이면 $A \cap B = \varnothing$ 이 된다. 따라서 $P(A \cap B) = P(\varnothing) = 0$이다. 한편 A, B가 서로 독립이라면 $P(A \cap B) = P(A)P(B)$가 성립해야 하므로 서로 배반이면서 독립이 되기 위해서는 $P(A) = 0$ 또는 $P(B) = 0$이 되어야 한다. 다시 말해서 $P(A) > 0$이고 $P(B) > 0$이면서 동시에 독립이고 또한 서로 배반사상이 되는 경우는 일어나지 않는다.

1장 연습문제

1.1 다음 확률의 기본성질을 증명하라.

(1) $P(A^c) = 1 - P(A)$

(2) $A \subset B$이면 $P(A) \le P(B)$

(3) $P(A \cup B) = P(A) + P(B) - P(A \cap B)$

1.2 날씨를 맑음/비, 그리고 바람/바람 없음으로 나누어보면 $P(\text{비}) = 0.3$, $P(\text{바람}) = 0.5$, $P(\text{비와 바람}) = 0.2$이다. $P(\text{맑음})$, $P(\text{맑고 바람})$, $P(\text{비 또는 바람})$일 확률을 각각 구하라.

1.3 $0,1,2,\cdots,8,9$에서 네 자리 숫자를 임의로, 독립적으로 선택했을 때(비복원) 다음 확률을 구하라.

(1) 네 자리 숫자가 연결된 숫자일 확률(예: 3456, 4567 등)

(2) 네 자리 숫자가 모두 5 이상일 확률

(3) 0을 포함할 확률

(4) 모두 홀수일 확률

1.4 (1) 주사위를 6번 던져 적어도 6의 눈이 1번 이상 나올 확률

(2) 주사위를 12번 던져 적어도 6의 눈이 2번 이상 나올 확률

이 중 어느 경우가 더 큰 확률값을 갖는가?

1.5 두 개의 주사위를 눈의 합이 5나 7이 나올 때까지 던진다. 7이 나오기 전 5가 먼저 나올 확률을 구하라.

1.6 두 개의 주사위를 연속해서 n번 던졌다. (1,1)의 눈이 적어도 한 번 이상 나올 확률을 구하라. 적어도 한 번 이상 (1,1)이 나올 확률이 1/2보다 크기 위해서는 n은 얼마 이상이 되어야 할까?

1.7 (Bonferroni 부등식) 다음 부등식을 증명하라.

(1) $P(A \cap B) \geq P(A) + P(B) - 1$

(2) (1)과 수학적 귀납법을 이용하여 다음을 증명하라.

$$P(A_1 \cap A_2 \cap \cdots \cap A_n) \geq P(A_1) + P(A_2) + \cdots + P(A_n) - (n-1)$$

1.8 오늘 비올 확률은 0.4, 내일 비올 확률은 0.5, 오늘과 내일 모두 비올 확률은 0.3이다. 오늘 비가 왔을 때 내일 또 비가 올 확률은 얼마인가?

1.9 $P(A) = 0.1$, $P(B) = 0.3$이고 A와 B는 서로 독립인 사상이다. 다음 사상에 대한 확률을 구하라.

(1) A도 일어나지 않고 B도 일어나지 않는 사상

(2) 적어도 한 사건이 일어나는 사상

(3) 정확히 둘 중 하나가 일어나는 사상

1.10 두 상자가 있다. 첫 번째 상자에는 3개의 흰 공과 2개의 검은 공이 있고 두 번째 상자에는 3개의 흰 공과 4개의 검은 공이 들어 있다. 상자 중 하나를 선택하여 한 개의 공을 꺼내어 색을 확인하였다. 첫 번째 상자를 선

택할 확률이 1/3이라 하자. 꺼낸 공이 검은색일 확률을 계산하라.

1.11 $P(A)=0.5$, $P(A\cup B)=0.7$이다. 다음을 구하라.

(1) A와 B가 상호 배반사상이 되기 위한 $P(B)$값은?

(2) A와 B가 서로 독립이 되기 위한 $P(B)$값은? 이때 $P(A\cap B)$는 얼마인가?

1.12 전체 인구의 0.1%에 해당하는 사람이 특정 질병을 갖고 있다고 한다. 피 검사를 통하여 이 질병의 유무를 검사하는데 이러한 검사는 건강한 사람에게 잘못된 양성 반응을 보일 확률이 0.05, 질병을 갖고 있는 사람에게 잘못된 음성 반응을 보일 확률은 0.02이다. 임의의 한 사람을 선택하여 특정 질병 유무를 판단하기 위해 피 검사를 하였다. 다음을 구하라.

(1) 양성 반응을 보일 확률

(2) 선택된 사람은 질병이 없고 검사 결과 또한 건강하다고 판단될 확률

(3) 양성 반응이 나왔을 때 실제로 질병을 갖고 있을 확률

1.13 세 사상 A, B, C는 서로 독립이고 각각 1/3, 1/4, 1/5의 확률을 갖고 있다. 다음을 구하라.

(1) $P(A\cap B\cap C)$

(2) $P(A\cup B\cup C)$

(3) 정확히 셋 중에 하나만 일어날 확률

1.14 다음을 증명하라.

A와 B가 서로 독립이면 A^c와 B, A와 B^c, A^c와 B^c도 각각 독립이다.

1.15 $P(A|B)=1$이면 $P(B^c|A^c)=1$임을 보여라.

1.16 다음을 증명하라.

(1) $P(A)=0$이면 모든 $B\subset\Omega$와 A는 서로 독립이다.

(2) $P(A)=1$이면 모든 $B\subset\Omega$와 A는 서로 독립이다.

1.17 n가지 $R_1, R_2, \cdots, R_n$의 결과가 나올 수 있는 시행을 독립적으로 반복하고

있다. 각 시행에서 R_i가 나올 확률은 $P(R_i) = p_i$, $(1 \le i \le n,\ p_1 + p_2 + \cdots + p_n = 1)$이다. 이러한 시행을 k번 반복하고 $A_i = \{k$번 중에서 R_i가 최소한 한 번 이상 일어나는 사상$\}$, $i = 1, 2, \cdots, n$이라 할 때 다음 확률을 구하라.

(1) $P(A_i)$

(2) $P(A_i \cup A_j)$

(3) $P(A_i \cap A_j)$

(4) $P(A_i | A_j)$

1.18 성공률 p인 베르누이 시행을 반복하고 있다.

(1) n번 시행하여 적어도 한 번 성공할 확률은?

(2) 모든 시행의 결과가 성공일 확률은?

1.19 어느 도시에 거주하고 있는 유권자의 정치적 성향을 조사해보니 진보, 보수 및 중도 성향이 각각 45%, 30%, 35%였다. 이번 대선에 진보 성향의 32%, 보수 성향의 유권자의 60%, 중도 성향의 55%가 투표에 참여하였다고 한다.

(1) 이 도시 전체 유권자의 몇 %가 투표에 참여하였는가?

(2) 투표에 참여한 사람을 임의로 선택하였을 때 진보 선향의 사람이 선택될 확률은?

1.20 수영이와 지훈이는 두 명이 한 팀이 되어 퀴즈게임에 참가하였다. 두 사람 각각이 정답을 맞힐 확률은 p로 같다고 할 때 다음 확률을 구하라. 수영이가 정답을 맞힐 확률은 p_1, 지훈이가 정답을 맞힐 확률은 p_2 $(p_1 > p_2)$라 할 때는 어떠한가?

(1) 두 사람 중 한 명이 대표로 답한다고 할 때 정답을 맞힐 확률은?

(2) 두 사람이 의논하여 정답을 맞히도록 하였다. 두 사람 의견이 일치하지 않을 때는 동전을 던져 앞면이 나오면 수영이 답을, 뒷면이 나오면 지훈이 답을 말하기로 하였다. 정답을 맞힐 확률은 얼마인가?

1.21 어떤 피고가 유죄인 사상을 G, 그리고 제시된 증거가 사실인 사상을 T라 하자. 검사는 $P(G|T) = P(T|G)$의 논리를 펴고 있다. $P(G|T) = P(T|G)$일 필요충분조건은 $P(G) = P(T)$임을 증명하라.

1.22 특정 질병의 치료약이 개발되었다. 이 약은 부작용이 일어나지 않는 경우에는 치료율이 99%에 달한다. 부작용이 있을 때의 치료율은 30%이고 부작용을 일으킬 확률은 5%이다. 이 약을 복용하여 치료가 될 확률은 얼마인가? 부작용 없이 치료될 확률은 얼마인가?

1.23 10개의 동전이 일렬로 세워져 있다. i 번째 동전을 던졌을 때 앞면이 나올 확률은 $\frac{i}{10}$, $i = 1, 2, \cdots, 10$ 이라 한다. 10개의 동전 중 임의로 하나를 선택하여 던졌더니 앞면이 나왔다. 임의로 선택된 동전이 3번째 동전일 확률을 구하라.

1.24 두 개의 검은색과 흰색 주사위를 던져서 나온 결과를 보았다. 다음 세 사상 A, B, C는 서로 독립이 아님을 확인하라.

$A=$ 검은색 주사위의 눈의 수가 짝수

$B=$ 흰색 주사위의 눈의 수가 짝수

$C=$ 두 주사위의 눈의 수의 합이 짝수

2장 이산확률변수와 이산확률분포

2.1 확률변수의 정의 및 분포

확률 분야에서 중요하고 관심 있는 실험 및 조사의 결과는 수치로 나타내어지는 경우가 많다. 수치가 아닐 경우에는 각 결과에 실숫값을 대응시킬 수 있다. 그런 생각을 하는 이유는 우선 표현하거나 다루기가 쉽기 때문이다. 또한 어떠한 표본공간을 갖든 표본공간의 모든 점을 실수 위로 옮겨 놓으면 모든 경우의 문제를 같은 실수 위에서 일반적인 방법으로 처리할 수 있게 되는 장점도 있다. 이처럼 표본공간에서 실수로 가는 함수를 **확률변수**(random variable)라고 한다. 일반적으로 확률변수는 $X, Y, Z, U, \cdots$ 등의 문자를 사용하여 나타낸다.
즉 $X: \Omega \rightarrow R$인 함수 X를 확률변수라 한다.

예 2.2.1 동전을 연속하여 세 번 던지는 예를 보자. 각 시행의 결과를 앞면의 수에 대응시키는 함수를 X라 하면 X가 갖는 값 0,1,2,3은 각각 다음과 같은 확률값을 갖는다.

$$P(X=0) = P(\{TTT\}) = 1/8$$

$$P(X=1) = P(\{HTT, THT, TTH\}) = 3/8$$

$$P(X=2)=P(\{HHT, HTH, THH\})=3/8$$
$$P(X=3)=P(\{HHH\})=1/8$$

동전을 n번 던져 나온 결과에서 Y를 앞면의 수라 하면 Y는 $\{0,1,2,\cdots,n\}$ 중 한 값을 가지게 되며 각 점에서 다음과 같은 확률을 갖는다.

$$P(Y=i)=\binom{n}{i}2^{-n},\ \ i=0,1,2,\cdots,n$$

이번에는 앞면이 나올 확률이 $p,\ 0<p<1$인 동전을 앞면을 얻을 때까지 던지는 시행에서 앞면을 얻을 때까지 던진 총 시행횟수를 Z라 하면 Z가 갖는 값은 $\{1,2,3,\cdots\}$이 되며 $Z=i$라 함은 $i-1$개의 뒷면을 연속해서 얻은 후 i번째 시행에서 H를 얻는 경우이므로 다음의 확률을 갖는다.

$$P(Z=i)=P(\{TTTT\cdots TH\})=(1-p)^{i-1}p,\quad i=1,2,\cdots$$

예 2.1.2 상담원에 들어가 상담을 받기까지 기다리는 시간을 X라 두면 X는 시간을 나타내는 값이므로 음이 아닌 값을 갖는다. 또한 임의의 $a>0$에 대해 $P(X=a)=0$라 가정할 수 있으나 경우에 따라서는 기다리지 않고 바로 서비스를 받을 수 있으므로 $a=0$일 때는 $P(X=0)>0$라 가정할 수 있다.

확률변수는 표본공간에 있는 모든 점들을 실수 위로 옮겨 놓는 함수일 뿐 아니라 표본공간의 부분집합 위에서 정의된 확률도 실수의 부분집합 위로 옮겨놓게 된다. 이처럼 확률변수에 의해 실수의 부분집합에 확률을 주는 대응관계를 확률변수의 **(확률)분포**(probability distribution)라고 한다. 즉 확률변수 X의 분포는 표본공간이 갖고 있는 확률 구조를 실수 위로 옮겨 놓은 것으로 임의의 $B\subset R$에 대해 $P(\{\omega\in\Omega\,|\,X(\omega)\in B\})$을 대응시키는 관계를 말한다. $P(\{\omega\in\Omega\,|\,X(\omega)\in B\})$는 간단히 $P(X\in B)$로 쓰기로 한다.

위의 예에서 보듯이 확률변수가 갖는 값이 자연수와 같이 셀 수 있는 만큼, 즉 가산개일 수도 있고 양의 실수와 같이 비가산개의 값을 가질 수도 있다. 가산개의 값을 갖느냐 비가산개의 값을 갖느냐에 따라 확률 관련 문제를 다루는 방법에 차이가 있으므로 이 두 경우를 분리하여 소개하고자 한다. 2장에서는 가산개의 값을 갖는 확률변수와 그 성질에 대해 알아보자.

확률변수 $X : \Omega \rightarrow R$이 갖는 가능한 값이 가산개인 확률 변수를 **이산확률변수**(discrete random variable)라고 한다. 가산개는 유한이거나 셀 수 있는 만큼의 무한(즉 자연수와 일대일 대응)을 가리킨다. 따라서 이산확률변수가 갖는 값은 $x_1, x_2, x_3, \cdots$와 같이 나열할 수 있고 x_i에서의 확률 $P(X = x_i)$를 생각해보자.

위의 예 2.1.1에서 $P(X=0) = P(X=3) = 1/8$, $P(X=1) = P(X=2) = 3/8$이다. 따라서

$$\sum_{i=0}^{3} P(X=i) = 1/8 + 1/8 + 3/8 + 3/8 = 1$$

이다. 또한 다음이 성립함을 알 수 있다.

$$\sum_{i=0}^{n} P(Y=i) = \sum_{i=0}^{n} \binom{n}{i} 2^{-n} = 1,$$

$$\sum_{i=1}^{\infty} P(Z=i) = \sum_{i=1}^{\infty} (1-p)^{i-1} p = p\left(\frac{1}{1-(1-p)}\right) = 1$$

X가 이산확률변수일 때 X의 **확률질량함수**(probability mass function) $p_X(x)$는 실숫값 함수로서 다음과 같이 정의된다.

$$p_X(x) = P(X = x)$$

확률질량함수는 확률값을 나타내므로 $p_X(x) \geq 0$이다. 혼돈의 우려가 없는 경우에는 확률변수 X를 생략하고 $p(x)$라 나타내기도 한다.

이산확률변수 X는 $p_X(x) > 0$인 x가 가산개이므로 다음이 성립하는 x_1, x_2, x_3, $\cdots$가 존재한다.

$$p_X(x_i) > 0, \quad \sum_{i=1}^{\infty} p_X(x_i) = 1 \tag{2.1.1}$$

$x_1, x_2, x_3, \cdots$ 이외의 x에서는 $p_X(x) = 0$이 된다.

예 2.1.3 확률과정론을 수강하는 학생 50명을 대상으로 가정에서 보유하고 있는 컴퓨터 대수를 조사하여 다음 표를 얻었다.

보유 대수	0대	1대	2대	3대	4대
인원수	1	16	21	9	3

컴퓨터 보유 대수를 X라 할 때 X의 확률질량함수는 다음과 같이 정의할 수 있다.

$$P(X=0)=\frac{1}{50},\ P(X=1)=\frac{16}{50},\ P(X=2)=\frac{21}{50},$$
$$P(X=3)=\frac{9}{50},\ P(X=4)=\frac{3}{50}$$

예 2.1.3의 확률질량함수는 엄밀히 말하면 비율이다. 비율과 확률질량함수 사이의 관계는 다음과 같다.

예 2.1.4 앞, 뒷면이 나올 확률이 같은 동전을 3번 던져서 앞면이 나온 횟수와 그의 확률을 구하였다. 또한 컴퓨터 모의실험을 1000번 반복하여 아래의 비율을 얻었다.

앞면의 수	비율	이론적 확률
0	0.131	0.125
1	0.377	0.375
2	0.369	0.375
3	0.123	0.125
	1.00	1.00

여기서 이론적 확률과 비율은 반복 횟수가 커지면 더욱 근사한 값이 될 것이다. 따라서 이론적 확률이 없을 때에는 비율을 이용하여 확률질량함수를 대신한다.

이산확률변수에서 확률질량함수를 알면 다음과 같이 실수의 모든 부분집합에 확률이 결정된다. 즉 분포가 결정된다.

$$P(X\in B)=\sum_{x\in B}p_X(x),\quad B\subset R \tag{2.1.2}$$

확률변수의 분포를 나타내는 함수로서 위의 확률질량함수와 더불어 누적분포함수를 이용하면 편리할 때가 많다. 확률변수 X에 대하여 다음과 같이 정의된 함수 $F_X: R\to R$를 확률변수 X의 **누적분포함수**(cumulative distribution function) 또는 간단히 **분포함수**(distribution function)라고 부른다.

$$F_X(x)=P(X\le x),\quad x\in R \tag{2.1.3}$$

분포함수는 이산확률변수나 다음 장에서 공부할 연속확률변수 모두에 공통으로 사용할 수 있는 개념이다. 물론 X가 $x_1, x_2, \cdots$ 값을 갖는 이산확률변수이면 X의 분포함수와 확률질량함수 사이에는 다음의 관계가 있다.

$$F_X(x)=\sum_{\{x_i\,:\,x_i\le x\}}p_X(x_i)$$

즉 확률질량함수를 합하여 분포함수를 얻을 수 있고, 반면에 분포함수의 차로서 확률질량함수를 얻을 수 있다. 즉 $x_1<x_2<\cdots$ 일 때 $p_X(x_i)=F_X(x_i)-F_X(x_{i-1})$이 성립한다.

예 2.1.5 동전을 연속 3회 던져 나온 앞면의 수를 X라 할 때 X의 확률질량함수 및 분포함수는 다음과 같다.

$$p_X(0)=p_X(3)=1/8,\quad p_X(1)=p_X(2)=3/8$$

$$F_X(x)=\begin{cases}0 & x<0\\ 1/8 & 0\le x<1\\ 1/2 & 1\le x<2\\ 7/8 & 2\le x<3\\ 1 & x\ge 3\end{cases}$$

이산확률변수의 분포함수 $F(x)$의 그래프는 0에서 1 사이의 값을 가지며 stay-jump를 반복하는 계단함수 모양을 하고 있으며 점프가 일어나는 지점에서의 점프의 크기는 바로 그 점에서의 확률이 된다. 일반적으로 분포함수는 비감소함수(nondecreasing function)이고 오른쪽 연속함수(right continuous function)이며 마이너스 무한대에서는 0, 플러스 무한대에서는 1의 값을 가짐을 관찰해보라.

확률변수 X의 분포함수 $F: R \to R$은 다음 성질을 만족한다.

(1) F는 비감소함수이다. 즉 $x < y$일 때 $F(x) \le F(y)$를 만족한다.

(2) 오른쪽 연속함수이다. 즉 $\lim_{x \downarrow a} F(x) = F(a)$

(3) $\lim_{x \to \infty} F(x) = 1$

(4) $\lim_{x \to -\infty} F(x) = 0$

분포함수 $F(x)$에 대하여 다음 관계가 성립한다.

$$P(a < X \le b) = P(X \le b) - P(X \le a) = F(b) - F(a)$$

X가 정숫값을 갖는 확률변수이면 정숫값 a에 대하여 $P(X = a) = P(X \le a) - P(X \le a-1)$이다. 또한 $F(b-) = \lim_{x \uparrow b} F(x)$라 두면 다음이 성립한다.

$$P(a < X \le b) = P(X \le b) - P(X \le a) = F(b) - F(a)$$
$$P(a < X < b) = P(X < b) - P(X \le a) = F(b-) - F(a)$$
$$P(a \le X \le b) = P(X \le b) - P(X < a) = F(b) - F(a-)$$
$$P(a \le X < b) = P(X < b) - P(X < a) = F(b-) - F(a-)$$

특별한 이산확률변수로서 $A \subset \Omega$에 대하여 다음과 같이 정의된 **지시함수**(indicator function) $I_A : \Omega \to R$을 들 수 있다.

$$I_A(\omega) = \begin{cases} 1, & \omega \in A \\ 0, & \omega \notin A \end{cases}$$

이때 $P(I_A = 1) = P(A)$, $P(I_A = 0) = P(A^c)$이 된다.

예 2.1.6 이산확률변수 X의 확률질량함수가 다음과 같이 주어졌을 때 $Y=X^2$의 확률질량함수를 구하여보자.

x	-3	-2	-1	0	1	2	3
$p_X(x)$	0.15	0.1	0.2	0.1	0.15	0.2	0.1

$Y=X^2$이 갖는 값은 $0,1,4,9$이므로 각각에 대하여 값을 계산하면 다음과 같다.

$$P(Y=0)=P(X=0)=0.1$$
$$P(Y=1)=P(X=1)+P(X=-1)=0.35$$
$$P(Y=4)=P(X=2)+P(X=-2)=0.3$$
$$P(Y=9)=P(X=3)+P(X=-3)=0.25$$

즉 $p_Y(0)=0.1,\ p_Y(1)-0.35,\ p_Y(4)=0.3,\ p_Y(9)=0.25$이다.

위의 예 2.1.6에서 $g(x)=x^2$라 두면 $Y=g(X)$이고 다음과 같이 쓸 수 있다.

$$p_Y(y)=P(Y=y)=P(g(X)=y)=P(X\in g^{-1}(y))=\sum_{\{x\in g^{-1}(y)\}}p_X(x)$$

일반적으로 다음과 같이 정리할 수 있다.

X는 $p_X(x)$를 확률질량함수로 갖는 이산확률변수이고 $g:R\rightarrow R$는 함수이다. $Y=g(X)$라 할 때 Y의 확률질량함수 $p_Y(y)$는 다음과 같다.

$$p_Y(y)=\begin{cases}\sum_{\{x:g(x)=y\}}p_X(x), & y\in Y\text{의 치역}\\ 0, & \text{그 밖에서}\end{cases}$$

예 2.1.7 X가 예 2.1.6의 확률질량함수를 가질 때 $Y=2X+3$의 확률질량함수를 찾아라.

풀이

x	-3	-2	-1	0	1	2	3
$p_X(x)$	0.15	0.1	0.2	0.1	0.15	0.2	0.1
$y=2x+3$	-3	-1	1	3	5	7	9

이는 X와 Y가 일대일 대응관계에 있는 예가 되고 Y의 확률질량함수는 위 표의 아래 두 칸을 읽으면 된다. ■

예 2.1.8 $P(X=k)=\dfrac{\lambda^k e^{-\lambda}}{k!}$, $k=0,1,2,3,\cdots$ ($\lambda>0$ 인 상수)일 때 $Y=|X-3|$의 분포를 구하라.

풀이 $P(Y=0)=P(X=3)=\dfrac{\lambda^3 e^{-\lambda}}{3!}$

$P(Y=1)=P(X=2)+P(X=4)$

$P(Y=2)=P(X=1)+P(X=5)$

$P(Y=3)=P(X=0)+P(X=6)$

$P(Y=y)=P(X=3+y),\quad y\geq 4$ ■

2.2 여러 가지 형태의 이산분포

실제의 문제를 확률을 이용하여 해결하고자 할 때에는 실제상황을 모형화할 필요가 있다. 모형화 과정에서 대표적인 확률분포에는 어떠한 것들이 있는지 알고 있다면 많은 도움이 될 것이다.

2.2.1 베르누이 분포와 이항분포

성공률 p인 베르누이 시행을 한 번 시행하면 결과는 성공(s) 아니면 실패(f)일 것이다. 따라서 표본공간 $\Omega=\{s,f\}$이며 $X(s)=1$, $X(f)=0$이라 정의한 확률변수 X가 갖는 분포가 **베르누이 분포**이다. 즉 $P(X=1)=p$, $P(X=0)=1-p$일 때 X는 성공률 p인 베르누이 분포를 따른다고 한다.

이번에는 성공률 p인 베르누이 시행을 n번 반복하여 성공한 횟수를 X라 하자. 이때 표본공간의 각 원소는 n개의 s와 f의 조합 $\Omega=\{sss\cdots s,\ fss\cdots s,\ sfs\cdots s,\ \cdots\cdots,\ fff\cdots f\}$으로 모두 2^n개의 원소로 이루어졌다. X는 각 원소에서 s의 수를 나타내므로 다음이 성립한다.

$$
\begin{aligned}
&(X=0)=\{fff\cdots f\}\\
&(X=1)=\{sff\cdots f,\quad fsf\cdots f,\quad ffs\cdots f,\quad \cdots\cdots, fff\cdots s\}\\
&\quad\vdots\\
&(X=n)=\{sss\cdots s\}
\end{aligned}
$$

따라서

$$
\begin{aligned}
P(X=0)&=(1-p)^n\\
P(X=1)&=\binom{n}{1}p(1-p)^{n-1}\\
P(X=2)&=\binom{n}{2}p^2(1-p)^{n-2}\\
&\vdots\\
P(X=n)&=p^n
\end{aligned}
$$

여기서 $(X=2)$는 n번의 시행 중 두 번의 성공이 있는 사상을 가리키므로 $P(X=2)$는 n개의 자리 중 두 자리를 뽑아 s로 두고 나머지는 f가 되는 총 가지 수 $\binom{n}{2}$에 두 번의 성공확률 p^2과 $(n-2)$번의 실패확률 $(1-p)^{n-2}$를 곱한 값이 된다.

$$
P(X=k)=\binom{n}{k}\,p^k(1-p)^{n-k},\quad k=0,1,2,\cdots,n \tag{2.2.1}
$$

여기서 이항전개식을 이용하면 $\sum_{k=0}^{n}\binom{n}{k}\,p^k(1-p)^{n-k}=(p+(1-p))^n=1$이다.

(2.2.1)과 같은 확률질량함수를 갖는 확률변수 X를 이항확률변수라 하고 X의 분포를 이항확률분포 또는 **이항분포**라 한다. (2.2.1)식은 시행횟수 n과 성공률 p에 의해 결정되므로 X는 모수 n과 p를 갖는 이항분포라 하고 간단히 $X\sim B(n,p)$라 표현한다.

예 2.2.1 생명표에 의하면 20세 청년이 65세까지 생존할 확률이 80%이다. 임의로 선택한 20세 5명 중 65세까지 생존하는 사람 수를 X라 할 때 다음을 구하라.

(1) $P(X=5)$

(2) 적어도 한 사람은 65세까지 생존할 확률

(3) 정확히 2명이 65세까지 생존할 확률

풀이 65세까지 생존하는 것을 성공으로 보면 $X \sim B(5, 0.8)$이다.

(1) $P(X=5)=(0.8)^5$

(2) $P(X \geq 1)=1-P(X=0)=1-\binom{5}{0}(0.8)^0(0.2)^5=0.99968$

(3) $P(X=2)=\binom{5}{2}(0.8)^2(0.2)^3=0.0512$ ■

이항분포의 확률밀도함수 $p(x)$는 x가 증가함에 따라 같이 증가하다가 $x=[(n+1)p]$에서 최고점에 이른 이후 차차 감소하는 형태이다. 여기서 $[x]$는 x를 넘지 않는 최대 정수를 가리킨다.

예 2.2.2 $X \sim B(20, p)$이다. 다음 각 성공률 p, $p=0.25$, $p=0.5$, $p=0.7$에 대하여 $p_X(k)$값이 최대가 되는 k를 찾아라.

풀이 $n=20$이므로 $p=0.25$일 때는 $[(20+1)(0.25)]=[5.25]=5$이다. 따라서 $k=5$일 때 $p_X(k)$값이 최대가 된다. $p=0.5$이면 $[(21)(0.5)]=[10.5]=10$일 때 최댓값을, $p=0.7$일 때는 $[(21)(0.7)]=[14.7]=14$일 때 최댓값을 갖는다. 따라서 확률질량함수의 그래프의 모양은 성공률 p값이 작을 때는 빨리 증가하고 천천히 감소하며 p값이 크면 천천히 증가한 후 빨리 감소하는 형태를 갖게 된다. ■

2.2.2 기하분포와 음이항분포

이번에는 베르누이 시행을 성공할 때까지 시행했을 때의 시행횟수에 대한 분포를 생각해보자. 성공률 p인 베르누이 시행을 처음 성공할 때까지 계속할 때에 처음 성공 때까지(마지막 시행도 포함) 총 시행횟수를 X라 하면 X는 시행횟수이므로 $1,2,3,\cdots$ 등의 자연수 값을 가지며 $(X=k)$라 함은 $(k-1)$번 연속하여 실패한 후 k번째 시행에서 처음으로 성공한 것이다. 따라서 다음이 성립한다.

$$p_X(k) = P(X=k) = (1-p)^{k-1}p, \quad k=1,2,3,\cdots \tag{2.2.2}$$

(2.2.2)의 $p_X(k)$를 확률질량함수로 갖는 확률변수 X를 기하확률변수(geometric random variable)라 하고 모수 p를 갖는 **기하분포**(geometric distribution)를 따른다고 한다.

$\sum_{k=1}^{\infty}(1-p)^{k-1}p = 1$이 성립하여 (2.2.2)식이 확률질량함수가 됨을 확인할 수 있다.

모수 p인 기하분포의 확률밀도함수 $p_X(k) = p(1-p)^{k-1}$, $k=1,2,\cdots$의 그래프는 $(1-p)$가 1보다 작으므로 k가 증가함에 따라 $p_X(k)$값은 감소하게 된다.

예 2.2.3 X가 모수 p인 기하분포일 때 $P(X>n)$값을 찾아라. 또한 $P(X>n+k|X>n) = P(X>k)$가 성립함을 보여라.

풀이 먼저 X의 꼬리확률(tail probability)을 구하여보자.

$$\begin{aligned} P(X>n) &= P(X \geq n+1) \\ &= (1-p)^n p + (1-p)^{n+1}p + (1-p)^{n+2}p + \cdots \\ &= p\frac{(1-p)^n}{1-(1-p)} \\ &= (1-p)^n \end{aligned} \tag{2.2.3}$$

따라서 (2.2.3)식을 이용하면 다음이 성립한다.

$$
\begin{aligned}
P(X>n+k \mid X>n) &= \frac{P(X>n+k)}{P(X>n)} \\
&= \frac{(1-p)^{n+k}}{(1-p)^{n}} \\
&= (1-p)^{k} \\
&= P(X>k) \qquad (2.2.4)
\end{aligned}
$$
■

$P(X>n+k|X>n)=P(X>k)$의 의미를 살펴보자. X를 앞면을 얻을 확률이 p인 동전 던지기에서 앞면이 나올 때까지 던진 횟수라 할 때 $X>n$의 의미는 n번 시행까지 앞면을 얻지 못했다는 것이다. $X>n$ 조건 아래서 $X>n+k$이 성립할 확률은 n번까지 앞면을 얻지 못했을 때 $n+k$번까지 앞면을 얻지 못하는 확률이고 이는 n번째 이후 k번을 더 수행함에도 앞면을 얻지 못했다는 뜻이고 이 확률이 $P(X>k)$와 같다는 뜻은 처음부터 k번까지 앞면을 얻지 못하는 확률과 같다는 의미이다. 우변은 n과 상관없는 값임에 주목하자. 이와 같은 성질은 n번째 시행까지의 모든 결과는 다 잊고 마치 $n+1$번째 시행이 첫 번째 시행인 듯 여기는 것과 마찬가지라 하여 **비기억성**(memoryless property 또는 lack of memory property)이라고 한다. 이산분포에서 비기억성을 갖는 유일한 분포가 기하분포이다.

예 2.2.4 X가 모수 p인 기하분포를 따를 때 두 자연수 $k, n,\ k>n$에 대하여 $P(X=k|X>n)$을 구하라.

풀이
$$
\begin{aligned}
P(X=k|X>n) &= \frac{P(X=k,\ X>n)}{P(X>n)} = \frac{p(1-p)^{k-1}}{(1-p)^{n}} \\
&= p(1-p)^{k-n-1}
\end{aligned}
$$

예 2.2.5 로또복권에 당첨될 확률(3등 이상)은 0.028이다. 매주 복권을 1장씩 산다.

(1) 1년 이내에 당첨될 확률은 얼마인가?

(2) 당첨될 확률이 90% 이상 되기 위해서는 얼마 동안 복권을 사야

할까?

(3) 작년 한 해 동안 당첨되지 못하였다. 올해에는 당첨될 확률은?

풀이 X를 당첨될 때까지의 경과된 시간(단위: 주(week))이라 하면 X는 성공률 0.028인 기하분포를 따른다.

(1) $P(X \le 52) = 1 - P(X > 52) = 1 - (1-0.028)^{52}$

$= 1 - (0.972)^{52}$

$\approx 1 - 0.22837 = 0.77163$

(2) $P(X \le n) \ge 0.9$ 즉 $P(X > n) = (1-0.028)^n = (0.972)^n \le 0.1$, $n \ge 81.08$이다. 즉 82주 이상 복권을 사야 당첨확률이 90% 이상 된다.

(3) $P(X \le 104 | X > 52) = P(X \le 52) \approx 0.77163$ ■

다음으로 $r(r \ge 1)$번째 성공할 때까지의 총 시행횟수를 Y라 했을 때 Y의 분포에 대해 알아보자. $(Y = k)$라 함은 r번째 성공 때까지의 총 시행횟수가 k번이 되어야 하므로 $(k-1)$번째 시행까지 $(r-1)$번의 성공을 거두고 k번째 시행에서 r번째 성공을 거두면 된다. 즉 $(k-1)$번의 연속 시행에서 $(r-1)$번의 성공 그리고 k번째에서 성공할 확률을 구하면 다음이 성립한다.

$$\begin{aligned} P(Y = k) &= \binom{k-1}{r-1} p^{r-1} (1-p)^{(k-1)-(r-1)} p \\ &= \binom{k-1}{r-1} p^r (1-p)^{k-r}, \quad k = r, r+1, r+2, \cdots \qquad (2.2.5) \end{aligned}$$

위의 (2.2.5)의 확률값을 갖는 확률변수 Y를 음이항확률변수라 하고 모수 r과 p를 갖는 **음이항분포(negative binomial distribution)**를 따른다고 한다. 모수 r과 p를 갖는 음이항분포에서 $r = 1$이면 기하분포가 된다. 기하분포는 p, 음이항분포는 r, p에 의해 결정되므로 간단히 $X \sim \text{Geo}(p)$, $Y \sim NB(r, p)$로 나타낸다.

예 2.2.6 보험 설계사 L씨는 고객을 상담하여 계약을 성사시킬 확률이 0.15이다. 각 상담결과 계약 여부는 서로 독립적이다.

(1) 두 번째 계약이 여섯 번째 만나는 고객과 이루어질 확률은?

(2) 두 번째 계약이 여섯 번째 만나는 고객과 이루어지고, 다섯 번째 계약이 14번째 만나는 고객과 이루어질 확률을 구하라.

풀이 각 고객과의 상담결과 계약 성사 여부에 따라 성공과 실패로 나누면 각 상담은 성공률 $p = 0.15$인 베르누이 시행이 된다.

(1) X를 두 번째 성공 때까지 만나는 고객 수로 두면 $X \sim NB(2,\, 0.15)$가 된다. 따라서 $P(X=6) = \binom{6-1}{2-1}(0.15)^2(0.85)^4 = (5)(0.0225)(0.5220) \approx 0.058725$이다.

(2) 각 시행은 서로 독립이다. 따라서 두 번째 계약을 성사시킨 여섯 번째 상담까지와 그 이후 7번째부터 14번째까지는 서로 독립이므로 14번째 상담에서 다섯 번째 계약이 이루어지려면 8번째 상담에서부터 세 번째 성공을 이루면 된다. 따라서 Y를 7번째 상담부터 계산하여 세 번째 성공이 이루어질 때까지의 상담 횟수라 하면 $Y \sim NB(3,\, 0.15)$가 되고 X와 Y는 서로 독립이다. 구하는 확률은

$$P(\text{여섯 번째 상담에서 두 번째 성공, 14번째 상담에서 다섯 번째 성공}) \\ = P(X=6)P(Y=8)$$

이다. ■

2.2.3 포아송분포

포아송분포(Poisson distribution)는 이항분포의 일정 조건 아래서의 극한분포로 볼 수 있다. X가 모수 $n,\, p$를 갖는 이항분포라면 (2.2.1)과 $np = \lambda,\ n \to \infty$를 취하면 다음이 성립한다.

$$\begin{aligned} P(X=k) &= \binom{n}{k} p^k (1-p)^{n-k} \\ &= \frac{n(n-1)(n-2)\cdots(n-k+1)}{k!}\left(\frac{\lambda}{n}\right)^k \left(1-\frac{\lambda}{n}\right)^{n-k} \\ &\to \frac{\lambda^k}{k!} e^{-\lambda} \end{aligned}$$

여기서 $\frac{\lambda^k e^{-\lambda}}{k!}$은 모든 $k(k=0,1,2,\cdots)$에서 음이 아닌 값을 가지며 $\sum_{k=0}^{\infty}\frac{\lambda^k e^{-\lambda}}{k!}=1$이므로 이는 새로운 확률분포를 나타낸다. 따라서 다음 관계를 만족하는 분포를 모수가 λ인 **포아송분포**라 하고 간단히 $Poisson(\lambda)$라 나타낸다. 포아송분포의 확률질량함수는 다음과 같다.

$$P(X=k)=\frac{\lambda^k e^{-\lambda}}{k!},\quad k=0,1,2,3\cdots \tag{2.2.6}$$

포아송분포는 이항분포에서와 같이 k가 증가함에 따라 $P(X=k)$도 증가하다 최고점에 이른 후 감소하게 된다. 이때 최고값을 갖는 k값은 $k=[\lambda]$ 즉 k가 모수를 넘지 않는 최대 정수일 때 $P(X=k)$가 최댓값이 된다.

포아송분포는 어떤 상황에서 사용될까? 앞에서 이항분포는 성공률 p인 시행을 n번 반복했을 때의 성공횟수를 나타낸다고 하였다. 이때 $np=\lambda$로 두고 $n\to\infty$로 둔다는 뜻은 np가 고정되어 있으므로 n이 무한대로 가면 상대적으로 p는 작은 값을 나타내게 된다. 따라서 성공률은 작고 시행횟수가 많은 이항분포는 포아송분포와 근사하다 말할 수 있을 것이다. 특히 $X\sim B(n,p)$, $Y\sim Poisson(np)$일 때 다음 관계식이 성립한다(Ross pp.454-456).

$$|P(X\in A)-P(Y\in A)|\le np^2,\quad A\subset R$$

이는 np^2값이 작을수록 이항분포는 포아송분포와 가까운 값을 가짐을 의미한다.

포아송분포는 일정 시간 또는 일정 공간에서 드물게 일어나는(그래야만 작은 구간에 사건이 한 번 일어나거나 일어나지 않거나 한다는 가정이 가능하다) 사건 발생수를 나타낼 때 적절히 사용될 수 있는 분포이다. 다음은 포아송분포를 갖는 예이다.

- 하루 중 잘못 걸려온 전화 수
- 어떤 지역의 일정 시간 동안의 지진 발생 건수
- 일정 시간 동안 특정 상담소를 방문하는 고객 수
- 어떤 책의 한 페이지에 있는 오타 수
- 어떤 지역의 100세 이상 노인 수

예 2.2.7 삼삼 생명보험에 든 계약자 중 1년 동안 사망하는 사망자 수는 모수가 λ인 포아송분포를 따른다고 한다. $\lambda = 5$일 때 사망자 수가 적어도 3명 이상일 확률을 구하라.

풀이 $P(X \geq 3) = 1 - P(X=0) - P(X=1) - P(X=2)$

$$= 1 - \frac{5^0 e^{-5}}{0!} - \frac{5^1 e^{-5}}{1!} - \frac{5^2 e^{-5}}{2!}$$

$$= 0.8753$$

■

2.3 이산확률변수의 기댓값과 분산

이산확률변수 X의 확률질량함수를 $p_X(x)$라 하면 X의 **기댓값**(expected value 또는 expectation)은 다음과 같이 정의되며 $E(X)$로 나타낸다.

$$E(X) = \sum_x x\, p_X(x)$$

예 2.3.1 다음은 400명의 통계학과 학생들이 한 학기에 듣는 과목을 조사하여 얻은 표이다.

x	1	2	3	4	5	6	7	8
$p(x)$	0.0075	0.015	0.0325	0.1125	0.15	0.65	0.0225	0.01
학생 수	3	6	13	45	60	260	9	4

X를 학생들이 수강하는 과목 수라 할 때 X의 기댓값은 다음과 같다.

$$\{1(3)+2(6)+3(13)+4(45)+5(60)+6(260)+7(9)+8(4)\}/400$$

$$= 5.4725$$

여기서 기댓값의 정의를 이용하면

$$E(X) = 1(0.0075) + 2(0.015) + 3(0.0325) + 4(0.1125) + 5(0.15)$$
$$+ 6(0.65) + 7(0.0225) + 8(0.01) = 5.4725$$

이다. 두 값이 같음을 알 수 있다.

예 2.3.2 어느 변호사는 성공하면 100, 실패하면 50을 받기로 하고 사건을 담당하였다. 이 사건에서 이길 확률이 $p(0 < p < 1)$라고 하면 이 사건에 대한 기댓값은

$$E(X) = 100p + (1-p)50 = 50 + 50p$$

이다.

예 2.3.3 한 학생이 직업을 얻기 전까지 써야 하는 이력서의 수를 X라 할 때 X의 확률질량함수가 다음과 같이 주어졌다고 하자.

$$p(x) = \begin{cases} k/x^2, & x = 1, 2 \cdots \\ 0, & \text{그 밖에서} \end{cases}$$

k값과 X의 기댓값 $E(X)$를 구하라.

풀이 먼저 k값을 구해보자. $p(x)$가 확률질량함수이므로 합이 1이 되어야 한다. 따라서 $\sum_{x=1}^{\infty} k(1/x^2) = 1$이다. 수학적 지식을 이용하면 $\sum_{x=1}^{\infty}(1/x^2) = \frac{\pi^2}{6}$, 따라서 $k = \frac{6}{\pi^2}$이다. 다음으로 $E(X) = \sum_{x=1}^{\infty} x \cdot k(1/x^2) = k\sum_{x=1}^{\infty} 1/x = \infty$이다. 따라서 유한의 기댓값은 존재하지 않는다. ■

$E(X) = \sum x\, p_X(x)$이 유한이기 위한 조건은 $E|X| = \sum |x| p_X(x) < \infty$이다. 특히 $\sum x p_X(x) = \infty - \infty$ 꼴이 될 수 있으며 이 경우 기댓값은 존재하지 않는다.

예 2.3.4 ○○ 판매회사는 제조회사로부터 컴퓨터를 50만원에 3대를 들여놓기로 했다. 컴퓨터 판매가격은 1대당 100만 원이고 6개월 동안 팔리지 않으면 제조회사가 20만 원에 다시 가져가기로 했다. X가 6개월 동안 팔리는 컴퓨터 대수라 할 때 X의 확률질량함수는 $p(0)=0.1$, $p(1)=0.2$, $p(2)=0.3$, $p(3)=0.4$이다. 판매회사가 기대하는 이익에 대한 기댓값을 구하라.

풀이 판매회사가 갖는 이익금 Y는 판매량 X의 함수이고 $Y=80X-90$이다. $X=0, 1, 2, 3$일 때 Y는 각각 $-90, -10, 70, 150$이며 확률은 $0.1, 0.2, 0.3, 0.4$이다. 따라서 이익의 기댓값 $E(Y)=(-90)(0.1)+(-10)(0.2)+(70)(0.3)+(150)(0.4)=70$(만)이다. 다음이 성립한다.

$$
\begin{aligned}
E(Y)&=(80\cdot 0-90)p_X(0)+(80\cdot 1-90)p_X(1)\\
&\quad+(80\cdot 2-90)p_X(2)+(80\cdot 3-90)p_X(3)
\end{aligned}
$$

이를 다시 쓰면 다음과 같다.

$$
\begin{aligned}
E(Y)&=E(80X-90)\\
&=\sum_{x=0}^{3}(80x-90)p_X(x)=80\sum_{x=0}^{3}xp_X(x)-90\sum_{x=0}^{3}p_X(x)\\
&=80E(X)-90
\end{aligned}
$$

■

예 2.3.5 X가 갖는 값이 $-2, -1, 0, 1$이고 $Y=X^2$이라 할 때 $E(Y)$를 구하라.

풀이

X값	-2	-1	0	1
$p_X(x)$	0.2	0.1	0.3	0.4
Y값	4	1	0	1

$$
\begin{aligned}
&P(Y=0)=P(X=0)=0.3,\\
&P(Y=1)=P(X=1 \text{ 또는 } X=-1)=P(X=1)+P(X=-1)\\
&\qquad=0.5,
\end{aligned}
$$

$P(Y=4)=P(X=-2)=0.2$

따라서 구하는 기댓값은 $E(Y)=0 \cdot 0.3+1 \cdot 0.5+4 \cdot 0.2=1.3$이다. $E(Y)$를 다음과 같이 계산할 수 있다.

$E(Y)=(-2)^2(0.2)+(-1)^2(0.1)+0^2(0.3)+1^2(0.4)=1.3$ ■

다음이 성립한다.

X는 $x_1, x_2, \cdots$ 값을 가지며 $p_X(x_i),\ i=1,2,\cdots$ 를 확률질량함수로 갖는 이산확률변수이다. g가 R에서 R로 가는 함수일 때 새로운 이산확률변수 $Y=g(X)$의 기댓값은 다음과 같이 얻을 수 있다.

$$E(Y)=\sum_i g(x_i)p_X(x_i)$$

이때 $Y=aX+b$ (a,b는 상수)이면 다음이 성립한다.

$$E(Y)=aE(X)+b$$

$E(X^n)$이 존재하면 이를 확률변수 X의 n차 **모멘트**(n-th moment), $E(X-\mu)^n$을 n차 **중심모멘트**(n-th central moment)라 부른다.

예 2.3.6 $X \sim Poisson(3)$ 분포를 따른다. $Y=|X-3|$일 때 $E(Y)$를 구하라. 또한 X의 3차 모멘트와 3차 중심모멘트를 구하라.

풀이 $E(Y)=\sum_{x=0}^{\infty}|x-3|p_X(x) = \sum_{x=0}^{3}(3-x)p_X(x)+\sum_{x=4}^{\infty}(x-3)p_X(x)$

X의 3차 모멘트는 $E(X^3)=\sum_{x=0}^{\infty}x^3p_X(x)$이고 $E(X)=3$이므로 X의

3차 중심모멘트는 $E((X-3)^3)=\sum_{x=0}^{\infty}(x-3)^3p_X(x)$이다. ■

예 2.3.7 ○○ 카지노에는 일정 금액의 참가비를 내고 할 수 있는 게임이 세 가지 있다.

게임1: 성공률 2/3인 게임을 하여 성공하면 150만원 받는다.
게임2: 성공률 1/2인 게임을 하여 성공하면 200만원 받는다.
게임3: 성공확률이 1/100인 게임을 하여 성공하면 1억을 받는다.

세 가지 게임 모두 같은 기댓값을 가지고 있으나 이 중 어느 게임을 선택할지는 참가자의 성향에 따라 결정될 것이다. 절대안정을 추구하면 게임1을, 리스크를 즐긴다면 게임3을 선택할 것이다. 위 게임들의 확률적 분포를 보면 평균은 같으나 자료가 퍼져 있는 정도가 다르다.

확률변수 X와 X의 기댓값 $E(X)$와의 차 $X-E(X)$를 편차라고 한다. 편차의 합은 항상 0이다. X가 갖는 값들이 X의 중심 $E(X)$에서 얼마나 떨어져 있는지, 즉 자료들이 퍼져 있는 정도를 수치화하는 방법의 하나로 편차의 제곱값들의 기댓값 $E[(X-E(X))^2]$을 생각할 수 있다. 이와 같이 자료가 퍼져 있는 정도를 나타내는 값으로 분산(variance)을 정의한다. 분산은 X가 갖는 값을 제곱하여 얻으므로 단위가 달라진다. 따라서 분산의 제곱근인 표준편차(standard deviation)를 쓰기도 한다.

확률변수 X의 **분산**은 $Var(X)$, **표준편차**는 $SD(X)$ 로 나타내며 아래와 같이 정의된다.

$$Var(X) = E[(X-E(X))^2], \qquad SD(X) = \sqrt{Var(X)}$$

$E(X) = \mu$라 두면 다음이 성립한다.

$$\begin{aligned} Var(X) &= E[(X-\mu)^2] \\ &= \sum_x (x-\mu)^2 p_X(x) \\ &= \sum_x x^2 p_X(x) - 2\mu \sum_x x p_X(x) + \mu^2 \\ &= E(X^2) - \mu^2 \end{aligned}$$

예 2.3.8 $Var(aX+b)$를 $Var(X)$를 이용하여 나타내라.

풀이
$$
\begin{aligned}
Var(aX+b) &= E[(aX+b-E(aX+b))^2] \\
&= E[(a(X-E(X))^2] \\
&= a^2 Var(X)
\end{aligned}
$$

또한 $SD(aX+b)=|a|SD(X)$임을 알 수 있다. ■

2.4 여러 가지 이산분포에서의 기댓값과 분산

2.4.1 베르누이 분포와 이항분포의 기댓값과 분산

X가 성공률 p인 베르누이 분포 즉 $P(X=1)=p$, $P(X=0)=1-p$이면 $E(X)=1\cdot p+0\cdot(1-p)=p$이고 $Var(X)=E(X^2)-(E(X))^2=p-p^2=p(1-p)$이다.

성공률 p인 베르누이 분포의 기댓값과 분산은 다음과 같다.

$$E(X)=p,\quad Var(X)=p(1-p)$$

지수함수 I_A는 베르누이 분포를 따르므로 기댓값과 분산은 다음과 같다.

$$E(I_A)=P(A),\quad Var(I_A)=P(A)(1-P(A))$$

X가 모수 n,p를 갖는 이항분포 즉 $X\sim B(n,p)$일 때 기댓값과 분산을 구하여보자.

$$
\begin{aligned}
E(X) &= \sum_{k=0}^{n} k\binom{n}{k}p^k(1-p)^{n-k} \\
&= \sum_{k=1}^{n}\frac{n!}{(k-1)!(n-k)!}p^k(1-p)^{n-k}
\end{aligned}
$$

$$
\begin{aligned}
&= np\sum_{k=1}^{n}\frac{(n-1)!}{(k-1)!(n-k)!}p^{k-1}(1-p)^{n-k} \\
&= np\sum_{k=0}^{n-1}\frac{(n-1)!}{k!(n-1-k)!}p^{k}(1-p)^{n-1-k} \\
&= np(p+(1-p))^{n-1} \\
&= np
\end{aligned}
$$

$Var(X)=E(X^2)-(E(X))^2$이므로 먼저 $E(X^2)$을 구하여보자.

$$
\begin{aligned}
E(X^2) &= \sum_{k=0}^{n}k^2\frac{n!}{k!(n-k)!}p^k(1-p)^{n-k} \\
&= \sum_{k=1}^{n}[k(k-1)+k]\frac{n!}{k!(n-k)!}p^k(1-p)^{n-k} \\
&= \sum_{k=2}^{n}[k(k-1)]\frac{n!}{k!(n-k)!}p^k(1-p)^{n-k}+\sum_{k=1}^{n}k\frac{n!}{k!(n-k)!}p^k(1-p)^{n-k} \\
&= n(n-1)p^2\sum_{k=0}^{n-2}\frac{(n-2)!}{k!(n-2-k)!}p^k(1-p)^{n-2-k}+E(X) \\
&= n(n-1)p^2(p+(1-p))^{n-2}+E(X) \\
&= n(n-1)p^2+E(X) \qquad (2.4.1)
\end{aligned}
$$

따라서

$$
\begin{aligned}
Var(X) &= E(X^2)-(E(X))^2 \\
&= n(n-1)p^2+np-(np)^2 \\
&= np(1-p)
\end{aligned}
$$

이므로 다음이 성립한다.

> $X\sim B(n,p)$일 때 기댓값과 분산은 각각 다음과 같다.
>
> $$E(X)=np,\quad Var(X)=np(1-p)$$

예 2.4.1 기댓값 6, 분산 2.4인 이항분포의 모수 n과 p를 구하라. 이때 $P(X=3)$을 구하라.

풀이 $np=6,\ np(1-p)=2.4$이므로 $n=10,\ p=0.6$이다. 따라서 구하는 확률은 다음과 같다.

$$P(X=3)=\binom{10}{3}(0.6)^3(0.4)^7\approx 0.0425$$ ■

2.4.2 기하분포, 음이항분포의 기댓값과 분산

성공률이 p인 기하분포를 따르는 확률변수 X의 평균과 분산을 구해보자. 정의에 의해 다음과 같이 쓸 수 있다.

$$\begin{aligned}E(X)&=\sum_{k=1}^{\infty}kq^{k-1}p && (q=1-p\text{라 두자})\\&=\frac{p}{q}\sum_{k=1}^{\infty}kq^k\\&=\frac{p}{q}\frac{q}{(1-q)^2} && \left(\sum_{k=1}^{\infty}kq^k=\frac{q}{(1-q)^2}\text{를 이용하자}\right)\\&=\frac{1}{p}\end{aligned}$$

또한 다음이 성립한다.

$$\begin{aligned}E(X(X-1))&=\sum_{k=1}^{\infty}k(k-1)q^{k-1}p\\&=pq\sum_{k=1}^{\infty}\frac{d^2}{dq^2}q^k\\&=pq\frac{d^2}{dq^2}\sum_{k=1}^{\infty}q^k\end{aligned}$$

위 관계를 이용하여 $Var(X)$를 구하여보자.

$$pq\frac{d^2}{dq^2}\sum_{k=1}^{\infty}q^k=pq\frac{d^2}{dq^2}\left[\frac{q}{(1-q)}\right]=\frac{2p^2q}{(1-q)^4}=\frac{2q}{p^2}$$

이 성립하므로 $E(X(X-1)) = E(X^2) - E(X) = \frac{2(1-p)}{p^2} = \frac{2}{p^2} - \frac{2}{p}$, $E(X^2)$ $= \frac{2}{p^2} - \frac{1}{p}$ 이다. 따라서 분산은 $Var(X) = \frac{(1-p)}{p^2}$ 이 된다.

> 성공률 p인 기하분포를 따르는 확률변수 X의 기댓값과 분산은 다음과 같다.
>
> $$E(X) = \frac{1}{p}, \qquad Var(X) = \frac{1-p}{p^2}$$
>
> 모수 r과 p를 갖는 음이항분포를 따르는 Y의 기댓값과 분산은 다음과 같다.
>
> $$E(Y) = \frac{r}{p}, \qquad Var(Y) = \frac{r(1-p)}{p^2}$$

모수 r, p를 갖는 음이항분포의 기댓값과 분산은 각각 모수 p를 갖는 기하분포의 기댓값과 분산의 r배이다. 왜 그럴까? 계산하지 않고도 그런 답이 나오리라는 것을 짐작할 수 있다. 기하분포는 첫 번째 성공할 때까지의 시행횟수이고 음이항분포는 r번째 성공 때까지의 시행횟수이므로 처음 성공 이후 두 번째 성공까지의 시행횟수만 본다면 이는 또 다른 기하분포를 따르는 확률변수가 될 것이다. 두 번째 성공 이후 세 번째 성공을 거둘 때까지의 시행횟수도 마찬가지이다. 이와 같이 r번 성공까지 가면 결국 기하분포에 비해 r배의 시행수가 필요하다고 짐작할 수 있다. 확률변수의 합의 기댓값에 대한 자세한 내용은 4장에서 다룬다.

2.4.3 포아송분포의 기댓값과 분산

X가 모수가 $\lambda > 0$인 포아송분포 즉 $X \sim Poisson(\lambda)$일 때의 기댓값을 구하자.

$$\begin{aligned} E(X) &= \sum_{k=0}^{\infty} \frac{ke^{-\lambda}\lambda^k}{k!} \\ &= \lambda e^{-\lambda} \sum_{k=1}^{\infty} \frac{\lambda^{k-1}}{(k-1)!} \\ &= \lambda e^{-\lambda} \sum_{k=0}^{\infty} \frac{\lambda^k}{k!} \\ &= \lambda \end{aligned}$$

분산을 구하기 위하여 $E(X^2)$을 계산하자.

$$\begin{aligned} E(X^2) &= \sum_{k=0}^{\infty} k^2 \frac{\lambda^k e^{-\lambda}}{k!} \\ &= \sum_{k=1}^{\infty} [k(k-1)+k] \frac{\lambda^k e^{-\lambda}}{k!} \\ &= \sum_{k=2}^{\infty} \frac{\lambda^k e^{-\lambda}}{(k-2)!} + E(X) \\ &= \lambda^2 e^{-\lambda} \sum_{k=2}^{\infty} \frac{\lambda^{k-2}}{(k-2)!} + E(X) \\ &= \lambda^2 e^{-\lambda} \sum_{i=0}^{\infty} \frac{\lambda^i}{i!} + E(X) \\ &= \lambda^2 + \lambda \end{aligned}$$

따라서 분산 $Var(X) = E(X^2) - (E(X))^2 = \lambda^2 + \lambda - (\lambda)^2 = \lambda$이다. 즉 다음과 같이 정리할 수 있다.

> $X \sim Poisson(\lambda)$일 때 X의 기댓값과 분산은 다음과 같다.
>
> $$E(X) = Var(X) = \lambda$$

즉 포아송분포의 기댓값과 분산은 포아송분포의 모수와 같다.

예 2.4.2 A 지역은 해마다 평균 3.5회의 태풍이 지나간다. 태풍이 오는 횟수가 포아송분포를 따른다면 올해 태풍이 2회 이상 지나갈 확률은?

풀이 $P(X \geq 2) = 1 - P(X=0) - P(X=1) = 1 - e^{-3.5}(1+3.5)$ ■

2장 연습문제

2.1 불량률이 1%인 제품을 생산하고 있다. 200개의 제품 중에서 2개 이상의 불량품이 나올 확률의 근삿값을 포아송분포를 이용하여 구하라.

2.2 2단계 품질 검사를 하고 있다. 1단계로 50개의 제품 중에서 5개를 골라 5개 모두 양품이면 통과, 2개 이상 불량이면 탈락이고 하나의 불량품이 나오면 2단계 품질 검사에 들어간다. 2단계에서는 1단계에서 선택한 5개를 제외한 나머지 45개의 제품에서 10개를 임의로 골라 2개 이상이 불량이면 탈락시킨다. 50개의 제품 중 10개의 불량품이 들어 있을 때 다음 확률을 구하라.

(1) 2단계 심사까지 가서 1개 이상 불량품이 나올 확률

(2) 통과될 확률

2.3 성공률 p인 베르누이 시행을 반복하고 있다. 확률변수 X를 적어도 한 번의 성공과 적어도 한 번의 실패가 있기까지의 총 시행횟수라 할 때 X의 분포와 $E(X)$, $Var(X)$를 구하라.

2.4 $X \sim B(n,p)$이고 $n = 300$, $p = 0.97$일 때 $P(X > 280)$을 포아송분포를 이용하여 구하라.

2.5 X는 음이 아닌 정숫값을 갖는 확률변수이다. 다음을 보여라.

(1) $E(X) = \sum_{n=1}^{\infty} P(X \geq n)$

(2) $E(\frac{1}{2}X(X+1)) = \sum_{n=1}^{\infty} nP(X \geq n)$ (힌트 $\sum_{i=1}^{n} i = \frac{1}{2}n(n+1)$을 이용)

(3) $E(X) = a$, $E(\frac{1}{2}X(X+1)) = b$라 할 때 $Var(X)$를 a와 b를 이용하여 나타내어라.

2.6 $X \leq Y$이면 $E(X) \leq E(Y)$가 성립하나 역은 성립하지 않음을 예를 들어 보여라.

2.7 8개의 부품으로 이루어진 시스템이 있다. 각 부품은 독립적으로 작동하며 각각 고장 날 확률은 p로 같다. 구성된 부품의 1/3이 고장 나면 시스템은 작동을 멈춘다고 한다.

(1) 이러한 시스템이 작동하지 않을 확률을 구하라.

(2) 만약 시스템을 5개 또는 7개의 부품으로 구성할 수 있을 때 5개로 이루어진 시스템의 멈출 확률이 더 낮아지는 p값의 범위를 구하라.

2.8 (1) $I_{A \cup B} = I_A + I_B - I_{A \cap B}$가 성립함을 보여라.

(2) $A_1, A_2, A_3, \cdots$이 서로 배반사상이면 $I_{\bigcup_n A_n} = \sum_n I_{A_n}$임을 보여라.

2.9 $X \sim B(n,p)$이고 $Y \sim NB(r,p)$일 때 $P(Y > n) = P(X < r)$임을 설명하라.

2.10 하루 동안 주가가 1단위씩 움직인다고 가정하고 1단위 증가할 확률은 p, 1난위 떨어실 확률은 $1-p$이다. 서로 다른 날의 주가의 변동성은 서로 독립적이라고 할 때 다음 확률을 구하라.

(1) 이틀 후 주가가 제자리로 돌아올 확률은?

(2) 3일 후 1단위 증가했을 때 첫째 날 1단위 증가했을 확률은?

(3) 10일 후 2단위 증가할 확률은?

2.11 확률변수 X에 대해 $E(X^3) < \infty$이면 X의 왜도(비대칭도, skewness)는 다음과 같이 정의된다.

$$SkwX = \frac{E(X-\mu)^3}{\sigma^3}, \quad (\mu = E(X),\ \sigma^2 = Var(X))$$

(1) $X \sim Bernoulli(p)$이면 $SkwX = \dfrac{q-p}{\sqrt{qp}}$임을 보여라.

(2) $X \sim Poisson(\lambda)$이면 $SkwX = \lambda^{-1/2}$임을 보여라.

(3) $X \sim \mathrm{Geo}(p)$이면 $SkwX = \dfrac{1+q}{\sqrt{q}}$임을 보여라.

2.12 앞면이 나올 확률이 1/2인 동전을 세 번 던져 나타난 결과를 기록하였다.

(1) 표본공간을 써라.

(2) X를 나타난 앞면의 수라 할 때 표본공간의 각 근원사상에 X값을 대응시켜라.

(3) X의 확률질량함수를 찾아라.

(4) Y를 앞면과 뒷면의 수의 차이라 할 때 표본공간의 각 근원사상에 Y값을 대응시켜라.

(5) $\{Y=0\}$이 되는 사상은?

(6) Y의 확률질량함수를 찾아라.

2.13 상자1에 있는 20개의 제품 중 5개가 불량이고 상자2에 있는 30개의 제품 중 7개가 불량이다. 상자1과 상자2 중 임의로 하나를 선택하여 3개의 제품을 꺼낸 다음 불량품의 수를 세었다. 만약 세 개 중 하나가 불량일 때 상자1을 선택했을 확률을 구하라.

2.14 상자1에는 4개의 붉은 공과 2개의 흰 공이, 상자2에는 1개의 붉은 공과 4개의 흰 공이 들어 있다. 두 상자 중에서 하나를 임의로 골라서 두 번의 비복원 추출을 하고 X를 붉은 공의 수로 두었다.

(1) (선택된 상자, 첫 번째 선택한 공의 색, 두 번째 선택한 공의 색)으로 두고 표본공간을 구하라.

(2) 표본공간의 각 근원사상에 X값을 대응시켜라.

(3) X의 확률질량함수를 찾아라.

2.15 6명의 남자와 5명의 여자 가운데 3명을 선택하여 위원회를 구성하고자 한다. X를 세 명의 위원 중 여자 위원의 수라 하자.

(1) $X=0,1,2,3$ 각각에서의 가능한 가지 수를 구하라.

(2) 11명 중 임의로 선택하여 위원회를 구성할 때 X의 확률질량함수를 찾아라.

2.16 두 개의 동전이 있다. 동전 1은 앞면이 나올 확률이 p_1이고 동전 2는 앞면이 나올 확률이 p_2이다.

(1) 둘 중 하나를 임의로 골라 앞면을 얻을 때까지 던진다고 할 때 X는 총 시행횟수를 나타낸다. X의 확률질량함수를 구하라.

(2) A군은 동전 1을 B양은 동전 2를 가지고 번갈아가며 던졌을 때 먼저 앞면을 얻는 사람이 이기는 게임을 하고 있다. B양이 먼저 던질 때 A군이 이길 확률을 구하라.

2.17 한 페이지에 2000자의 글자가 있다. 각 글자가 오차가 될 확률은 0.001이다. 각 글자의 오차 여부는 서로 독립이라고 하고 X를 오자 수라 할 때 다음을 계산하라.

(1) X의 분포를 구하라.

(2) X의 근사분포로 적당한 포아송분포를 찾아라.

(3) 오자수가 5자 이상이 될 확률을 (1)의 분포와 (2)의 분포를 이용해서 각각 구하고 비교해보라.

2.18 오전 9시-10시 사이에 ○○ 서비스센터를 방문하는 고객 수는 모수 $\lambda = 4$인 포아송분포를 따른다고 한다. 9시-10시 사이에 적어도 2명 이상의 고객이 방문했다고 했을 때 방문고객 수 X의 확률질량함수를 찾아라.

2.19 하루 동안 △△ 명품관을 방문하는 고객 수는 모수 λ인 포아송분포를 따른다. 방문 고객 수 중 일부는 구경만 하고 가며 방문자의 $100p\%$만이 물품을 구입한다. 물품을 구입하는 고객 수를 Y라 둘 때 Y의 분포를 구하라.

2.20 복권에 당첨될 확률은 p이다. 매주 한 장씩 복권을 산다고 할 때 X를 당첨될 때까지 경과된 시간(단위: 주(week))이라 하자.

(1) X의 확률질량함수를 찾아라.

(2) $P(X \le 10)$을 구하라.

(3) 지난 1년 동안 한 번도 당첨되지 못하였다. 앞으로 20주 안에 당첨될 확률은 얼마인가?

쉬어가기

대표적인 이산분포를 간단히 정리하면 다음과 같다.

1. 성공률 p인 베르누이 시행을 했을 때

분포	X	모수	평균	분산
베르누이 분포	한 번 시행에서 성공하면 1, 실패하면 0	p	p	pq
이항분포	n번 시행했을 때 성공 횟수	n, p	np	npq
기하분포	처음 성공할 때까지의 시행횟수	p	$\frac{1}{p}$	$\frac{1-p}{p^2}$
음이항분포	r번째 성공 때까지의 총 시행횟수	r, p	$\frac{r}{p}$	$\frac{r(1-p)}{p^2}$
포아송분포	이항분포의 근사분포($\lambda = np,\ n \to \infty$)	λ	λ	λ

2. 타입 1이 r개, 타입 2가 $N-r$개 들어 있는 N개의 유한모집단에서 n개를 추출한다.

분포	X	모수	평균	분산
초기하분포	n개 중 들어 있는 타입 1의 개수	N, r, n	$n\frac{r}{N}$	$n\frac{r}{N}(1-\frac{r}{N})(\frac{N-n}{N-1})$

3장 연속확률변수와 연속확률분포

3.1 확률밀도함수와 확률분포

2장에서 가산개만큼의 값을 갖는 이산확률변수에 대해서 알아보았다. 그러나 키나 몸무게, 전구의 수명, 전화 통화시간, 콜레스테롤 수치 등과 같이 우리 주변에서 적당한 구간 안에 있는 값을 갖는 즉 비가산개의 값을 갖는 확률변수는 무수히 많이 들 수 있다. 3장에서는 연속값을 갖는 확률변수와 그의 분포 및 분포의 여러 가지 성질들에 대해 알아보고자 한다.

먼저 다음의 예를 살펴보자.

예 3.1.1 $N(5,4)$에서 추출한 100, 1000, 10000개의 데이터를 정리하여 각각에서의 상대도수히스토그램을 그려보았다(그림 3-1). 간격이 좁아질수록 그래프의 모양이 연속함수형태로 근사되는 것을 알 수 있다. 넓이는 기본적으로 확률에 비례하므로 전 넓이를 1이 되도록 하면 넓이=확률이 되는 함수가 결정된다.

위의 예 3.1.1에서 a, b 사이에 들어갈 확률은 a에서 b까지의 히스토그램의 넓이의 합에 비례하게 되고 이는 곡선 아래 넓이와 거의 일치한다. 곡선 아래 전

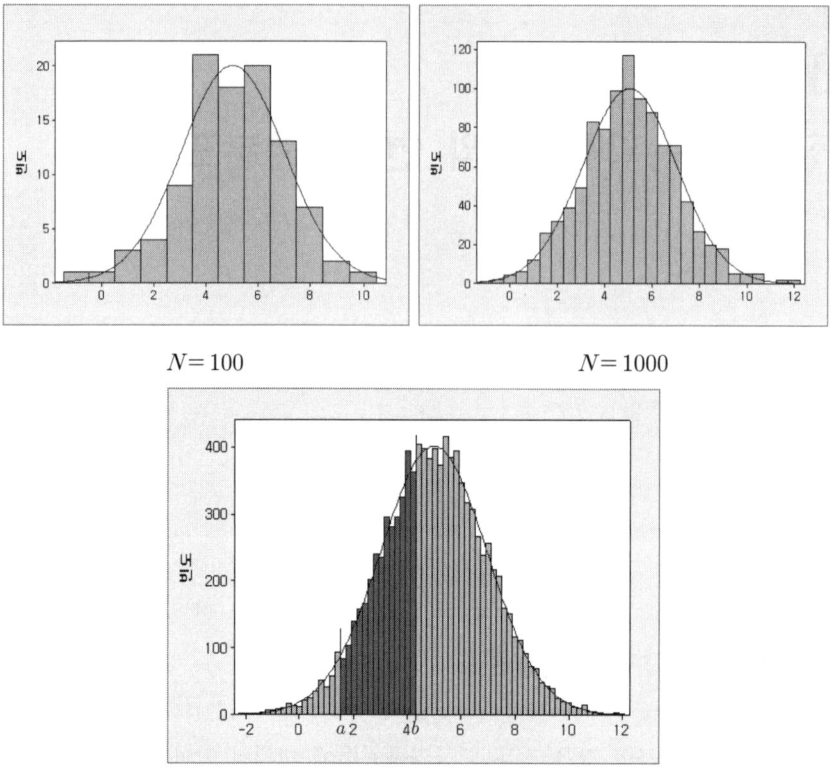

$N=100$ $N=1000$

$N=10000$

그림 3-1

체 넓이를 1로 표준화한 그래프를 $f(x)$라 하면 a와 b 사이의 값을 가질 확률은 $f(x)$ 곡선 아래 x축, $x=a$, $x=b$ 사이의 넓이와 일치하게 된다.

다음 (1)-(3)을 만족하는 함수 $f:R \to R$이 존재할 때 X를 **연속확률변수**라 하고 f를 X의 **확률밀도함수**(probability density function)라 한다.

(1) $f(x) \geq 0$

(2) $\int_{-\infty}^{\infty} f(x)dx = 1$

(3) $P(a < X \leq b) = \int_{a}^{b} f(x)dx$

(3)은 X가 a와 b 사이에 들어갈 확률은 직선 $x=a$, $x=b$, x축과 곡선 $f(x)$

아래 부분이 이루는 넓이가 됨을 보여준다. 여러 개의 확률변수와 그의 확률밀도함수를 동시에 언급할 때는 X의 확률밀도함수를 $f_X(x)$라 한다.

이산확률변수의 확률질량함수가 분포를 결정하는 것과 같이 연속확률변수에서는 확률밀도함수가 분포를 결정한다. 즉 다음이 성립한다.

$$P(X \in B) = \int_B f_X(x)dx, \qquad B \subset R$$

이때 $B = \{a\}$라 하면 $P(X = a) = \int_a^a f_X(x)dx = 0$이 된다. 이는 연속확률변수가 특정 값을 갖게 될 확률은 항상 0이 됨을 의미하며 따라서 연속확률변수 X에 대하여 다음이 성립한다.

$$P(X = a) = 0, \quad \forall a \in R$$

$$P(X \le a) = P(X < a), \quad \forall a \in R$$

$$P(a < X \le b) = P(a < X < b) = P(a \le X < b) = P(a \le X \le b), \quad \forall a, b \in R$$

예 3.1.2 X의 확률밀도함수가 다음과 같을 때 c값을 결정하고 $P(1/3 < X \le 1/2)$를 구하라.

$$f(x) = \begin{cases} cx^2, & 0 < x < 1 \\ 0, & \text{그 밖에서} \end{cases}$$

풀이 $\int_0^1 cx^2 dx = \frac{c}{3}x^3\Big]_0^1 = \frac{c}{3} = 1$이므로 $c = 3$이다.

$$P(1/3 < X \le 1/2) = \int_{1/3}^{1/2} \frac{1}{3}x^2 dx = x^3]_{1/3}^{1/2} = (1/2)^3 - (1/3)^3$$

$$= \frac{19}{216}$$

■

위 예 3.1.2의 확률밀도함수 $f(x)$를 간단히 $f(x) = cx^2,\ 0 < x < 1$로 나타내곤 한다. 이는 $f(x)$가 $(0,1)$ 구간에서는 cx^2이고 그 외의 다른 부분에서는 0값을 가짐을 의미한다.

예 3.1.3 길이 l인 로프의 양 끝을 잡아당기면 임의의 지점에서 끊어질 것이다. 양 끝을 각각 0과 l이라 하고 끊어진 점의 위치를 X라 하자. X의 확률밀도함수를 구하라.

풀이 로프의 길이는 l이고 각 점이 끊어질 확률이 같으므로 $f(x)$는 $(0, l)$에서 상수가 된다. 따라서 $f(x)=c,\ 0<x<l$이고, $\int_{-\infty}^{\infty} f(x)dx = \int_0^l cdx = c\cdot l = 1,\quad c=\frac{1}{l}$ 즉, X의 확률밀도함수 $f(x)=\frac{1}{l}$, $0\le x\le l$이다. 또한 $0\le a\le b\le l$일 때 $P(a<X\le b)=\frac{(b-a)}{l}$이 될 것이다. ■

2장에서 분포를 결정하는 또 하나의 함수로 다음과 같이 정의된 (누적)분포함수 $F: R\to R$이 있음을 보았다. X가 연속확률변수이면 분포함수는 다음과 같이 정의된다.

$$F(x) = P(X\le x) = \int_{-\infty}^{x} f(y)dy \tag{3.1.1}$$

연속함수의 분포함수는 확률밀도함수를 적분하여 얻을 수 있다. 한편 분포함수를 미분하면 (미분가능한 점에서) 확률밀도함수를 얻을 수 있다. 즉 다음 관계가 성립한다.

$$f(x) = \begin{cases} \dfrac{dF(x)}{dx}, & F(x)\text{가 } x\text{에서 미분가능할 때} \\ 0, & x\text{에서 미분가능하지 않을 때} \end{cases}$$

위와 같이 두면 $f(x)$는 $F(x)$를 분포함수로 갖는 확률밀도함수가 된다. (3.1.1)을 이용하면 $P(a<X\le b)=F(b)-F(a)=\int_a^b f(x)dx$이다. 또한 연속확률변수 X와 임의의 실수 a에서 $P(X=a)=0$이므로 연속확률변수 X와 그의 확률밀도함수 $f(x)$에 대해 다음이 성립한다.

$$\begin{aligned} P(a<X<b) = P(a\le X<b) = P(a\le X\le b) = P(a<X\le b) \\ = \int_a^b f(x)dx \end{aligned}$$

이산분포의 경우 분포함수는 계단함수였다. 연속확률변수의 분포함수는 연속함수가 된다.

X의 확률밀도함수와 분포함수를 각각 $f(x)$와 $F(x)$라 할 때 이를 다음과 같이 간단히 표현하기로 하자.

$$X \sim f(x) \quad \text{또는} \quad X \sim F(x)$$

예 3.1.4 예 3.1.3의 확률밀도함수 $f(x) = \frac{1}{l}$, $0 \le x \le l$ 의 분포함수를 찾아라. $x < 0$이면 $F(x) = 0$이고 $x > l$이면 $F(x) = P(X \le x) = P(X \le l) = 1$이 된다. $0 < x < l$인 x에 대하여 $F(x) = P(X \le x) = \int_{-\infty}^{x} \frac{1}{l} dx = \int_{0}^{x} \frac{1}{l} dx = \frac{x}{l}$이다.

예 3.1.5 특정 회사의 전지의 수명(단위: 개월)을 조사하였더니 다음과 같은 확률밀도함수를 가짐을 알게 되었다. λ를 구하고 분포함수 $F(x)$, 그리고 이 전지가 6개월 이상 작동될 확률을 구하라.

$$f(x) = \lambda e^{-\frac{x}{5}}, \quad x > 0$$

풀이 $\int_{0}^{\infty} \lambda e^{-\frac{x}{5}} dx = -5\lambda e^{-\frac{x}{5}}]_{0}^{\infty} = 5\lambda = 1$이므로 $\lambda = \frac{1}{5}$이다. 즉 위 확률밀도함수는 $f(x) = \frac{1}{5} e^{-\frac{x}{5}}$, $x > 0$이다. 따라서 다음이 성립한다.

$$F(x) = 0, \quad x \le 0,$$

$$F(x) = \int_{0}^{x} \frac{1}{5} e^{-\frac{1}{5}y} dy = -e^{-\frac{y}{5}}]_{0}^{x} = 1 - e^{-\frac{x}{5}}, \quad x > 0$$

따라서 $P(X > 6) = \int_{6}^{\infty} \frac{1}{5} e^{-\frac{x}{5}} dx = -e^{-\frac{1}{5}x}]_{6}^{\infty} = e^{-\frac{6}{5}} \approx 0.3012$이다. 또는 $P(X > 6) = 1 - F(6) = e^{-\frac{6}{5}}$와 같이 구할 수도 있다. ■

예 3.1.6 어느 건축자재 판매회사에서는 매주 팔리는 시멘트의 양(단위: 톤)을 X라 할 때 X는 다음과 같은 확률밀도함수를 갖는다고 한다. X의 분포함수를 찾아라.

$$f(x) = \frac{3}{2}(1 - x^2), \quad 0 < x < 1$$

풀이 $F(x) = \int_0^x \frac{3}{2}(1 - x^2)dx = \frac{3}{2}(x - \frac{x^3}{3}),\ 0 < x < 1$이다. 따라서 구하는 분포함수는 다음과 같다.

$$F(x) = \begin{cases} 0, & x < 0 \\ \frac{3}{2}(x - \frac{x^3}{3}), & 0 \le x < 1 \\ 1, & x \ge 1 \end{cases}$$ ■

위 예제 3.1.6의 분포함수 $F(x)$를 간단히 $F(x) = \frac{3}{2}(x - \frac{x^3}{3}),\ 0 < x < 1$로 나타내면 이는 $x \le 0$에서 $F(x) = 0$이고 $x \ge 1$ 범위에서 $F(x) = 1$임을 뜻하고 편의에 의해 이 부분을 생략한 것이다.

예 3.1.7 X의 분포함수가 다음과 같을 때 확률밀도함수를 구하라.

$$F(x) = \begin{cases} 0, & x < -2 \\ \frac{1}{2} + \frac{3}{32}(4x - \frac{x^3}{3}), & -2 \le x < 2 \\ 1, & x \ge 2 \end{cases}$$

풀이 $$f(x) = \begin{cases} \frac{3}{8} - \frac{3}{32}x^2, & -2 < x < 2 \\ 0, & \text{그 밖에서} \end{cases}$$ ■

분포함수를 이용하면 확률변수의 함수로 이루어진 새로운 확률변수의 분포를 쉽게 유도할 수 있다.

예 3.1.8 확률변수 X는 확률밀도함수 $f_X(x)$, 분포함수 $F_X(x)$를 갖고 있다. $Y=aX+b$, $a>0$라 할 때 Y의 확률밀도함수 $f_Y(y)$와 분포함수 $F_Y(y)$를 $f_X(x)$, $F_X(x)$를 이용하여 나타내어라.

풀이 $F_Y(y)=P(Y\le y)=P(aX+b\le y)=P(X\le \frac{y-b}{a})$

$$=F_X(\frac{y-b}{a})$$

이다. 따라서 $f_Y(y)=\frac{1}{a}f_X(\frac{y-b}{a})$ 이다. ■

예 3.1.9 연속확률변수 X의 확률밀도함수 $f_X(x)$가 다음과 같이 주어지고 $Y=e^X$일 때 Y의 분포함수 및 확률밀도함수를 찾아라.

$$f_X(x)=1/2,\quad 0<x<2$$

풀이 먼저 X의 분포함수 $F_X(x)=\frac{1}{2}x$, $0<x<2$이다. 따라서 다음이 성립한다.

$$F_Y(y)=P(Y\le y)=P(e^X\le y)=P(X\le \log y)$$

$$=F_X(\log y)=\frac{1}{2}\log y,\quad 1<y<e^2$$

$$f_Y(y)=\frac{dF_Y(y)}{dy}=\frac{1}{2y},\quad 1<y<e^2$$

■

예 3.1.10 연속확률변수 X의 확률밀도함수 $f_X(x)$가 주어졌을 때 $Y=X^2$의 확률밀도함수를 $f_X(x)$를 이용하여 나타내어라. 또한 $f_X(x)=\frac{1}{2}$, $x\in(-1,1)$일 때 $Y=X^2$의 확률밀도함수를 찾아라.

풀이 $F_Y(y)=P(X^2\le y)=P(-\sqrt{y}\le X\le\sqrt{y})$

$$=F_X(\sqrt{y})-F_X(-\sqrt{y})$$

이다. 따라서 양변을 y에 대해서 미분하면 다음을 얻는다.

$$f_Y(y) = f_X(\sqrt{y})\frac{1}{2}y^{-\frac{1}{2}} - f_X(-\sqrt{y})(-\frac{1}{2})y^{-\frac{1}{2}}$$

$$= \frac{1}{2\sqrt{y}}[f_X(\sqrt{y}) + f_X(-\sqrt{y})]$$

한편 $f_X(x) = \frac{1}{2}$, $x \in (-1,1)$이면 $y \in [0,1)$에 대하여 $f_X(\sqrt{y}) = f_X(-\sqrt{y}) = \frac{1}{2}$이므로 위 식에 대입하면 다음을 얻는다.

$$f_Y(y) = \frac{1}{2\sqrt{y}}(\frac{1}{2} + \frac{1}{2}) = \frac{1}{2\sqrt{y}}, \quad 0 \le y < 1$$ ■

이산확률분포에서 확률질량함수 $p(x)$는 확률 $P(X=x)$을 가리켰다. 그러나 연속확률분포의 확률밀도함수 $f(x)$는 확률을 나타내지 않는다. 확률밀도함수 $f(x)$의 아래 부분의 넓이가 확률을 나타낸다. 또한 $h>0$가 매우 작은 값일 때 $f(x)$가 x 근방에서 연속이면 다음이 성립한다.

$$P(x < X \le x+h) = \int_x^{x+h} f(x)dx \simeq hf(x) \tag{3.1.2}$$

즉 $hf(x)$는 X가 $(x, x+h)$라는 아주 작은 구간에 들어갈 확률을 나타낸다. 즉 $f(x)$는 확률변수 X가 x 주변의 값을 갖게 될 가능성의 정도를 나타내는 하나의 척도로 이해할 수 있으며 다시 말해서 x 주변에서의 확률밀도를 나타낸다. 식 (3.1.2)는 이산분포에서의 성질을 이용하여 연속분포에서의 성질을 이해하고자 할 때 자주 쓰이는 관계이다.

3.2 연속확률변수의 기댓값과 분산

2장에서 이산확률변수 X의 기댓값을 다음과 같이 정의하였다.

$$E(X) = \sum_x xP(X=x) \tag{3.2.1}$$

X가 확률밀도함수 $f(x)$를 갖는 연속확률변수라 하자. 식 (3.1.2)에서 본 바와 같이 Δx가 작은 값이면 다음이 성립한다.

$$P(x < X \le x + \Delta x) \simeq f(x)\Delta x$$

이를 식 (3.2.1)에 대입하여 보면 다음 관계를 알 수 있다.

$$E(X) \simeq \sum_x x f(x)\Delta x \simeq \int_{-\infty}^{\infty} x f(x) dx$$

$f(x)$를 확률밀도함수로 갖는 **연속확률변수** X**의 기댓값**은 다음과 같이 정의된다.

$$E(X) = \int_{-\infty}^{\infty} x f(x) dx$$

X가 연속분포를 갖는 경우 $E(X)$가 유한값을 갖기 위해서는 $E(|X|) = \int_{-\infty}^{\infty} |x| f(x) dx < \infty$이어야 한다. 또한 $E(X) = \int_{-\infty}^{\infty} x f(x) dx$가 의미 있는 값이 되기 위해서는 위의 적분값 $\int_{-\infty}^{\infty} x f(x) dx = \infty - \infty$ 꼴이 되지 말아야 한다. 이 책에서 $E(X)$라 쓰는 경우는 편의에 의해 이러한 존재 조건을 만족하는 것으로 가정하고 일일이 조건을 나열하지 않겠다.

예 3.2.1 X의 확률밀도함수 $f(x) = \frac{1}{2}x$, $0 < x < 1$일 때 $E(X)$를 구하라.

풀이 $E(X) = \int_0^1 x \frac{1}{2} x dx = \frac{1}{2}\frac{1}{3}x^3 \Big]_0^1 = \frac{1}{6}$ ■

예 3.2.2 연속확률변수 X의 확률밀도함수 $f(x)$가 다음과 같다. $Y = e^X$일 때 $E(Y)$를 구하라.

$$f(x) = 1/2, \quad 0 < x < 2$$

풀이 위의 예 3.1.9에서 Y의 확률밀도함수 $f_Y(y) = \frac{1}{2y}$, $1 < y < e^2$를 구하였다. 따라서

$$E(Y) = \int_1^{e^2} y \frac{1}{2y} dy = \frac{1}{2}(e^2 - 1)$$

이다. ■

다음이 성립한다.

> 연속확률변수 X의 확률밀도함수는 $f(x)$이고 $g: R \to R$인 함수일 때 $g(X)$의 기댓값은 다음과 같다.
>
> $$E(g(X)) = \int_{-\infty}^{\infty} g(x) f(x) dx \quad (3.2.2)$$

(3.2.2)를 이용하면 예 3.2.2의 $E(e^X)$는 다음과 같이 구할 수 있다.

$$\int_{-\infty}^{\infty} e^x f(x) dx = \int_0^2 e^x \frac{1}{2} dx = \frac{1}{2} e^x \Big]_0^2 = \frac{1}{2}(e^2 - 1)$$

예 3.2.3 $Y = X^2$이고 X의 확률밀도함수 $f(x) = \frac{1}{2}$, $-1 < x < 1$ 이다. $E(X)$를 구하고 $E(Y)$를 식 (3.2.2)를 이용하여 구하라.

풀이 $$E(X) = \int_{-1}^{1} x \frac{1}{2} dx = \frac{1}{2} \frac{1}{2} x^2 \Big]_{-1}^{1} = 0$$

$$E(Y) = \int_{-1}^{1} x^2 \frac{1}{2} dx = \frac{1}{2} \frac{1}{3} x^3 \Big]_{-1}^{1} = \frac{1}{3}$$ ■

위의 예 3.2.3에서 $E(Y)$를 Y의 확률밀도함수 $f_Y(y)$를 이용하여 구하여보자. 예 3.1.10에서 구한 바와 같이 Y의 확률밀도함수 $f_Y(y) = \frac{1}{2\sqrt{y}}$,

$0<y<1$이다. 이를 이용하여 $E(Y)$를 구하면 $E(Y)=\int_0^1 y\frac{1}{2\sqrt{y}}dy=\frac{1}{2}\frac{2}{3}y^{\frac{3}{2}}\Big]_0^1=\frac{1}{3}$이다. 이는 예 3.2.3의 결과와 일치함을 알 수 있다.

예 3.2.4 X의 확률밀도함수는 $f(x)=1,\ 0<x<1$이다. $g(X)$가 다음과 같이 주어졌을 때 $E(g(X))$를 계산하라.

$$g(X)=\max(X,\ 1-X)=\begin{cases}1-X, & 0<X<\frac{1}{2}\\ X, & \frac{1}{2}\le X<1\end{cases}$$

풀이
$$\begin{aligned}E(g(X))&=\int_{-\infty}^{\infty}\max(x,\ 1-x)f(x)dx\\&=\int_0^{\frac{1}{2}}(1-x)\cdot 1dx+\int_{\frac{1}{2}}^1 x\cdot 1dx=\frac{3}{4}\end{aligned}$$ ■

함수 $g:R\to R$이 절대증가(strictly increasing) 함수라 하면 g는 증가하는 역함수가 존재한다. $Y=g(X)$라 두면 Y는 새로운 확률변수가 되며 Y의 분포함수와 확률밀도함수는 각각 다음과 같다.

$$F_Y(y)=P(g(X)\le y)=P(X\le g^{-1}(y))=F_X(g^{-1}(y)),$$
$$f_Y(y)=f_X(g^{-1}(y))\frac{dg^{-1}(y)}{dy}$$

따라서 $y=g(x)$라 두고 변수 변환을 하면 다음을 얻는다.

$$\int_{-\infty}^{\infty}g(x)f_X(x)dx=\int_{-\infty}^{\infty}yf_X(g^{-1}(y))\frac{dg^{-1}(y)}{dy}dy=\int_{-\infty}^{\infty}yf_Y(y)dy=E(Y)$$

함수 g가 절대 감소이면 g는 감소하는 역함수가 존재하고 위와 같은 방법으로 $f_Y(y)$를 계산하면 $f_Y(y)=-f_X(g^{-1}(y))\frac{dg^{-1}(y)}{dy}$를 얻는다.

위 두 경우를 종합하면 다음이 성립한다.

X는 $f_X(x)$를 확률밀도함수로 갖는 연속확률변수이고 g는 X의 치역에서 정의된 실숫값 함수로 절대단조(strictly monotone), 미분가능함수이다. 이때 $Y=g(X)$의 확률밀도함수는 다음과 같이 주어진다.

$$f_Y(y)=f_X(g^{-1}(y))\left|\frac{dg^{-1}(y)}{dy}\right|,\quad y\in g(A),\ A=\{x\mid f(x)>0\} \quad (3.2.3)$$

예 3.2.5 $X\sim N(\mu,\sigma^2)$ 즉 X의 확률밀도함수가 다음과 같을 때 $Y=aX+b$ $(a\neq 0)$의 확률밀도함수를 찾아라.

$$f_X(x)=\frac{1}{\sqrt{2\pi}\,\sigma}exp(-\frac{(x-\mu)^2}{2\sigma^2}),\qquad -\infty<x<\infty$$

풀이 $Y=g(X)$, $g(x)=ax+b$ $(a\neq 0)$이므로 함수 g는 절대단조함수 ($a>0$이면 절대증가, $a<0$이면 절대감소)이고 미분가능하며 $\frac{dg^{-1}(y)}{dy}=\frac{1}{a}$이다. 따라서

$$f_Y(y)=\frac{1}{|a|}f_X(x)$$

이고 $y=ax+b$로부터 $x=\frac{y-b}{a}$이므로 이를 위 식에 대입하면 다음을 얻는다.

$$\begin{aligned}f_Y(y)&=\frac{1}{|a|}\frac{1}{\sqrt{2\pi}\,\sigma}exp\left(-\frac{(\frac{y-b}{a}-\mu)^2}{2\sigma^2}\right)\\&=\frac{1}{\sqrt{2\pi}\,(\sigma|a|)}\exp(-\frac{(y-a\mu-b)^2}{2\sigma^2a^2}),\quad -\infty<y<\infty\end{aligned}$$

이는 $Y\sim N(a\mu+b,\ a^2\sigma^2)$임을 의미한다. ■

연속확률변수 X의 분산(variance)과 표준편차(standard deviation)는 이산분포에서와 같이 다음과 같이 정의된다.

$$X\text{의 분산} = Var(X) = E(X - E(X))^2$$
$$X\text{의 표준편차} = SD(X) = \sqrt{Var(X)}$$

Y가 연속확률변수 X의 선형함수일 때 즉, $Y = aX + b$ 일 때 다음이 성립함은 적분의 성질로부터 얻는다.

$$\begin{aligned} E(Y) &= \int_{-\infty}^{\infty} (ax+b) f_X(x) dx = a \int_{-\infty}^{\infty} x f_X(x) dx + b \int_{-\infty}^{\infty} f_X(x) dx \\ &= aE(X) + b \end{aligned}$$

또한 $E(X) = \mu$라 두고 $Var(X)$를 다음과 같이 다시 쓸 수 있다.

$$\begin{aligned} Var(X) &= E(X-\mu)^2 \\ &= \int_{-\infty}^{\infty} (x-\mu)^2 f_X(x) dx \\ &= \int_{-\infty}^{\infty} (x^2 - 2\mu x + \mu^2) f_X(x) dx \\ &= E(X^2) - \mu^2 \end{aligned}$$

즉 $Var(X) = E[X^2 - 2XE(X) + (E(X))^2] = E(X^2) - (E(X))^2$가 성립하고 또한 다음이 성립함을 쉽게 보일 수 있다.

$$E(aX+b) = aE(X) + b$$
$$Var(aX+b) = a^2 Var(X)$$
$$SD(aX+b) = |a| SD(X)$$

예 3.2.6 $X \sim N(\mu, \sigma^2)$이고 $Y = aX + b\ (a \neq 0)$이면 $E(Y) = a\mu + b$이고 $Var(Y) = a^2\sigma^2$이다. 이는 X가 정규분포가 아닌 어떠한 분포라도 X의 평균이 μ, 분산이 σ^2이면 항상 성립한다.

X는 평균이 μ, 분산이 σ^2인 임의의 분포를 따른다고 하자. 여기서 $Z = \frac{X-\mu}{\sigma}$라 두면 $E(Z) = \frac{1}{\sigma}(E(Z) - \mu) = 0$, $Var(Z) = \frac{1}{\sigma^2} \cdot \sigma^2 = 1$이 된다. 이때 Z를 X의 표준화(standardize)라 한다.

3.3 여러 가지 연속확률분포

3.3.1 균등분포(uniform distribution)

확률변수 X가 다음과 같은 확률밀도함수 $f(x)$를 가질 때 확률변수 X는 (a,b)에서 균등분포(uniformly distributed on (a,b))를 따른다고 하고 간단히 $X \sim unif(a,b)$로 나타내자.

$$f(x) = \frac{1}{b-a}, \quad a < x < b$$

(a,b)에서 균등분포를 하는 확률변수 X의 분포함수는 다음과 같다.

$$F(x) = \int_a^x \frac{1}{b-a} dx = \frac{x-a}{b-a}, \quad a < x < b$$

이때 $x \le a$이면 $F(x) = 0$이고 $x \ge b$이면 $F(x) = 1$이다.

예 3.3.1 X의 확률밀도함수가 (a,b) 위에서 상수 값 c를 갖는다. c값을 구하고 $E(X)$, $Var(X)$를 구하라.

풀이 X가 (a,b) 위에서 상수 값을 가지므로 $X \sim unif(a,b)$이다.

$1 = \int_{-\infty}^{\infty} f(x)dx = \int_a^b cdx = c(b-a)$이므로 $c = \frac{1}{b-a}$이다.

$$E(X) = \int_a^b x \frac{1}{b-a} dx = \frac{1}{b-a} \frac{1}{2} x^2 \Big]_a^b = \frac{a+b}{2}$$

$$E(X^2) = \int_a^b x^2 \frac{1}{b-a} dx = \frac{1}{b-a} \frac{1}{3}(b^3 - a^3) = \frac{a^2 + ab + b^2}{3}$$

따라서

$$Var(X) = E(X^2) - (E(X))^2 = \frac{a^2+ab+b^2}{3} - (\frac{a+b}{2})^2 = \frac{(b-a)^2}{12}$$

이다. ■

$X \sim unif(a,b)$일 때 X의 평균과 분산은 다음과 같다.

$$E(X) = \frac{a+b}{2}, \quad Var(X) = \frac{(b-a)^2}{12}$$

예 3.3.2 신신은행 콜센터에 있는 직원은 10통의 전화에 응답하는 데 걸리는 시간(단위: 분)이 $(8,15)$에서 균등분포를 이룬다. X를 1통의 전화에 응답하는 데 소요되는 시간이라 할 때 X의 확률밀도함수와 평균을 찾아라.

풀이 10명의 문의에 응답하는 시간 $Z \sim unif(8,15)$이므로 $X = \frac{Z}{10} \sim unif\left(\frac{8}{10}, \frac{15}{10}\right)$이다. 따라서 $f_X(x) = \frac{1}{1.5-0.8} = \frac{10}{7}$, $0.8 < x < 1.5$이고 $E(X) = \frac{0.8+1.5}{2} = \frac{23}{20}$(분)이 된다. ■

예 3.3.3 교내 셔틀버스는 매 10분마다 출발한다(예를 들어 12시, 12시 10분, 12시 20분, $\cdots$). 12시 15분에 끝나는 수업의 실제 끝나는 시간은 12시 8분에서 12시 22분 사이에 균등분포를 한다. 강의실에서 정류장까지 가는 데 3분 걸린다면 셔틀버스를 기다리는 시간이 6분 이내일 확률은 얼마나 될까?

풀이 12시를 0으로 두면 수업이 끝나는 시간은 $unif(8, 22)$가, 정류장까지 3분 걸리므로 정류장에 도착하는 시간은 $unif(11, 25)$가 된다. 버스가 오는 시간은 10, 20, 30이므로 20분 전에 도착하면 20분에 출발하는 차를, 20분 후에 도착하면 30분에 출발하는 차를 타게 된다. 기다리는 시간이 6분 이내가 되기 위해서는 14분에서 20분 사이 그리고

24분에서 25분 사이에 도착하면 된다. 따라서 구하는 확률은 $\frac{7}{14}=\frac{1}{2}$ 이다. ■

3.3.2 정규분포(Normal distribution)

아래와 같은 확률밀도함수를 갖는 연속확률변수를 모수 μ와 σ^2을 갖는 정규확률변수(normal random variable) 또는 **정규분포**(normally distributed)를 갖는다고 하고 간단히 $X\sim N(\mu,\sigma^2)$으로 나타낸다.

$$f(x)=\frac{1}{\sqrt{2\pi}\,\sigma}e^{-(x-\mu)^2/2\sigma^2},\qquad -\infty<x<\infty \tag{3.3.1}$$

먼저 (3.3.1)에서 주어진 $f(x)$가 확률밀도함수가 되는지 살펴보자. 당연히 $f(x)\ge 0$이므로 전 구간에서 적분한 값이 1이 됨을 확인하면 된다. 즉

$$\frac{1}{\sqrt{2\pi}\,\sigma}\int_{-\infty}^{\infty}e^{-(x-\mu)^2/2\sigma^2}=1 \tag{3.3.2}$$

계산을 단순화하기 위하여 식 (3.3.2)의 좌변에서 $y=\frac{(x-\mu)}{\sigma}$로 치환하면 $dy=\frac{dx}{\sigma}$이므로 $\frac{1}{\sqrt{2\pi}}\int_{-\infty}^{\infty}e^{-y^2/2}dy$이 된다. 따라서 $I=\int_{-\infty}^{\infty}e^{-y^2/2}dy=\sqrt{2\pi}$ 임을 보이자.

$$I^2=\int_{-\infty}^{\infty}e^{-y^2/2}dy\int_{-\infty}^{\infty}e^{-x^2/2}dx=\int_{-\infty}^{\infty}\int_{-\infty}^{\infty}e^{-(y^2+x^2)/2}dydx$$

위 식에서 직교좌표를 극좌표로 치환 즉 $(x,y)\rightarrow(r,\theta)$로 바꾸면 $x=r\cos\theta,\ y=r\sin\theta$이 되고 변수변환공식을 사용하면 $dydx=rd\theta dr$이 된다. 따라서 다음을 얻는다.

$$I^2=\int_{0}^{\infty}\int_{0}^{2\pi}e^{-r^2/2}rd\theta dr=2\pi\int_{0}^{\infty}re^{-r^2/2}dr=-2\pi e^{-r^2/2}\Big]_0^{\infty}=2\pi$$

이로써 식 (3.3.1)의 $f(x)$는 확률밀도함수임이 증명되었다.

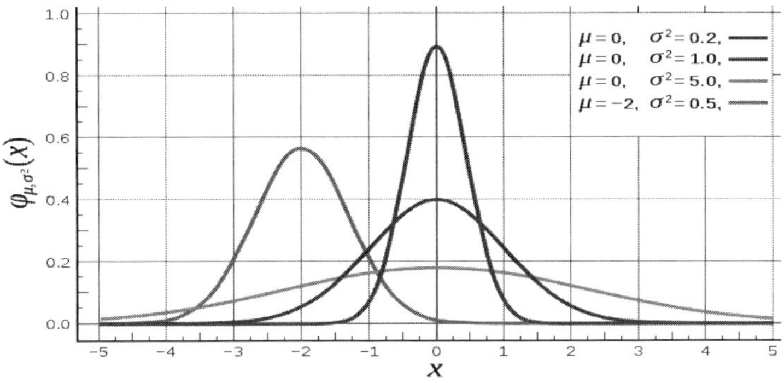

그림 3-2 여러 가지 평균과 분산에 따른 정규확률밀도함수

특히 $\mu=0,\ \sigma^2=1$인 정규분포를 **표준정규분포**(standard normal distribution)라 부른다.

$X \sim N(0,1)$일 때 X의 평균과 분산을 계산해보자.

$$E(X)=\frac{1}{\sqrt{2\pi}}\int_{-\infty}^{\infty} xe^{-x^2/2}dx=-\frac{1}{\sqrt{2\pi}}e^{-x^2/2}\Big]_{-\infty}^{\infty}=0$$

평균이 0이므로 분산은 $E(X^2)$과 같아진다.

$$\begin{aligned} Var(X)=E(X^2) &= \frac{1}{\sqrt{2\pi}}\int_{-\infty}^{\infty} x^2e^{-x^2/2}\,dx \\ &= \frac{1}{\sqrt{2\pi}}\left(-xe^{-x^2/2}\right]_{-\infty}^{\infty}+\int_{-\infty}^{\infty} e^{-x^2/2}dx)=1 \end{aligned}$$

위의 세 번째 등식은 $u=x,\ dv=xe^{-x^2/2}$라 두고 부분적분을 하여 얻었다.

일반적으로 표준정규분포의 분포함수는 $\Phi(x)$라는 문자를 이용하여 나타낸다. 즉

$$\Phi(x)=\int_{-\infty}^{x}\frac{1}{\sqrt{2\pi}}e^{-y^2/2}dy$$

이다. $\Phi(x)$값은 해석적인 방법으로 구할 수 없기 때문에 대부분의 기초적인 확률통계 책의 부록에 보면 $x \geq 0$인 x에서의 근삿값들이 주어져 있다. 표준정규

분포의 확률밀도함수는 $x=0$(y축)에 대칭이며 따라서 $\Phi(-x)=1-\Phi(x)$이 성립한다.

이제 정규분포의 중요한 성질이며, 표준정규분포에서의 결과를 이용하여 일반적인 정규분포의 평균과 분산 및 확률 등을 계산하는 데 이용될 수 있다.

> $X \sim N(\mu,\sigma^2)$이고 $Y=aX+b$ $(a \neq 0)$라 할 때 $Y \sim N(a\mu+b,\ a^2\sigma^2)$이 성립한다.

Y의 확률밀도함수 $f_Y(y)$는 앞 예 3.2.5에서 보았듯이 $-\infty < y < \infty$일 때

$$\begin{aligned} f_Y(y) &= \frac{1}{|a|} f_X\left(\frac{y-b}{a}\right) \\ &= \frac{1}{\sqrt{2\pi}\,\sigma|a|} e^{-\left(\frac{y-b}{a}-\mu\right)^2/2\sigma^2} \\ &= \frac{1}{\sqrt{2\pi}\,\sigma|a|} e^{-(y-b-a\mu)^2/2a^2\sigma^2}, \qquad -\infty < y < \infty \end{aligned}$$

이다. 이는 Y의 분포가 모수 $a\mu+b$와 $a^2\sigma^2$인 정규분포를 따름을 보인다.

$X \sim N(\mu,\sigma^2)$일 때 X의 평균과 분산을 위의 성질을 이용하여 찾아보자.

$Z=\dfrac{X-\mu}{\sigma}=\dfrac{1}{\sigma}X-\dfrac{\mu}{\sigma}$라 두면 Z는 모수 $\dfrac{1}{\sigma}\mu-\dfrac{\mu}{\sigma}=0$과 $\left(\dfrac{1}{\sigma}\right)^2\sigma^2=1$을 갖는 정규분포를 따른다. 즉 $Z \sim N(0,1)$이다. 이때 $X=\sigma Z+\mu$이고 따라서 $E(X)=\sigma E(Z)+\mu=\mu$, $Var(X)=\sigma^2 Var(Z)=\sigma^2$이다. 이는 정규분포의 두 모수 μ, σ^2은 각각 평균과 분산이 됨을 보여주는 것이다.

> $X \sim N(\mu,\ \sigma^2)$이면 $E(X)=\mu,\ Var(X)=\sigma^2$이 된다.

정규분포가 갖는 확률값은 이를 표준화한 후 표준정규분포표를 이용하여 구할 수 있다.

예 3.3.4 $X \sim N(2,3^2)$일 때 $P(1<X<4)$, $P(X>1)$를 각각 구하라.

풀이 $Z = \dfrac{X-2}{3} \sim N(0,1)$을 이용한다.

$$P(1 < X < 4) = P(\frac{1-2}{3} < \frac{X-2}{3} < \frac{4-2}{3})$$
$$= P(-\frac{1}{3} < Z < \frac{2}{3}) = \Phi(\frac{2}{3}) - \Phi(-\frac{1}{3})$$
$$= \Phi(\frac{2}{3}) - [1 - \Phi(\frac{1}{3})] \approx 0.3779$$
$$P(X > 1) = P\left(\frac{X-2}{3} > \frac{1-2}{3}\right) = P\left(Z > -\frac{1}{3}\right)$$
$$= 1 - \Phi(-\frac{1}{3}) \approx 0.6293$$

■

예 3.3.5 자료에 의하면 37-43주 후 태어난 신생아의 체중(단위: Kg)은 평균 3.23, 표준편차 0.48인 정규분포를 따른다고 한다. 이때 체중이 4Kg 이상 될 확률은 얼마인가? 2Kg 미만일 확률은 얼마인가?

풀이 X를 37-43주 후 태어난 신생아의 몸무게라 할 때 $X \sim N(3.23, 0.48^2)$이다. 따라서

$$P(X > 4) = P\left(\frac{X-3.23}{0.48} > \frac{4-3.23}{0.48}\right)$$
$$= P(Z > 1.604) \approx 0.0548$$
$$P(X < 2) = P(\frac{X-3.23}{0.48} < \frac{2-3.23}{0.48})$$
$$= P(Z < -\frac{1.23}{0.48}) = P(Z < -2.5625) \approx 0.0052$$

이다. ■

예 3.3.6 △△자동차 회사에서 만드는 타이어의 수명(단위: Km)은 평균 65000, 표준편차 4000인 정규분포를 따른다.

(1) 수명이 70000 이상일 확률은 얼마인가?

(2) 현재 60000km 달렸다. 앞으로 10000km를 더 사용할 수 있는 확률은 얼마인가?

풀이 X를 타이어의 수명이라 하면 $X \sim N(65000, 4000^2)$이다.

$$P(X > 70000) = P\left(\frac{X - 65000}{4000} > \frac{70000 - 65000}{4000}\right)$$

$$= P(Z > 1.25) = 0.1056$$

$$P(X > 70000 | X > 60000) = \frac{P(X > 70000)}{P(X > 60000)} = \frac{P(Z > 1.25)}{P(Z > -1.25)}$$

$$= \frac{0.1056}{1 - 0.1056} \approx 0.1181$$

■

3.3.3. 지수분포(Exponential distribution)

정규분포는 일봉(unimodal)이고 평균을 중심으로 좌우대칭(symmetric)이다. 그러나 현실 문제에서 비대칭분포를 따르는 분포는 많다. 비대칭 분포를 따르는 분포의 대표적인 분포로 아래와 같은 확률밀도함수를 갖는 모수 $\lambda > 0$인 **지수분포**를 들 수 있다.

$$f(x) = \lambda e^{-\lambda x}, \quad x \geq 0$$

X가 모수 λ인 지수분포를 따르면 간단히 $X \sim \mathrm{Exp}(\lambda)$로 쓴다. X의 분포함수는 다음과 같다.

$$F(x) = \int_0^x \lambda e^{-\lambda y} dy = -e^{-\lambda y}]_0^x = 1 - e^{-\lambda x}, \quad x \geq 0$$

지수분포는 수명을 나타내는 분포로 활용되기 때문에 여명 즉 $\{X > x\}$일 확률에 관심이 있다. 다음이 성립한다.

$$\overline{F}(X) = P(X > x) = 1 - F(x) = e^{-\lambda x}$$

예 3.3.9 $X \sim \mathrm{Exp}(\lambda)$일 때 $E(X)$, $Var(X)$를 구하라.

풀이
$$E(X)=\int_0^\infty x\cdot\lambda e^{-\lambda x}dx=-xe^{-\lambda x}]_0^\infty+\int_0^\infty e^{-\lambda x}dx$$
$$=-\frac{1}{\lambda}e^{-\lambda x}]_0^\infty=\frac{1}{\lambda}$$
$$E(X^2)=\int_0^\infty x^2\lambda e^{-\lambda x}dx=-x^2e^{-\lambda x}]_0^\infty+\int_0^\infty 2xe^{-\lambda x}dx$$
$$=\frac{2}{\lambda}\int_0^\infty x\lambda e^{-\lambda x}dx=\frac{2}{\lambda^2}$$

이다. 따라서

$$Var(X)=\frac{2}{\lambda^2}-(\frac{1}{\lambda})^2=\frac{1}{\lambda^2}$$

이다. ■

> $X\sim \mathrm{Exp}(\lambda)$이면 $E(X)=\frac{1}{\lambda},\ \ Var(X)=\frac{1}{\lambda^2}$이다.

예 3.3.10 X를 동네 ATM 기계에 고객이 도착하는 시간 간격이라 할 때 X는 모수 $\lambda=\frac{1}{3}$(단위: 분)인 지수분포를 따른다고 한다. 연속으로 오는 두 고객의 평균 도착 시간 간격은 얼마인가? $P(X\le 4)$와 $P(2\le X\le 5)$를 계산하라.

풀이 $X\sim \mathrm{Exp}\left(\frac{1}{3}\right)$이므로 $E(X)=3$이다.

$$P(X\le 4)=\int_0^4\frac{1}{3}e^{-\frac{x}{3}}dx=-e^{-\frac{x}{3}}\Big]_0^4=1-e^{-\frac{4}{3}},$$
$$P(2<X<5)=\int_2^5\frac{1}{3}e^{-\frac{x}{3}}dx=-e^{-\frac{x}{3}}\Big]_2^5=e^{-\frac{2}{3}}-e^{-\frac{5}{3}}$$

이다. ■

예 3.3.11 위의 예 3.3.10에서 5분 안에 1명 이상의 고객이 다녀갈 확률은?

풀이 첫 번째 고객이 들어올 때까지 걸리는 시간은 X이다. N을 5분 안에 들어온 고객 수라 할 때 $P(N \geq 1) = P(X \leq 5) = 1 - e^{-\frac{5}{3}}$이 구하는 답이 된다. ■

$X \sim \mathrm{Exp}(\lambda)$일 때 다음이 성립한다.

$$P(X > s+t | X > t) = \frac{P(X > s+t)}{P(X > t)} = \frac{e^{-\lambda(s+t)}}{e^{-\lambda t}} = e^{-\lambda s} = P(X > s)$$

X를 수명 분포로 볼 때 $P(X > s+t|X > t) = P(X > s)$의 우변은 t와 상관없는 값을 갖고 있으며 t 시점에 생존하고 있는 것이 앞으로 s시간 이상 더 생존할 확률은 처음부터 s시간 이상 생존할 확률과 같다는 것을 뜻한다. 즉 현재 생존하고 있으면 과거 얼마만한 시간이 흘렀든 앞으로 s시간 이상 생존할 확률은 처음부터 s시간 이상 생존할 확률과 같음을 의미한다. 이러한 성질을 갖는 연속분포는 지수분포가 유일하며 이러한 성질을 비기억성(memoryless property 또는 lack of memory)이라고 부른다.

예 3.3.12 2명의 상담원이 있는 상담소에 도착하였을 때 앞에 온 2명의 고객이 상담을 받고 있었다. 먼저 온 2명과 나 세 사람 중에서 마지막으로 상담소를 떠나는 사람이 내가 될 확률은 얼마인가? 한 사람을 상담하는데 걸리는 시간은 모수 λ인 지수분포를 따른다.

풀이 앞에 온 두 명 중 한 명이 끝나면 내가 상담을 받게 될 것이고 계속 상담을 받고 있는 나머지 한 사람과 나 중에서 내가 먼저 끝날 확률은 1/2이다. 이유는 지수분포의 비기억성 때문이다. ■

예 3.3.13 다음과 같은 확률밀도함수를 갖는 분포를 모수 λ를 갖는 라플라스분포 또는 이중지수분포라 한다. 분포함수와 기댓값을 구하라.

$$f(x) = \frac{1}{2}\lambda e^{-\lambda|x|}, \quad -\infty < x < \infty$$

풀이 $F(x)=\begin{cases} \frac{1}{2}e^{\lambda x}, & x<0 \\ 1-\frac{1}{2}e^{-\lambda x}, & x \ge 0 \end{cases}$ 이고 $E(X)=0$이다. ■

3.3.4 감마분포(Gamma distribution)

다음의 확률밀도함수를 갖는 분포를 모수 (α,λ), $\alpha>0$, $\lambda>0$를 갖는 **감마분포**(Gamma distribution)를 따른다고 한다.

$$f(x)=\frac{\lambda^{\alpha}}{\Gamma(\alpha)}x^{\alpha-1}e^{-\lambda x}, \quad x \ge 0 \tag{3.3.3}$$

여기서 $\Gamma(\alpha)$는 다음과 같이 정의된 감마함수(gamma function)를 나타낸다.

$$\Gamma(\alpha)=\int_0^{\infty} y^{\alpha-1}e^{-y}dy, \quad \alpha>0 \tag{3.3.4}$$

몇 가지 중요한 감마함수의 성질을 살펴보자.

위의 식 (3.3.4)의 우변에 부분적분을 적용하면 다음을 얻는다.

$$\begin{aligned} \Gamma(\alpha) &= -y^{\alpha-1}e^{-y}]_0^{\infty}+\int_0^{\infty}(\alpha-1)y^{\alpha-2}e^{-y}dy \\ &= (\alpha-1)\int_0^{\infty}y^{\alpha-2}e^{-y}dy \\ &= (\alpha-1)\Gamma(\alpha-1) \end{aligned}$$

이때 $\Gamma(1)=\int_0^{\infty}e^{-y}dy=-e^{-y}]_0^{\infty}=1$, $\Gamma(\frac{1}{2})=\sqrt{\pi}$ 이다.

따라서 $\alpha=n$(n은 정수)이면

$$\begin{aligned} \Gamma(n) &= (n-1)\Gamma(n-1) \\ &= (n-1)(n-2)\Gamma(n-2) \\ &= (n-1)(n-2)\cdots 2\cdot 1\cdot \Gamma(1)=(n-1)! \end{aligned}$$

$$\Gamma(\alpha)=(\alpha-1)\Gamma(\alpha-1)$$
$$\Gamma(n)=(n-1)! \qquad (n\text{은 정수})$$

연속확률변수 X가 모수 α, λ를 갖는 감마분포를 따르면 이를 간단히 $X \sim \Gamma(\alpha, \lambda)$라 쓰자.

위 식 (3.3.3)이 확률밀도함수가 됨은 다음 식을 통하여 확인할 수 있다.

$$\int_0^\infty x^{\alpha-1} e^{-\lambda x} dx = \int_0^\infty (\frac{1}{\lambda} y)^{\alpha-1} e^{-y} \frac{1}{\lambda} dy \qquad (\lambda x = y\text{로 치환})$$

$$= \frac{\Gamma(\alpha)}{\lambda^\alpha} \tag{3.3.5}$$

위 식 (3.3.5)은 적분공식으로도 유용하게 활용할 수 있다.

예 3.3.14 $X \sim \Gamma(\alpha, \lambda)$일 때 관계식 (3.3.5)를 이용하여 $E(X)$, $E(X^2)$을 계산하라.

풀이

$$E(X) = \int_0^\infty x \cdot \frac{\lambda^\alpha}{\Gamma(\alpha)} x^{\alpha-1} e^{-\lambda x} dx$$

$$= \frac{\lambda^\alpha}{\Gamma(\alpha)} \int_0^\infty x^{\alpha+1-1} e^{-\lambda x} dx$$

$$= \frac{\lambda^\alpha}{\Gamma(\alpha)} \frac{\Gamma(\alpha+1)}{\lambda^{\alpha+1}}$$

$$= \frac{\alpha}{\lambda}$$

$$E(X^2) = \int_0^\infty x^2 \frac{\lambda^\alpha}{\Gamma(\alpha)} x^{\alpha-1} e^{-\lambda x} dx$$

$$= \frac{\lambda^\alpha}{\Gamma(\alpha)} \int_0^\infty x^{\alpha+2-1} e^{-\lambda x} dx$$

$$= \frac{\lambda^\alpha}{\Gamma(\alpha)} \frac{\Gamma(\alpha+2)}{\lambda^{\alpha+2}}$$

$$= \frac{\alpha(\alpha+1)}{\lambda^2}$$

따라서 $X \sim \Gamma(\alpha, \lambda)$일 때 $Var(X) = \frac{\alpha(\alpha+1)}{\lambda^2} - \left(\frac{\alpha}{\lambda}\right)^2 = \frac{\alpha}{\lambda^2}$이 된다. ■

$X \sim \Gamma(\alpha, \lambda)$일 때 $E(X) = \frac{\alpha}{\lambda}$, $Var(X) = \frac{\alpha}{\lambda^2}$이다.

$\Gamma(1, \lambda) = \mathrm{Exp}(\lambda)$이고 $\Gamma(\frac{n}{2}, \frac{1}{2}) = \chi^2(n)$ 즉 자유도 n인 카이제곱 분포(chi-squared distribution)가 된다. 때때로 $\Gamma(\alpha, \lambda)$분포에서 $\alpha = n$ (n은 정수)일 때를 n-어랑분포(n-Erlang distribution)라 부르기도 한다. 모수 λ를 갖는 지수분포를 따르는 서로 독립인 확률변수 n개를 합하면 그 합의 분포가 $\Gamma(n, \lambda)$가 됨을 다음 장에서 설명하겠다.

예 3.3.15 은행 ATM 기계에 고객이 도착하는 시간 간격 X_i, $i = 1, 2, 3, \cdots$라 하자. 즉 X_1은 첫 번째 고객이 도착한 시간, X_i는 $(i-1)$번째 고객이 도착한 이후 i번째 고객이 도착할 때까지 기다린 시간을 의미한다. 5분 동안 세 사람 이상 들어올 확률을 구하라.

풀이 $P(N \geq 3) = P(X_1 + X_2 + X_3 \leq 5) = F_Y(5)$

$$= \int_0^5 \frac{1}{2} (\frac{1}{3})^3 x^2 e^{-\frac{x}{3}} dx$$

이다. 여기서 X_1, X_2, X_3는 서로 독립이며 $\mathrm{Exp}(\frac{1}{3})$ 분포를 따른다. 따라서 $Y = X_1 + X_2 + X_3 \sim \Gamma(3, \frac{1}{3})$이다. ■

3.3.5 웨이블분포(Weibull distribution)

스웨덴 물리학자 Waloddi Weibull의 이름을 딴 **웨이블분포**는 다음과 같은 확률질량함수를 갖고 있다.

$$f(x) = \frac{\alpha}{\beta^\alpha} x^{\alpha - 1} e^{-(\frac{x}{\beta})^\alpha}, \quad x \geq 0 \tag{3.3.6}$$

여기서 α, β $(\alpha > 0, \beta > 0)$는 웨이블분포의 두 모수가 된다. 웨이블분포는 직물의 마모도 연구에서 비롯되었으나 α, β값에 따라 다양한 분포를 나타낼 수 있으므로 생존분석(survival analysis), 신뢰성공학(reliability engineering), 고장분석(failure analysis), 극단값이론(extreme value theory) 등의 여러 분야에서 활용되는 분포이다.

식 (3.3.6)의 확률밀도함수를 평행이동하면 다음과 같은 좀 더 일반화된 형태의 확률밀도함수를 얻는다.

$$f(x) = \frac{\alpha}{\beta^{\alpha}}(x-\nu)^{\alpha-1}e^{-(\frac{x-\nu}{\beta})^{\alpha}}, \quad x \geq \nu$$

다음 식의 좌변을 $(\frac{x}{\beta})^{\alpha} = y$로 치환하면 다음과 같다.

$$\int_0^{\infty} x^{\alpha-1}e^{-(\frac{x}{\beta})^{\alpha}}dx = \int_0^{\infty} e^{-y}\frac{\beta^{\alpha}}{\alpha}dy = \frac{\beta^{\alpha}}{\alpha}$$

따라서 식 (3.3.6)은 확률밀도함수가 된다.

모수 α, β를 갖는 웨이블분포의 분포함수는 아래와 같다.

$$F(x) = 1 - e^{-(\frac{x}{\beta})^{\alpha}}, \quad x \geq 0$$

$\alpha = 1$이면 웨이블분포는 모수 $\frac{1}{\beta}$을 갖는 지수분포가 된다.

모수 α, β를 갖는 웨이블 확률변수 X의 평균과 분산을 계산해보자.

$$\begin{aligned}
E(X) &= \int_0^{\infty} x\ \frac{\alpha}{\beta^{\alpha}}x^{\alpha-1}e^{-(\frac{x}{\beta})^{\alpha}}dx \\
&= \int_0^{\infty} \beta\, y^{\frac{1}{\alpha}}e^{-y}dy \qquad (\ y = (\frac{x}{\beta})^{\alpha}\text{로 치환}) \\
&= \beta\, \Gamma(1+\frac{1}{\alpha})
\end{aligned}$$

$$E(X^2) = \int_0^{\infty} x^2 \ \frac{\alpha}{\beta^{\alpha}} x^{\alpha - 1} e^{-(\frac{x}{\beta})^{\alpha}} dx$$

$$= \int_0^{\infty} \beta^2 \ y^{\frac{2}{\alpha}} e^{-y} dy \qquad (\ y = (\frac{x}{\beta})^{\alpha}\text{로 치환})$$

$$= \beta^2 \ \Gamma(1 + \frac{2}{\alpha})$$

따라서 $Var(X) = \beta^2 (\Gamma(1 + \frac{2}{\alpha}) - \Gamma^2 (1 + \frac{1}{\alpha}))$이다.

> 연속확률변수 X가 모수 α, β를 갖는 웨이블분포를 따르면
> $$E(X) = \beta \, \Gamma(1 + \frac{1}{\alpha}), \quad Var(X) = \beta^2 \left(\Gamma(1 + \frac{2}{\alpha}) - \Gamma^2 (1 + \frac{1}{\alpha})\right)$$

예 3.3.16 어떤 기계의 특성부품의 수명(단위: 년)이 모수 $\alpha = 2$, $\beta = 3$인 웨이블분포를 따른다. 이 부품의 수명이 6개월 이상일 확률과 6개월 이상 1년 미만일 확률을 각각 구하라.

풀이 X의 확률밀도함수 $f(x) = \frac{2}{9} x e^{-(\frac{x}{3})^2}$, $x \ge 0$이다.

이때 분포함수 $F(x) = 1 - e^{-(\frac{x}{3})^2}$, $x \ge 0$이다. 따라서 구하는 확률은 다음과 같다.

$$P(X \le 0.5) = F(0.5) = 1 - e^{-\frac{1}{36}}$$

$$P(0.5 \le X < 1) = F(1) - F(0.5) = e^{-\frac{1}{36}} - e^{-\frac{1}{9}}$$ ■

3.3.6 베타 분포(beta distribution)

연속확률변수 X가 다음과 같은 확률밀도함수를 가지면 모수 a, b $(a > 0,\ b > 0)$를 갖는 **베타 분포**를 따른다고 한다.

$$f(x) = \frac{1}{B(a,b)} x^{a-1} (1 - x)^{b-1}, \quad 0 < x < 1 \tag{3.3.7}$$

여기서 $B(a,b)=\int_0^1 x^{a-1}(1-x)^{b-1}dx$이다. 따라서 식 (3.3.7)의 $f(x)$는 확률 밀도함수가 된다. 간단히 $X \sim \mathrm{Beta}(a,b)$로 쓴다.

다음이 성립한다.

$$B(a,b)=\frac{\Gamma(a)\Gamma(b)}{\Gamma(a+b)} \tag{3.3.8}$$

예 3.3.17 식 (3.3.8)을 이용하여 모수 a, b를 갖는 베타 분포의 평균과 분산을 구하라.

풀이

$$\begin{aligned} E(X) &= \frac{1}{B(a,b)}\int_0^1 x\cdot x^{a-1}(1-x)^{b-1}dx \\ &= \frac{1}{B(a,b)}B(a+1,b) \\ &= \frac{\Gamma(a+b)}{\Gamma(a)\Gamma(b)}\frac{\Gamma(a+1)\Gamma(b)}{\Gamma(a+b+1)} = \frac{a}{a+b} \end{aligned}$$

같은 방법으로 $E(X^2)$을 구하면

$$\begin{aligned} E(X^2) &= \frac{1}{B(a,b)}\int_0^1 x^2\cdot x^{a-1}(1-x)^{b-1}dx \\ &= \frac{1}{B(a,b)}B(a+2,b) \\ &= \frac{\Gamma(a+b)}{\Gamma(a)\Gamma(b)}\frac{\Gamma(a+2)\Gamma(b)}{\Gamma(a+b+2)} = \frac{(a+1)a}{(a+b+1)(a+b)} \end{aligned}$$

이를 이용하여 분산을 구하면 $Var(X)=\dfrac{ab}{(a+b)^2(a+b+1)}$이다. ■

연속확률변수 X가 모수 a, b $(a>0, b>0)$를 갖는 베타 분포를 따를 때 X의 평균과 분산은 다음과 같다.

$$E(X)=\frac{a}{a+b}, \quad Var(X)=\frac{ab}{(a+b)^2(a+b+1)}$$

베타 분포의 확률밀도함수는 균등분포와 같이 유한구간 $(0,1)$ 위에서 0보다 큰 값을 갖는다. 반면에 지수분포, 감마분포, 웨이블분포 등의 확률밀도함수는 $[0, \infty)$ 위에서 양의 값을 갖고 정규분포의 확률밀도함수는 전 구간 $(-\infty, \infty)$에서 양의 값을 갖는다.

예 3.3.18 다음을 보여라.

(1) $X \sim \mathrm{Beta}(a,b)$이면 $1-X \sim \mathrm{Beta}(b,a)$이다.

(2) $X \sim Unif(0,1)$이면 $Y = X^2 \sim \mathrm{Beta}(\frac{1}{2},1)$이다.

풀이 (1) 정의로부터 명백하다.

(2) $F_Y(y) = P(X^2 \le y) = F_X(\sqrt{y}) - F_X(-\sqrt{y})$,

$$f_Y(y) = \frac{1}{2\sqrt{y}},\quad 0 < y < 1$$

이다. 따라서 $Y \sim \mathrm{Beta}(\frac{1}{2},1)$이다. ■

3.4 위험률함수(Hazard rate function)

확률변수 X가 어떤 수명을 나타내는 함수이고 그의 분포함수는 F, 확률밀도함수는 f라고 하자.

분포함수 F에 대한 **위험률함수** $\lambda(t)$는 시간 t의 함수로 다음과 같이 정의된다.

$$\lambda(t) = \frac{f(t)}{1-F(t)} \tag{3.4.1}$$

위험률함수 $\lambda(t)$는 무엇을 의미하는 값인지 살펴보자.

$$P(t < X \le t + \Delta t \mid X > t) = \frac{P(t < X \le t + \Delta t)}{P(X > t)} \approx \frac{f(t)\Delta t}{1-F(t)} = \lambda(t)\Delta t$$

위 식의 좌변은 수명이 t 이상일 조건 아래서 $t+\Delta t$ 이내에 사망할 확률을 나타내며 따라서 $\lambda(t)$는 수명이 t 이상일 때 t시점을 지나면서 사망하는 조건부

확률강도(conditional probability intensity)를 나타낸다.

예 3.4.1 확률밀도함수 $f(x)=2xe^{-x^2}$, $x \geq 0$인 분포, 모수 $\sigma^2=\frac{1}{2}$인 파레토분포의 위험률함수를 계산하라.

풀이 먼저 분포함수를 구하면 다음과 같다.

$$F(x)=\int_0^x 2ye^{-y^2}dy = e^{-y^2}]_0^x = 1-e^{-x^2}$$

따라서 위험률함수

$$\lambda(t)=\frac{2te^{-t^2}}{e^{-t^2}}=2t, \quad t \geq 0$$

이다. 일반적으로 위험률함수는 위의 예 3.4.1에서처럼 t가 증가하면서 같이 증가한다. 다음의 예를 보자. ■

예 3.4.2 $X \sim \mathrm{Exp}(\lambda)$일 때 X의 위험률함수를 구하라.

풀이 앞에서 $F_X(x)=1-e^{-\lambda x}$가 됨을 보았다. 따라서 위험률함수 $\lambda(t)$는

$$\lambda(t)=\frac{\lambda e^{-\lambda t}}{e^{-\lambda t}}=\lambda$$

즉 $\lambda(t)=\lambda$로 상수이다. 이는 시간이 지나도 위험률이 일정하다는 뜻으로 지수분포가 비기억성을 갖는다는 사실과 같은 맥락에서 이해할 수 있다. ■

예 3.4.3 $\Gamma(2,3)$에서의 $\lambda(t)$를 구하고 $t \to \infty$이면 $\lambda(t)$는 상수 값에 접근하게 됨을 보여라.

풀이

$$\lambda(t)=\frac{te^{-3t}}{\int_t^\infty ye^{-3y}dy}=\frac{9t}{3t+1} \to 3, \quad t \to \infty$$ ■

예 3.4.4 수명분포의 예로 웨이블분포를 들 수 있다. 식 (3.3.6)에 주어진 모수 α, β인 웨이블분포의 위험률함수를 구하라.

풀이 웨이블분포의 분포함수는 $F(x) = 1 - e^{-(\frac{x}{\beta})^\alpha}$, $x \ge 0$이므로

$$\lambda(t) = \frac{\alpha}{\beta^\alpha} t^{\alpha - 1}$$

이다. 따라서 웨이블분포에서는 $\alpha > 1$이면 t가 증가함에 따라 $\lambda(t)$도 같이 증가하는 함수이다. ■

앞에서 분포 즉 분포함수나 확률밀도함수에 의해 $\lambda(t)$가 결정됨을 보았다. 역으로 $\lambda(t)$가 주어지면 분포함수가 결정됨을 보이자.

$$\lambda(t) = \frac{f(t)}{1 - F(t)} = \frac{d}{dt}(-\log(1 - F(t))$$

따라서 $-\log(1 - F(t)) = \int_0^t \lambda(s)ds + C$이다. 이때 $t = 0$을 대입하면 $C = 0$이 된다. 따라서 다음이 성립한다.

$$F(t) = 1 - \exp\{-\int_0^t \lambda(s)ds\}, \quad t \ge 0$$

예를 들어 $\lambda(t) = 2t$이면 $\exp\{-\int_0^t 2sds\} = e^{-t^2}$이므로

$$F(t) = 1 - e^{-t^2}, \quad f(t) = 2te^{-t^2}, \quad t \ge 0$$

와 같이 되어 위의 예 3.4.1에서 얻은 결과와 일치함을 볼 수 있다.

예 3.4.5 $\lambda(t) = \lambda$, $\lambda(t) = \alpha + \beta t$ $(\lambda, \alpha, \beta > 0)$일 때 각각의 분포함수를 찾아라.

풀이 $\lambda(t) = \lambda$일 때의 $F(t) = 1 - e^{-\lambda t}$이다.

$\lambda(t) = \alpha + \beta t$이면 $F(t) = 1 - e^{-\int_0^t (\alpha + \beta s) ds} = 1 - e^{-(\alpha t + \frac{1}{2}\beta t^2)}$이다. 이때의 확률밀도함수는 다음과 같다.

$$f(t) = (\alpha + \beta t)\exp(-(\alpha t + \frac{1}{2}\beta t^2)), \quad t > 0$$ ■

3장 연습문제

3.1 $f_1(x)$와 $f_2(x)$는 각각 확률밀도함수이고(즉 $f_i \geq 0$이고 $\int_{-\infty}^{\infty} f_i(x)dx = 1$), $\alpha\,(0 \leq \alpha \leq 1)$는 상수일 때 $\alpha f_1(x) + (1-\alpha) f_2(x)$ 또한 확률밀도함수가 된다. 이를 보여라.

3.2 $f(x) = \begin{cases} \frac{1}{8} + \frac{3x}{8}, & 0 \leq x \leq 2 \\ 0, & \text{그 밖에서} \end{cases}$일 때 분포함수 $F(x)$를 구하고 그래프를 그려라.

3.3 확률변수 X는 확률밀도함수 $f(x)$, 분포함수 $F(x)$를 갖고 있다. $Y = aX + b,\ a < 0$라 할 때 Y의 확률밀도함수와 분포함수를 구하라.

3.4 X의 확률밀도함수는 $f_X(x)$이고 $Y = |X|$라 할 때 Y의 확률밀도함수를 구하라.

3.5 $X \sim Unif(0,1)$이고 $Y = X^n$ $(n \geq 1$, 정수$)$일 때 Y의 확률밀도함수를 구하라.

3.6 $X \sim \text{Exp}(\lambda)$일 때 $E(X^n) = \frac{n}{\lambda} E(X^{n-1})$ $(n > 0)$을 보여라.

3.7 X가 모수 α, β를 갖는 웨이블분포를 따를 때 다음에 답하라.

(1) $Y=(\frac{X}{\beta})^{\alpha}$라 두면 $Y \sim \text{Exp}(\lambda=1)$임을 보여라.

(2) X의 평균과 분산을 구하라.

3.8 $Z \sim N(0,1)$일 때 다음 확률변수의 분포를 구하라.

(1) $|Z|$ (2) $\frac{1}{Z}$ (3) $\frac{1}{Z^2}$

3.9 $X \sim unif(0,a)$이고 $Y=min(X, \frac{a}{2})$라 하자.

(1) Y의 분포함수를 구하라.

(2) Y는 연속확률변수인가?

(3) $E(Y)$를 구하라.

3.10 $X \sim unif(0,1)$이고 $Y=-\lambda^{-1}\log X,\ \lambda \geq 0$일 때 $Y \sim \text{Exp}(\lambda)$임을 보여라.

3.11 X는 분포함수 $F(x)$를 갖는 연속확률변수이다. $Y=F(X)$라 두면 $Y \sim unif(0,1)$이 됨을 보여라.

3.12 $\ln(X) \sim N(\mu,\sigma^2)$일 때 X의 분산을 계산하라.

3.13 $\lambda(t)=24t^2$일 때 이를 위험률함수로 갖는 확률밀도함수를 구하고 분포의 이름을 말하라.

3.14 $X \sim \text{Exp}(\lambda)$이고 $Y=\beta e^X$일 때 $f_Y(y)=\frac{\lambda\beta^{\lambda}}{y^{\lambda+1}},\ y>\beta$임을 보여라.

3.15 $X \sim f(x)=cx^{\alpha-1}e^{-x^{\alpha}},\ x \geq 0$일 때 다음을 구하라.

(1) c를 찾아라.

(2) $E(X), Var(X)$를 구하라.

(3) $\alpha>1,\ s,t>0$를 만족하면 다음 부등식이 성립한다.

$$P(X>s+t \mid X>t)<P(X>s)$$

3.16 확률변수 X의 분산이 0이면 $P(X=a)=1$ (a는 상수)가 성립한다. 이를 체비셰프 부등식을 이용하여 증명하라.

3.17 $Z \sim N(0,1)$일 때 $Z^2 \sim \chi^2(1) = \Gamma(\frac{1}{2}, \frac{1}{2})$임을 보여라.

쉬어가기

여러 가지 연속확률분포 요약표

분포(모수)	확률밀도함수	평균	분산
균등분포 (a,b)	$\frac{1}{b-a}, a<x<b$	$\frac{a+b}{2}$	$\frac{(b-a)^2}{12}$
정규분포 (μ,σ^2)	$\frac{1}{\sqrt{2\pi}}exp(-\frac{(x-\mu)^2}{2\sigma^2}), -\infty<x<\infty$	μ	σ^2
지수분포 (λ)	$\lambda e^{-\lambda x}, \quad x>0$	$\frac{1}{\lambda}$	$\frac{1}{\lambda^2}$
감마분포 (α,λ)	$\frac{\lambda^\alpha}{\Gamma(\alpha)}x^{\alpha-1}e^{-\lambda x}, x>0$	$\frac{\alpha}{\lambda}$	$\frac{\alpha}{\lambda^2}$
웨이블분포 (α, β)	$\frac{\alpha}{\beta^\alpha}x^{\alpha-1}e^{-(\frac{x}{\beta})^\alpha}, x>0$	$\beta\Gamma(1+\frac{1}{\alpha})$	$\beta^2[\Gamma(1+\frac{2}{\alpha})-(\Gamma(1+\frac{1}{\alpha}))^2]$
베타분포 (a, b)	$\frac{1}{B(a,b)}x^{a-1}(1-x)^{b-1}, 0<x<1$	$\frac{a}{a+b}$	$\frac{ab}{(a+b)^2(a+b+1)}$
코시분포 (θ)	$\frac{1}{\pi}\frac{1}{1+(x-\theta)^2}, -\infty<x<\infty$	없음	없음
로그노말분포 (μ,σ^2)	$\frac{1}{\sqrt{2\pi}\sigma x}exp(-\frac{(\ln x-\mu)^2}{2\sigma^2}), \quad x>0$	$e^{\mu+\frac{\sigma^2}{2}}$	$e^{2\mu+\sigma^2}(e^{\sigma^2}-1)$
레일리분포 (σ^2)	$\frac{x}{\sigma^2}exp(-\frac{x^2}{2\sigma^2}), \quad x>0$	$\sigma\sqrt{\frac{\pi}{2}}$	$\sigma^2(2-\frac{\pi}{2})$

4장 다차원확률변수와 결합확률분포

4.1 결합확률분포

2장과 3장에서는 $\Omega \to R$로 가는 하나의 실숫값을 갖는 확률변수에 대해 알아보았다. 그러나 현실에서 발생하는 많은 문제는 여러 확률변수가 동시에 관여하는 경우가 많다. 예를 들어 기상학자들이 온도, 습도, 풍향, 풍속, 기압 등의 값에 관심이 있다든가, 의사들에게 환자의 상태를 관찰할 때 키, 몸무게, 혈압 및 당 수치, 콜레스테롤수치 등의 값에 관심 있다든가 기업가에게 광고비와 매출액, 순이익 등의 수치 등이 그것이다. 온도 한 가지 수치만을 볼 때도 하루의 기온 변화나 일 년 동안의 기온 추이 등과 함께, 온도와 습도와의 관계 또는 온도와 기압과의 관계 등이 서로 결합되어 어떠한 분포를 이루는지 하는 문제들에 관심이 있다. 이 장에서는 여러 확률변수의 결합분포에 대해 알아보고 여백분포, 조건부분포 그리고 확률변수의 독립성 등의 문제도 알아보기로 한다. 2차원 확률변수의 성질을 잘 이해하면 이를 자연스럽게 다차원으로 확장시킬 수 있으므로 먼저 2차원에서 자세히 알아본 뒤 다차원의 경우로 확장해보자.

두 확률변수 X 와 Y가 있다. 이 두 확률변수를 순서쌍으로 결합하여 (X, Y) : $\Omega \to R^2$인 2차원 확률변수(two dimensional random variable or random vector)

를 생각할 수 있다. 2장과 3장에서 분포를 결정하는 함수로 분포함수를 정의하였으며 이는 이산분포나 연속분포 구분 없이 모든 분포에서 공동으로 사용할 수 있었다.

2차원 확률변수 (X, Y)의 **결합분포함수(joint distribution function)** $F_{X,Y}: R^2 \rightarrow R$는 다음과 같이 정의된다.

$$F_{X,Y}(x,y) = P(X \le x, Y \le y), \quad -\infty < x,\ y < \infty$$

1차원에서와 마찬가지로 $F(x,y)$값은 확률값이므로 $[0,1]$에서 값을 취한다. 다음에서 보는 바와 같이 (X, Y)의 결합분포함수가 주어지면 X, Y 각각의 분포함수도 쉽게 유도할 수 있다.

$$\begin{aligned} F_X(x) = P(X \le x) &= P(X \le x, Y < \infty) \\ &= P(\lim_{y \to \infty} \{X \le x,\ Y \le y\}) \\ &= \lim_{y \to \infty} F_{X,Y}(x,y) \\ &= F_{X,Y}(x, \infty) \end{aligned}$$

같은 방법으로 $F_Y(y) = \lim_{x \to \infty} F_{X,Y}(x,y) = F_{X,Y}(\infty, y)$가 성립한다.

이때 분포함수 F_X, F_Y는 각각 X와 Y의 **여백분포함수(marginal distribution function)**라고 부른다. X, Y의 결합분포함수를 알면 $C \subset R^2$에 대하여 $P((X, Y) \in C)$의 확률이 결정된다. 특히 $C = (a, \infty) \times (b, \infty)$ 또는 $C = (a,b] \times (c,d]$ $(a < b,\ c < d)$ 등에 대한 확률값은 다음과 같이 쓸 수 있다.

$$\begin{aligned} P(X > a, Y > b) &= 1 - P(\{X \le a\} \cup \{Y \le b\}) \\ &= 1 - [P(X \le a) + P(Y \le b) - P(X \le a, Y \le b)] \\ &= 1 - F_{X,Y}(a, \infty) - F_{X,Y}(\infty, b) + F_{X,Y}(a,b) \\ &= 1 - F_X(a) - F_Y(b) + F_{X,Y}(a,b) \end{aligned}$$

$$\begin{aligned} P((X, Y) \in (a,b] \times (c,d]) &= P(a < X \le b,\ c < Y \le d) \\ &= F_{X,Y}(b,d) - F_{X,Y}(a,d) - F_{X,Y}(b,c) + F_{X,Y}(a,b) \end{aligned}$$

이제 X, Y 각각이 이산확률변수일 때와 (X, Y)가 결합확률밀도함수를 가지는 2차원 연속확률변수의 경우로 나누어 생각해보자.

4.1.1 결합이산확률분포

두 확률변수 X와 Y가 각각 이산확률변수이면 (X, Y)는 2차원 이산확률변수이고 그의 결합확률질량함수(joint probability mass function)를 다음과 같이 정의한다.

$$p_{X,Y}(x,y) = P(X = x, Y = y) \geq 0$$

이때 $A = \{(x,y) \mid p_{X,Y}(x,y) > 0\}$에 포함되는 원소의 개수는 가산개가 되며 $\sum_{(x,y) \in A} p_{X,Y}(x,y) = 1$이 성립한다.

결합분포함수와 결합확률질량함수와의 관계는 다음과 같다.

$$F_{X,Y}(a,b) = P(X \leq a, Y \leq b) = \sum_{\{(x,y) \mid x \leq a, y \leq b\}} p_{X,Y}(x,y), \quad \forall a,b \in R$$

$p_{X,Y}(x,y)$를 알면 이들의 적절한 항들을 합하여 $F_{X,Y}(a,b)$를 구할 수 있다. 한편

$$\begin{aligned} P(X \leq a, Y \leq b) &= P(X < a, Y \leq b) + P(X \leq a, Y < b) \\ &\quad - P(X < a, Y < b) + P(X = a, Y = b) \end{aligned}$$

이므로 다음이 성립한다.

$$p_{X,Y}(a,b) = F_{X,Y}(a,b) - F_{X,Y}(a-,b) - F_{X,Y}(a,b-) + F_{X,Y}(a-,b-)$$

즉, 결합분포함수를 이용하여 결합확률질량함수를 구할 수 있다. 여기서 $F_{X,Y}(a-,b-) = \lim_{x \uparrow a} \lim_{x \uparrow b} F_{X,Y}(x,y)$을 의미한다.

결합확률질량함수로부터 아래와 같이 X, Y 각각의 여백확률질량함수(marginal probability mass function)를 구할 수 있다.

X, Y 각각의 여백확률질량함수 $p_X(x)$, $p_Y(y)$는 각각 다음과 같다.

$$p_X(x) = P(X = x) = \sum_{\{y \mid p(x,y) > 0\}} p_{X,Y}(x,y)$$

$$p_Y(y) = P(Y = y) = \sum_{\{x \mid p(x,y) > 0\}} p_{X,Y}(x,y)$$

예 4.1.1 1, 2, 3이 쓰인 세 개의 공이 들어 있는 주머니에서 하나를 꺼내 결과를 X라 하고 꺼낸 공은 빼어 두고 나머지 두 공 중 하나를 선택하여 얻은 값을 Y라 하자. (X, Y)의 결합확률질량함수와 X, Y 각각의 여백확률질량함수를 구하라.

풀이 분포를 표로 만들면 다음과 같다.

		X 1	X 2	X 3	Y의 분포(행의 합)
Y	1	0	1/6	1/6	1/3
	2	1/6	0	1/6	1/3
	3	1/6	1/6	0	1/3
	X의 분포 (열의 합)	1/3	1/3	1/3	1 (총합)

위 표에 의하면 $P(X=1, Y=2) = 1/6$, $P(X=2, Y=3) = 1/6$, $P(X=1, Y=1) = 0$이 됨을 알 수 있다. 또한 확률행렬의 열(column)을 합하면 X의 여백확률질량함수 $P(X=1) = P(X=2) = P(X=3) = 1/3$을 얻고 행(row)을 합하여 Y의 여백확률질량함수 $P(Y=1) = P(Y=2) = P(Y=3) = 1/3$을 얻는다. ■

두 여백확률질량함수를 보면 X의 분포와 Y의 분포가 같음을 알 수 있다. 반면에 확률행렬의 대각선 값이 모두 0이므로 $P(X = Y) = 0$이다. 즉 X와 Y는 동등분포(identically distributed)를 하지만 X함수와 Y함수는 서로 다른 함수이다. $X = Y$이면 X와 Y는 명백히 같은 분포를 한다. 하지만 같은 분포를 한다는 것이 두 함수가 같은 함수임을 의미하지는 않는다.

예 4.1.2 위 예 4.1.1에서 $P(X+Y=3)$, $P(X<Y)$을 구하라.

풀이
$$P(X+Y=3)=P(X=1,Y=2)+P(X=2,Y=1)$$
$$=1/6+1/6=1/3$$
$$P(X<Y)=P(X=1,Y=2)+P(X=1,Y=3)$$
$$+P(X=2,Y=3)=1/2$$ ■

예 4.1.3 $(X,Y)\sim p_{X,Y}(x,y)=c\,\alpha^x\beta^y$, $x,y=1,2,\cdots$, $0<\alpha,\beta<1$일 때 c 값을 구하고 X와 Y 각각의 여백확률질량함수 $p_X(x)$, $p_Y(y)$를 구하고 $P(X=Y)$를 구하라.

풀이
$$1=c\sum_{x=1}^{\infty}\sum_{y=1}^{\infty}\alpha^x\beta^y=c\,\frac{\alpha}{1-\alpha}\frac{\beta}{1-\beta},\quad c=\frac{(1-\alpha)(1-\beta)}{\alpha\beta}$$

$$p_X(x)=c\,\alpha^x\sum_{y=1}^{\infty}\beta^y=c\,\alpha^x\frac{\beta}{1-\beta},\quad x=1,2,,\cdots$$

$$p_Y(y)=c\beta^y\sum_{x=1}^{\infty}\alpha^x=c\beta^y\frac{\alpha}{1-\alpha},\quad y=1,2,\cdots$$

또한 $P(X=Y)=\sum_{x=1}^{\infty}c\,(\alpha\beta)^x=\frac{(1-\alpha)(1-\beta)}{1-\alpha\beta}$이다. ■

다음이 성립한다.

$C\subset R^2$에 대해서 $P((X,Y)\in C)=\sum_{\{(x,y)|(x,y)\in C\}}p_{X,Y}(x,y)$이다.

즉 $C=\{(x,y)\in R^2\,|\,x<y\}$이면

$$P(X<Y)=P((X,Y)\in C)=\sum_{\{(x,y)|x<y\}}p_{X,Y}(x,y)$$

이고 $C=\{(x,y)\in R^2\,|\,x+y=z\}$이면

$$P(X+Y=z)=P((X,Y)\in C)=\sum_{\{(x,y)|x+y=z\}}p_{X,Y}(x,y)$$

이다.

예 4.1.4 $(X, Y) \sim p_{X,Y}(x,y) = \dfrac{(1-\alpha)(1-\beta)}{\alpha\beta}\,\alpha^x \beta^y,\ \ x,y = 1,2,\cdots,$

$0 < \alpha,\ \beta < 1$일 때 다음을 구하라.

(1) $P(X > 2, Y > 3)$　　　　　(2) $P(X < Y)$

풀이 (1) $P(X > 2, Y > 3) = \displaystyle\sum_{x=3}^{\infty}\sum_{y=4}^{\infty} \frac{(1-\alpha)(1-\beta)}{\alpha\beta}\alpha^x \beta^y$

$$= \frac{(1-\alpha)(1-\beta)}{\alpha\beta}\frac{\alpha^4}{1-\alpha}\frac{\beta^3}{1-\beta}$$

$$= \alpha^3\beta^2$$

(2) $P(X < Y) = \displaystyle\sum_{x=1}^{\infty}\sum_{y=x+1}^{\infty} c\,\alpha^x \beta^y$

$$= \sum_{x=1}^{\infty} c\,\alpha^x \frac{\beta^{x+1}}{(1-\beta)} = \frac{\beta(1-\alpha)}{1-\alpha\beta}$$ ■

3개 이상의 확률변수 $X_1, X_2, \cdots, X_n$의 분포는 2개일 때의 개념을 그대로 확장하면 된다.

먼저 $X_1, X_2, \cdots, X_n$의 결합분포함수는 다음과 같이 정의된다.

$$F_{X_1, X_2, \cdots, X_n}(x_1, x_2, \cdots, x_n) = P(X_1 \le x_1, X_2 \le x_2, \cdots, X_n \le x_n)$$

위 식의 우변에 있는 ","는 교집합을 의미한다.

$X_1, X_2, \cdots, X_n$ 각각이 이산확률변수이면 이들의 결합분포도 이산분포를 하며 결합확률질량함수 $p_{X_1, X_2, \cdots, X_n}(x_1, x_2, \cdots, x_n)$은 아래와 같이 정의된다.

$$p_{X_1, X_2, \cdots, X_n}(x_1, x_2, \cdots, x_n) = P(X_1 = x_1, X_2 = x_2, \cdots, X_n = x_n)$$

임의의 부분집합 $C \subset R^n$에 대하여 다음이 성립한다.

$$P((X_1, \cdots, X_n) \in C) = \sum_{(x_1, \cdots, x_n) \in C} p_{X_1, X_2, \cdots, X_n}(x_1, x_2, \cdots, x_n)$$

예 4.1.5 한 번의 시행에서 a, b, c 중 하나의 결과를 얻게 되고 각각을 얻을 확률을 p_1, p_2, p_3 $(p_1+p_2+p_3=1)$라 하자. 이러한 시행을 독립적으로 n번 반복하여 a결과가 나온 횟수를 X_1, b결과가 나온 횟수를 X_2, c결과가 나온 횟수를 X_3라 할 때 (X_1, X_2, X_3)는 다음과 같은 결합분포를 갖는다.

$$\begin{aligned} p_{X_1, X_2, X_3}(x_1, x_2, x_3) &= P(X_1 = x_1,\, X_2 = x_2,\, X_3 = x_3) \\ &= \frac{n!}{x_1! x_2! x_3!} p_1^{x_1} p_2^{x_2} p_3^{x_3}, \end{aligned}$$

$$x_1 + x_2 + x_3 = n, \quad x_i = 0, 1, 2, \cdots, n \ \ (i = 1, 2, 3)$$

이때 X_1의 여백확률질량함수를 찾아라.

풀이

$$\begin{aligned} p_{X_1}(x_1) &= \sum_{x_2=0}^{n-x_1} \frac{n!}{x_1! x_2! (n-x_1-x_2)!} p_1^{x_1} p_2^{x_2} (1-p_1-p_2)^{n-x_1-x_2} \\ &= \frac{n!}{x_1!} p_1^{x_1} \cdot \frac{1}{(n-x_1)!} \sum_{x_2=0}^{n-x_1} \frac{(n-x_1)!}{x_2!(n-x_1-x_2)!} p_2^{x_2} (1-p_1-p_2)^{(n-x_1-x_2)} \\ &= \frac{n!}{x_1!} p_1^{x_1} \cdot \frac{1}{(n-x_1)!} (p_2 + (1-p_1-p_2))^{n-x_1} \\ &= \binom{n}{x_1} p_1^{x_1} (1-p_1)^{n-x_1} \end{aligned}$$

즉 $X_1 \sim B(n, p_1)$이 된다. ■

위 상황을 좀 더 일반화하여 보자.

한 번의 시행에서 나올 수 있는 결과는 r가지이고 각각이 나올 확률은 $p_1, p_2, \cdots, p_r$ $(p_1 + p_2 + \cdots + p_r = 1)$이다 이러한 시행을 독립적으로 n번 반복하여 각각의 결과가 나온 횟수를 $X_1, X_2, \cdots, X_r$이라 하자. 이때 $X_1, X_2, \cdots, X_r$의 결합확률질량함수는 다음과 같다.

$$p_{X_1, X_2, \cdots, X_r}(x_1, x_2, \cdots, x_r) = \frac{n!}{x_1! x_2! \cdots x_r!} p_1^{x_1} p_2^{x_2} \cdots p_r^{x_r},$$
$$x_1 + x_2 + \cdots + x_r = n, \quad x_i = 0, 1, 2, \cdots, n \quad (i = 1, 2, \cdots, r)$$

위와 같은 이산분포를 모수 $n, p_1, \cdots, p_{r-1}, p_r$ 을 갖는 **다항분포**(mutinomial distribution)라고 한다. 이때 $X_i \sim B(n, p_i),\ i = 1, 2, \cdots, r$이다.

예 4.1.6 현아가 골프연습장에서 드라이버를 치면 좌측, 가운데, 우측으로 갈 확률이 각각 1/6, 1/2, 1/3이다. 20개의 공을 쳤을 때 다음을 구하라.

(1) 좌측으로 6개, 가운데로 11개, 우측으로 3개가 갔을 확률은?

(2) 가운데로 50% 이상 갈 확률은?

풀이 (1) 구하는 확률은 $\binom{20}{6, 11, 3}(\frac{1}{6})^6(\frac{1}{2})^{11}(\frac{1}{3})^3$이다.

(2) 가운데로 가는 공의 개수를 X라 하면 $X \sim B(20, \frac{1}{2})$이므로

$P(X \geq 10) = \sum_{x=10}^{20} \binom{20}{x}(\frac{1}{2})^{20}$이다. ■

4.1.2 결합연속확률분포

이제 연속인 경우를 생각해보자. 1차원 확률변수와 마찬가지로 2차원 확률변수 (X, Y)의 분포를 결정하는 결합확률밀도함수가 존재할 때 결합연속분포를 한다고 한다.

결합확률변수 (X, Y)에 대하여 다음 세 성질을 갖는 함수 $f_{X, Y} : R^2 \to R$가 존재하면 (X, Y)는 결합연속분포를 갖는다고 하고 $f_{X, Y}(x, y)$를 (X, Y)의 **결합확률밀도함수**(joint probability density function)라고 부른다.

(1) $f_{X, Y}(x, y) \geq 0$

(2) $\int_{-\infty}^{\infty} \int_{-\infty}^{\infty} f_{X, Y}(x, y) dx dy = 1$

(3) $P((X,Y)\in C) = \iint_{(x,y)\in C} f_{X,Y}(x,y)dxdy$

위 (3)에서 $C = A\times B,\ A,B\subset R$이면

$$\iint_{(x,y)\in C} f_{X,Y}(x,y)dxdy = \int_A\int_B f_{X,Y}(x,y)dydx$$

이다. 특히 $A=(-\infty,x],\ B=(-\infty,y]$이면 다음이 성립한다.

$$F_{X,Y}(x,y) = P((X,Y)\in(-\infty,x]\times(-\infty,y]) = \int_{-\infty}^{x}\int_{-\infty}^{y} f_{X,Y}(u,v)dvdu$$

즉 결합확률밀도함수의 적분을 통하여 결합분포함수를 얻을 수 있다.

반면에 결합분포함수가 연속 또는 유한개의 불연속점이 존재할 때 이를 미분하면 결합확률밀도함수를 찾을 수 있다. 다음이 성립한다.

$$f_{X,Y}(x,y) = \begin{cases} \dfrac{\partial^2}{\partial x\,\partial y}F_{X,Y}(x,y) & (x,y)\text{가 미분가능한 점일 때} \\ 0 & (x,y)\text{가 미분가능한 점이 아닐 때} \end{cases}$$

예 4.1.7 (X,Y)가 R^2의 적당한 부분집합 A(A는 넓이를 구할 수 있는 적절한 집합) 위에서 균등분포를 할 때 (X,Y)의 결합확률밀도함수는 무엇인가?

풀이 먼저 (X,Y)가 균등분포를 하므로 $f_{X,Y}(x,y)$는 A 위에서 상수값 c를 갖는다. $\iint_A c\ dxdy = 1$이므로 $f_{X,Y}(x,y) = \dfrac{1}{A\text{의 넓이}},\ x,y\in A$이 된다. 여기서 $A=(a,b]\times(c,d]$라면

$$f_{X,Y}(x,y) = \frac{1}{(b-a)(d-c)},\ a<x\le b,\ c<y\le d$$

이다. ■

예 4.1.8 R^2상의 단위사각형 $[0,1]\times[0,1]$에서 임의의 한 점을 선택할 때

(X, Y)를 선택된 점의 x,y좌표라 할 때 X와 Y의 결합확률밀도함수와 결합분포함수를 찾아라.

풀이 임의의 한 점을 선택하므로 $[0,1]\times[0,1]$상의 모든 점들이 선택될 확률은 같다. 따라서 결합확률밀도함수는 상수이다. $f_{X,Y}(x,y)=c$이고 전체 넓이는 1이므로

$$f_{X,Y}(x,y)=1, \quad 0<x<1,\ 0<y<1$$

결합분포함수는 몇 가지 경우로 나누어 생각해야 한다.

(i) $x<0, y<0$이면 $F_{X,Y}(x,y)=P(X\le x, Y\le y)=0$

(ii) $0\le x<1,\ 0\le y<1$이면

$F_{X,Y}(x,y)=P(X\le x, Y\le y)=(0,x]\times(0,y]=xy$

(iii) $0\le x<1,\ y\ge 1$이면

$F_{X,Y}(x,y)=P(X\le x, Y\le y)=(0,x]\times(0,1]=x$

(iv) $x\ge 1,\ 0\le y<1$이면

$F_{X,Y}(x,y)=P(X\le x, Y\le y)=(0,1]\times(0,y]=y$

(v) $x\ge 1, y\ge 1$이면

$F_{X,Y}(x,y)=P(X\le x, Y\le y)=(0,1]\times(0,1]=1$

따라서 구하는 분포함수 $F_{X,Y}(x,y)$는 다음과 같다.

$$F_{X,Y}(x,y)=\begin{cases}0, & x<0 \text{ 또는 } y<0\\ xy, & 0\le x<1,\ 0\le y<1\\ x, & 0\le x<1,\ y\ge 1\\ y, & y\ge 1,\ 0\le x<1\\ 1, & x\ge 1,\ y\ge 1\end{cases}$$

예 4.1.9 결합확률밀도함수가 다음과 같다.

$$f_{X,Y}(x,y)=c(x+y^2), \quad 0\le x\le 1,\ 0\le y\le 1$$

c값을 정하고 $P(0\le X\le 1/2,\ 0\le Y\le 1/4)$을 구하라.

풀이 $\int_0^1\int_0^1 (x+y^2)dxdy = \int_0^1 (1/2x^2+y^2x]_0^1)dy = 1/2y + 1/3y^3]_0^1 =$ 5/6이므로 $c = 6/5$이다.

$$P(0 \le X \le 1/2,\ 0 \le Y \le 1/4) = (6/5)\int_0^{1/2}\int_0^{1/4}(x+y^2)dydx$$
$$= 13/320$$
■

예 4.1.10 $(X, Y) \sim f_{X,Y}(x,y) = x+y,\ 0 \le x, y \le 1$일 때 결합분포함수 $F_{X,Y}(x,y)$를 찾아라.

풀이 $F_{X,Y}(x,y)$는 간단한 적분계산을 통하여 다음과 같이 됨을 알 수 있다.

$$F_{X,Y}(x,y) = \begin{cases} 0 & x<0 \text{ 또는 } y<0 \\ \int_0^y\int_0^x (u+v)dudv = \frac{1}{2}xy(x+y) & 0<x,\ y<1 \\ \int_0^1\int_0^x (u+v)dudv = \frac{1}{2}x(x+1) & 0<x<1,\ y>1 \\ \int_0^y\int_0^1 (u+v)dudv = \frac{1}{2}y(y+1) & x>1,\ 0<y<1 \\ 1 & x>1,\ y>1 \end{cases}$$
■

예 4.1.11 (X, Y)의 결합분포함수 $F_{X,Y}(x,y)$가 다음과 같이 주어졌다. (X, Y)의 결합확률밀도함수 $f_{X,Y}(x,y)$와 $F_X(x)$, $f_X(x)$를 구하라.

$$F_{X,Y}(x,y) = 1 - \frac{1}{2x} - \frac{1}{2y} - \frac{1}{2x^2} - \frac{1}{2y^2} + \frac{x+y}{2x^2y^2}, \quad x,y>1$$

풀이 $f_{X,Y}(x,y) = \frac{\partial^2}{\partial x\partial y}F_{X,Y}(x,y) = \frac{x+y}{x^3y^3}, \quad x,y>1$

$F_X(x) = F_{X,Y}(x,\infty) = 1 - \frac{x+1}{2x^2}, \quad x>1$

$f_X(x) = \frac{x+2}{2x^3}, \quad x>1$ ■

적분의 성질을 이용하면 다음이 성립한다.

$$\int_x^{x+\Delta x}\int_y^{y+\Delta y} f_{X,Y}(u,v)dvdu \approx f_{X,Y}(x,y)\Delta x\Delta y$$

즉 $f_{X,Y}(x,y)$는 2차원 확률변수 (X,Y)가 점 (x,y) 주변에 얼마만큼 모여 있는지를 나타내는 측도라고 볼 수 있다. 연속분포인 경우도 이산분포에서와 같이 결합분포로부터 각각의 주변 확률분포를 구할 수 있다. (X,Y)의 결합확률밀도함수를 $f_{X,Y}(x,y)$라 할 때 다음이 성립한다.

$$\begin{aligned} P(X\in A) &= P(X\in A, Y\in(-\infty,\infty)) \\ &= \int_A\int_{-\infty}^{\infty} f_{X,Y}(x,y)dydx \\ &= \int_A f_X(x)dx \end{aligned} \tag{4.1.1}$$

여기서 $f_X(x)=\int_{-\infty}^{\infty} f_{X,Y}(x,y)dy$로 두었다. 식 (4.1.1)은 $f_X(x)$가 X의 확률밀도함수가 됨을 의미하며 $f_X(x)$를 X의 **여백확률밀도함수**(marginal probability density function)라 부른다. 같은 이유로 $f_Y(y)=\int_{-\infty}^{\infty} f_{X,Y}(x,y)dx$라 두면 $f_Y(y)$는 Y의 확률밀도함수가 되며 이를 Y의 여백확률밀도함수라 부른다.

(X,Y)의 결합확률밀도함수가 $f_{X,Y}(x,y)$이면 X와 Y의 여백확률밀도함수 $f_X(x)$와 $f_Y(y)$는 다음과 같이 주어진다.

$$f_X(x)=\int_{-\infty}^{\infty} f_{X,Y}(x,y)dy, \quad f_Y(y)=\int_{-\infty}^{\infty} f_{X,Y}(x,y)dx$$

따라서 (X,Y)의 결합분포가 연속분포이면 X와 Y 각각의 확률밀도함수를 계산할 수 있다. 반면에 X와 Y 각각의 분포가 연속분포라 하더라도 (X,Y)의 결합분포는 연속분포가 아닐 수 있다.

예 4.1.12 $(X,Y) \sim f(x,y) = cxy,\ 0 \le x \le y \le 1$일 때 X와 Y의 여백확률밀도함수를 구하라.

풀이 먼저 c값을 구하자.

$$1 = c\int_0^1\int_x^1 xy\,dydx = c\int_0^1 \frac{1}{2}x(1-x^2)dx = \frac{c}{8}\text{이므로 } c = 8\text{이다.}$$

$$f_X(x) = \int_x^1 8xy\,dy = 4x(1-x^2),\quad 0 < x < 1$$

$$f_Y(y) = \int_0^y 8xy\,dx = 4y^3,\quad 0 < y < 1$$

■

예 4.1.13 (X,Y)의 결합확률밀도함수가 아래와 같다.

$$f_{X,Y}(x,y) = 24xy,\quad 0 \le x \le 1,\ 0 \le y \le 1,\ x+y \le 1$$

$P(X+Y \le \frac{1}{2}),\ f_X(x),\ f_Y(y)$를 구하라.

풀이 $A = \{(x,y)\,|\,0 \le x \le 1, 0 \le y \le 1, x+y \le \frac{1}{2}\}$라 두면

$$P(X+Y \le \frac{1}{2}) = \iint_A 24xy\,dxdy = \int_0^{1/2}\int_0^{(1/2)-x} 24xydydx$$

$$= 0.0625$$

$$f_X(x) = \int_{-\infty}^{\infty} f_{X,Y}(x,y)dy = \int_0^{1-x} 24xy\,dy = 12x(1-x)^2,$$

$$0 \le x \le 1$$

$$f_Y(y) = 12y(1-y)^2,\quad 0 \le y \le 1$$

이다. ■

예 4.1.14 (X,Y)의 결합확률밀도함수가

$$f_{X,Y}(x,y) = xe^{-(x+y)},\ x > 0,\ y > 0$$

이다. $P(X>1, Y<1)$, $P(X<Y)$ 그리고 $f_X(x)$, $f_Y(y)$를 구하라.

풀이 $$P(X>1, Y<1) = \int_1^{\infty}\int_0^1 xe^{-x}e^{-y}dydx$$

$$= \int_1^{\infty} xe^{-x}(-e^{-y}]_0^1)dx$$

$$= (1-e^{-1})\int_1^{\infty} xe^{-x}dx$$

$$= 2e^{-1}(1-e^{-1})$$

$$P(X<Y) = \int_0^{\infty}\int_x^{\infty} xe^{-x}e^{-y}dydx$$

$$= \int_0^{\infty} xe^{-x}(-e^{-y}]_x^{\infty})dx$$

$$= \int_0^{\infty} xe^{-2x}dx$$

$$= \frac{1}{4}$$

$$f_Y(y) = e^{-y}, \quad y>0$$

$$f_X(x) = xe^{-x}, \quad x>0$$ ■

연속결합분포의 경우에도 3개 이상의 확률변수 $X_1, X_2, \cdots, X_n$의 분포는 2개일 때의 개념을 그대로 확장하면 된다. $X_1, X_2, \cdots, X_n$에 대하여 다음 (1)-(3)이 성립하는 함수 $f_{X_1, X_2, \cdots, X_n}(x_1, x_2, \cdots, x_n)$이 존재하면 $X_1, X_2, \cdots, X_n$은 결합연속분포를 한다고 하고, $f_{X_1, X_2, \cdots, X_n}(x_1, x_2, \cdots, x_n)$을 $X_1, X_2, \cdots, X_n$의 결합확률밀도함수라고 부른다.

(1) $f_{X_1, X_2, \cdots, X_n}(x_1, x_2, \cdots, x_n) \geq 0$

(2) $\int_{-\infty}^{\infty}\int_{-\infty}^{\infty}\cdots\int_{-\infty}^{\infty} f_{X_1, X_2, \cdots, X_n}(x_1, x_2, \cdots, x_n)dx_1dx_2\cdots dx_n = 1$

(3) 임의의 부분집합 $C \subset R^n$에 대하여

$$P((X_1,\cdots,X_n)\in C)$$
$$=\iint\cdots\int_C f_{X_1,X_2,\cdots,X_n}(x_1,x_2,\cdots,x_n)\,dx_1dx_2\cdots dx_n$$

이때 $C=A_1\times A_2\times\cdots\times A_n$, $A_i\subset R$이면 위 식 (3)은 다음과 같이 쓸 수 있다.

$$P((X_1,\cdots,X_n)\in C)$$
$$=\int_{A_n}\int_{A_{n-1}}\cdots\int_{A_1} f_{X_1,X_2,\cdots,X_n}(x_1,x_2,\cdots,x_n)\,dx_1dx_2\cdots dx_n$$

n차원 결합분포에서는 다양한 여백분포를 생각할 수 있다. 예를 들면 X_1의 여백확률밀도함수는 $f(x_1,x_2,\cdots,x_n)$을 x_1을 제외한 나머지 변수에 대해 모두 적분하면 된다. 즉,

$$f_{X_1}(x_1)=\int_{-\infty}^{\infty}\int_{-\infty}^{\infty}\cdots\int_{-\infty}^{\infty} f_{X_1,X_2,\cdots,X_n}(x_1,x_2,\cdots,x_n)dx_2dx_3\cdots dx_n$$

이다. (X_i,X_j)에 대한 주변확률밀도함수는 $f_{X_1,X_2,\cdots,X_n}(x_1,x_2,\cdots,x_n)$를 x_i,x_j를 제외한 나머지 전체 변수에 대해 적분하면 된다.

예 4.1.15 (X,Y,Z)의 결합확률밀도함수는 다음과 같다.

$$f_{X,Y,Z}(x,y,z)=\frac{1}{\lambda^3}\,e^{-\lambda(x+y+z)},\quad x>0,\ y>0,\ z>0$$

다음을 구하라.

(1) $f_{Y,Z}(y,z)$ (2) $f_X(x)$ (3) $\dfrac{f_{X,Y,Z}(x,y,z)}{f_{Y,Z}(y,z)}$

풀이 (1) $f_{Y,Z}(y,z)=\displaystyle\int_0^{\infty}\frac{1}{\lambda^2}e^{-\lambda(y+z)}\cdot\frac{1}{\lambda}e^{-\lambda x}dx=\frac{1}{\lambda^2}e^{-\lambda(y+z)}$,

$y>0,\ z>0$

(2) $f_X(x) = \int_0^\infty \int_0^\infty \frac{1}{\lambda} e^{-\lambda x} \frac{1}{\lambda^2} e^{-\lambda(y+z)} dydz = \frac{1}{\lambda} e^{-\lambda x}, \ x > 0$

(3) $\frac{f_{X,Y,Z}(x,y,z)}{f_{Y,Z}(y,z)} = \frac{1}{\lambda} e^{-\lambda x}, \ x > 0$ ■

위 예제에서 $f_X(x) = \frac{f_{X,Y,Z}(x,y,z)}{f_{Y,Z}(y,z)}$이 성립함을 볼 수 있다. 이와 같이 조건부 분포와 조건이 없는 분포가 같아지는 경우는 확률변수의 독립성과 관련된 문제이다. 이러한 문제를 다음 절에서 보도록 하자.

여러 개의 확률변수가 나오고 이들의 결합분포나 각 확률변수의 분포를 구별하여 쓸 필요가 있을 때에는 $F_{X,Y}(x,y)$, $f_{X,Y,Z}(x,y,z)$, $F_X(x)$, $f_Y(y)$ 등과 같이 확률변수를 아래첨자로 두어 구분하나 혼동의 염려가 없을 때는 $F(x_1,x_2,x_3)$, $f(x,y)$, $f(x)$ 등과 같이 아래 첨자를 생략하기도 한다.

4.2 확률변수의 독립

1장에서 두 사상 E, F의 독립성을 다음과 같이 정의하였다.

$$P(E \cap F) = P(E)P(F)$$

두 확률변수 X, Y의 독립성의 문제를 사상의 독립성과 연관하여 생각해보자.

R의 임의의 부분집합 A, B에 대하여 다음 등식이 성립하면 두 확률변수 X, Y는 서로 **독립**(independent)이라고 한다.

$$P(X \in A, \ Y \in B) = P(X \in A)P(Y \in B) \tag{4.2.1}$$

위 식 (4.2.1)은 R의 부분집합 A, B에 대하여 두 사상 $E = \{X \in A\}$, $F = \{Y \in B\}$가 서로 독립인 사상이라는 것을 의미한다. 특히 $A = (-\infty, a]$, $B = (-\infty, b]$를 취하면 식 (4.2.1)은 다음과 같다.

$$P(X \in (-\infty, a], \ \ Y \in (-\infty, b]) = P(X \le a, Y \le b) = P(X \le a)P(Y \le b)$$

따라서

$$F(a,b) = F_X(a)F_Y(b), \quad \forall\, a,b \in R \tag{4.2.2}$$

이다. 역으로 식 (4.2.2)를 만족하면 식 (4.2.1)도 성립함을 보일 수 있다.

분포함수와 확률질량함수 또는 확률밀도함수와의 관계를 이용하면 식 (4.2.2)는 다음 두 식과 동치임을 보일 수 있다.

> X와 Y의 결합분포가 다음 조건 중 하나를 만족하면 두 확률변수 X와 Y는 서로 독립이다.
>
> (이산분포인 경우) $p(x,y) = p_X(x)p_Y(y), \quad \forall\, x,y \in R$
>
> (연속분포인 경우) $f(x,y) = f_X(x)f_Y(y), \quad \forall\, x,y \in R$

증명 (X, Y)의 결합확률밀도함수 $f(x,y) = f_X(x)f_Y(y)$ 일 때 X와 Y는 서로 독립인 확률변수임을 다음과 같이 보일 수 있다. 임의의 부분집합 A, B 에 대하여 다음이 성립한다.

$$\begin{aligned} P(X \in A, Y \in B) &= \int_A \int_B f(x,y)dydx \\ &= \int_A \int_B f_X(x)f_Y(y)dydx \\ &= \int_A f_X(x)dx \int_B f_Y(y)dy \\ &= P(X \in A)P(Y \in B) \end{aligned}$$

따라서 식 (4.2.1)이 성립하므로 X와 Y는 서로 독립이다.

예 4.2.1 결합확률밀도함수 $f(x,y) = xe^{-(x+y)}$, $x > 0$, $y > 0$를 갖는 두 확률변수 X와 Y는 서로 독립인가?

풀이 $f_X(x) = xe^{-x}$, $x > 0$, $f_Y(y) = e^{-y}, y > 0$이므로 $f(x,y) = f_X(x) f_Y(y)$가 성립하여 서로 독립임을 알 수 있다. ■

예 4.2.2 (X, Y)가 다음의 결합확률밀도함수를 가질 때 두 확률변수 X와 Y는 서로 독립인가?

$$f(x,y) = \frac{6}{5}(x+y^2), \quad 0 \le x \le 1, 0 \le y \le 1$$

풀이 여백확률밀도함수는 다음과 같다.

$$f_X(x) = \frac{6}{5}x + \frac{2}{5}, \quad 0 \le x \le 1$$

$$f_Y(y) = \frac{6}{5}y^2 + \frac{3}{5}, \quad 0 \le y \le 1$$

따라서 $f(x,y) \ne f_X(x)f_Y(y)$ 이므로 X와 Y는 서로 독립이 아니다. ■

일일이 여백확률밀도함수를 계산하지 않고도 두 확률변수의 독립성을 쉽게 판단할 수 있는 방법이 있다. 다음이 성립한다.

연속확률변수인 X와 Y가 서로 독립이 되기 위한 필요충분조건은 (X, Y)의 결합확률밀도함수 $f(x,y)$가 다음과 같이 실숫값 함수 h와 g의 곱으로 쓰이는 것이다.

$$f(x,y) = h(x)g(y), \quad -\infty < x < \infty, \quad -\infty < y < \infty \qquad (4.2.3)$$

증명 X와 Y가 서로 독립이면 $f(x,y) = f_X(x)f_Y(y)$ 이므로 $h(x) = f_X(x)$, $g(y) = f_Y(y)$라 두면 위 관계가 성립한다. 한편 $f(x,y) = h(x)g(y)$, $-\infty < x < \infty, -\infty < y < \infty$이 성립하면

$$f_X(x) = h(x) \cdot \int_{-\infty}^{\infty} g(y)dy$$

$$f_Y(y) = g(y) \cdot \int_{-\infty}^{\infty} h(x)dx$$

이고 또한 $1 = \int_{-\infty}^{\infty}\int_{-\infty}^{\infty} h(x)g(y)dxdy = \int_{-\infty}^{\infty} h(x)dx \int_{-\infty}^{\infty} g(y)dy$이므

로 $f(x,y)=f_X(x)f_Y(y)$가 성립함을 알 수 있다.

예 4.2.3 두 확률변수 X와 Y의 결합확률밀도함수가 다음과 같이 주어졌다면 X와 Y는 독립인가?

$$f(x,y)=2e^{-(x+2y)}, \quad x>0,\ y>0$$

풀이 $f(x,y)$는 다음과 같이 두 x만의 함수와 y만의 함수의 곱으로 쓸 수 있으며 따라서 X와 Y는 서로 독립이다.

$$f(x,y)=(2e^{-x}I_{\{x>0\}})\cdot(e^{-2y}I_{\{y>0\}}),$$
$$-\infty<x<\infty,\ -\infty<y<\infty$$

예 4.2.4 $f(x,y)=24xy,\ 0\le x\le 1,\ 0\le y\le 1,\ 0\le x+y\le 1$의 결합확률밀도함수를 갖고 있는 확률변수 X와 Y는 서로 독립인가?

풀이 위 $f(x,y)=24xy$만 보면 x함수와 y함수의 곱으로 보일 수 있으나 범위에 있는 $0\le x+y\le 1$은 두 함수의 곱으로 분리할 수 없으며 따라서 독립이 아니다. 이때 각각의 여백확률밀도함수는 다음과 같다.

$$f_X(x)=12x(1-x)^2,\ 0<x<1,$$

$$f_Y(y)=12y(1-y)^2,\ 0<y<1$$

따라서 $f(x,y)\ne f_X(x)f_Y(y)$이고 독립이 아님을 확인할 수 있다. ■

위 식 (4.2.3)을 이용하면 아무런 계산을 하지 않고도 $f(x,y)=1,\ 0<x<1,\ 0<y<1$은 서로 독립인 두 확률변수의 결합확률밀도함수이나 $f(x,y)=2,\ 0<y<x<1$의 경우는 독립이 아니다.

세 개 이상의 확률변수 $X_1,X_2,\cdots,X_n$의 독립도 2개의 경우를 그대로 확장하여 다음과 같이 정의한다.

R의 임의의 부분집합 $A_1A_2,\cdots,A_n$에 대하여

$$P(X_1 \in A_1, X_2 \in A_2, \cdots, X_n \in A_n) = P(X_1 \in A_1)P(X_2 \in A_2) \cdots P(X_n \in A_n)$$

이 성립하면 확률변수 $X_1, X_2, \cdots, X_n$은 서로 독립이다.

다음이 성립한다.

> n개의 확률변수 $X_1, X_2, \cdots, X_n$이 다음 조건을 만족하면 서로 독립이다.
> $$p(x_1, x_2, \cdots, x_n) = p_{X_1}(x_1)p_{X_2}(x_2) \cdots p_{X_n}(x_n)$$
> $$f(x_1, x_2, \cdots, x_n) = f_{X_1}(x_1)f_{X_2}(x_2) \cdots f_{X_n}(x_n)$$

또한 일반적으로 $X_1, X_2, \cdots, X_n$ 각각이 연속분포를 한다고 하여 결합분포가 연속이 되는 것은 아니지만 n개의 확률변수가 서로 독립이면 결합확률밀도함수가 각각의 확률밀도함수의 곱이 되므로 결합분포도 연속이 된다.

> X와 Y가 서로 독립인 확률변수이고 $g, h : R \to R$인 함수이면 $g(X), h(Y)$도 서로 독립인 확률변수가 된다.

증명 R의 임의의 부분집합 A, B에 대하여

$$\begin{aligned} P(g(X) \in A,\ h(Y) \in B) &= P(X \in g^{-1}(A),\ Y \in h^{-1}(B)) \\ &= P(X \in g^{-1}(A))P(Y \in h^{-1}(B)) \quad (X, Y : \text{독립}) \\ &= P(g(X) \in A)P(h(Y) \in B)) \end{aligned}$$

이다. 위의 $g^{-1}(A)$는 A의 역상을 나타낸다. 즉 $g^{-1}(A) = \{x \mid g(x) \in A\}$이다. 이때 g의 역함수 g^{-1}가 존재할 필요는 없다.

위의 결과를 활용하면 X와 Y가 서로 독립인 확률변수이면 (1) e^X, Y (2) $\sin X$, Y^2 (3) $X^2 + 2X$, e^{Y^2}이 모두 서로 독립이다. 이를 일반화해서 X_1, X_2, $\cdots, X_n$이 서로 독립일 때 적당한 실숫값 함수 f, g, h에 대해서 $f(X_1, X_2, X_3)$, $g(X_4, X_5)$, $h(X_6, X_7, X_8, X_9)$는 서로 독립인 새로운 확률변수가 된다. 여기서 $\{X_1, X_2, X_3\}$, $\{X_4, X_5\}$, $\{X_6, X_7, X_8, X_9\}$의 확률변수들은 겹치지 않는다는 점

에 주목하자.

예 4.2.5 $X_1, X_2, \cdots, X_5$가 서로 독립인 확률변수일 때 다음 두 확률변수의 짝들은 서로 독립이다. 이유를 설명하라.

(1) $X_1 + X_2,\ X_3^2 + X_4^2$

(2) $\max\{X_1, X_2, X_3\},\ \min\{X_4, X_5\}$

(3) $\cos(X_1 X_2),\ \sin(X_3 X_4 X_5)$

풀이 두 확률변수 짝들은 각각 서로 겹치지 않는 독립인 확률변수들에 의해 생성되었다. ■

4.3 조건부 분포

두 사상 E, F의 조건부 확률은 $P(F) > 0$일 때 다음과 같이 정의되었음을 상기하자.

$$P(E|F) = \frac{P(E \cap F)}{P(F)}$$

이제 두 확률변수 X, Y와 R의 임의의 부분집합 A, B에 대하여 $P(Y \in B) > 0$일 때 다음이 성립한다.

$$P(X \in A | Y \in B) = \frac{P(X \in A, Y \in B)}{P(Y \in B)}$$

이는 Y가 B에 들어갔다는 조건 아래서 X가 A에 포함되는 조건부 확률을 나타낸다.

X, Y가 이산분포를 따를 때 $A = \{x\}$, $B = \{y\}$로 하면 위 식은 다음과 같이 쓸 수 있다.

$$P(X = x | Y = y) = \frac{P(X = x, Y = y)}{P(Y = y)}, \quad P(Y = y) > 0$$

$P(X=x|Y=y)$를 $Y=y$일 때 X의 **조건부확률질량함수**(conditional probability mass function of X given $Y=y$)라 하고 $p_{X|Y}(x|y)$로 나타낸다.

> **두 이산확률변수 X, Y에 대하여 $Y=y$일 때 X의 조건부확률질량함수 $p_{X|Y}(x|y)$는 다음과 같이 정의된다.**
>
> $$p_{X|Y}(x|y) = \frac{p(x,y)}{p_Y(y)}, \quad (p_Y(y) \neq 0) \tag{4.3.1}$$

$Y=y$일 때 X의 조건부확률질량함수는 X와 Y의 결합확률질량함수를 Y의 여백확률질량함수의 y에서의 값으로 나누어 얻어진 함수이다. 위 식 (4.3.1)은 다음과 같이 곱의 형태로 쓸 수 있다.

$$p(x,y) = p_{X|Y}(x|y) \cdot p_Y(y)$$

따라서 X와 Y가 독립이면 $p(x,y) = p_X(x)p_Y(y)$이므로 $p_{X|Y}(x|y) = p_X(x)$이 성립한다. 이는 $Y=y$ 조건 아래서 X의 조건부확률질량함수가 y값과는 무관한 함수가 됨을 보여준다.

또한 $Y=y$일 때 X의 조건부확률질량함수 $p_{X|Y}(x|y)$는 새로운 확률질량함수가 된다. 즉, 다음이 성립한다.

$$p_{X|Y}(x|y) \geq 0$$

$$\sum_x p_{X|Y}(x|y) = \sum_x \frac{p(x,y)}{p_Y(y)} = 1$$

$Y=y$일 때 X의 **조건부확률분포함수** $F_{X|Y}(x|y)$는 $P(Y=y) > 0$인 모든 y에서 다음과 같이 정의된다.

$$F_{X|Y}(a|y) = P(X \leq a | Y=y) = \sum_{\{x|x \leq a\}} p_{X|Y}(x|y)$$

또한 $A \subset R$에 대해서 다음이 성립한다.

$$P(X \in A | Y=y) = \sum_{\{x|x \in A\}} p_{X|Y}(x|y)$$

예 4.3.1 예 4.1.1의 표를 보고 $p_{X|Y}(2|1)$, $p_{X|Y}(1|1)$, $F_{X|Y}(2|1)$를 구하라.

풀이

$$p_{X|Y}(2|1) = \frac{p_{X,Y}(2,1)}{p_Y(1)} = \frac{1}{2}$$

$$p_{X|Y}(1|1) = \frac{p_{X,Y}(1,1)}{p_Y(1)} = 0$$

$$F_{X|Y}(2|1) = \frac{p_{X,Y}(1,1) + p_{X,Y}(2,1)}{p_Y(1)} = \frac{1}{2}$$ ■

예 4.3.2 $X_1 \sim Poisson(\lambda_1)$, $X_2 \sim Poisson(\lambda_2)$ 분포를 따르고 X_1과 X_2는 서로 독립이다. $X_1 + X_2 = n$ (n은 정수)일 때 X_1의 조건부 분포를 구하라.

풀이 먼저 $P(X_1 + X_2 = n)$일 확률을 구해보자. X_1, X_2가 독립이므로 다음이 성립한다.

$$\begin{aligned} P(X_1 + X_2 = n) &= \sum_{m=0}^{n} P(X_1 = m,\ X_2 = n-m) \\ &= \sum_{m=0}^{n} P(X_1 = m)P(X_2 = n-m) \\ &= \frac{e^{-(\lambda_1+\lambda_2)}}{n!} \sum_{m=0}^{n} \frac{n!}{m!(n-m)!} \lambda_1^m \lambda_2^{n-m} \\ &= \frac{(\lambda_1+\lambda_2)^n e^{-(\lambda_1+\lambda_2)}}{n!} \end{aligned}$$

즉 $X_1 + X_2 \sim Poisson(\lambda_1 + \lambda_2)$이다. 다음이 성립한다.

$$\begin{aligned} P(X_1 = k \mid X_1 + X_2 = n) &= \frac{P(X_1 = k, X_1 + X_2 = n)}{P(X_1 + X_2 = n)} \\ &= \frac{P(X_1 = k,\ X_2 = n-k)}{P(X_1 + X_2 = n)} \end{aligned}$$

$$= \frac{e^{-\lambda_1}\lambda_1^k}{k!}\frac{e^{-\lambda_2}\lambda_2^{n-k}}{(n-k)!} \cdot \frac{n!}{(\lambda_1+\lambda_2)^n e^{-(\lambda_1+\lambda_2)}}$$

$$= \binom{n}{k}\left(\frac{\lambda_1}{\lambda_1+\lambda_2}\right)^k\left(\frac{\lambda_2}{\lambda_1+\lambda_2}\right)^{n-k}$$

결과적으로 $X_1+X_2=n$이라는 조건 아래서 X_1의 조건부 분포는 $B(n, \frac{\lambda_1}{\lambda_1+\lambda_2})$이다. ■

예 4.3.3 (X, Y, Z)가 모수 n, p, q, r을 갖는 다항분포를 할 때 다음을 구하라.

(1) $X=x$ $(x=0,1,2,\cdots,n)$일 때 Y와 Z의 조건부결합분포

(2) $X=x, Y=y$일 때 Z의 조건부 분포

풀이 (1) 예 4.1.5에서 $X \sim B(n,p)$임을 보았다. 따라서 Y와 Z의 조건부 결합분포는 다음과 같다.

$$p_{Y,Z|X}(y,z|x) = \frac{p_{X,Y,Z}(x,y,z)}{p_X(x)}$$

$$= \frac{\binom{n}{x,y,z}p^x q^y r^z}{\binom{n}{x}p^x(1-p)^{n-x}}$$

$$= \frac{(n-x)!}{y!z!}\frac{q^y r^z}{(1-p)^{y+z}}$$

$$= \binom{n-x}{y,\ z}\left(\frac{q}{1-p}\right)^y\left(\frac{r}{1-p}\right)^z$$

즉 $X=x$일 때 Y와 Z의 조건부결합분포는 모수 $n-x$, $\frac{q}{1-p}, \frac{r}{1-p}$를 갖는 다항분포를 따른다.

(2) $X+Y+Z=n$이므로 $X=x$, $Y=y$이면 Z는 $n-x-y$이어야 한다. 따라서 $p_{Z|X,Y}(z|x,y)=1$, $z=n-x-y$이고 그 외의 점에서는 0값을 갖는다. ■

이제 (X, Y)가 결합연속확률변수로 결합확률밀도함수 $f(x,y)$를 갖는 경우의 조건부 분포에 대해 생각해보자. (X, Y)가 결합확률밀도함수를 가지면 X와 Y 각각 여백확률밀도함수가 존재하고 연속확률분포에서는 특정점을 가질 확률이 항상 0이 됨을 알고 있다. 즉 Y가 연속확률변수이면 $P(Y=y)=0,\ \forall y \in R$이므로 이산분포에서와 같이 $P(X=x \mid Y=y)$를 정의할 수 없다. 따라서 x,y를 포함한 작은 구간에서의 확률을 구하면 다음을 얻는다.

$$\begin{aligned} &P(x < X \le x+\Delta x \mid y < Y \le y+\Delta y) \\ &= \frac{P(x < X \le x+\Delta x,\ y < Y \le y+\Delta y)}{P(y < Y \le y+\Delta y)} \\ &\approx \frac{f(x,y)\Delta x \Delta y}{f_Y(y)\Delta y} = \frac{f(x,y)}{f_Y(y)}\Delta x \end{aligned}$$

한편 다음을 생각해보자.

$$\begin{aligned} P(X \le x \mid y < Y \le y+\Delta y) &= \frac{P(X \le x,\ y < Y \le y+\Delta y)}{P(y < Y \le y+\Delta y)} \\ &\approx \frac{\int_{-\infty}^{x} f(x,y)\Delta y dx}{f_Y(y)\Delta y} = \int_{-\infty}^{x} \frac{f(x,y)}{f_Y(y)} dx \end{aligned}$$

위 두 식을 바탕으로 $f_Y(y) \neq 0$에서 다음과 같이 정의한다.

$Y=y$일 때의 X의 **조건부확률밀도함수**(conditional probability density function) $f_{X|Y}(x|y)$는 다음과 같이 정의된다.

$$f_{X|Y}(x|y) = \frac{f(x,y)}{f_Y(y)}, \quad f_Y(y) \neq 0$$

$f_{X|Y}(x|y) \ge 0$이고 $\int_{-\infty}^{\infty} f_{X|Y}(x|y)dx = 1$이 성립하므로 조건부확률밀도함수도 확률밀도함수가 됨을 알 수 있다. 또한 X와 Y가 서로 독립이면 다음 관계가 성립한다.

$$f_{X|Y}(x|y) = f_X(x), \quad f_{Y|X}(y|x) = f_Y(y)$$

구간 $(0,1)$에서 임의의 한 점을 선택하여 y라 두고 X를 성공률 y인 베르누이 시행을 n번 반복하여 성공한 횟수를 나타낸다고 하자. 이때 $Y \sim unif(0,1)$이라 두고 $Y=y$일 때 $X \sim B(n,y)$이므로 X의 조건부 확률을

$$P(X=k|\,Y=y) = \binom{n}{k} y^k (1-y)^{n-k}, \quad k=0,1,2,\cdots,n$$

라 표기하는 것은 자연스럽다. 엄밀히 $P(Y=y)=0$이므로 지금까지의 이론으로 보면 맞는 표현이 아니라 하더라도 $P(X=k|\,Y=y)$가 무엇을 의미하는지 알 수 있으며 더불어 이는 매우 편리한 표현 방법이다. 따라서 앞으로는 연속확률변수의 경우에도 혼돈이 없는 한 이와 같은 표현 방법을 쓰고자 한다.

2차원 연속확률변수 $(X,Y) \sim f(x,y)$에 대하여 다음이 성립한다.

$$P(X \in A|\,Y=y) = \int_A f_{X|Y}(x|y)dx$$

$$F_{X|Y}(x|y) = P(X \le x|\,Y=y) = \int_{-\infty}^{x} f_{X|Y}(x|y)dx$$

예 4.3.4 (X,Y)의 결합확률밀도함수가 다음과 같을 때 아래 확률들을 구하라.

$$f(x,y) = \frac{6}{5}(x+y^2), \quad 0 \le x \le 1, \ 0 \le y \le 1$$

(1) $P(X > \frac{1}{2}|\,Y=y)$ (2) $P(X > \frac{1}{2}|\,Y=\frac{1}{3})$

풀이 Y의 여백확률밀도함수는 다음과 같다(예 4.2.2를 보시오).

$$f_Y(y) = \frac{6}{5}y^2 + \frac{3}{5}, \quad 0 \le y \le 1$$

따라서 $f_{X|Y}(x|y) = \dfrac{\frac{6}{5}(x+y^2)}{\frac{6}{5}y^2+\frac{3}{5}} = \dfrac{2(x+y^2)}{2y^2+1}, \ 0 < x < 1$이다.

(1) $P(X> \frac{1}{2}| Y=y) = \int_{1/2}^{1} \frac{2(x+y^2)}{2y^2+1} dx = \frac{\frac{3}{4}+y^2}{2y^2+1}, \quad 0<y<1$

(2) $P(X> \frac{1}{2}| Y=\frac{1}{3}) = \int_{1/2}^{1} \frac{18x+2}{11} dx = \frac{31}{44}$ ■

예 4.3.5 $(X, Y) \sim f(x,y) = 8xy,\ 0 \le x \le y \le 1$일 때 $f_Y(y)$, $P\left(\frac{1}{3} < X < 1| Y=\frac{1}{2}\right)$를 구하라.

풀이 먼저 $f_Y(y) = 4y^3,\ 0 \le y \le 1$이므로 $0<y<1$인 y에 대하여 다음이 성립한다.

$$f_{X|Y}(x|y) = \frac{2x}{y^2},\ 0 \le x \le y$$

$$f_{X|Y}(x|\frac{1}{2}) = \frac{2x}{(\frac{1}{2})^2} = 8x, \quad 0 \le x \le \frac{1}{2}$$

따라서 구하는 확률은 다음과 같다.

$$P(\frac{1}{3} < X < 1| Y=\frac{1}{2}) = \int_{1/3}^{1/2} 8x dx = \frac{20}{36}$$ ■

예 4.3.6 Y의 확률밀도함수 $f_Y(y) = \frac{1}{(1+y)^2}$, $y>0$와 $Y=y$에서의 X의 조건부확률밀도함수가 다음과 같이 주어졌다.

$$f_{X|Y}(x|y) = x(y+1)^2 e^{-x(y+1)}, \quad x>0,\ y>0$$

(X, Y)의 결합확률밀도함수를 구하고 $X=x$일 때의 Y의 조건부확률밀도함수를 구하라.

풀이 $f(x,y) = f_Y(y) f_{X|Y}(x|y) = xe^{-x(y+1)},\ x>0, y>0$ 이 된다. 이를

이용하여 X의 여백확률밀도함수를 구하면 $f_X(x)=e^{-x}$, $x>0$이 되고 따라서 $x>0$인 x에 대하여 다음이 성립한다.

$$f_{Y|X}(y|x)=\frac{xe^{-x(y+1)}}{e^{-x}}=xe^{-xy},\quad y>0$$ ■

4.4 확률변수의 함수의 분포

2장, 3장에서 확률변수 X의 함수로 이루어진 새로운 확률변수의 분포를 구하는 문제를 몇몇 예를 통하여 알아보았다.

4.4절에서는 n차원 확률변수 $(X_1,\cdots,X_n)$과 함수 $g:R^n\to R^m$의 합성함수 $g(X_1,\cdots,X_n):\Omega\to R^m$는 m차원 확률변수가 되는데 먼저 $m=1$인 경우의 여러 가지 예를 살펴보자.

예 4.4.1 X_i $(i=1,2,\cdots,n)$는 분포함수 $F_X(x)$, 확률밀도함수 $f_X(x)$를 갖고 X_i는 서로 독립이라 하자. $Y=\max\{X_1,X_2,\cdots,X_n\}$, $Z=\min\{X_1,X_2,\cdots,X_n\}$라 할 때 Y, Z의 분포를 구하라.

풀이

$$\begin{aligned}F_Y(y)=P(Y\le y)&=P(X_1\le y,X_2\le y,\cdots,X_n\le y)\\&=P(X_1\le y)P(X_2\le y)\cdots P(X_n\le y)\\&=(F_X(y))^n\end{aligned}$$

따라서 Y의 확률밀도함수 $f_Y(y)$는 다음과 같다.

$$f_Y(y)=n(F_X(y))^{n-1}f_X(y)$$

한편

$$\begin{aligned}F_Z(z)=P(Z\le z)&=1-P(Z>z)\\&=1-P(X_1>z,X_2>z,\cdots,X_n>z)\end{aligned}$$

$$= 1 - (P(X_1 > z))^n$$
$$= 1 - (1 - F_X(z))^n$$

이다. 따라서 Z의 확률밀도함수는 위의 분포함수를 미분하여 얻을 수 있다.

$$f_Z(z) = n(1 - F_X(z))^{n-1} f_X(z)$$ ■

앞의 예 4.3.2에서 $X_1 \sim Poisson(\lambda_1)$, $X_2 \sim Poisson(\lambda_2)$이고 X_1과 X_2가 서로 독립일 때 $X_1 + X_2$의 분포는 $X_1 + X_2 \sim Poisson(\lambda_1 + \lambda_2)$가 됨을 보았다. 성공률이 같은 독립인 이항분포의 합에 대해 살펴보자.

예 4.4.2 $X \sim B(n,p)$, $Y \sim B(m,p)$이고 X와 Y가 서로 독립이면 $X + Y \sim B(n+m,p)$가 됨을 보여라.

풀이 먼저 $X + Y$가 가질 수 있는 값의 범위는 0부터 $n+m$까지의 정수임을 확인해두자. 독립인 포아송분포를 따르는 두 확률변수의 합의 분포를 구할 때와 같은 방법으로 $k = 0,1,2,\cdots n+m$에 대하여 다음이 성립한다.

$$\begin{aligned}
P(X+Y=k) &= \sum_{i=0}^{k} P(X=i)P(Y=k-i) \\
&= \sum_{i=0}^{k} \binom{n}{i} p^i (1-p)^{n-i} \binom{m}{k-i} p^{k-i} (1-p)^{m-k+i} \\
&= p^k (1-p)^{n+m-k} \sum_{i=0}^{k} \binom{n}{i} \binom{m}{k-i} \\
&= \binom{n+m}{k} p^k (1-p)^{n+m-k}
\end{aligned}$$

위의 네 번째 등식은 관계식 $\sum_{i=0}^{k} \binom{n}{i}\binom{m}{k-i} = \binom{n+m}{k}$로부터 얻어진다. 따라서 $X + Y \sim B(n+m,p)$이다. ■

일반적으로 X와 Y가 결합확률질량함수 $p(x,y)$를 가질 때 $X+Y$의 분포는 다음과 같이 쓸 수 있다.

$$P(X+Y=a) = \sum_{\{(x,y)|x+y=a\}} p(x,y)$$
$$= \sum_x p(x, a-x)$$

이때 X와 Y가 독립이면 다음이 성립한다.

$$P(X+Y=a) = \sum_x p_X(x) p_Y(a-x)$$

4.4.1 독립인 연속확률변수들의 합의 분포

두 연속확률변수 X와 Y의 합의 분포를 구하여보자. 즉 $g: R^2 \to R$, $g(x,y) = x+y$의 경우 $g(X,Y)$의 분포를 구하는 문제가 되겠다. 분포 함수를 이용하여 계산하도록 하자.

$$F_{X+Y}(a) = P(X+Y \le a)$$
$$= \iint_{x+y \le a} f(x,y)\,dydx$$
$$= \int_{-\infty}^{\infty} \int_{-\infty}^{a-x} f(x,y)\,dydx$$

미적분학의 기본법칙을 사용하여 위 식의 양변을 a에 대해서 미분하면 다음을 얻는다.

$$f_{X+Y}(a) = \int_{-\infty}^{\infty} f(x, a-x)\,dx \tag{4.4.1}$$

예 4.4.3 $(X, Y) \sim f(x,y) = x+y,\ 0 < x < 1, 0 < y < 1$일 때 $X+Y$의 분포를 구하라.

풀이 $0<x<1,\ 0<y<1$이므로 $0<x+y<2$이다.

$f(x,a-x)=a,\ 0<x<1,\ 0<a-x<1$이므로 a값의 범위에 따라 적분 구간이 달라진다. 다음이 성립한다.

$$
\begin{aligned}
f_{X+Y}(a) &= \int_{-\infty}^{\infty} f(x,a-x)dx \\
&= \begin{cases} \int_0^a a dx & 0<a<1 \\ \int_{a-1}^1 a dx & 1\le a<2 \end{cases} \\
&= \begin{cases} a^2 & 0<a<1 \\ a(2-a) & 1\le a<2 \end{cases}
\end{aligned}
$$
■

X와 Y는 서로 독립이라고 가정하면 (X,Y)의 결합확률밀도함수는 각각의 확률밀도함수의 곱이 된다. 즉 $f(x,y)=f_X(x)f_Y(y)$ 이다.
따라서 다음이 성립한다.

$$
\begin{aligned}
F_{X+Y}(a) &= P(X+Y\le a) \\
&= \iint_{x+y\le a} f_X(x)f_Y(y)dydx \\
&= \int_{-\infty}^{\infty}\int_{-\infty}^{a-x} f_Y(y)dy\ f_X(x)dx \\
&= \int_{-\infty}^{\infty} F_Y(a-x)f_X(x)dx = \int_{-\infty}^{\infty} F_Y(a-x)dF_X(x) \qquad (4.4.2)
\end{aligned}
$$

위의 F_{X+Y}를 F_X와 F_Y의 **합성곱**(convolution)이라고 부른다.

위 식 (4.4.2)에서 X와 Y의 적분 순서를 바꾸면 다음을 얻는다.

$$F_{X+Y}(a)=\int_{-\infty}^{\infty} F_X(a-y)f_Y(y)dy \qquad (4.4.3)$$

위의 두 식 (4.4.2), (4.4.3)을 a에 대해서 미분하면 다음의 확률밀도함수를 이용한 공식을 얻는다.

두 확률변수 X와 Y가 서로 독립이면 다음이 성립한다.

$$F_{X+Y}(a) = \int_{-\infty}^{\infty} F_X(a-y)dF_Y(y)$$
$$= \int_{-\infty}^{\infty} F_Y(a-x)dF_X(x)$$
$$f_{X+Y}(a) = \int_{-\infty}^{\infty} f_X(a-y)f_Y(y)dy$$
$$= \int_{-\infty}^{\infty} f_Y(a-x)f_X(x)dx$$

예 4.4.4 X, Y는 서로 독립이고 모수 λ인 지수분포를 따른다. $X+Y$의 분포를 구하라.

풀이 공식에 의하면 다음이 성립한다.

$$f_{X+Y}(a) = \int_{-\infty}^{\infty} f_X(a-y)f_Y(y)dy$$
$$= \int_0^a \lambda e^{-\lambda(a-y)}\lambda e^{-\lambda y}\, dy$$
$$= \lambda^2 a e^{-\lambda a}, \quad a > 0$$

따라서 $X+Y \sim \Gamma(2,\lambda)$이다. ■

위 예 4.4.4에서 서로 독립인 두 지수분포의 합의 분포는 $\Gamma(2,\lambda)$임을 보았다. 또한 $X \sim \Gamma(\alpha_1,\lambda)$, $Y \sim \Gamma(\alpha_2,\lambda)$이고 X와 Y가 서로 독립이면 $X+Y \sim \Gamma(\alpha_1+\alpha_2,\lambda)$임을 증명할 수 있다. 그러므로 이들을 반복 적용하면 X_i, $i=1,2,\cdots,n$이 서로 독립이고 각각이 모수 λ인 지수분포를 따르면 이들의 합 $X_1+X_2+\cdots+X_n$은 모수 (n,λ)를 갖는 감마분포를 따름을 알 수 있다.

아래의 감마분포를 포함한 일반적인 독립인 확률변수들의 합의 분포는 5장의 적률생성함수(moment generating function)를 이용하면 쉽게 찾을 수 있다.

> $X_i,\ i=1,2,\cdots,n$이 서로 독립이고 $X_i \sim \Gamma(\alpha_i, \lambda)$일 때 다음이 성립한다.
>
> $$X_1+X_2+\cdots+X_n \sim \Gamma(\sum_{i=1}^{n}\alpha_i, \lambda)$$

$\chi^2(1)$은 $\Gamma(\frac{1}{2}, \frac{1}{2})$이고 $\chi^2(n)$은 $\Gamma(\frac{n}{2}, \frac{1}{2})$이다. $X_i \sim \chi^2(n_i)$이며 서로 독립이면 $\sum_{i=1}^{n} X_i \sim \chi^2(\sum_{i=1}^{n} n_i)$가 됨을 알 수 있다.

예 4.4.5 $X \sim N(0,\sigma_1^2)$, $Y \sim N(0,\sigma_2^2)$이고 X와 Y가 서로 독립일 때 $X+Y \sim N(0,\sigma_1^2+\sigma_2^2)$임을 보여라.

풀이 $\omega^2 = \sigma_1^2+\sigma_2^2$라 두면 다음이 성립한다.

$$f_{X+Y}(a) = \int_{-\infty}^{\infty} \frac{1}{2\pi\sigma_1\sigma_2} exp(-\frac{x^2}{2\sigma_1^2} - \frac{(a-x)^2}{2\sigma_2^2})dx$$

$$= \frac{1}{\sqrt{2\pi}\,\omega} \int_{-\infty}^{\infty} \frac{\omega}{\sqrt{2\pi}\,\sigma_1\sigma_2} exp(-\frac{\omega^2}{2\sigma_1^2\sigma_2^2}(x-\frac{\sigma_1^2 a^2}{\omega^2})^2)\,dx \cdot$$

$$\exp(-\frac{a^2}{2\,\omega^2})$$

$$= \frac{1}{\sqrt{2\pi}\,\omega} exp(-\frac{a^2}{2\omega^2})$$ ■

$X \sim N(\mu_1, \sigma_1^2)$, $Y \sim N(\mu_2, \sigma_2^2)$이고 X와 Y가 서로 독립일 때 $X+Y$의 분포는 위 예 4.4.5의 결과를 이용하면 쉽게 구할 수 있다. 즉 $X-\mu_1 \sim N(0,\sigma_1^2)$, $Y-\mu_2 \sim N(0,\sigma_2^2)$이므로 $X+Y-(\mu_1+\mu_2) \sim N(0,\sigma_1^2+\sigma_2^2)$이 되고 따라서 $X+Y \sim N(\mu_1+\mu_2,\ \sigma_1^2+\sigma_2^2)$을 얻는다.

서로 독립인 정규분포를 따르는 확률변수들의 합의 분포는 다음과 같다. 이는 5장의 적률생성함수를 이용하면 쉽게 증명할 수 있다.

$X_i \sim N(\mu_i, \sigma_i^2)$ $(i=1,2,,\cdots,n)$이고 X_i들이 서로 독립이면 다음이 성립한다.

$$\sum_{i=1}^{n} X_i \sim N(\sum_{i=1}^{n}\mu_i, \sum_{i=1}^{n}\sigma_i^2)$$

4.4.2 확률변수들의 함수들의 결합분포(joint distribution of functions of random variables)

(X, Y)가 다음 표의 좌측과 같은 결합확률질량함수를 갖는다고 하자. 이때 $U = X + Y$, $W = XY$라 하면 (U, W)의 결합확률질량함수는 다음 표의 우측과 같이 됨을 알 수 있다.

		Y	
		y_1	y_2
X	x_1	p_{11}	p_{12}
	x_2	p_{21}	p_{22}

		W			
		x_1y_1	x_1y_2	x_2y_1	x_2y_2
U	x_1+y_1	p_{11}	0	0	0
	x_1+y_2	0	p_{12}	0	0
	x_2+y_1	0	0	p_{21}	0
	x_2+y_2	0	0	0	p_{22}

아주 간단한 이산분포의 예를 들었으나 일반적으로 새로운 확률변수들의 결합분포를 찾는 일이 쉽지 않다. 연속확률변수의 함수의 결합분포는 변수변환공식을 사용하면 다음과 같이 구할 수 있다.

(X, Y)는 결합확률밀도함수 $f(x,y)$를 갖는 연속확률변수이다. $u = g_1(x,y)$, $v = g_2(x,y)$라 할 때 다음 두 조건을 만족한다고 하자.

$A = \{(x,y) | f(x,y) > 0\}$, $\quad B = \{(u,v) | \, u = g_1(x,y), v = g_2(x,y), (x,y) \in A\}$

(1) $x = h_1(u,v)$, $y = h_2(u,v)$를 만족하는 함수 h_1, h_2가 유일하게 존재한다.

(2) 편미분 $\dfrac{\partial g_i}{\partial x}$, $\dfrac{\partial g_i}{\partial y}$ $(i=1,2)$이 존재하고 연속이며 다음이 성립한다.

$$J(x,y) = \begin{vmatrix} \dfrac{\partial g_1}{\partial x} & \dfrac{\partial g_1}{\partial y} \\ \dfrac{\partial g_2}{\partial x} & \dfrac{\partial g_2}{\partial y} \end{vmatrix} \neq 0, \quad \forall\,(x,y)$$

(1), (2) 조건 아래서 $(U, V) \sim f_{U,V}(u,v)$를 다음과 같이 구할 수 있다.

$$f_{U,V}(u,v) = f_{X,Y}(x,y)|J(x,y)|^{-1}, \quad \forall\ (u,v) \in B \tag{4.4.4}$$

예 4.4.6 $(X, Y) \sim f_{X,Y}(x,y)$이고 $U = X + Y$, $V = X - Y$라 할 때 (U, V)의 결합확률밀도함수를 구하라.

풀이 $x = \dfrac{u+v}{2}$, $y = \dfrac{u-v}{2}$이고 $J(x,y) = \begin{vmatrix} 1 & 1 \\ 1 & -1 \end{vmatrix} = -2$이므로 위의 조건 (1), (2)를 만족한다. 따라서 $f_{U,V}(u,v) = \dfrac{1}{2} f_{X,Y}\left(\dfrac{u+v}{2}, \dfrac{u-v}{2}\right)$이다. ■

위의 예 4.4.6에서 $f(x,y) = 1,\ 0 < x < 1,\ 0 < y < 1$이라면 (U, V)의 결합확률밀도함수는 다음과 같다.

$$\begin{aligned} f_{U,V}(u,v) &= \frac{1}{2} f_{X,Y}\left(\frac{u+v}{2}, \frac{u-v}{2}\right) \\ &= \frac{1}{2} \cdot 1, \quad 0 < \frac{u+v}{2} < 1, \quad 0 < \frac{u-v}{2} < 1 \\ &= \frac{1}{2}, \quad 0 < u+v < 2,\ 0 < u-v < 2 \end{aligned}$$

만일 $(X, Y) \sim f_{X,Y}(x,y) = xe^{-(x+y)}$, $x > 0$, $y > 0$이면 (U, V)의 결합확률밀도함수는 다음과 같다.

$$\begin{aligned} f_{U,V}(u,v) &= \frac{1}{2} f_{X,Y}\left(\frac{u+v}{2}, \frac{u-v}{2}\right) \\ &= \frac{1}{2} \frac{u+v}{2} e^{-u}, \quad u+v > 0,\ u-v > 0 \end{aligned}$$

X와 Y가 서로 독립이고 각각 표준정규분포를 할 때 (U, V)의 결합확률밀도함수가 다음과 같이 됨을 확인해보라.

$$
\begin{aligned}
f_{U,V}(u,v) &= \frac{1}{2}\frac{1}{2\pi}exp(-\frac{(u+v)^2}{8}-\frac{(u-v)^2}{8}) \\
&= \frac{1}{4\pi}exp(-\frac{(u^2+v^2)}{4}) \\
&= \frac{1}{\sqrt{2\pi}\sqrt{2}}e^{-\frac{u^2}{4}}\frac{1}{\sqrt{2\pi}\sqrt{2}}e^{-\frac{v^2}{4}}, \quad -\infty < u,v < \infty
\end{aligned}
$$

여기서 $f_{U,V}(u,v) = g(u)h(v)$ 형태이므로 U와 V는 서로 독립이고 각각 평균 0, 분산 2인 정규분포를 따름을 알 수 있다.

예 4.4.7 $(X,Y) \sim f(x,y) = \lambda^2 e^{-\lambda(x+y)}$, $x>0$, $y>0$와 같이 주어졌다. $U = X+Y$, $V = \dfrac{X}{X+Y}$일 때 $f_{U,V}(u,v)$, $f_U(u)$, $f_V(v)$를 구하고 U와 V가 서로 독립임을 밝혀라.

풀이 $u>0$, $v>0$이고 $x = uv$, $y = u-uv$, $J(x,y) = -\dfrac{1}{u}$이다. 따라서 다음이 성립한다.

$$
\begin{aligned}
f_{U,V}(u,v) &= \lambda^2 e^{-\lambda(uv+u-uv)}|-\frac{1}{u}|^{-1}, \quad uv>0, \ u-uv>0 \\
&= \lambda^2 u e^{-\lambda u}, \quad u>0, \quad 0<v<1
\end{aligned}
$$

따라서 $f_U(u) = \lambda^2 u e^{-\lambda u}$, $u>0$, $f_V(v) = 1$, $0<v<1$이다.

이는 $U \sim \Gamma(2,\lambda)$, $V \sim unif(0,1)$과 U와 V가 서로 독립임을 의미한다. ■

위의 예 4.4.7은 모수 λ를 갖는 서로 독립인 지수분포를 따르는 두 확률변수를 합하면 모수 $\alpha = 2$와 λ를 갖는 감마분포가 됨을 보여준다.

지금까지 보았던 2차 → 2차 변환은 자연스럽게 n차 → n차 변환으로 확장할 수 있다.

$(X_1, X_2, \cdots, X_n) \sim f_{X_1, X_2, \cdots, X_n}(x_1, x_2, \cdots, x_n)$이고 $g_1, g_2, \cdots, g_n : R^n \to R$인 함수일 때 $(Y_1, Y_2, \cdots, Y_n) = (g_1(X_1, X_2, \cdots, X_n), g_2(X_1, X_2, \cdots, X_n), \cdots, g_n(X_1, X_2, \cdots, X_n))$라 하자.

(1) $x_1 = h_1(y_1, y_2, \cdots, y_n),\ x_2 = h_2(y_1, y_2, \cdots, y_n),\ \cdots,\ x_n = h_n(y_1, y_2, \cdots, y_n)$

를 만족하는 $h_1, h_2, \cdots, h_n$이 유일하게 존재한다.

(2) 편미분 $\dfrac{\partial g_i}{\partial x_j},\ i, j = 1, 2, \cdots, n$이 존재하고 연속함수이며

$$J(x_1, x_2, \cdots, x_n) = \begin{vmatrix} \dfrac{\partial g_1}{\partial x_1} & \dfrac{\partial g_1}{\partial x_2} \cdots & \dfrac{\partial g_1}{\partial x_n} \\ \dfrac{\partial g_2}{\partial x_1} & \dfrac{\partial g_2}{\partial x_2} \cdots & \dfrac{\partial g_2}{\partial x_n} \\ & \cdots & \\ \dfrac{\partial g_n}{\partial x_1} & \dfrac{\partial g_n}{\partial x_2} \cdots & \dfrac{\partial g_n}{\partial x_n} \end{vmatrix} \neq 0, \qquad \forall\, (x_1, x_2, \cdots, x_n)$$

위의 (1), (2)를 만족하면 다음이 성립한다.

$$f_{Y_1, Y_2, \cdots, Y_n}(y_1, y_2, \cdots, y_n) = f_{X_1, X_2, \cdots, X_n}(x_1, x_2, \cdots, x_n) |J(x_1, x_2, \cdots, x_n)|^{-1} \tag{4.4.5}$$

예 4.4.8 $(X, Y, Z) \sim f(x, y, z) = e^{-(x+y+z)},\ x > 0,\ y > 0,\ z > 0$이다. $U = X + Y,\ V = Y + Z,\ W = X + Z$로 변환할 때 (U, V, W)의 결합확률밀도함수를 식 (4.4.5)를 이용하여 찾아라.

풀이 $x = \dfrac{1}{2}(u - v + w),\ y = \dfrac{1}{2}(u + v - w),\ z = \dfrac{1}{2}(-u + v + w)$이고

$J(x, y, z) = \begin{vmatrix} 1 & 1 & 0 \\ 0 & 1 & 1 \\ 1 & 0 & 1 \end{vmatrix} = 2$이므로 다음을 얻는다.

$$f_{U, V, W}(u, v, w) = \frac{1}{2} e^{-\frac{(u+v+w)}{2}},$$

$$u > 0,\ v > 0,\ |v - u| < w < u + v$$ ■

4.5 순서통계량(order statistics)

앞 절에서 n차원 → n차원으로의 변환 문제를 다루었다. 공식 (4.4.5)를 적용하기 위해서는 역함수가 존재하여야 하고 이는 일대일 변환이라는 가정이 있어야 가능하였다. (x_1,x_2,x_3) 세 값을 순서대로 정렬하는 경우를 보자. $y_1=\min(x_1,x_2,x_3)$, $y_2=$두 번째 작은 값, $y_3=\max(x_1,x_2,x_3)$라 하자. 예를 들어 $(y_1,y_2,y_3)=(1,2,3)$이라면 (x_1,x_2,x_3)는 $(1,2,3)$은 물론 $(1,3,2)$, $(2,1,3)$, $(2,3,1)$, $(3,1,2)$, $(3,2,1)$이 가능하다. 모두 순서대로 정렬하면 $(1,2,3)$이 되는 것들이다. 일반적으로 순서대로 정렬한 결과가 $(y_1,y_2,\cdots,y_n)$이 되는 $(x_1,x_2,\cdots,x_n)$의 가능한 가지 수는 y_i가 서로 다르다고 가정하면 $n!$가지이다. 따라서 $(x_1,x_2,\cdots,x_n)\to(y_1,y_2,\cdots,y_n)$변환은 $n!:1$의 변환이 된다.

$X_1,X_2,\cdots,X_n$은 독립동등분포를 갖고 X_i의 확률밀도함수는 $f(x)$라 하자. 다음과 같은 변환을 고려하자.

$$
\begin{aligned}
Y_1 &= \min(X_1,X_2,\cdots,X_n) \\
Y_2 &= X_1,X_2,\cdots,X_n \text{ 중에서 두 번째로 작은 값} \\
Y_3 &= X_1,X_2,\cdots,X_n \text{ 중에서 세 번째로 작은 값} \\
&\vdots \\
Y_n &= \max(X_1,X_2,\cdots,X_n)
\end{aligned}
$$

여기서 하나의 $(y_1,y_2,\cdots,y_n)$에 대하여 $n!$가지의 $(x_1,x_2,\cdots,x_n)$이 있으나, $(y_1,y_2,\cdots,y_n)$에 대하여 $n!$가지 중 하나의 $(x_1,x_2,\cdots,x_n)$를 선택하면 이들은 1:1 대응이 되고 $|J|=1$이다. 따라서 다음이 성립한다.

$$
f_{Y_1,Y_2,\cdots,Y_n}(y_1,y_2,\cdots,y_n)=n!f(y_1)f(y_2)\cdots f(y_n), \qquad y_1<y_2,\cdots<y_n \tag{4.5.1}
$$

일반적으로 $Y_1=X_{(1)}$, $Y_2=X_{(2)}$, $\cdots$, $Y_n=X_{(n)}$으로 나타내며 $X_{(1)}\le X_{(2)}\le\cdots\le X_{(n)}$을 $X_1,X_2,\cdots,X_n$의 **순서통계량(order statistics)**이라고 한다.

예 4.5.1 (1) $X_i\ (i=1,2,3)$는 서로 독립이며 각각 $(0,t)$에서 균등분포를 따른다고 할 때 $X_{(1)},X_{(2)},X_{(3)}$의 결합확률밀도함수를 구하라.

(2) $X_i\ (i=1,2,3)$는 서로 독립이며 각각 $(0,1)$에서 균등분포를 따른다고 할 때 $P(X_{(2)}-X_{(1)}>\frac{1}{3})$일 확률을 구하라.

풀이 (1) $f(x)=\frac{1}{t},\ 0<x<t$이므로 식 (4.5.1)을 이용하면 다음을 얻는다.

$$f_{X_{(1)},X_{(2)},X_{(3)}}(x_1,x_2,x_3)=\frac{3!}{t^3},\qquad 0<x_1<x_2<x_3<t$$

(2) 순서통계량 $X_{(1)},X_{(2)},X_{(3)}$의 결합확률밀도함수는 다음과 같다.

$$f_{X_{(1)},X_{(2)},X_{(3)}}(x_1,x_2,x_3)=3!,\qquad 0<x_1<x_2<x_3<1$$

따라서 구하는 확률은 다음과 같다.

$$P(X_{(2)}-X_{(1)}>\frac{1}{3})=\iiint_A 3!dx_1dx_2dx_3$$

여기서 $A=\{(x_1,x_2,x_3)\,|\,0<x_1\le x_2\le x_3<1,\ x_2-x_1>\frac{1}{3}\}$이다.

$$P(X_{(2)}-X_{(1)}>\frac{1}{3})=\int_0^1\int_{\frac{1}{3}}^{x_3}\int_0^{x_2-\frac{1}{3}}3!dx_1dx_2dx_3=\frac{1}{3}\qquad\blacksquare$$

식 (4.5.1)에 의해 순서통계량의 결합분포를 알기 때문에 어떤 형태의 여백분포이건 계산하는 것이 가능하다. 하지만 여백분포를 구할 때마다 결합분포를 이용하여 합하거나 적분을 통하여 구한다면 이는 매우 비효율적일 것이다. 다음과 같은 방법으로 i번째 순서통계량 $X_{(i)}$의 확률밀도함수를 직접 구하여보자. $x<X_{(i)}\le x+\Delta x$는 $X_1,X_2,\cdots,X_n$ 중 $i-1$개는 x보다 작고 하나는 $(x,x+\Delta x)$ 사이에 있으며 나머지 $n-i$개는 $x+\Delta x$보다 크다. 따라서 다음이 성립한다.

$$P(x < X_{(i)} \le x + \Delta x)$$
$$= \binom{n}{i-1}(P(X \le x))^{i-1}\binom{n-i+1}{1}P(x < X \le x + \Delta x)((P > x + \Delta x))^{n-i}$$

여기서 X는 X_i와 같은 확률분포를 갖는 확률변수를 나타낸다.

위 식의 양변을 Δx로 나누고 Δx를 0으로 보내면 다음 식이 된다.

$$f_{X_{(i)}}(x) = n\binom{n-1}{i-1}(F(x))^{i-1}(1-F(x))^{n-i}f(x) \tag{4.5.2}$$

특히 $X_{(1)}$이나 $X_{(n)}$의 분포는 다음과 같이 간단히 쓸 수 있다.

$$P(X_{(1)} > x) = 1 - (1-F(x))^n, \quad f_{X_{(1)}}(x) = n(1-F(x))^{n-1}f(x)$$
$$P(X_{(n)} \le x) = (F(x))^n, \quad f_{X_{(n)}}(x) = n(F(x))^{n-1}f(x)$$

같은 방법으로 $X_{(i)}$와 $X_{(j)}$, $i < j$의 결합분포를 유노하여 보자.

$x < X_{(i)} \le x + \Delta x$, $y < X_{(j)} < y + \Delta y$는 $X_1, X_2, \cdots, X_n$ 중에서 x보다 작은 것이 $i-1$개 있고 하나가 $(x, x+\Delta x)$에 있고 $j-i-1$개의 값이 $(x+\Delta x, y)$ 사이에, 또 하나의 값이 $(y, y+\Delta y)$에 그리고 나머지 $n-j$개의 값이 $y+\Delta y$보다 큰 것이다. 이를 확률로 나타내면 다음과 같다.

$$\begin{aligned} &P(x < X_{(i)} \le x + \Delta x,\ y < X_{(j)} \le y + \Delta y) \\ &= \binom{n}{i-1}(P(X \le x))^{i-1}\binom{n-i+1}{1}P(x < X \le x + \Delta x) \\ &\quad \times \binom{n-i}{j-i-1}(P(x + \Delta x < X \le y))^{j-i-1} \\ &\quad \times \binom{n-j-1}{1}P(y < X \le y + \Delta y)(P(X > y + \Delta y))^{n-j} \end{aligned} \tag{4.5.3}$$

위의 식 (4.5.3)의 양변을 Δx, Δy로 나누고 $\Delta x \to 0$, $\Delta y \to 0$을 취하면 $X_{(i)}$와 $X_{(j)}$, $i < j$의 결합확률밀도함수를 얻는다. 따라서 $X_{(i)}$와 $X_{(j)}$의 결합확률밀도함수는 모든 $x < y$에 대해서 다음과 같이 주어진다.

$$f_{X_{(i)},X_{(j)}}(x,y) = \frac{n!}{(i-1)!(j-i-1)!(n-j)!}(F(x))^{i-1}(F(y)-F(x))^{j-i-1}$$
$$\times(1-F(y))^{n-j}f(x)f(y)$$

3개 이상의 여백확률밀도함수도 같은 방법으로 유도할 수 있다.

예 4.5.2 X_i $(i=1,2,3)$는 서로 독립이며 각각 $(0,1)$에서 균등분포일 때 $X_{(2)}$가 구간 $(\frac{1}{3},\frac{2}{3})$에 들어갈 확률을 구하라.

풀이 식 (4.5.2)를 이용하면 $X_{(2)}$의 확률밀도함수는 다음과 같다.

$$f_{X_{(2)}}(x) = 3!x(1-x), \quad 0<x<1$$

따라서

$$P(\frac{1}{3}< X_{(2)} < \frac{2}{3}) = 3!\int_{\frac{1}{3}}^{\frac{2}{3}} x(1-x)dx = \frac{13}{27}$$

이다. ■

예 4.5.3 $X_1, X_2, \cdots, X_n$은 서로 독립이며 각각이 $unif(0,1)$ 분포를 한다. $X_{(k)}$의 확률밀도함수를 구하고 어떤 분포인지 말하라.

풀이 X_i의 확률밀도함수는 $f(x)=1,\ 0<x<1$이고 분포함수 $F(x)=x$, $0<x<1$이다. k번째 순서통계량 $X_{(k)}$의 확률밀도함수는 식 (4.5.2)에 의해 주어진다. 즉

$$f_{X_{(k)}}(x) = n\binom{n-1}{k-1}(F(x))^{k-1}(1-F(x))^{n-k}f(x)$$

이다. 위 식에 $unif(0,1)$ 확률밀도함수와 분포함수를 대입하면 다음과 같다.

$$f_{X_{(k)}}(x) = n\binom{n-1}{k-1}(x)^{k-1}(1-x)^{n-k}$$
$$= \frac{n!}{(k-1)!(n-k)!}x^{k-1}(1-x)^{n-k}$$
$$= \frac{1}{B(k,\ n-k+1)}x^{k-1}(1-x)^{n-k+1-1},\quad 0<x<1$$

즉 $X_{(k)} \sim \mathrm{Beta}(k,\ n-k+1)$이다. ■

예 4.5.4 네 친구가 12시에 카페에서 만나기로 하였다. 각 사람이 도착하는 시간은 서로 독립이고 평균 12(정오), 표준편차 5(분)인 정규분포를 한다.

(1) 첫 번째 도착하는 사람이 11:50 전에 올 확률은?

(2) 12시 10분까지 아무도 오지 않았을 확률은?

(3) 두 번째 도착자가 11시 58분에서 12시 2분 사이에 들어올 확률은?

풀이 (1) $P(X_{(1)} \le 11:50) = 1 - P(X_{(1)} > 11:50)$
$$= 1-(P(X>11:50))^4$$
$$= 1-\left(P\left(\frac{X-12}{5} > \frac{11:50-12}{5}\right)\right)^4$$
$$= 1-(P(Z>-2))^4$$
$$\approx 0.0881$$

(2) $P(X_{(4)} < 12:10) = (P(X<12:10))^4 = (P(Z<2))^4$
$$= (0.9772)^4 \approx 0.9119$$

(3) 12시를 0으로 두면 도착시간 X의 분포는 $N(0,\ 5^2)$이 된다. (3)은 이렇게 평행이동한 확률변수를 이용하여 구하여보자. $X_i \sim N(0,\ 5^2)$, $i=1,2,3,4$에서 두 번째 순서통계량 $X_{(2)}$의 확률밀도함수 $f_{X_{(2)}}(x)$를 식 (4.5.2)에 대입하여 구한 다음 $\int_{-2}^{2} f_{X_{(2)}}(x)dx$를 계산하면 원하는 결과를 얻을 수 있다. ■

4.6 기댓값, 분산, 공분산, 상관계수

4.6.1 기댓값

2장과 3장에서 1차원의 이산이나 연속인 확률변수의 기댓값을 다음과 같이 구하였다.

$$E(X) = \begin{cases} \sum_x xp(x), & X\text{가 이산분포일 때} \\ \int_{-\infty}^{\infty} xf(x)dx & X\text{가 연속분포일 때} \end{cases}$$

(X, Y)가 2차원 확률변수이고 $g : R^2 \to R$인 함수일 때 두 함수의 합성함수 $g(X, Y) : \Omega \to R$은 새로운 확률변수가 되어 $Z = g(X, Y)$의 분포를 안다면 $E(Z) = E(g(X, Y))$를 구할 수 있을 것이다. 그러나 일반적으로 Z의 분포를 구한다는 것이 번거로운 일일 수 있다. $E(g(X, Y))$를 구하고자 한다면 굳이 Z의 분포를 구하지 않고 (X, Y)의 결합분포를 이용하여 직접 구할 수 있다.

예 4.6.1 X와 Y는 서로 독립이고 각각 $(0,1)$에서 균등분포를 한다고 하자. $g(X, Y) = X + Y$라 할 때 $E(g(X, Y))$를 구하라.

풀이 (X, Y)의 결합확률밀도함수 $f(x,y) = 1,\ 0 < x < 1,\ 0 < y < 1$이다. 이때 $X + Y$의 분포는 다음과 같다.

$$f_{X+Y}(z) = \begin{cases} z, & 0 < z < 1 \\ 2 - z, & 1 < z < 2 \end{cases}$$

따라서 위의 확률밀도함수를 이용하여 $E(X + Y)$를 다음과 같이 계산할 수 있다.

$$E(X + Y) = \int_0^1 z \cdot z\, dz + \int_1^2 z \cdot (2 - z)\, dz = 1$$

한편 다음 계산을 해보자.

$$E(X + Y) = \int_{-\infty}^{\infty} \int_{-\infty}^{\infty} (x + y) f(x,y) dx dy$$

$$= \int_0^1 \int_0^1 (x+y)dxdy = \frac{1}{2} + \frac{1}{2} = 1$$ ■

두 가지 방법으로 구한 $E(X+Y)$값이 일치하는 것을 보았다.

다음이 성립한다.

> (X, Y)의 결합확률질량함수가 $p(x,y)$이면
>
> $$E(g(X,Y)) = \sum_y \sum_x g(x,y)p(x,y)$$
>
> (X, Y)의 결합확률밀도함수가 $f(x,y)$이면
>
> $$E(g(X,Y)) = \int_{-\infty}^{\infty} \int_{-\infty}^{\infty} g(x,y)f(x,y)dxdy$$

위의 정리는 3차 이상의 고차원 확률변수에 그대로 확장 적용된다. 연속인 경우의 예를 들어 보면 $(X_1, X_2, \cdots, X_n) \sim f(x_1, x_2, \cdots, x_n)$이고 $g: R^n \to R$인 함수일 때 다음이 성립한다.

$$E(g(X_1, X_2, \cdots, X_n))$$
$$= \int_{-\infty}^{\infty} \int_{-\infty}^{\infty} \cdots \int_{-\infty}^{\infty} g(x_1, x_2, \cdots, x_n) f(x_1, x_2, \cdots, x_n) dx_1 dx_2 \cdots dx_n$$

예 4.6.2 (1) $(X, Y) \sim f(x,y) = 2,\ 0 < x < y < 1$일 때 $E(X)$, $E(XY)$를 구하라.

(2) $(X, Y, Z) \sim f(x,y,z) = e^{-(x+y+z)},\ x > 0,\ y > 0,\ z > 0$일 때 $E(2X+Y)$를 계산하라.

풀이 (1) $E(X) = \int_{-\infty}^{\infty} \int_{-\infty}^{\infty} xf(x,y)dxdy = 2\int_0^1 \int_0^y x\ dxdy$

$$= \int_0^1 y^2 dy = \frac{1}{3}$$

$$E(XY) = 2\int_0^1 \int_0^y xydxdy = \frac{1}{4}$$

(2) $$E(2X+Y) = \int_0^\infty \int_0^\infty \int_0^\infty (2x+y)e^{-(x+y+z)}dxdydz$$

$$= 2\int_0^\infty xe^{-x}dx + \int_0^\infty ye^{-y}dy = 2+1=3$$ ■

$g: R^n \to R$가 특별한 함수 $g(x_1, x_2, \cdots, x_n) = x_1 + x_2 + \cdots + x_n$이고 $E(X_i) < \infty$이면 다음이 성립한다.

$$E(X_1 + X_2 + \cdots + X_n) = \int_{-\infty}^\infty \cdots \int_{-\infty}^\infty (x_1 + \cdots + x_n) f(x_1, \cdots, x_n) dx_1 \cdots dx_n$$

$$= \sum_{i=1}^n \int_{-\infty}^\infty \cdots \int_{-\infty}^\infty x_i f(x_1, \cdots, x_n) dx_1 \cdots dx_n$$

$$= \sum_{i=1}^n E(X_i)$$

이는 확률변수의 합의 기댓값은 기댓값의 합과 일치함을 보여준다.

> 확률변수 $X_1, X_2, \cdots, X_n$에서 $E(X_i) < \infty$ $(i = 1, 2, \cdots, n)$이면 다음이 성립한다.
>
> $$E\left(\sum_{i=1}^n X_i\right) = \sum_{i=1}^n E(X_i) \tag{4.6.1}$$

성공률 p인 베르누이 시행을 n번 반복시행할 때 X_i를 i번째 시행이 성공이면 1, 실패하면 0으로 하는 확률변수라고 하자. 즉

$$X_i = \begin{cases} 1, & i\text{번째 시행이 성공} \\ 0, & i\text{번째 시행이 실패} \end{cases}$$

이때 X_i가 갖는 분포는 베르누이 분포 즉 $P(X_i = 1) = p$, $P(X_i = 0) = 1 - p$이고 서로 독립이며 $E(X_i) = p$이다. X를 n번의 베르누이 시행에서의 성공 횟

수로 두면 $X=\sum_{i=1}^{n} X_i$이고 $X \sim B(n,p)$임을 알고 있다. 2장에서 $E(X)=np$를 계산하였으나 $E(X)=\sum_{i=1}^{n} E(X_i)=np$의 결과와도 일치함을 알 수 있다. 이때 Y_i를 $(i-1)$번째 성공 이후 i번째 성공을 얻을 때까지의 시행횟수라 하면 $Y_i \sim \text{Geo}(p)$이고 $E(Y_i)=\frac{1}{p}$이다. $Y=\sum_{i=1}^{r} Y_i$라 두면 Y는 r번째 성공을 거두기까지의 총 시행횟수가 되고 이는 모수 r, p인 음이항분포를 따르며 $E(Y)=\frac{r}{p}$가 됨을 2장에서 보았다. 이 결과도 위의 공식을 사용하면 $E(Y)=\sum_{i=1}^{r} E(Y_i)=r \cdot \frac{1}{p}=\frac{r}{p}$와 일치함을 알 수 있다.

예 4.6.3 $X_1 \sim \Gamma(\alpha_1,\lambda)$, $X_2 \sim \Gamma(\alpha_2,\lambda)$일 때 $E(X_1+X_2)$의 값을 찾아라.

풀이 $X \sim \Gamma(\alpha,\lambda)$이면 $E(X)=\frac{\alpha}{\lambda}$이므로 $E(X_1+X_2)=\frac{\alpha_1}{\lambda}+\frac{\alpha_2}{\lambda}=\frac{\alpha_1+\alpha_2}{\lambda}$이다. ■

식 (4.6.1)은 확률변수 X_i들 사이에 독립성과 같은 추가적인 조건을 요구하지 않는다. 위의 예 4.6.3에서 X_1, X_2가 서로 독립이면 $X_1+X_2 \sim \Gamma(\alpha_1+\alpha_2,\lambda)$가 되므로 $E(X_1+X_2)=\frac{\alpha_1+\alpha_2}{\lambda}$ 가 되어 예 4.6.3에서 얻은 결과와 일치함을 볼 수 있다.

지시함수는 다음과 같이 정의되었다.

$$I_A(\omega)=\begin{cases}1, & \omega \in A \\ 0, & \omega \in A^c\end{cases}$$

$A \subset \Omega$일 때 $X(\omega)=I_A(\omega)$라 두면 $E(X)=P(A)$이 성립하고 이는 기댓값과 확률의 관계를 연결시켜준다. 다음으로 확률과 관련된 문제를 기댓값을 이용

하여 푸는 예를 몇 가지 보도록 하자. 간단한 예를 보자. 등식 $I_{A\cup B}=I_A+I_B-I_{A\cap B}$이 성립한다. 이 식의 양변에 기댓값을 취하면 (4.6.1)로부터 $E(I_{A\cup B})=E(I_A)+E(I_B)-E(I_{A\cap B})$이 성립하고 따라서 $P(A\cup B)=P(A)+P(B)-P(A\cap B)$이 성립한다.

예 4.6.4 (마르코프 부등식, Markov's inequality) $X\ge 0$이면 임의의 $a>0$에 대해 다음 부등식이 성립함을 보여라.

$$P(X\ge a)\le \frac{E(X)}{a}$$

풀이 $\forall a>0,\ A=\{\omega \mid X(\omega)\ge a\}$라 두면 $X\ge 0$이므로 $I_A(\omega)\le \frac{X(\omega)}{a}$이다. 따라서 양변에 기댓값을 취하면 $P(A)\le \frac{E(X)}{a}$, 즉 $P(X\ge a)\le \frac{E(X)}{a}$이 성립한다. ■

위의 마르코프 부등식에서는 기댓값만을 이용하였다. X가 유한의 평균과 분산을 갖는다면 마르코프 부등식의 X 대신에 $|X-E(X)|\ge 0$을 대입하여 다음의 **체비셰프 부등식**(Chebyshev's inequality)을 얻는다.

$$P(|X-E(X)|\ge a)=P(|X-E(X)|^2\ge a^2)\le \frac{Var(X)}{a^2}$$

예 4.6.5 10만 개의 숫자들의 평균은 8, 제곱의 평균은 65이다. 임의의 한 숫자를 선택했을 때 선택된 숫자가 10 이상이 될 확률의 상한(upper bound)을 구하라.

풀이 X를 선택된 값이라 하면 구하는 확률은 $P(X\ge 10)$이다. 몇 가지 방법을 생각해보자.

(1) 체비셰프 부등식 이용: $E(X)=8,\ Var(X)=65-64=1$이다. 따라서 다음이 성립한다.

$$P(X \geq 10) \leq P(|X-8| \geq 2) \leq \frac{1}{4}$$

만일 이때 X가 평균을 중심으로 좌우 대칭이라면, 즉 $P(X \geq 10) = P(X \leq 6)$이면 $P(X \geq 10) \leq \frac{1}{8}$이다.

(2) 정규근사를 이용: $X \approx N(8,1)$이라면 다음이 성립한다.

$$P(X \geq 10) = P(\frac{X-8}{1} \geq 2) \approx P(Z \geq 2) = 1 - \Phi(2)$$

(3) $X \geq 0$이면 다음과 같이 마르코프 부등식을 이용할 수 있다.

$$P(X \geq 10) \leq \frac{8}{10}$$ ■

예 4.6.5에서 마르코프 부등식은 체비셰프 부등식보다 훨씬 큰 상한을 제시했다. 경우에 따라 마르코프 부등식의 상한과 체비셰프 부등식의 상한이 일치할 수 있으나 일반적으로 체비셰프 부등식은 평균뿐 아니라 분산도 이용하여 보다 실제 값에 가까운 상한을 제시하게 된다.

다음으로 중요한 부등식을 하나 더 알아보자. 2차 미분가능한 함수 중에서 $f''(x) \geq 0, \ \forall x$이면 함수 f를 **볼록함수**(convex function)라고 한다. 이는 임의의 $\alpha, \ 0 \leq \alpha \leq 1$에 대하여 다음이 성립하는 것과 같다.

$$f(\alpha x + (1-\alpha)y) \leq \alpha f(x) + (1-\alpha)f(y), \quad \forall x, y$$

예 4.6.6 (젠슨의 부등식, Jensen's inequality)

함수 f가 볼록함수이고 $E(X) < \infty, \ E(f(X)) < \infty$이면 다음 부등식이 성립한다.

$$E(f(X)) \geq f(E(X))$$

풀이 $x = \mu, \ \mu = E(X)$에 대해 테일러급수전개(Taylor's series expansion)를 하면

$$f(x) = f(\mu) + f'(\mu)(x-\mu) + \frac{f''(\xi)(x-\mu)^2}{2}$$

$f''(\xi) \geq 0$이므로 $f(x) \geq f(\mu) + f'(\mu)(x-\mu)$이다. 여기서 x에 X를 대입하고 양변에 기댓값을 취하면 다음과 같다.

$$\begin{aligned} E(f(X)) &\geq f(\mu) + f'(\mu)E(X-\mu) \\ &= f(\mu) \\ &= f(E(X)) \end{aligned}$$

■

예 4.6.7 다음 부등식이 성립함을 보여라. $E(e^X) \geq e^{E(X)}$, $E(X^{3/2}) \geq (E(X))^{3/2}$이고 $X > 0$일 때 $E(\sqrt{X}) \leq \sqrt{E(X)}$, $E(\log(X)) \leq \log E(X)$이다.

풀이 e^x, $x^{3/2}$, $|x|$ 등은 볼록함수이다. 따라서 젠슨의 부등식을 이용하면 $E(e^X) \geq e^{E(X)}$, $E(X^{3/2}) \geq (E(X))^{3/2}$이 성립한다. 반면에 $\sqrt{x}$, 로그함수는 오목함수(concave function)이나 $-\log$함수는 다시 볼록함수가 되어 젠슨의 부등식을 적용하면 $E(\log(X)) \leq \log E(X)$ $(X > 0)$와 같이 된다. 마찬가지로 $E(\sqrt{X}) \leq \sqrt{E(X)}$이 성립한다.■

4.6.2 분산, 공분산과 상관계수

두 확률변수 X와 Y의 관계를 설명하는 하나의 지표로 아래와 같은 공분산이 있다.

두 확률변수 X와 Y의 **공분산**(covariance) $Cov(X, Y)$은 다음과 같이 정의된다.

$$Cov(X, Y) = E[(X - E(X))(Y - (E(Y))]$$

위 식의 우변을 정리하면 다음이 성립한다.

$$Cov(X, Y) = E(XY) - E(X)E(Y)$$

공분산의 정의로부터 다음 관계가 성립함은 쉽게 알 수 있다.

(1) $Cov(X, Y) = Cov(Y, X)$

(2) $Cov(X, X) = Var(X)$

(3) $Cov(aX+b, Y) = aCov(X, Y)$

(4) $Cov(X+Z, Y) = Cov(X, Y) + Cov(Z, Y)$

또한 확률변수들의 선형합들 사이의 공분산에 관한 다음 등식이 성립한다.

$$Cov(\sum_{i=1}^{n} a_i X_i, \sum_{j=1}^{m} b_j Y_j) = \sum_{i=1}^{n}\sum_{j=1}^{m} a_i b_j Cov(X_i, Y_j) \quad (a_i,\ b_j\text{는 상수})$$

증명 먼저 $E(X_i) = \mu_i,\ E(Y_j) = \nu_j$라 하면 다음이 성립한다.

$$\begin{aligned} Cov(\sum_{i=1}^{n} a_i X_i, \sum_{j=1}^{m} b_i Y_j) &= E[(\sum_{i=1}^{n} a_i (X_i - \mu_i)\sum_{j=1}^{m} b_j (Y_j - \nu_j)] \\ &= E[\sum_{i=1}^{n}\sum_{j=1}^{m} a_i b_j (X_i - \mu_i)(Y_j - \nu_j)] \\ &= \sum_{i=1}^{n}\sum_{j=1}^{m} a_i b_j Cov(X_i, Y_j) \end{aligned}$$

따라서 다음이 성립한다.

$$\begin{aligned} Var(\sum_{i=1}^{n} a_i X_i) &= Cov(\sum_{i=1}^{n} a_i X_i, \sum_{j=1}^{n} a_j X_j) \\ &= E[\sum_{i=1}^{n}\sum_{j=1}^{n} a_i a_j (X_i - \mu_i)(X_j - \mu_j)] \\ &= \sum_{i=1}^{n} a_i^2 Var(X_i) + 2\sum\sum_{i<j} a_i a_j Cov(X_i, X_j) \end{aligned}$$

즉 합의 분산에 관한 다음 공식을 얻는다.

$$Var(\sum_{i=1}^{n} a_i X_i) = \sum_{i=1}^{n} a_i^2 Var(X_i) + 2\sum\sum_{i<j} a_i a_j Cov(X_i, X_j) \qquad (4.6.2)$$

다음은 두 확률변수가 서로 독립일 때 공분산은 어떤 값을 갖는지 알아보자. 먼저 다음 식이 성립한다.

두 확률변수 X와 Y가 서로 독립이고 $g,\ h : R \to R$인 함수이면 다음이 성립한다.

$$E(g(X)h(Y)) = E(g(X))E(h(Y))$$

증명 X와 Y의 결합분포가 연속일 때, 즉 $(X, Y) \sim f(x,y)$일 때 X와 Y가 서로 독립이므로 $f(x,y) = f_X(x) f_Y(y)$가 되고 따라서 다음이 성립한다.

$$\begin{aligned} E(g(X)h(Y)) &= \int_{-\infty}^{\infty}\int_{-\infty}^{\infty} g(x)h(y)f(x,y)dxdy \\ &= \int_{-\infty}^{\infty} g(x)f_X(x)dx \int_{-\infty}^{\infty} h(y)f_Y(y)dy \\ &= E(g(X))E(h(Y)) \end{aligned}$$

특히 X와 Y가 서로 독립이면 $E(XY) = E(X)E(Y)$가 성립하고 따라서 $Cov(X, Y) = 0$이 된다. 그러나 다음 예제에서와 같이 그 역은 일반적으로 성립하지 않는다.

예 4.6.8 $X \sim f(x)$이고 $f(x) = f(-x)$를 만족한다. $Y = X^2$이라 할 때 $Cov(X, Y)$를 구하라.

풀이 $f(x) = f(-x)$이므로 $E(X) = E(X^3) = 0$이다. 따라서

$$\begin{aligned} Cov(X, Y) &= E(XY) - E(X)E(Y) \\ &= E(X^3) - E(X)E(X^2) \\ &= 0 \end{aligned}$$

■

식 (4.6.2)에서 X와 Y가 독립일 때 $Cov(X, Y) = 0$임을 이용하면 다음을 얻는다.

$X_i,\ i = 1, 2, \cdots, n$이 서로 독립일 때 X_i들의 선형합의 분산은 다음과 같다.

$$Var\left(\sum_{i=1}^{n} a_i X_i\right) = \sum_{i=1}^{n} a_i^2\, Var(X_i)$$

예 4.6.9 $X_i,\ i=1,2,\cdots,n$은 독립동등분포를 갖고 평균은 μ, 분산은 $\sigma^2<\infty$ 이다.

$\overline{X}=\frac{1}{n}\sum_{i=1}^{n}X_i,\ S^2=\sum_{i=1}^{n}\frac{(X_i-\overline{X})^2}{n-1}$이라 할 때 다음을 보여라.

(1) $E(\overline{X})=\mu,\ \ Var(\overline{X})=\frac{\sigma^2}{n}$

(2) $E(S^2)=\sigma^2$

풀이 (1) $E(\overline{X})=\frac{1}{n}E(\sum_{i=1}^{n}X_i)=\frac{1}{n}\sum_{i=1}^{n}E(X_i)=\mu$

$$Var(\overline{X})=Var(\frac{1}{n}\sum_{i=1}^{n}X_i)=\frac{1}{n^2}Var(\sum_{i=1}^{n}X_i)=\frac{1}{n^2}n\sigma^2=\frac{\sigma^2}{n}$$

(2)
$$\begin{aligned}(n-1)S^2&=\sum_{i=1}^{n}(X_i-\mu+\mu-\overline{X})^2\\&=\sum_{i=1}^{n}(X_i-\mu)^2-n(\overline{X}-\mu)^2\end{aligned}$$

따라서 양변에 기댓값을 취하면 다음과 같다.

$$\begin{aligned}(n-1)E(S^2)&=\sum_{i=1}^{n}E(X_i-\mu)^2-nE(\overline{X}-\mu)^2\\&=n\sigma^2-n\,Var(\overline{X})\\&=(n-1)\sigma^2\end{aligned}$$

즉 $E(S^2)=\sigma^2$이 된다. ■

위의 $\overline{X}$를 표본평균(sample mean), S^2을 표본분산(sample variance)라 부르고 위 예 4.6.9는 $\overline{X}$와 S^2이 각각 모집단의 평균 μ와 분산 σ^2의 불편추정량(unbiased estimator)임을 보여준다.

한편 성공률 p인 베르누이 시행을 반복할 때 i번째 시행에서 성공하면 1, 실패하면 0이라 두는 확률변수를 X_i라 하면 X_i는 서로 독립이고 $X=\sum_{i=1}^{n}X_i$, $X\sim B(n,p)$이다. 따라서 선형합의 분산 공식과 $Var(X_i)=p(1-p)$을 이용하면 $Var(X) = \sum_{i=1}^{n} Var(X_i) = np(1-p)$를 얻는다. 마찬가지로 Y_i를 $(i-1)$번째 성공 이후 i번째 성공을 얻을 때까지의 총 시행횟수라 하고 $Y = \sum_{i=1}^{r} Y_i$라 두면 $Y \sim \text{Geo}(p)$, $Y \sim NB(r,p)$이고 $Var(Y_i) = \dfrac{1-p}{p^2}$를 이용하면 $Var(Y) = \sum_{i=1}^{r} Var(Y_i) = \dfrac{r(1-p)}{p^2}$임을 쉽게 얻을 수 있다.

$Var(X) > 0$, $Var(Y) > 0$인 두 확률변수 X와 Y의 **상관관계**(correlation of X and Y) $\rho(X, Y)$는 다음과 같이 정의된다.

$$\rho(X, Y) = \frac{Cov(X, Y)}{\sqrt{Var(X)\,Var(Y)}}, \quad |\rho(X, Y)| \le 1$$

$[E(XY)]^2 \le E(X^2)E(Y^2)$을 **코시-슈바르츠 부등식**(Cauchy-Schwarz inequality)이라고 부른다. 여기에 $Y = 1$을 대입하면 $[E(X)]^2 \le E(X^2)$이 성립한다. 이는 젠슨의 부등식으로도 얻을 수 있었다.

위의 코시-슈바르츠 부등식에서 X를 $X - E(X)$로, Y를 $Y - E(Y)$로 대체하면 다음과 같다.

$$(Cov(X, Y))^2 \le Var(X)\,Var(Y)$$

따라서 다음이 성립한다.

$$-1 \le \rho(X, Y) \le 1$$

예 4.6.10 $Y = aX + b$ $(a \ne 0)$일 때 $\rho(X, Y)$를 계산하라.

풀이 $Cov(X, aX+b) = a\,Var(X)$이므로

$$\rho(X, Y) = \frac{a\,Var(X)}{\sqrt{a^2\,Var(X) \cdot Var(X)}} = \frac{a}{|a|}$$

즉 $a > 0$이면 $\rho(X, Y) = 1$이고 $a < 0$이면 $\rho(X, Y) = -1$이다. ■

역으로 $\rho(X, Y) = 1$이면 X와 Y는 선형관계인가?

$$Var\left(\frac{X}{\sqrt{Var(X)}} - \frac{Y}{\sqrt{Var(Y)}}\right) = 2 - 2\rho(X, Y) = 0$$

$Var(X) = 0$이면 $P(X = c) = 1$, c는 상수가 된다. 따라서 확률 1로 다음이 성립한다.

$$\frac{X}{\sqrt{Var(X)}} - \frac{Y}{\sqrt{Var(Y)}} = c$$

$\rho(X, Y) = -1$의 경우는 $Var\left(\frac{X}{\sqrt{Var(X)}} + \frac{Y}{\sqrt{Var(Y)}}\right) = 2 + 2\rho(X, Y) = 0$에서 선형관계를 유도할 수 있다.

위에서 본 바와 같이 $|\rho(X, Y)| = 1$이면 X와 Y는 선형관계에 있음을 의미하고 $|\rho(X, Y)|$이 1에 가까울수록 강한 선형관계, 0에 가까울수록 약한 선형관계를 나타내며 $\rho(X, Y)$가 양의 값을 가지면 양의 선형관계, 즉 X가 증가함에 따라 Y도 같이 증가하는 경향이 있음을 나타내고, 음의 값을 가지면 X가 증가하면 Y는 감소하는 경향이 있음을 나타낸다. $\rho(X, Y) = 0$이면 X와 Y는 상관관계가 없다(uncorrelated)고 말한다. 즉 $\rho(X, Y)$은 X와 Y의 선형관계의 강약이나 방향을 나타내는 지표가 된다. 그러나 선형관계 이외의 다른 관계는 나타내지 못한다.

4.7 조건부 기댓값, 조건부 분산(conditional expectation, conditional variance)

4.7.1 조건부 기댓값

확률변수 X의 분포 즉 확률질량함수 $p(x)$나 확률밀도함수 $f(x)$를 알면 다음과 같이 기댓값을 구할 수 있다.

$$E(X) = \sum_x x p(x) \quad \text{또는} \quad E(X) = \int_{-\infty}^{\infty} x f(x) dx$$

마찬가지 개념으로 $Y=y$로 주어진 조건 아래서의 확률변수 X의 조건부 기댓값 $E(X|Y=y)$는 $Y=y$일 때의 X의 조건부 분포, 즉 조건부확률질량함수 $p_{X|Y}(x|y)$나 조건부확률밀도함수 $f_{X|Y}(x|y)$에 의해서 다음과 같이 정의된다.

$$E(X|Y=y)=\begin{cases}\sum_x x p_{X|Y}(x|y), & \text{이산분포일 때} \\ \int_{-\infty}^{\infty} x f_{X|Y}(x|y)dx, & \text{연속분포일 때}\end{cases}$$

여기서 조건부확률질량함수와 조건부확률밀도함수는 4.3절에서 다음과 같이 정의되었다.

$$p_{X|Y}(x|y)=\frac{p(x,y)}{p_Y(y)}\ \ (p_Y(y)\neq 0),\quad f_{X|Y}(x|y)=\frac{f(x,y)}{f_Y(y)}\ \ (f_Y(y)\neq 0)$$

이들은 혼동의 여지가 없을 때는 $p(x|y)$ 또는 $f(x|y)$와 같이 간단히 쓰기도 한다.

조건부 분포가 이산이냐 연속이냐에 따라 다음이 성립한다.

$$E(g(X)|Y=y)=\begin{cases}\sum_x g(x)p_{X|Y}(x|y) \\ \int_{-\infty}^{\infty} g(x)f_{X|Y}(x|y)dx\end{cases}$$

조건부 기댓값은 기댓값을 구하기 위하여 사용되는 분포가 X의 분포에서 $Y=y$일 때의 X의 조건부 분포로 바뀐 것뿐 기댓값이 갖고 있는 여러 가지 성질은 그대로 성립함을 알 수 있다. 왜냐하면 조건부 기댓값은 단지 $Y=y$로 축소된 새로운 확률공간에서 기댓값을 구하는 것이고 여러 가지 성질들은 합($\sum$)이나 적분의 성질에서 그대로 유도되기 때문이다.

예 4.7.1 $E(X_1+X_2|Y=y)=E(X_1|Y=y)+E(X_2|Y=y)$임을 보여라.

풀이 $E(X_1+X_2|Y=y)=\int_{-\infty}^{\infty}\int_{-\infty}^{\infty}(x_1+x_2)f(x_1,x_2|y)dx_1dx_2$

$$=\int_{-\infty}^{\infty}\int_{-\infty}^{\infty}x_1f(x_1,x_2|y)dx_1dx_2+\int_{-\infty}^{\infty}\int_{-\infty}^{\infty}x_2(x_1,x_2|y)dx_1dx_2$$

$$= \int_{-\infty}^{\infty} x_1 f(x_1|y)dx_1 + \int_{-\infty}^{\infty} x_2 f(x_2|y)dx_2$$

$$= E(X_1|Y=y) + E(X_2|Y=y)$$ ■

일반적으로 다음이 성립한다.

$$E(\sum_{i=1}^{n} X_i|Y=y) = \sum_{i=1}^{n} E(X_i|Y=y)$$

예 4.7.2 두 개의 주사위를 던져 나온 결과 중에서 작은 값을 X, 큰 값을 Y라 하자. X와 Y의 결합확률질량함수는 다음과 같다. $E(X|Y=y)$를 구하라.

$$p_{X,Y}(x,y) = \begin{cases} \frac{2}{36}, & 1 \le x < y \le 6 \\ \frac{1}{36}, & x = y \end{cases}$$

풀이 $p_X(x) = \sum_y p(x,y) = \frac{1}{36}(13-2x), \quad 1 \le x \le 6$

$p_Y(y) = \frac{1}{36}(2y-1), \quad 1 \le y \le 6$

조건부 확률질량함수는 다음과 같다.

$$p(x|y) = \begin{cases} \frac{2}{2y-1}, & x < y \\ \frac{1}{2y-1}, & x = y \end{cases}$$

따라서 구하는 조건부 기댓값은 다음과 같다.

$$E(X|Y=y) = \sum_{x=1}^{y} xp(x|y) = \sum_{x=1}^{y-1} x\frac{2}{2y-1} + y\,\frac{1}{2y-1}$$

$$= \frac{y^2}{2y-1}, \quad 1 \le y \le 6$$

또한 $E(X^2|Y=y) = \dfrac{2y^3+y}{3(2y-1)}$, $1 \le y \le 6$임을 확인해보라. ■

예 4.7.3 (X, Y)가 삼각형 $0 \le x \le y \le 1$ 위에서 균등분포를 한다. 즉 결합확률밀도함수 $f(x,y)$는 다음과 같다. $E(X|Y=y)$, $E(Y|X=x)$를 구하라.

$$f(x,y) = 2, \quad 0 \le x \le y \le 1$$

풀이 먼저 X, Y 각각의 여백확률밀도함수를 구하면 다음과 같다.

$$f_X(x) = \int_x^1 2dy = 2(1-x), \quad 0 < x < 1$$

$$f_Y(y) = \int_0^y 2dx = 2y, \quad 0 < y < 1$$

조건부확률밀도함수는 다음과 같다.

$$f_{X|Y}(x|y) = \frac{1}{y}, \; 0 \le x \le y,$$

$$f_{Y|X}(y|x) = \frac{1}{1-x}, \quad x \le y \le 1$$

따라서 구하고자 하는 조건부 기댓값은 다음과 같다.

$$E(X|Y=y) = \int_0^y \frac{x}{y} dx = \frac{y}{2}, \quad 0 < y < 1$$

$$E(Y|X=x) = \int_x^1 \frac{y}{1-x} dy = \frac{1-x}{2}, \quad 0 < x < 1$$

■

$E(X|Y=y)$은 y의 함수이고 $E(Y|X=x)$은 x의 함수임을 주목하자.

X와 Y가 독립이면 $E(X|Y=y) = E(X)$이 성립한다. 왜냐하면 X와 Y가 독립이면 $f_{X|Y}(x|y) = f_X(x)$ 이고 따라서 다음이 성립하기 때문이다.

$$E(X|Y=y)=\int_{-\infty}^{\infty} xf_{X|Y}(x|y)dx=\int_{-\infty}^{\infty} xf_X(x)dx=E(X)$$

다음으로 조건부 기댓값을 이용하여 X의 기댓값을 구하는 문제를 생각해보자. 예 4.7.2, 예 4.7.3에서 본 바와 같이 $E(X|Y=y)$는 y의 함수이다. 즉 $E(X|Y=y)=h(y)$라 두면 $E(X|Y)=h(Y)$라 쓸 수 있으며 이는 $E(X|Y)$가 Y의 함수임을 보여준다. 따라서 Y의 분포를 이용하여 $h(Y)$의 기댓값 $E(E(X|Y))=E(h(Y))$를 구할 수 있다. 그런데 그 결과는 $E(X)$와 같다는 것이다. 다음이 성립한다.

$$E(X)=E(E(X|Y)) \tag{4.7.1}$$

식 (4.7.1)의 우변은 이산분포이냐 연속분포이냐에 따라 다음과 같이 풀어 쓸 수 있다.

$$E(X)=E(E(X|Y))=\begin{cases}\sum_y E(X|Y=y)p_Y(y)\\ \int_{-\infty}^{\infty} E(X|Y=y)f_Y(y)dy\end{cases}$$

증명 X와 Y가 결합연속분포라 가정하면 다음이 성립한다.

$$\begin{aligned}E(E(X|Y)) &= \int_{-\infty}^{\infty} E(X|Y=y)f_Y(y)dy\\ &= \int_{-\infty}^{\infty}\left(\int_{-\infty}^{\infty} xf_{X|Y}(x|y)dx\right)f_Y(y)dy\\ &= \int_{-\infty}^{\infty}\int_{-\infty}^{\infty} xf(x,y)dxdy\\ &= E(X)\end{aligned}$$

때에 따라 식 (4.7.1)은 X의 평균을 구하는 데 매우 유용하게 활용된다.

예 4.7.4 한 번의 게임에 참여하는 비용이 5만원이다. 주사위를 던져 1 또는 2가 나오면 내가 이기는 것이고 나머지 숫자가 나오면 다시 5만원을 내고 게임에 참여한다. 내가 이기면 게임은 끝난다. 이길 때까지 게임에 계속 참여를 한다면 이길 때까지 평균 얼마의 참가비가 들 것으로 예상되는가? 이기면 20만원의 상금을 받는다. 게임에 참여하겠는가?

풀이 두 가지 방법으로 풀어보자.

(1) 내가 이기면 게임이 끝나게 되므로 첫 번에 이길 확률 1/3, 참가비 5만원, 첫 게임에서 지고 두 번째에서 이길 확률은 (2/3)(1/3), 참가비 10만원, 세 번째에서 이길 확률은 (2/3)(2/3)(1/3), 참가비 15만원, …. 따라서 구하는 평균값은 다음과 같다.

$$\begin{aligned} E(X) &= \frac{1}{3}(5) + \frac{2}{3}\frac{1}{3}(2 \cdot 5) + (\frac{2}{3})^2\frac{1}{3}(3 \cdot 5) + \cdots \\ &= \frac{5}{3}(1 + 2\frac{2}{3} + 3(\frac{2}{3})^2 + 4(\frac{2}{3})^3 + \cdots) \\ &= 15 \end{aligned}$$

(2) 이번에는 조건부 기댓값을 이용해서 풀어보자.

확률변수 Y를 이기면 1, 지면 0이라 두자. X를 이길 때까지 필요한 참가비라 하자.

$$\begin{aligned} E(X) &= E(X|Y=1)P(Y=1) + E(X|Y=0)P(Y=0) \\ &= 5(\frac{1}{3}) + (E(X)+5)(\frac{2}{3}) \end{aligned}$$

따라서 $E(X) = 15$가 되어 (1)의 답과 일치한다. ■

예 4.7.5 예 4.7.2에서 $E(X)$를 구하라.

풀이 $E(X) = \sum_{y=1}^{6} E(X|Y=y)p_Y(y) = \sum_{y=1}^{6}\frac{1}{36}y^2 = \frac{91}{36}$ ■

2차원 이상의 확률변수의 함수에 대한 기댓값 또한 조건부 확률분포를 이용하여 구할 수 있다. 다음이 성립한다.

$$E(g(X,Y)) = \begin{cases} \sum_y E(g(X,Y)|Y=y)p_Y(y) \\ \int_{-\infty}^{\infty} E(g(X,Y)|Y=y)f_Y(y)dy \end{cases} \tag{4.7.2}$$

예 4.7.6 위의 예 4.6.2에서 $g(X,Y)=XY$라 할 때 $E(XY)$를 위 공식 (4.7.2)를 이용하여 구하여보자.

풀이 예 4.6.2에서 다음과 같이 계산하였다.

$$E(XY) = \int_0^1 \int_0^y 2xydxdy = \frac{1}{4}$$

먼저 Y의 여백확률밀도함수를 구하면

$$f_Y(y) = \int_0^y 2dx = 2y, \quad 0 < y < 1$$

이다. 식 (4.7.2)를 이용하면 다음을 얻는다.

$$\begin{aligned} E(XY|Y=y) = E(Xy|Y=y) &= \int_0^y xyf_{X|Y}(x|y)dx \\ &= \int_0^y xdx = \frac{1}{2}y^2 \end{aligned}$$

$$E(XY) = \int_{-\infty}^{\infty} E(XY|Y=y)f_Y(y)dy = \int_0^1 y^3 dy = \frac{1}{4}$$ ■

$P(A)=E(I_A)$이므로 식 (4.7.1)을 이용하여 $P(A)$를 구할 수 있다.

$$\begin{aligned} P(A) = E(I_A) = E(E(I_A|Y)) &= \int_{-\infty}^{\infty} E(I_A|Y=y)f_Y(y)dy \\ &= \int_{-\infty}^{\infty} P(A|Y=y)f_Y(y)dy \end{aligned} \tag{4.7.3}$$

예 4.7.7 $(X,Y) \sim f(x,y) = \lambda\mu e^{-\lambda x - \mu y}$, $x>0$, $y>0$일 때 $P(X<Y)$를 위

식 (4.7.3)을 이용하여 구하라.

풀이

$$\begin{aligned} P(X<Y) &= \int_0^\infty P(X<Y|Y=y)f_Y(y)dy \\ &= \int_0^\infty P(X<y|Y=y)f_Y(y)dy \\ &= \int_0^\infty P(X<y)f_Y(y)dy \\ &= \int_0^\infty (1-e^{-\lambda y})\mu e^{-\mu y}dy \\ &= 1-\frac{\mu}{\lambda+\mu} \\ &= \frac{\lambda}{\lambda+\mu} \end{aligned}$$

■

공식 (4.7.3)을 이용하여 $(X, Y) \sim f(x,y)$일 때 다음이 성립함을 보일 수 있다.

$$\begin{aligned} P(X+Y \le z) &= \int_{-\infty}^\infty P(X+Y \le z|Y=y)f_Y(y)dy \\ &= \int_{-\infty}^\infty P(X \le z-y|Y=y)f_Y(y)dy \\ &= \int_{-\infty}^\infty F_{X|Y}(z-y|y)f_Y(y)dy \end{aligned}$$

이때 X와 Y가 서로 독립이면 다음이 성립한다.

$$P(X+Y \le z) = \int_{-\infty}^\infty F_X(z-y)f_Y(y)dy$$

이는 식 (4.4.3)과 일치한다.

예 4.7.8 A 지역은 매해 태풍으로 인한 많은 피해를 보고 있다. 내년 여름에 올 태풍 수를 X로 나타내자. 태풍이 많이 오는 해는 모수 5인 포아송분포를 따르고 적게 오는 해는 모수 3인 포아송분포를 따른다고 한다. 내년이 태풍이 많이 오는 해가 될 확률은 0.7이다. $A=\{$내년에 태풍이 4회 이상 온다}라 두고 $P(A)$를 구하라.

풀이 태풍이 많이 오는 해를 $Y=1$, 적게 오는 해를 $Y=0$이라 하자. 식 (4.7.3)을 이산분포 형태로 쓰면 다음과 같다.

$$P(A)=\sum_y P(A|Y=y)p_Y(y)$$

따라서 $P(A|Y=1)=\sum_{x=4}^{\infty}\frac{5^k e^{-5}}{k!}$, $P(A|Y=0)=\sum_{x=4}^{\infty}\frac{3^k e^{-3}}{k!}$이다.

구하는 확률은 다음과 같다.

$$P(A)=P(A|Y=1)(0.7)+P(A|Y=0)(0.3)$$ ■

4.7.2 조건부 분산(conditional variance)

$Y=y$라는 조건 아래서 X의 조건부 기댓값을 구하는 문제를 살펴보았다. 조건부 기댓값과 같이 조건부분산을 정의할 수 있다. X 분포 대신 $Y=y$ 조건 아래서 X의 조건부 분포를 이용하면 된다.

$$Var(X|Y=y)=E[(X-E(X|Y=y))^2|Y=y] \tag{4.7.4}$$

식 (4.7.4)의 우변을 정리하면 다음과 같다.

$$Var(X|Y=y)=E(X^2|Y=y)-(E(X|Y=y))^2$$

조건부분산은 다음과 같이 정의된다.

$$\begin{aligned}Var(X|Y)&=E[(X-E(X|Y))^2|Y]\\&=E(X^2|Y)-(E(X|Y))^2\end{aligned} \tag{4.7.5}$$

$Var(X|Y)$ 또한 Y의 함수이다. 따라서 기댓값 $E[Var(X|Y)]$는 다음과 같다.

$$\begin{aligned}E[Var(X|Y)]&=E[E(X^2|Y)-E[(E(X|Y))^2]\\&=E(X^2)-E[(E(X|Y))^2]\end{aligned} \tag{4.7.6}$$

한편 다음이 성립한다.

$$Var(E(X|Y)) = E[E(X|Y)^2] - (E(X))^2 \tag{4.7.7}$$

식 (4.7.6)과 (4.7.7)을 합하면 다음 식을 얻는다.

$$Var(X) = E[Var(X|Y)] + Var(E(X|Y)) \tag{4.7.8}$$

예 4.7.9 X_i가 독립동등분포를 하고 확률변수 $N \geq 0$은 X_i와는 독립이며 정숫값을 갖는다. $Var(\sum_{i=1}^{N} X_i)$를 X와 N의 평균과 분산을 이용하여 나타내어라.

풀이 $Var(\sum_{i=1}^{N} X_i|N=n) = Var(\sum_{i=1}^{n} X_i|N=n) = n \cdot Var(X)$

따라서 $Var(\sum_{i=1}^{N} X_i|N) = N \cdot E(X)$, $E(\sum_{i=1}^{N} X_i|N) = N \cdot E(X)$이다.

식 (4.7.8)을 이용하면 다음을 얻는다.

$$\begin{aligned} Var(\sum_{i=1}^{N} X_i) &= E[Var(\sum_{i=1}^{N} X_i|N)] + Var[E(\sum_{i=1}^{N} X_i|N)] \\ &= E[N \cdot Var(X)] + Var[N \cdot E(X)] \\ &= Var(X)E(N) + (E(X))^2 Var(N) \end{aligned}$$ ■

예 4.7.10 앞 버스가 떠난 후 다음 버스가 도착하는 시간은 $(0,10)$(단위: 분)에서 균등분포를 하고 t분 동안 도착하는 고객 수 N은 모수 λt인 포아송분포를 한다. 버스를 타는 고객 수의 평균과 분산을 구하라.

풀이 버스가 도착하는 시간을 T라 두면 $T \sim unif(0,10)$이다. $T=t$일 때 $N \sim Poisson(\lambda t)$이다. 따라서 다음이 성립한다.

$$E(N|T) = \lambda T, \qquad Var(N|T) = \lambda T$$
$$E(N) = E(E(N|T)) = E(\lambda T) = 5\lambda$$

$$
\begin{aligned}
Var(N) &= E(Var(N|T)) + Var((E(N|T)) \\
&= 5\lambda + \lambda^2 \cdot \frac{10^2}{12}
\end{aligned}
$$
■

4장 연습문제

4.1 확률변수 X, Y, Z는 서로 독립이고 각각이 $unif(0,1)$ 분포를 따른다. $P(X \le YZ)$, $P(X + Y \le Z)$를 구하라.

4.2 각각의 눈이 나올 확률이 같은 주사위를 10회 연속하여 던진 후 1, 2, 3과 4 이상의 네 가지로 나누어 기록하였다. 1, 2, 3과 4 이상이 나온 횟수를 각각 $N_1, N_2, N_3, N_{4\text{이상}}$으로 두었을 때 $N_1, N_2, N_3, N_{4\text{이상}}$의 결합분포를 구하라.

4.3 $(X, Y) \sim f(x,y) = \lambda\mu e^{-\lambda x}e^{-\mu y}$, $x > 0, y > 0$일 때 $f_X(x), f_Y(y)$와 $P(X < Y)$를 구하라.

4.4 $(X, Y) \sim f(x,y) = c(x+y)$, $0 < x + y < 1$, $x, y > 0$일 때 c를 구하고 $f_X(x)$를 찾아라.

4.5 $(X, Y) \sim f(x,y) = 3(x+y)$, $0 < x + y < 1$, $x > 0$, $y > 0$일 때 분포함수 $F(x,y)$를 구하라.

4.6 $(X, Y) \sim f(x,y) = e^{-y}$, $0 < x < y < \infty$일 때 범위 $0 < x < y < \infty$, $0 < y < x < \infty$ 각각에 대하여 $F(x,y)$를 구하라. 또한 X, Y 각각의 확률밀도함수와 분포함수를 구하라.

4.7 $X \sim unif(0,1)$이고 $X = x$가 주어졌을 때 $Y \sim unif(0,x)$이다. 다음을 구하라.

(1) X와 Y의 결합확률밀도함수를 찾아라.

(2) $f_Y(y)$

(3) $f_{X|Y}(x|y)$

(4) $E(X|Y)$

4.8 (X, Y)는 평면 위의 삼각형 $0 \le x \le y \le 1$ 위에서 균등분포를 한다. $f(x,y)$, $f_{X|Y}(x|y)$, $f_{Y|X}(y|x)$, $P(X > \frac{1}{2}|Y=y)$ $(0 < y < 1)$를 구하라.

4.9 $\sum_{i=0}^{k}\binom{n}{i}\binom{m}{k-i}=\binom{n+m}{k}$ 을 증명하라.

4.10 $X \sim \Gamma(\alpha_1,\lambda)$, $Y \sim \Gamma(\alpha_2,\lambda)$이고 X와 Y가 서로 독립이면 $X+Y \sim \Gamma(\alpha_1+\alpha_2,\lambda)$임을 증명하라.

4.11 X와 Y는 서로 독립이고 각각 $(0, a)$에서 균등분포를 따른다. $X+Y$의 분포를 구하라.

4.12 X와 Y는 서로 독립이며 각각 모수 p인 기하분포를 따른다. $X+Y$의 분포를 구하라. 또한 X_i가 모수 p인 기하분포를 따르고 서로 독립이면 $\sum_{i=1}^{n} X_i \sim NB(n,p)$임을 보여라.

4.13 $X_1, X_2, \cdots, X_n$이 모수 $n, p_1, \cdots, p_{r-1}$을 갖는 다항분포(mutinomial distribution)라고 한다. 이때 $X_i \sim B(n,p_i)$, $i=1,2,\cdots,n$이 됨을 증명하라.

4.14 3차원 확률변수 (X_1,X_2,X_3)의 결합확률밀도함수가 다음과 같이 주어졌다. c값을 정하고 X_1의 여백확률밀도함수, $P(X_1+X_2 \le \frac{1}{2})$를 구하라.

$$f(x_1,x_2,x_3)=cx_1x_2(1-x_3),\quad 0 \le x_1,x_2,x_3 \le 1,\ x_1+x_2+x_3 \le 1$$

4.15 (X, Y)의 결합확률밀도함수가 다음과 같을 때 (1)-(4)를 구하라.

$$p_{X,Y}(x,y) = p^2(1-p)^{x+y-2}, \quad x,y = 1,2,\cdots, \quad 0 < p < 1$$

(1) $P(X > 3, Y > 3)$ (2) $P(X > Y)$

(3) $P(X > 3Y)$ (4) $P(X = Y)$

4.16 (X, Y)의 결합확률밀도함수는 $f(x,y)$이다. 다음을 구하라.

(1) $U = X,\ V = XY$일 때 (U, V)의 결합확률밀도함수를 찾아라.

(2) $W = \dfrac{X}{Y},\ Z = Y$일 때 (W, Z)의 결합분포를 구하라.

4.17 $X \sim \Gamma(\alpha, \lambda),\ Y \sim \Gamma(\beta, \lambda)$이고 X와 Y는 서로 독립이다. $U = X + Y$, $V = \dfrac{X}{X+Y}$일 때 $f_{U,V}(u,v)$를 구하고 U와 V 각각의 분포를 구하라.

4.18 X_1, X_2, X_3는 서로 독립이고 각각 모수 λ인 지수분포를 따른다. $Y_1 = X_1$, $Y_2 = X_1 + X_2$, $Y_3 = X_1 + X_2 + X_3$라 할 때 Y_1, Y_2, Y_3의 결합분포를 구하고 Y_2의 확률밀도함수를 찾아라.

4.19 서로 독립이며 $unif(0,1)$분포를 따르는 n개의 확률변수의 순서통계량을 $U_{(1)}, U_{(2)}, \cdots, U_{(n)}$이라 하자. $0 \le x < y \le 1$일 때 다음을 간단히 나타내어라.

(1) $P(U_{(1)} > x, U_{(n)} < y)$

(2) $P(U_{(1)} > x, U_{(n)} > y)$

(3) $P(U_{(k)} < x, U_{(k+1)} > y), \quad 1 \le k \le n-1$

4.20 $(X, Y) \sim f(x,y) = e^{-y}, \quad 0 < x < y < \infty$이고 $Z = max\{X, Y\}$일 때 Z의 확률밀도함수를 찾아라.

4.21 X는 평균 10, 분산 5^2이다.

(1) $P(X \ge 20)$의 가장 작은 상한을 구하라.

(2) X의 분포가 이항분포가 될 수 있나?

4.22 X는 평균 100, 표준편차 10인 확률변수이다. 다음을 구하라.

(1) $P(X > 130)$

(2) X의 분포가 평균 즉 100에 대해 대칭일 때 $P(X > 130)$을 구하라.

(3) X가 정규분포를 할 때 $P(X > 130)$을 구하라.

4.23 X와 Y는 각각 모수 p인 기하분포를 따른다. 임의의 자연수 n, m에 대해 두 사상 $\{X = n\}$과 $\{Y = m\}$은 서로 독립이다. $Z = X + Y$라 할 때 Z의 확률질량함수를 구하라.

4.24 서로 독립인 두 확률변수 X와 Y는 각각 성공률 p_1과 p_2를 갖는 기하분포를 따른다. 다음을 구하라.

(1) $P(X = Y)$

(2) $P(X < Y)$

5장 생성함수와 극한정리

어떤 확률변수가 있으면 기본적으로 확률변수의 분포나 평균, 분산 등을 알고자 한다. 지금까지 분포와 관련된 문제들을 많이 다루어왔다. 분포를 확인하기 위한 방법으로 분포함수, 확률질량함수 또는 확률밀도함수들을 보았다. 예를 들어 앞에서 합성공식을 이용하여 정규분포를 하는 확률변수들의 합의 분포를 구하는 경우처럼 분포를 구하는 일이 매우 지루하고 복잡한 계산을 반복해야 하는 경우가 많다. 여기서는 분포를 파악하는 또 다른 방법으로, 때로는 놀랄 만큼 효율적인 생성함수에 대해 살펴보고자 한다. 또한 정규분포로부터 유도된 확률변수 및 그의 분포에 대해 간단히 기술하고자 한다.

생성함수에는 몇 가지 종류가 있으나 여기서는 확률생성함수와 적률생성함수 그리고 라플라스변환에 대해 알아보고자 한다.

5.1 확률생성함수(probability generating function)

예를 들어 확률변수 $X \sim B(n,p)$라 하자. 다음이 성립한다.

$$P(X=i) = p(i) = \binom{n}{i} p^i (1-p)^{n-i}, \quad i = 0,1,\cdots,n$$

다음과 같이 정의된 $Q(r)$를 보자

$$Q(r)=(pr+(1-p))^n=\sum_{i=0}^{n}\binom{n}{i}(pr)^i(1-p)^{n-i}=\sum_{i=0}^{n}p(i)\,r^i=E(r^X)$$

여기서 모든 i에 대해 $p(i)$를 알면 $Q(r)$이 결정되고 반대로 $Q(r)$을 알면 $p(i)$를 구할 수 있다. 분포와 $Q(r)$이 서로 대응되는 것이다.

확률변수 X가 음이 아닌 정숫값을 갖는 확률변수일 때 X의 **확률생성함수** $Q_X(r)$는 다음과 같이 정의된다.

$$Q_X(r)=E(r^X)$$

$Q_X(r)$은 최소한 $|r|\le 1$을 만족하는 r에 대해서 존재한다.

$Q_X(r)=\sum_{i=0}^{\infty}p(i)r^i=p(0)+p(1)r+p(2)r^2+\cdots$ 이므로 $Q_X(0)=p(0)$이고 $Q_X(r)$을 1차 미분하고 $r=0$을 대입하면 $p(1)$, 2차 미분하고 $r=0$을 대입하면 $2p(2)$, 3차 미분하고 $r=0$을 대입하면 $3!p(3)$, $\cdots$을 구할 수 있다. 일반적으로 다음이 성립한다.

$$\frac{d^n}{dr^n}Q_X(r)|_{r=0}=n!\,p(n)$$

$Q_X(r)$을 r에 대하여 n차 미분하여 $Q_X^{(n)}(r)$이라 할 때 다음이 성립한다.

$$Q_X^{(n)}(1^-)=E[X(X-1)\cdots(X-n+1)] \tag{5.1.1}$$

특히 $n=1$이면 $E(X)=Q_X'(1^-)$이다. 여기서 $Q_X'(1^-)=\lim_{r\uparrow 1}Q_X'(r)$이다. 식 (5.1.1)의 우변을 X의 n차 factorial moment라고 부른다.

두 확률변수 X와 Y가 서로 독립이면 $Q_{X+Y}(r)=Q_X(r)Q_Y(r)$임을 쉽게 보일 수 있으며 또한 다음과 같은 유일성의 정리(uniqueness theorem)가 성립한다.

$Q_X(r)=Q_Y(r)$은 $p_X(i)=p_Y(i),\ \forall i$와 서로 필요충분조건이다.

즉 확률생성함수가 같으면 분포가 같다.

예 5.1.1 $X \sim Poisson(\lambda)$일 때 X의 확률생성함수를 찾고 이를 이용하여 $P(X=3)$, $E(X^3)$을 구하라.

풀이

$$Q_X(r) = \sum_{i=0}^{\infty} \frac{\lambda^i e^{-\lambda}}{i!} r^i = e^{-\lambda} \cdot e^{\lambda r} = e^{\lambda(r-1)}$$

$$Q_X^{(3)}(r)|_{r=0} = \lambda^3 e^{\lambda(r-1)}|_{r=0} = \lambda^3 e^{-\lambda} = 3!\, p(3)$$

따라서 구하는 확률은 $P(X=3) = p(3) = \dfrac{\lambda^3 e^{-\lambda}}{3!}$으로 우리가 알고 있는 사실과 일치한다.

또한 $Q_X^{(3)}(r)|_{r=1} = \lambda^3 e^{\lambda(r-1)}|_{r=1} = \lambda^3 = E[X(X-1)(X-2)]$이므로

$$E(X^3) = \lambda^3 + 3\lambda^2 + \lambda$$

이다. ■

예 5.1.2 $X \sim \text{Geo}(p)$, $(0 < p < 1)$일 때 X의 확률생성함수를 구하고 이를 이용하여 X의 평균과 분산을 구하라.

풀이

$$Q_X(x) = E(r^X) = \sum_{x=1}^{\infty} r^x (1-p)^{x-1} p$$

$$= \frac{p}{1-p} \sum_{x=1}^{\infty} (r(1-p))^x$$

$$= \frac{rp}{1-r(1-p)} \qquad \left(|r| < \frac{1}{1-p} \right)$$

$$Q_X'(r) = \frac{p}{(1-r(1-p))^2} \qquad Q_X''(r) = \frac{2pq}{(1-r(1-p))^3}$$

$$Q_X'(r)|_{r=1} = \frac{1}{p} = E(X), \qquad Q_X''(r)|_{r=1} = \frac{2q}{p^2} = E(X(X-1))$$

따라서 $Var(X) = \frac{2q}{p^2} + \frac{1}{p} - \frac{1}{p^2} = \frac{1-p}{p}$이다. ■

앞에서 본 바와 같이 $X \sim B(n,p)$일 때 $Q_X(r) = (pr + (1-p))^n$이 된다. 위의 예제에서 본 바와 같이 이항분포의 평균이나 분산도 이 확률생성함수를 1차, 2차 미분한 후 $r=1$을 대입하여 구할 수 있다. 물론 확률생성함수를 사용하면 3차 이상의 고차 모멘트도 비교적 쉽게 구할 수 있다.

5.2 적률생성함수(moment generating function)

확률생성함수는 확률변수가 음이 아닌 정숫값을 가질 때 정의된다. 보다 넓은 범위의 확률변수에 정의 가능한 생성함수로 다음과 같이 정의된 적률생성함수를 들 수 있다.

확률변수 X의 **적률생성함수**(moment generating function)는 다음과 같이 정의된다.

$$M_X(t) = E(e^{tX}), \quad |t| < d$$

여기서 $d > 0$이다. 즉 적률생성함수가 존재한다는 의미는 $d > 0$인 d가 존재하여 $|t| < d$를 만족하는 모든 t에 대하여 기댓값 $E(e^{tX})$가 존재하는 것이다.

예 5.2.1 $X \sim B(n,p)$일 때 X의 적률생성함수를 구하라.

풀이
$$\begin{aligned} M_X(t) = E(e^{tX}) &= \sum_{x=1}^{n} e^{tx} \binom{n}{i} p^x (1-p)^{n-x} \\ &= \sum_{x=1}^{n} \binom{n}{i} (e^t p)^x (1-p)^{n-x} \\ &= (pe^t + (1-p))^n \end{aligned}$$
■

예 5.2.2 $X \sim Poisson(\lambda)$의 적률생성함수를 구하라.

풀이 $M_X(t) = \sum_{x=0}^{\infty} e^{tx} \frac{\lambda^x e^{-\lambda}}{x!}$

$$= e^{-\lambda} \sum_{x=0}^{\infty} \frac{(e^t \lambda)^x}{x}$$

$$= e^{-\lambda} e^{e^t \lambda}$$

$$= e^{\lambda(e^{t-1})}$$ ■

예 5.2.3 $X \sim \text{Exp}(\lambda)$의 적률생성함수를 구하라.

풀이 $M_X(t) = \int_0^{\infty} e^{tx} \lambda e^{-\lambda x} dx$

$$= \lambda \int_0^{\infty} e^{x(t-\lambda)} dx$$

$$= \frac{\lambda}{\lambda - t} \quad (t < \lambda)$$ ■

예 5.2.4 $X \sim N(0,1)$의 적률생성함수를 구하라.

풀이 $M_X(t) = \frac{1}{\sqrt{2\pi}} \int_{-\infty}^{\infty} e^{tx} e^{-x^2/2} dx$

$$= \frac{1}{\sqrt{2\pi}} \int_{-\infty}^{\infty} \exp\left(-\frac{(x^2 - 2tx)}{2}\right) dx$$

$$= \frac{1}{\sqrt{2\pi}} \int_{-\infty}^{\infty} \exp\left(-\frac{(x-t)^2}{2} + \frac{t^2}{2}\right) dx$$

$$= e^{t^2/2} \frac{1}{\sqrt{2\pi}} \int_{-\infty}^{\infty} \exp\left(-\frac{(x-t)^2}{2}\right) dx$$

$$= e^{t^2/2}$$ ■

Y가 X의 선형변환 즉, $Y = aX + b$이면 Y의 적률생성함수는 다음과 같다.

$$M_Y(t) = M_{aX+b}(t) = e^{bt} M_X(at)$$

이를 이용하면 $X \sim N(\mu, \sigma^2)$의 적률생성함수를 위의 예 5.2.4의 결과를 이용하여 다음과 같이 쉽게 구할 수 있다.

$X \sim N(\mu, \sigma^2)$이면 $\dfrac{X-\mu}{\sigma} = Z$, $Z \sim N(0,1)$이며 $X = \sigma Z + \mu$가 된다. 따라서 다음이 성립한다.

$$M_X(t) = e^{\mu t} M_Z(\sigma t) = e^{\mu t} e^{\sigma^2 t^2/2} = \exp(\mu t + \frac{\sigma^2 t^2}{2})$$

예 5.2.5 $X \sim \Gamma(\alpha, \lambda)$의 적률생성함수를 구하라.

풀이
$$\begin{aligned} M_X(t) &= \frac{\lambda^\alpha}{\Gamma(\alpha)} \int_0^\infty e^{tx} x^{\alpha-1} e^{-\lambda x} dx \\ &= \frac{\lambda^\alpha}{\Gamma(\alpha)} \int_0^\infty x^{\alpha-1} e^{-(\lambda - t)x} dx \\ &= \frac{\lambda^\alpha}{\Gamma(\alpha)} \Gamma(\alpha)(\lambda - t)^{-\alpha} \\ &= \left(\frac{\lambda}{\lambda - t}\right)^\alpha \quad (t < \lambda) \end{aligned}$$
■

예 5.2.6 $Z \sim N(0,1)$을 따를 때 Z^2의 적률생성함수를 구하라.

풀이
$$\begin{aligned} E(e^{tZ^2}) &= \frac{1}{\sqrt{2\pi}} \int_{-\infty}^\infty e^{tz^2} e^{-z^2/2} dz \\ &= \frac{1}{\sqrt{2\pi}} \int_{-\infty}^\infty e^{tz^2 - z^2/2} dz \\ &= \frac{1}{\sqrt{2\pi}} \int_{-\infty}^\infty e^{-\frac{z^2}{2(1-2t)^{-1/2}}} dz \\ &= \frac{1}{\sqrt{2\pi}} \sqrt{2\pi} (1-2t)^{-1/2} \\ &= (1-2t)^{-1/2} = \left(\frac{1/2}{1/2 - t}\right)^{1/2} \sim \Gamma(\frac{1}{2}, \frac{1}{2}) \text{ 또는 } \chi^2(1) \end{aligned}$$
■

예 5.2.7 확률변수 X가 다음과 같은 코시분포를 할 때 적률생성함수가 존재하지 않음을 보여라.

$$f(x)=\frac{1}{\pi(1+x^2)}, \quad -\infty < x < \infty$$

풀이 $t \neq 0$이면 다음 관계가 성립한다.

$$\begin{aligned}\int_{-\infty}^{\infty} e^{tx}\frac{1}{1+x^2}dx &\geq \int_{0}^{\infty} e^{tx}\frac{1}{1+x^2}dx \\ &\geq \int_{0}^{\infty} e^{tx}dx = \frac{1}{t}e^{tx}\Big]_0^{\infty} = \infty\end{aligned}$$

따라서

$$M_X(t)=\frac{1}{\pi}\int_{-\infty}^{\infty} e^{tx}\cdot\frac{1}{1+x^2}dx=\begin{cases}1, & t=0\\ \infty, & t\neq 0\end{cases}$$

이다. $M_X(t)$가 존재하는 $|t|<d,\ d>0$가 존재하지 않는다. 따라서 코시분포의 적률생성함수는 존재하지 않는다. ■

우리가 알고 있는 대부분의 확률변수의 적률생성함수가 존재하지만 위의 코시분포의 예처럼 적률생성함수가 존재하지 않는 분포도 있다.

$E(e^{tX})$를 t에 대하여 n차 미분하면 다음을 얻는다.

$$\frac{d^n}{dt^n}M_X(t)=E(X^n e^{tX})$$

연속인 경우를 보자.

$$\begin{aligned}\frac{d}{dt}M_X(t) &= \frac{d}{dt}\int_{-\infty}^{\infty} e^{tx}f(x)dx \\ &= \int_{-\infty}^{\infty}\frac{d}{dt}e^{tx}f(x)dx\end{aligned}$$

$$= \int_{-\infty}^{\infty} x f(x) e^{tx}\, dx = E(Xe^{tX})$$

이산분포의 경우도 다음이 성립한다.

$$\frac{d}{dt} M_X(t) = \frac{d}{dt} \sum_x e^{tx} p(x) = \sum_x \frac{d}{dt} e^{tx} p(x)$$

2차, 3차 이상의 미분도 같은 방법으로 얻는다. 위 식에서 미분과 적분의 순서가 바뀌었는데 이는 우리가 대상으로 하는 모든 분포에서 성립한다. 미분은 t에 대한 것이고 적분은 x에 대한 것임을 주목하자.

X의 적률생성함수 $M_X(t)$를 n차 미분한 다음 $t=0$을 대입하면 X의 n차 모멘트를 구할 수 있다.

$$M_X^{(n)}(t)|_{t=0} = E(X^n) \tag{5.2.1}$$

따라서 적률생성함수를 알면 모멘트를 구하기 위하여 합하거나 적분을 하는 대신 적률생성함수를 미분한 다음 $t=0$을 대입하면 되기 때문에 보다 쉽게 구할 수 있다.

예 5.2.8 $X \sim B(n,p)$의 적률생성함수는 $M_X(t) = (pe^t + (1-p))^n$이다. 식 (5.2.1)을 이용하여 평균을 구하라.

풀이 $M_X'(t) = n(pe^t + (1-p))^{n-1} \cdot p$이다. 따라서 $E(X) = M_X'(0) = np$이다. ■

예 5.2.9 $X \sim N(\mu, \sigma^2)$일 때 적률생성함수를 이용하여 평균과 분산을 구하라.

풀이

$$M_X'(t) = (\mu + \sigma^2 t)\exp(\mu t + \frac{\sigma^2 t^2}{2})$$

$$M_X''(t) = (\mu + \sigma^2 t)^2 \exp(\mu t + \frac{\sigma^2 t^2}{2}) + \sigma^2 \exp(\mu t + \frac{\sigma^2 t^2}{2})$$

이므로

$$E(X) = M_X'(0) = \mu$$
$$E(X^2) = M_X''(0) = \mu^2 + \sigma^2$$

이다. 따라서 $Var(X) = \sigma^2$이다. ■

예 5.2.10 $X \sim \Gamma(\alpha, \lambda)$일 때 적률생성함수를 이용하여 평균, 분산, 3차 모멘트를 구하라.

풀이 $M_X(t) = (\frac{\lambda}{\lambda - t})^\alpha = \lambda^\alpha(\lambda - t)^{-\alpha}$를 1, 2, 3차 미분하여 다음을 얻는다.

$$M_X'(t) = \lambda^\alpha \cdot \alpha \cdot (\lambda - t)^{-\alpha - 1}$$
$$M_X''(t) = \lambda^\alpha \cdot \alpha(\alpha + 1) \cdot (\lambda - t)^{-\alpha - 2}$$
$$M_X^{(3)}(t) = \lambda^\alpha \cdot \alpha(\alpha + 1)(\alpha + 2) \cdot (\lambda - t)^{-\alpha - 3}$$

따라서 $t = 0$을 대입하면 $E(X) = \frac{\alpha}{\lambda}$, $E(X^2) = \frac{\alpha(\alpha + 1)}{\lambda^2}$, $E(X^3) = \frac{\alpha(\alpha + 1)(\alpha + 2)}{\lambda^3}$이고 $Var(X) = \frac{\alpha(\alpha + 1)}{\lambda^2} - (\frac{\alpha}{\lambda})^2 = \frac{\alpha}{\lambda^2}$이 된다. ■

$X_1, X_2, \cdots, X_n$이 서로 독립이라 가정하자. 그러면 독립인 확률변수의 곱의 기댓값은 각각의 기댓값의 곱과 일치하므로 다음이 성립한다.

$$\begin{aligned} M_{\sum_{i=1}^n X_i}(t) &= E(\exp(t\sum_{i=1}^n X_i)) \\ &= E(e^{tX_1})E(e^{tX_2}) \cdots E(e^{tX_n}) = M_{X_1}(t)M_{X_2}(t) \cdots M_{X_n}(t) \end{aligned}$$

적률생성함수에 대해서도 확률생성함수와 마찬가지로 다음의 유일성 정리가 성립한다.

> $M_X(t) = M_Y(t)$ $(|t| < d,\ d > 0)$는 두 확률변수 X와 Y의 분포가 일치하기 위한 필요충분조건이다.

예 5.2.11 확률변수 X의 적률생성함수가 다음과 같다. 어떤 분포인가?

$$M_X(t) = \exp(3t + 5t^2)$$

풀이 이는 정규분포의 적률생성함수와 같은 꼴이며 $\mu = 3$, $\sigma^2 = 10$인 정규분포의 적률생성함수를 구하면 위와 같아질 것이다. 따라서 유일성의 정리에 의해 $X \sim N(3,10)$으로 결론 내릴 수 있다. ■

위의 예에서 보는 바와 같이 유일성의 정리를 이용하면 간단한 계산으로 분포를 쉽게 찾을 수 있다.

예 5.2.12 (1) $X_i \sim B(n_i, p)$이고 X_i는 서로 독립일 때 $\sum_{i=1}^{n} X_i$의 분포를 구하라.

(2) $X_i \sim Poisson(\lambda_i)$이고 X_i는 서로 독립일 때 $\sum_{i=1}^{n} X_i$의 분포를 구하라.

풀이 (1) $M_{X_i}(t) = (pe^t + (1-p))^{n_i}$. 따라서 독립인 확률변수의 합의 적률생성함수는 각 적률생성함수의 곱이므로 다음이 성립한다.

$$M_{\sum_{i=1}^{n} X_i}(t) = (pe^t + (1-p))^{\sum_{i=1}^{n} n_i}$$

따라서 유일성의 정리에 의해 $\sum_{i=1}^{n} X_i$의 분포는 모수 $\sum_{i=1}^{n} n_i$와 p를 갖는 이항분포를 한다.

(2) 포아송분포에서도 $\sum_{i=1}^{n} X_i$의 적률생성함수는 각각의 적률생성함수의 곱과 같으므로 다음이 성립한다.

$$M_{\sum_{i=1}^{n} X_i}(t) = \exp\left(\sum_{i=1}^{n} \lambda_i (e^t - 1)\right)$$

따라서 $\sum_{i=1}^{n} X_i \sim Poisson(\sum_{i=1}^{n} \lambda_i)$이다. ■

예 5.2.13 $X_i \sim N(\mu_i, \sigma_i^2)$, X_i는 서로 독립일 때 $\sum_{i=1}^{n} X_i$의 분포를 구하라.

풀이 $M_{\sum_{i=1}^{n} X_i}(t) = \exp\left(\sum_{i=1}^{n} (\mu_i t + \frac{\sigma_i^2 t^2}{2})\right) = \exp\left((\sum_{i=1}^{n} \mu_i) t + \frac{(\sum_{i=1}^{n} \sigma_i^2) t^2}{2}\right)$

이는 곧 $\sum_{i=1}^{n} X_i \sim N(\sum_{i=1}^{n} \mu_i, \sum_{i=1}^{n} \sigma_i^2)$임을 뜻한다. ■

예 5.2.14 $X_i \sim \Gamma(\alpha_i, \lambda)$이고 X_i가 서로 독립일 때 $\sum_{i=1}^{n} X_i$의 분포를 구하라.

풀이 감마분포의 경우에도 같은 방법을 따르면 된다.

$M_{\sum_{i=1}^{n} X_i}(t) = (\frac{\lambda}{\lambda - t})^{\sum_{i=1}^{n} \alpha_i}$이고 이는 $\Gamma(\sum_{i=1}^{n} \alpha_i, \lambda)$ 분포의 적률생성함수와 일치한다. 따라서 $\sum_{i=1}^{n} X_i \sim \Gamma(\sum_{i=1}^{n} \alpha_i, \lambda)$이다. ■

$\Gamma(1, \lambda)$는 모수 λ인 지수분포와 같고 $\Gamma(\frac{n}{2}, \frac{1}{2})$는 자유도 n인 $\chi^2(n)$ 분포와 같다. 따라서 위의 예 5.2.14에 의해 모수 λ인 지수분포를 따르는 서로 독립인 n개

의 확률변수의 합의 분포는 $\Gamma(n,\lambda)$가 되고 각각의 자유도가 n_i인 카이제곱분포를 따르는 확률변수가 서로 독립일 때 이들의 합의 분포는 $\Gamma(\sum_{i=1}^{n} n_i/2,\ 1/2)$가 되므로 이는 다시 자유도 $\sum_{i=1}^{n} n_i$를 갖는 카이제곱분포가 된다.

예 5.2.15 $Z_i \sim N(0,1)$ 분포를 따르고 서로 독립이다. $Z_1^2 + Z_2^2 + \cdots + Z_n^2$의 분포를 구하라.

풀이 $Z_i,\ i=1,2,\cdots,n$가 서로 독립이면 Z_i^2도 서로 독립이다. 예 5.2.6에서 $Z_i^2 \sim \chi^2(1)$임을 보았고 예 5.2.14에 의하면 독립인 카이제곱분포를 더하면 다시 카이제곱분포가 되고 합의 자유도는 각 자유도의 합이다. 따라서 $Z_1^2 + Z_2^2 + \cdots + Z_n^2 \sim \chi^2(n)$이 된다. ■

$(X_1, X_2, \cdots, X_n)$과 같은 고차의 확률변수에 대하여 다음과 같이 **결합적률생성함수**(joint moment generating function)가 정의된다.

$$M_{X_1, X_2, \cdots, X_n}(t_1, t_2, \cdots, t_n) = M(t_1, t_2, \cdots, t_n) = E[\exp(\sum_{i=1}^{n} t_i X_i)] \tag{5.2.2}$$

결합적률생성함수의 몇 가지 성질을 살펴보자.

(1) 식 (5.2.2)의 좌변의 t_1을 제외한 나머지 t_j를 0으로 하면 다음과 같다.

$$M(t_1, 0, 0, \cdots, 0) = E(e^{t_1 X_1}) = M_{X_1}(t_1)$$

같은 방법으로 j번째 t_j만 남겨두고 나머지 t_i들은 모두 0으로 하면 X_j의 적률생성함수를 구할 수 있다.

$$M(0, \cdots, 0, t_j, 0, \cdots, 0) = M_{X_j}(t_j)$$

(2) 유일성의 정리
$(X_1, X_2, \cdots, X_n)$의 결합분포와 $(X_1, X_2, \cdots, X_n)$의 결합적률생성함수 $M(t_1,$

$t_2,\cdots,t_n$)은 일대일 대응관계가 있다.

(3) $X_1,X_2,\cdots,X_n$이 서로 독립일 필요충분조건은 $X_1,X_2,\cdots,X_n$의 결합적률생성함수가 각 확률변수의 적률생성함수의 곱과 일치하는 것이다. 즉

$$M(t_1,t_2,\cdots,t_n)=M_{X_1}(t_1)M_{X_2}(t_2)\cdots M_{X_n}(t_n)$$

이다.

X와 Y가 서로 독립이면 $M_{X+Y}(t)=M_X(t)M_Y(t)$가 성립함을 보았다. 그러나 역으로 $M_{X+Y}(t)=M_X(t)M_Y(t)$이 성립한다 하여 X와 Y가 서로 독립은 아니다. 위의 (3)에 의하면 $M(t_1,t_2,\cdots,t_n)=M_{X_1}(t_1)M_{X_2}(t_2)\cdots M_{X_n}(t_n)$이 성립하면 $X_1,X_2,\cdots,X_n$은 서로 독립이다. 결합적률생성함수의 성질 (3)으로 인해 확률변수의 독립성을 확인할 수 있는 한 가지 방법이 추가되었다.

예 5.2.16 두 확률변수 X, Y는 서로 독립이며 각각 $N(\mu,\sigma^2)$ 분포를 갖는다. X, Y의 합차로 이루어진 $X-Y$, $X+Y$가 서로 독립인 확률변수임을 보여라.

풀이 위의 (3)을 이용하여 증명하여 보자. $X-Y$, $X+Y$의 결합적률생성함수를 구하면 다음과 같다.

$$\begin{aligned}
M_{X-Y,X+Y}(s,t)&=E(e^{s(X-Y)+t(X+Y)})\\
&=E(e^{X(s+t)}\cdot e^{Y(t-s)})\\
&=M_X(s+t)M_Y(t-s)\\
&=\exp(\mu(s+t)+\frac{\sigma^2(s+t)^2}{2})\cdot\exp(\mu(t-s)+\frac{\sigma^2(t-s)^2}{2})\\
&=\exp(2\mu t+\frac{\sigma^2t^2}{2})\cdot\exp(\sigma^2s^2)
\end{aligned}$$

따라서 $X-Y$, $X+Y$의 결합적률생성함수는 $N(2\mu,\,2\sigma^2)$ 분포와 $N(0,2\sigma^2)$의 독립인 두 정규분포의 적률생성함수의 곱과 일치한다. 따라서 $X-Y$, $X+Y$는 서로 독립이라고 결론 내릴 수 있다. ■

음이 아닌 확률변수를 주로 다루는 분야에서는 적률생성함수 대신 **라플라스변환**(Laplace transform (LT))을 사용하는 것이 편리할 때가 많다. $X \sim f(x)$의 라플라스변환은 다음과 같이 정의된다.

$$L(\theta) = E(e^{-\theta X}) = \int_0^\infty e^{-\theta x} f(x)dx, \quad \theta \geq 0$$

라플라스변환은 적률생성함수와는 달리 존재성의 문제는 없으며 기본성질들은 적률생성함수와 일치한다.

5.3 정규모집단으로부터 추출한 통계량의 분포

이 절에서는 기초적인 통계자료분석에 쓰이는 몇 가지 통계량의 분포에 대해 정리해보자. 모집단이 정규분포 $N(\mu, \sigma^2)$를 따를 때 모집단으로부터 추출한 크기 n인 임의표본(random sample) $X_1, X_2, \cdots, X_n$으로부터 얻은 여러 가지 통계량들 중에서 먼저 표본평균과 표본분산에 대해 알아보자. 여기서 임의 표본 $X_1, X_2, \cdots, X_n$은 서로 독립이며 모집단의 분포와 같은 $N(\mu, \sigma^2)$ 분포를 한다. 표본평균 $\overline{X} = \frac{1}{n}\sum_{i=1}^n X_i$, 표본분산 $S^2 = \frac{1}{n-1}\sum_{i=1}^n (X_i - \overline{X})^2$이다.

(1) $\overline{X} \sim N(\mu, \frac{\sigma^2}{n})$

X_i들이 서로 독립이며 $N(\mu, \sigma^2)$ 분포를 하므로 $\sum_{i=1}^n X_i \sim N(n\mu, n\sigma^2)$이다. 이를 n으로 나눈 $\overline{X} \sim N(\mu, \frac{\sigma^2}{n})$이 된다. 모집단의 분포가 정규분포가 아닐 때에도 표본의 크기 n이 크면 중심극한정리((5.5.1)을 보라)에 의해 다음이 성립한다.

$$\overline{X} \approx N(\mu, \frac{\sigma^2}{n})$$

(2) $\frac{(n-1)S^2}{\sigma^2} \sim \chi^2(n-1)$

$$\begin{aligned}\frac{(n-1)S^2}{\sigma^2} &= \frac{1}{\sigma^2}\sum_{i=1}^{n}(X_i-\overline{X})^2 \\ &= \frac{1}{\sigma^2}\sum_{i=1}^{n}(X_i-\mu+\mu-\overline{X})^2 \\ &= \sum_{i=1}^{n}\left(\frac{X_i-\mu}{\sigma}\right)^2-\left(\frac{\overline{X}-\mu}{\sigma/\sqrt{n}}\right)^2\end{aligned}$$

따라서 $\frac{(n-1)S^2}{\sigma^2}+\left(\frac{\overline{X}-\mu}{\sigma/\sqrt{n}}\right)^2=\sum_{i=1}^{n}\left(\frac{X_i-\mu}{\sigma}\right)^2$이다.

그런데 $\frac{X_i-\mu}{\sigma}\sim N(0,1)$, $\frac{\overline{X}-\mu}{\sigma/\sqrt{n}}\sim N(0,1)$이므로 각각을 제곱하면 $\chi^2(1)$이 된다. 우변의 X_i들은 서로 독립이므로 $\sum_{i=1}^{n}\left(\frac{X_i-\mu}{\sigma}\right)^2\sim\chi^2(n)$이 되고 좌변의 S^2과 $\overline{X}$는 서로 독립이므로 결론적으로 $\frac{(n-1)S^2}{\sigma^2}$ ~ $\chi^2(n-1)$이 된다.

(3) $\frac{\overline{X}-\mu}{S/\sqrt{n}}\sim t(n-1)$ 즉 자유도 $n-1$인 t분포를 따른다.

t분포는 서로 독립인 표준 정규분포와 카이제곱분포를 자기의 자유도로 나눈 제곱근과의 비로써 나타낼 수 있다. 즉 $\frac{\overline{X}-\mu}{\sigma/\sqrt{n}}\sim N(0,1)$이고 $\sqrt{\frac{(n-1)S^2}{\sigma^2}/n-1}=\frac{S}{\sigma}$이다. 따라서 $\frac{\overline{X}-\mu}{\sigma/\sqrt{n}}/\frac{S}{\sigma}=\frac{\overline{X}-\mu}{S/\sqrt{n}}\sim t(n-1)$이 된다. 이는 모분산 σ^2을 모를 때 σ^2을 σ^2의 불편추정량인 표본분산 S^2으로 대체하여 모평균 μ의 구간추정이나 가설검정의 문제를 풀 때 이용된다.

$t(n)$ 분포는 자유도 n이 커지면($n\geq 30$) 정규분포에 근사한다.

(4) $\frac{S_1^2/\sigma_1^2}{S_2^2/\sigma_2^2}\sim F(m-1,n-1)$

두 모집단의 분산비와 관련된 분포를 알려고 할 때 F 분포를 이용하게 된다. $U\sim\chi^2(\nu_1)$, $V\sim\chi^2(\nu_2)$이고 U와 V가 서로 독립이면

$$F = \frac{U/\nu_1}{V/\nu_2}$$

는 분자의 자유도 ν_1, 분모의 자유도 ν_2를 갖는 F분포를 하게 된다. 즉 서로 독립인 카이제곱분포를 각각의 자유도로 나눈 비는 F분포를 한다. 따라서 다음이 성립한다.

분산이 σ_1^2인 정규모집단에서 추출한 임의표본 $X_1, X_2, \cdots, X_m$과 분산이 σ_2^2인 정규모집단에서 추출한 임의표본 $Y_1, Y_2, \cdots, Y_n$($X_1, X_2, \cdots, X_m$와 서로 독립) 각각에서 구한 표본분산을 S_1^2, S_2^2이라 할 때

$$F = \frac{S_1^2/\sigma_1^2}{S_2^2/\sigma_2^2} \sim F(m-1, n-1)$$

이다.

끝으로 확률·통계 분야에서 가장 중요한 극한정리라 할 수 있는 중심극한정리와 대수의 법칙에 대해 간단히 언급하고자 한다. 각 정리의 증명은 기초확률론 책을 참고하기 바란다.

5.4 대수의 법칙(law of large numbers)

흔히 확률변수 X의 기댓값의 개념 또는 의미를 설명할 때 독립, 반복시행에서의 long-run-average value로 설명하곤 한다. 즉 X와 같은 분포를 하는 독립인 확률변수 $X_1, X_2, \cdots, X_n$에 대해 다음이 성립하는 것이다.

$$E(X) \approx \frac{X_1 + X_2 + \cdots + X_n}{n} \quad (n\text{이 클 때})$$

이는 다음의 대수의 법칙과 관련이 있다.

예 5.4.1 앞면이 나올 확률이 1/2인 동전을 연속해서 던진다고 하자. i번째 시

행에서 앞면이 나오면 $X_i = 1$이라 두고 뒷면이 나오면 $X_i = 0$이라 두자. $E(X_i) = 1/2$이다. 이때 $n \to \infty$이면 다음이 항상 성립하는가?

$$\frac{X_1 + X_2 + \cdots + X_n}{n} \to 1/2$$

매번 시행에서 앞면이 나온다면 위의 극한값은 1이 될 것이다. 여기서 매 시행마다 계속 앞면이 나올 확률은 얼마인가를 생각해보자.

약대수법칙(weak law of large numbers)

$X_1, X_2, X_3, \cdots$는 서로 독립이고 동등분포를 하며 $\mu = E(X_1) < \infty$이라 가정하면 $n \to \infty$일 때 다음이 성립한다.

$$\forall \epsilon > 0, \quad P(|\sum_{i=1}^{n} \frac{X_i}{n} - \mu| < \epsilon) \to 1 \tag{5.4.1}$$

증명 위 약대수법칙의 증명은 체비셰프 부등식을 이용하면 간단히 보일 수 있다.

$$P(|\frac{1}{n}\sum_{i=1}^{n} X_i - \mu| \geq \epsilon) \leq \frac{n\sigma^2/n^2}{\epsilon^2} = \frac{\sigma^2}{n\epsilon^2} \to 0 \quad (n \to \infty)$$

약대수법칙은 n이 클 때 $X_1, X_2, \cdots, X_n$의 평균이 μ 근방에 있게 됨을 의미한다.

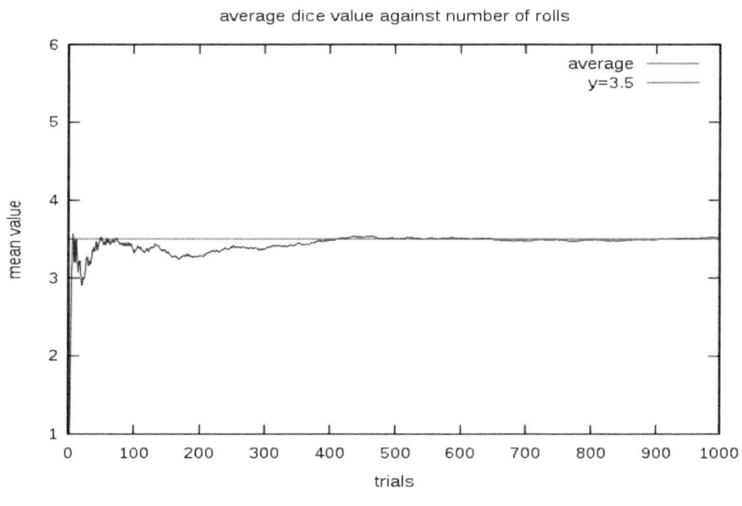

강대수법칙(strong law of large numbers)

$X_1, X_2, X_3, \cdots$는 서로 독립이고 동등분포를 하며 $\mu = E(X_1) < \infty$이라 가정하면 $n \to \infty$일 때 확률 1로 다음이 성립한다.

$$\frac{1}{n}\sum_{i=1}^{n} X_i \to \mu \tag{5.4.2}$$

위 식 (5.4.2)는 다음과 같이 쓸 수 있다.

$$P(\lim_{n\to\infty}\frac{1}{n}\sum_{i=1}^{n} X_i = \mu) = 1$$

또는

$$P\left(\bigcap_{k=n}^{\infty}\left\{\left|\frac{X_1 + X_2 + \cdots + X_k}{k} - \mu\right| < \epsilon\right\}\right) \to 1 \tag{5.4.3}$$

따라서 식 (5.4.3)은 식 (5.4.1)을 만족하므로 강대수법칙이 성립하면 약대수법칙도 성립하게 된다.

5.5 중심극한정리(central limit theorem)

위의 대수의 법칙에서는 독립동등분포를 하는 $X_1, X_2, \cdots, X_n$의 평균은 n이 커지면 공통의 기댓값 μ 근방에 있는 값이 됨을 보여주었다. 하지만 μ에 얼마만큼 가까이 있는 값인가에 대한 정보는 없다.

예 5.5.1 $X_1, X_2, \cdots, X_n$의 분포가 특별히 평균 μ인 정규분포를 따른다고 하자. $S_n = X_1 + X_2 + \cdots + X_n$라 두면 위의 강대수의 법칙에 의해 확률 1로 $\frac{S_n}{n} \to \mu$이 성립한다. 또한 독립인 정규분포의 합의 분포는 정규분포를 따르고 $S_n \sim N(n\mu, n\sigma^2)$임을 안다. 더 나아가 $\frac{S_n}{n} \sim$

$N(\mu, \dfrac{\sigma^2}{n})$이 성립한다. 이는 $\dfrac{S_n}{n}$의 값이 μ 근방에 있다는 사실과 더불어 μ와 얼마만큼 가까이 있는지에 대한 정보도 제공한다. 즉 다음이 성립한다.

$$P(|\frac{S_n}{n} - \mu| \le \frac{\sigma}{\sqrt{n}}) \approx 0.68$$

$$P(|\frac{S_n}{n} - \mu| \le \frac{2\sigma}{\sqrt{n}}) \approx 0.95$$

$X_1, X_2, \cdots, X_n$의 분포가 정규분포가 아닐 때는 어떠한가? $X \sim B(n,p)$일 때 X의 정규분포와의 근사성은 n을 크게 했을 때의 $B(n,p)$의 확률그래프와 정규분포곡선을 비교해보면 짐작할 수 있다. 즉 $B(n,p) \approx N(np,\ npq)$이다. 위의 관계를 다음과 같이 기술할 수 있다. X_i, $i = 1, 2, 3, \cdots$이 성공률 p인 베르누이 시행의 결과 얻은 베르누이확률변수일 때(서로 독립) $X = \sum_{i=1}^{n} X_i$라 두면 $X \sim B(n,p)$이고 $E(X) = np$, $Var(X) = npq$임을 안다. 따라서 이를 표준화하면

$$\frac{\sum_{i=1}^{n} X_i - np}{\sqrt{npq}}$$

와 같이 되며 이의 분포는 n이 클 때 표준정규분포로 근사한다는 것이다.

다음의 중심극한정리는 확률, 통계 분야에서 가장 중요한 극한정리 중의 하나이다.

중심극한정리(central limit theorem)

$X_1, X_2, X_3, \cdots$는 서로 독립이고 동등분포를 하며 $\mu = E(X_1) < \infty$, $\sigma^2 = Var(X_1) < \infty$이라 가정하면 $n \to \infty$일 때 다음이 성립한다.

$$T_n = \frac{\sum_{i=1}^{n} X_i - n\mu}{\sigma\sqrt{n}} \ \to \ Z \sim N(0,1) \qquad (5.5.1)$$

즉 $X_1, X_2, X_3, \cdots$는 서로 독립이고 동등분포를 하며 평균과 분산이 유한 값을 가지면 T_n의 분포가 n이 커짐에 따라 표준정규분포로 근사한다는 말이다. 이는 Φ가 표준정규분포의 분포함수일 때 다음이 성립함을 의미한다.

$$P(T_n \le a) \to \Phi(a), \quad \forall a \in R$$

식 (5.5.1)은 T_n의 분포가 모집단의 분포와 상관없이 n이 커지면 항상 표준정규분포로 근사함을 의미하나 근사하는 속도는 정규분포와 비슷하게 생긴 분포에서는 빨리, 그리고 모양이 많이 다를 때는 느린 속도로 근사하게 될 것이다.

중심극한정리의 증명은 T_n의 적률생성함수가 $n \to \infty$일 때 표준정규분포의 적률생성함수인 $e^{t^2/2}$에 근사함을 보이고 적률생성함수의 연속성정리를 이용하면 된다. 증명은 연습문제 5.9에서 해 보도록 하자.

예 5.5.2 1100원을 내고 게임을 한다. 주사위를 던져 1의 눈이 나오면 5천원을 받고 나머지 눈이 나오면 1100원을 잃는 것이다.

(1) 장기적으로 볼 때 한 게임당 평균 얼마씩 손해를 보는가?

(2) 이러한 게임을 1000번 반복했다면 얼마의 손실을 예상할 수 있나?

(3) 1000번 반복했을 때 1회당 평균 손실액이 (400, 600) 사이에 있게 될 확률은 얼마인가?

풀이 (1) i번째 시행의 결과를 X_i라 하면 $P(X_i = -1100) = 5/6$, $P(X_i = 5000) = 1/6$이 되고 $E(X_i) = -1100(5/6) + 5000(1/6) = -500$이므로 매 게임의 기대금액은 -500 즉 500원의 손실이 된다. 따라서 장기적으로 게임당 500원의 손실을 기대한다.

(2) $(1000)(500) = 500{,}000$(원)이다. 따라서 1000번을 참가한다면 약 50만원의 손실을 보게 된다.

(3) $P\left(-600 \le \dfrac{S_n}{n} \le -400\right)$을 구하는 문제이다. $E(X_i) = -500$, $Var(X_i) = 30{,}800{,}000$이므로 중심극한정리에 의하면

$$\frac{S_n}{n} \approx N(-500, 30800)$$

이다. 따라서 다음을 얻는다.

$$P(\frac{-100}{\sqrt{30800}} \le \frac{\frac{S_n}{n}+500}{\sqrt{30800}} \le \frac{100}{\sqrt{3800}})$$
$$\approx P(-0.57 \le Z \le 0.57)$$
$$\approx 0.4314$$ ■

예 5.5.3 기계의 부품을 생산하는 공장이 있다. 이 공장에서 생산하는 부품의 5%가 불량이라 알려져 있다. 부품은 상자 단위로 판매하며 한 상자에는 10,000개의 부품이 들어간다. 판매조건으로 상자당 k개의 불량품이 나오면 환불해 주기로 하였다. 환불되는 비율을 1% 미만이 되도록 하려면 k값을 얼마로 정하면 될까? 중심극한정리를 이용하여 구하여 보라.

풀이 X를 한 상자에 들어 있는 불량품의 개수라 하면 $X \sim B(10,000, 0.05)$가 된다.

$$E(X)=\mu=500,\ \ Var(X)=\sigma^2=10,000(0.05)(0.95)=475$$

이고, 중심극한정리에 의해 $X \sim B(10,000, 0.05) \approx N(500, 475)$이다. 따라서

$$P(X \ge k)=P(\frac{X-500}{\sqrt{475}} \ge \frac{k-500}{\sqrt{475}})=P(Z \ge \frac{k-500}{\sqrt{475}}) \le 0.01$$

이므로 $k=551$이 된다.

컴퓨터를 사용하여 정확한 확률을 구하여 보면 다음과 같다.

$$P(X>550) \approx 0.01106, \quad P(X>551) \approx 0.00983$$

구하고자 하는 $k=551$이 되고 이는 중심극한정리를 사용하여 구한 답과 일치한다. ■

예 5.5.4 윙스에어에서는 오랜 경험을 통해 예약자의 10%는 탑승하지 않는다고 본다. 420좌석의 비행에 441명의 예약을 받았을 때 적어도 1명 이상의 승객이 탑승하지 못하는 상황이 발생할 확률을 구하라.

풀이 X를 441명의 예약자 중 탑승하고자 하는 승객 수라 하면 $X \sim B(441, \frac{9}{10})$이다. 이때 $E(X) = \mu = 441 \times \frac{9}{10}$, $Var(X) = \sigma^2 = 441 \times \frac{9}{10} \times \frac{1}{10}$이다. 중심극한정리를 쓰면 다음이 성립한다.

$$
\begin{aligned}
P(X > 420) &= 1 - P(X \le 420) \\
&= 1 - \sum_{i=421}^{441} (\frac{9}{10})^i (\frac{1}{10})^{441-i} \\
&\approx 1 - P(\frac{X - 0.5 - \mu}{\sigma} \le \frac{420 - 0.5 - \mu}{\sigma}) \text{(연속성 수정)} \\
&= 1 - \Phi(3.587) \\
&\approx 0
\end{aligned}
$$

■

예 5.5.5 소변 코티닌 검사에 의하면 우리나라 30대 미만 여성의 25%가 흡연을 한다고 한다. 30대 미만 여성 500명을 추출했을 때 이 중 150명 이상이 흡연자일 확률을 정규근사를 이용하여 구하라.

풀이 X를 500명 중 흡연자 수라 두면 $X \sim B(500, 0.25)$이고 $np = 125$, $npq = 93.75$, $\sqrt{93.75} \approx 9.68$이다. 여기서 정규근사를 이용하면 다음을 얻는다.

$$
\begin{aligned}
P(X \ge 150) &= P(\frac{X - 125}{9.68} > \frac{150 - 0.5 - 125}{9.68}) \\
&\approx P(Z > 2.531) = 0.006
\end{aligned}
$$

■

5장 연습문제

5.1 $P(X=1) = 1/3$, $P(X=2) = 2/3$인 확률변수 X의 적률생성함수를 계산하라.

5.2 $X \sim unif(3,5)$일 때 X의 적률생성함수를 구하고 이를 이용하여

$E(X)$, $E(X^2)$을 구하라.

5.3 $X \sim \text{Geo}(p)$ $(0 < p < 1)$일 때 X의 확률생성함수와 적률생성함수를 계산하라.

5.4 Y가 모수 μ와 σ^2을 갖는 로그노말분포를 한다. 즉 $\ln Y \sim N(\mu, \sigma^2)$이다. Y의 n차 모멘트를 정규분포의 적률생성함수를 사용하여 구하라.

5.5 $X \sim \Gamma(\alpha, \lambda)$, $Y \sim \Gamma(\beta, \lambda)$이고 X와 Y가 서로 독립일 때 $X + Y \sim \Gamma(\alpha + \beta, \lambda)$임을 적률생성함수를 이용하여 구하라.

5.6 $(X, Y) \sim unif([0,1] \times [0,1])$일 때 X와 Y의 결합 적률생성함수를 찾아라.

5.7 X와 Y의 결합 적률생성함수가 다음과 같이 주어졌다.

$$M_{X,Y}(s,t) = (pe^s + qe^t)^n$$

(1) X의 여백확률분포를 찾아라,
(2) X와 Y는 서로 독립인가?
(3) 적률생성함수를 이용하여 $X + Y$의 분포를 찾아라.

5.8 $M_{aX+bY}(t) = M_{X,Y}(at, bt)$임을 보여라.

5.9 적률생성함수를 이용하여 중심극한정리(CLT)를 증명하라.

5.10 $X \sim B(n,p)$일 때 $X = \sum_{i=1}^{n} X_i$, $X_i \sim Bernoulli(p)$이고 서로 독립이다. 이러한 사실과 중심극한정리를 이용하여 $\dfrac{X - np}{\sqrt{np(1-p)}}$이 $n \to \infty$이면 표준정규분포에 근사함을 보여라.

5.11 $X \sim \Gamma(n, \lambda)$이면 $X_i \sim \text{Exp}(\lambda)$이고 서로 독립동등인 X_i들의 합 $X = \sum_{i=1}^{n} X_i$로 쓸 수 있다. 이러한 사실과 중심극한정리를 이용하여 n이

크면 X는 정규분포에 근사함을 설명하라.

5.12 $X \sim Poisson(n)$이면 $X_i \sim Poisson(1)$이고 서로 독립동등인 X_i들의 합 $X = \sum_{i=1}^{n} X_i$로 쓸 수 있다. 이러한 사실과 중심극한정리를 이용하여 n이 크면 X는 정규분포에 근사함을 설명하라.

5.13 어떤 야구선수의 타율이 0.300이라고 한다. 이 선수는 꾸준히 일정한 비율로 안타를 치고 있으며 매 타석에서 안타를 치는지의 여부는 서로 독립적이라고 하자.

(1) 이 선수가 앞으로 100번 쳐서 100번의 타율이 0.330 이상이 나올 확률을 구하라.

(2) 이 선수가 앞으로 100번 쳐서 100번의 타율이 0.270 이하가 나올 확률을 구하라.

(3) 이 선수가 앞으로 100번 쳐서 100번의 타율이 0.330이 나왔다. 이러한 사실로부터 이 선수의 타율이 향상되었다고 말할 수 있는가? 이유는? (힌트: n이 크면 $B(n,p) \approx N(np, npq)$)

5.14 앞면이 나올 확률이 1/2인 s동전을 10000번 던졌을 때 나온 앞면의 수를 X라 하자. $P(-m < X - 5000 \le m) = 0.95$가 되는 m값을 찾아라.

5.15 각각이 정상 작동될 확률이 0.95인 제품을 400개씩 한 박스에 담아 수출한다고 한다.

(1) 400개들이 한 박스에서 390개 이상의 제품이 정상 작동될 확률은 얼마인가?

(2) 400개 중 k개 이상이 정상이라는 품질을 보증하려고 한다. k를 얼마로 잡아야 최소한 95% 이상의 박스가 품질보장 기준을 통과할 수 있겠는가?

5.16 주사위로 게임을 하고 있다. 게임 도중 한 참가자가 6의 눈이 나오는 횟수가 유난히 많다며 주사위의 공정성에 이의를 제기했다. 180번 던져 6의 눈이 나타나는 횟수를 세기로 하였다. 공정한 주사위라면 $180 \cdot (1/6) = 30$

번 정도 나올 것이므로 25-35 사이가 나오면 공정한 주사위로 인정하기로 했다. 이때 공정한 주사위를 불공정이라고 결론 내릴 확률은 얼마인가? 고정한 주사위를 불공정이라 판단할 확률은 1% 미만이 되게 하려면 6이 나오는 횟수의 범위를 얼마로 하면 될까?

쉬어가기

확률생성함수표(pgf)

분포	확률질량함수	확률생성함수(pgf)
이항분포 $B(n,p)$	$\binom{n}{x} p^x (1-p)^{n-x}$ $x=0,1,2,\cdots,n$	$(pt+1-p)^n$
포아송분포 $Poisson(\lambda)$	$e^{-\lambda}\frac{\lambda^x}{x!}$ $x=0,1,2,\cdots$	$e^{\lambda(t-1)}$
기하분포 $\mathrm{Geo}(p)$	$p(1-p)^{x-1}$ $x=1,2,\cdots$	$\frac{pt}{1-(1-p)t}$
음이항분포 $NB(r,p)$	$\binom{n-1}{r-1} p^r (1-p)^{n-r}$ $n=r,r+1,\cdots$	$\left(\frac{pt}{1-(1-p)t}\right)^r$

적률생성함수표(mgf)

분포	확률질량(밀도)함수	적률생성함수(mgf)
이항분포 $B(n,p)$	$\binom{n}{x} p^x (1-p)^{n-x}$ $x=0,1,2,\cdots,n$	$(pe^t+1-p)^n$
포아송분포 $Poisson(\lambda)$	$e^{-\lambda}\frac{\lambda^x}{x!}$ $x=0,1,2,\cdots$	$e^{\lambda(e^t-1)}$
기하분포 $\mathrm{Geo}(p)$	$p(1-p)^{x-1}$ $x=1,2,\cdots$	$\frac{pe^t}{1-(1-p)e^t}$
음이항분포 $NB(r,p)$	$\binom{n-1}{r-1} p^r (1-p)^{n-r}$ $n=r,r+1,\cdots$	$\left(\frac{pe^t}{1-(1-p)e^t}\right)^r$
균등분포 $Unif(a,b)$	$\frac{1}{b-a},\quad a<x<b$	$\frac{e^{tb}-e^{ta}}{t(b-a)}$
지수분포 $\mathrm{Exp}(\lambda)$	$\lambda e^{-\lambda x},\quad x>0$	$\frac{\lambda}{\lambda-t}\quad (t<\lambda)$
정규분포 $N(\mu,\sigma^2)$	$\frac{1}{\sqrt{2\pi}\,\sigma} exp(-\frac{(x-\mu)^2}{2\sigma^2})$ $-\infty<x<\infty$	$\exp(\mu t+\frac{\sigma^2t^2}{2})$
감마분포 $\Gamma(\alpha,\lambda)$	$\frac{\lambda^\alpha}{\Gamma(\alpha)} x^{\alpha-1} e^{-\lambda x}\ ,\ x>0$	$(\frac{\lambda}{\lambda-t})^\alpha\quad (t<\lambda)$

알아두면 편리한 공식들

1. $\lim_{x\to\infty}\left(1+\frac{a}{x}\right)^x = e^a, \quad -\infty < a < \infty$

2. $\sum_{i=0}^{\infty}\frac{x^i}{i!} = e^x, \quad -\infty < x < \infty$

3. $\sum_{i=0}^{k} x^i = \frac{1-x^{k+1}}{1-x}, \quad x \neq 1$

4. $\sum_{i=0}^{\infty} x^i = \frac{1}{1-x}, \quad |x| < 1$

5. $\sum_{i=1}^{\infty} i\, x^i = \frac{x}{(1-x)^2}, \quad |x| < 1$

6. $\sum_{i=1}^{\infty} i^2\, x^i = \frac{x(1+x)}{(1-x)^3}, \quad |x| < 1$

7. $\sum_{i=1}^{\infty} i(i+1)\, x^i = \frac{2x}{(1-x)^3}, \quad |x| < 1$

8. $\sum_{i=1}^{n} i = \frac{n(n+1)}{2}$

9. $\sum_{i=1}^{n} i^2 = \frac{n(n+1)(2n+1)}{6}$

10. $(a+b)^n = \sum_{r=0}^{n}\binom{n}{r} a^{n-r} b^r$

11. ${}_nC_r = \binom{n}{r} = \frac{n!}{r!(n-r)!}$

12. $n! \simeq n^n e^{-n}\sqrt{2\pi n}$ (stirling's formula)

PART II
확률과정론

6장 확률과정

6.1 확률과정이란?

A 회사에서는 인체에 해가 적고 자연상태에서 쉽게 분해되는 새로운 세제를 개발하였다. 그러나 이 제품은 기존제품에 비해 제조단가가 1.5배 이상 되어 과연 소비자들이 이를 선택할지 의문이었다. 따라서 경영자는 먼저 시제품을 내어놓고 이에 대한 소비자들의 반응을 알아볼 것이다. 또한 소비자들의 반응에 따라 생산량을 조절하여 적정 재고량을 유지하려 할 것이다. 그러자면 생산설비를 늘려야 할 것인지 줄여야 할 것인지를 미리 판단하여야 하며 이를 위해서는 일정시간 경과 후에 신제품을 구입하고자 하는 소비자 수를 예측하여야 한다. 또한 특정 시간에서의 수요에 대한 평균과 분산, 오랜 시간 경과 후의 신제품의 시장 점유율 등이 관심의 대상이 된다. 이와 같은 문제는 시간이 경과함에 따라 각 제품별로 구입하는 소비자 수를 일정 시간 간격을 두고 조사하여 확률변수의 집합을 얻은 후 이를 분석함으로써 적절한 대처 방안을 찾아 낼 수 있다. 이처럼 특정제품의 시장 점유율이나 생산현장에서 가동되는 생산설비의 수를 비롯 댐 수위, 주가, 통화량 그리고 개인의 건강상태 등도 시간에 따라 그 상태가 확률적으로 변해가는 예가 될 수 있다.

임의의 $t \in T$에 대하여 X_t가 같은 확률공간상에 정의된 확률변수일 때 확률변수들의 집합 $\{X_t | t \in T\}$을 **확률과정**(stochastic process or random process)이라고 한다.

시점 t에서의 주식값 X_t, $t \in T$를 t가 변함에 따라 추적해 나가면 하나의 확률과정이 형성된다. 시점 t에서의 저수지의 저수량을 조사하여 그 결과를 X_t, $t \in T$라 하면 이는 또 하나의 확률과정을 생성한다. 여기서 T는 관찰 시점들의 총집합을 나타내며 T를 지수집합(index set) 또는 시간공간(time space)이라 부른다. 종종 t는 시간으로 해석되며 이때 실수 $X_t(\omega)(= X(t, \omega))$ (이는 편의에 의해 X_t 또는 $X(t)$로 나타낸다)는 시점 t에서의 **상태**(state) 또는 위치를 나타낸다. 모든 $t \in T$에 대하여 X_t가 취할 수 있는 가능한 모든 값들의 집합 S를 **상태공간**(state space)이라 한다. 또한 확률과정 $\{X_t | t \in T\}$에서 각각의 t에 $X_t(\omega)$ 값을 대응시키는 관계를 표본 함수(sample function)라 하고, t의 변화에 따른 X_t값의 그래프를 표본 경로(sample path)라 한다. $\omega \in \Omega$가 고정되면 그때마다 하나의 표본경로를 그릴 수 있다.

X_t를 t일의 한국전자 주식의 종가를 나타낸다면 X_t의 표본경로는 다음과 같은 모양이 된다.

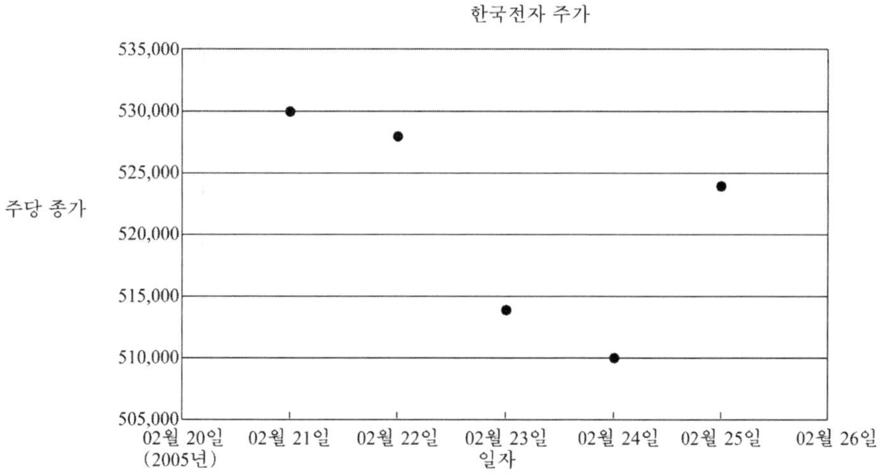

그림 6-1

이번에는 X_t가 어느 하루 동안의 한국전자 주가의 흐름을 나타낸다면 그의 그래프는 아래와 같다.

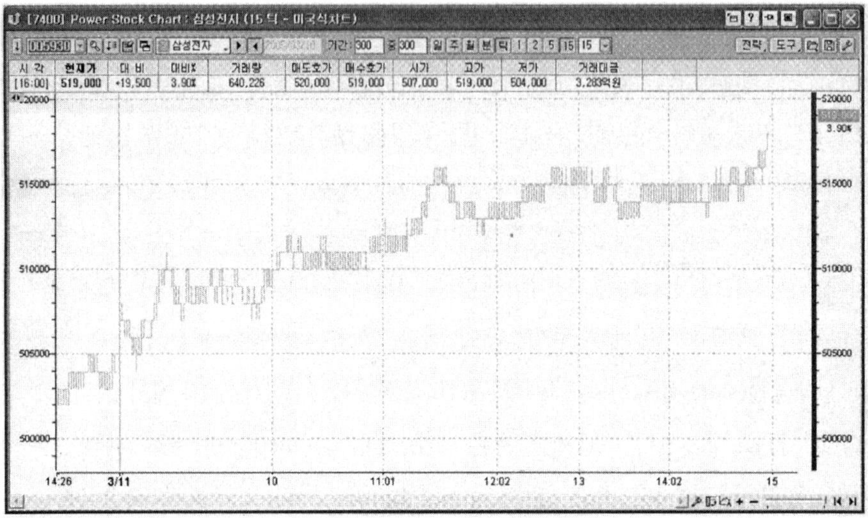

그림 6-2

또한 한국전자의 일간 라인 차트를 그리면 아래와 같은 모양이 된다.

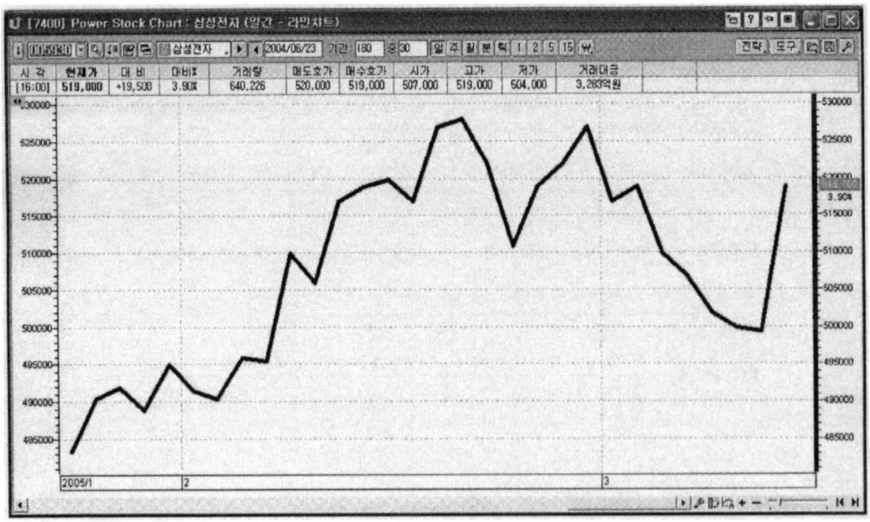

그림 6-3

예 6.1.1 X_t를 원점에서 t시간까지 특정 사건이 일어난 횟수를 나타낸다고 하자. 표본 경로가 아래 그림과 같이 나타내어진다면 첫 번째 사건은 t_1에서, 두 번째는 t_2에서, 세 번째는 t_3에서, ⋯ 일어났음을 알 수 있다. X_t는 시간이 흐름에 따라 증가하게 되며, 두 사건이 동시에 일어나지 않는다면 표본함수는 한 단위씩만 증가한다. 또한 $X_0 = 0$이다.

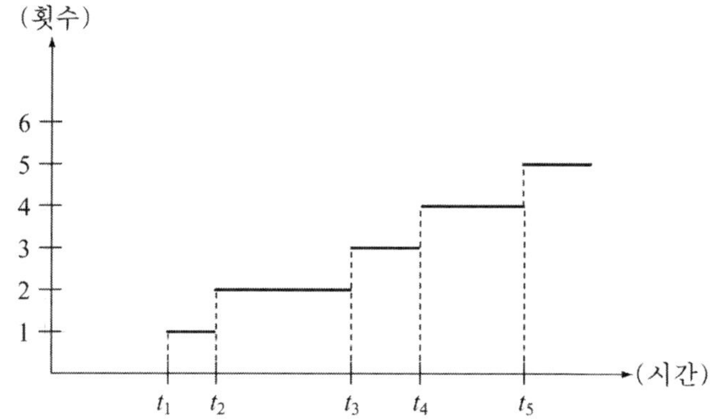

그림 6-4 ■

방사선 물질에서 방출되는 X-선 수, 특정 교차로에서의 자동차 사고 발생건수, 오자(typing error) 수, 기계 고장 건수, 특정 상점에 들어오는 고객 수 등이 위의 모형에 적합하다. 이와 같은 확률과정은 8장에서 자세히 다루게 될 것이다.

확률과정 분야에서는 재고관리, 인력관리, 인구문제, 교통, 통신문제, 적절한 댐 수위 조절 문제, 컴퓨터 시스템의 시간 할당문제 등등 사회 여러 분야에서 나타나는 문제들을 해결하기 위한 한 방법으로 이를 적절한 확률과정모형으로 나타내고 여러 가지 확률과정이론을 이용하여 분석한 다음 이를 통하여 합리적인 해결방안을 제시하는 것이다.

6.2 확률과정의 분류

확률과정은 대체로 상태공간, 시간공간, 또는 종속관계(dependence relation)에

따라 분류된다. 먼저 상태공간 S와 시간공간 T가 가산집합이냐 아니냐에 따라 확률과정 $\{X_t | t \in T\}$를 분류할 수 있다. T가 가산집합이면 확률과정 $\{X_t | t \in T\}$을 이산시간확률과정(discrete time stochastic process)이라 하고 $\{X_n | n \geq 0\}$과 같이 쓰기도 한다. 또한 T가 실수집합의 구간집합이면 $\{X_t | t \in T\}$는 연속시간확률과정(continuous time stochastic process)이라 한다. 그리고 여기에 상태공간 S가 가산이냐 아니냐까지 고려한다면 다음과 같이 4가지 형태로 분류된다.

시간공간	상태공간	예
이산	이산	일일 발생 교통사고 건수
이산	연속	월별 강우량, 일일 평균온도
연속	이산	상점 안의 고객 수
연속	연속	댐의 수위, 총 전력 소비량, 공기오염도

그러나 위와 같은 분류는 나타나는 현상 자체의 문제라기보다는 대상이 되는 현상을 관찰하는 관찰자의 입장이나 방법에 기초한다. 예를 들어 전력 소비량을 계속 관찰한다면 연속시간-연속상태공간에 해당하나 매일 낮 12시에 한 번씩 관찰하여 기록한다면 이산시간-연속상태 확률과정이 된다. 또 A, B 두 사람이 포커게임을 하는데 매 게임마다 진 사람이 이긴 사람에게 1000원씩 주기로 했다고 한다. n번째 게임이 끝난 후 A가 갖고 있는 총금액 X_n을 관찰한다고 하면 이산시간-이산상태공간의 확률변수를 얻게 되나, 만약 게임마다 걸리는 시간까지 고려한다면 전혀 다른 형태의 연속시간-이산상태공간 확률과정을 얻게 된다. t시점에서의 종합주가지수와 금리를 동시에 고려한다면 2차원 확률과정을 얻게 될 것이다.

통계학에서는 일반적으로 분석 대상이 되는 모집단으로부터 추출한 임의 표본(random sample)을 분석함으로써 모집단에 대한 추정을 하게 된다. 이때 임의 표본들은 서로 독립 동등분포를 한다고 가정한다. 그러나 일정 시간간격을 두고 조사할 때 t시점에서의 신제품 구입 소비자 수를 X_t라 하면 X_t의 분포는 시간 t에 따라 변하게 되며 X_t 사이에는 어떤 형태의 종속관계가 있는 것이 일반적이다. 따라서 어떤 확률과정의 통계적 성질을 파악하기 위해서는 임의의 n과 n개

의 임의의 시점 $t_1, t_2, \cdots, t_n$에 대하여 $X_{t_1}, X_{t_2}, \cdots, X_{t_n}$의 결합분포를 알아야 한다. 그러나 확률과정 $\{X_t | t \in T\}$이 특정한 구조를 갖고 있지 않다면 임의의 n개의 확률변수들의 결합분포를 모두 구한다는 것은 거의 불가능하다. 따라서 X_t 사이에 적절한 종속관계를 가정한 다음 가정된 종속관계로부터 $X_{t_1}, X_{t_2}, \cdots, X_{t_n}$의 결합분포를 얻는다.

X_t 사이의 여러 가지 종속관계에 따라 확률과정을 분류하기도 한다. 포아송과정, 마르코프과정, 재생과정, 마팅게일, 정상과정(stationary process) 등이 그것이다.

러시아 수학자 안드레이 마르코프(Andrei Andreyevich Markov, 1856-1922)에 의해 연구되기 시작한 마르코프연쇄는 상태공간 S와 지수집합 T가 모두 이산인 형태로 미래의 상태변화가 현재 상태에 의해 결정되며 현재를 알면 과거의 변화와는 무관한 성질을 갖는 확률과정이다. 이러한 성질을 마르코프성질이라 부른다. 생산, 재고관리, 컴퓨터, 정보통신 분야의 시스템에 대한 모델링 및 분석 등 여러 분야에 가장 빈번히 활용되는 확률과정이다. 마르코프연쇄에서는 한 상태에서 다른 상태로 이동할 때 각 상태에 머무는 시간은 고려하지 않는다. 그러나 마르코프성질을 만족하면, 각 상태에 머무는 시간을 지수분포로 가정할 수 있는 연속시간형 확률과정을 생각할 수 있는데 이를 연속시간형 마르코프과정이라 한다.

N_t를 t시간까지의 도착수(특정지점의 사고 발생 건수, 백화점의 입장 고객 수, 경찰서의 112 호출수, 보험청구건수, 톨게이트를 지나는 자동차 수 등)를 나타낼 때 이를 셈과정(counting process)이라 부른다. 셈과정 중에서 도착간격시간이 서로 독립이고 지수분포를 따르면 이를 포아송과정이라 부른다. 포아송과정도 연속시간형 마르코프과정의 하나이다. 서비스 시스템에서의 고객도착과정이나 재고관리 시스템에서의 청구과정 등에 포아송과정을 적용하며 포아송과정의 도착률은 상수이나 이를 시간에 종속된 함수로 일반화하면 비정상 포아송과정(nonhomogeneous Poisson process)이 되며 이를 통해 활용 범위를 넓힐 수 있다.

또한 도착간격시간의 분포가 서로 독립이면서 동일한 분포를 갖지만 지수분포가 아닌 일반적인 분포로 가정한 셈과정을 재생과정(renewal process)이라 한다. 재생과정에는 여러 가지 변종들이 있으며 재생성과정(regenerative process)도 그

중의 하나로 볼 수 있다.

이 책에서는 위에서 언급된 마르코프연쇄를 비롯한 대표적인 확률과정에 대하여 알아보고자 한다. 이들은 수리적으로 다루기가 용이한 적절한 구조를 가지고 있으면서 동시에 경제학, 경영학, 공학, 의학, 생물학, 등의 다양한 분야에서 나타나는 여러 현상들을 모형화하여 설명할 수 있기 때문에 광범위하게 활용되고 있다.

7장 마르코프연쇄

7.1 서론

제6장에서 확률과정이란 무엇인가에 대하여 언급하였다. 우리 주변에서 흔히 그 예를 볼 수 있고 분석이 요구되는 "약간의 기억력 부족"이란 말로 특징지을 수 있는 확률과정이 있다. 이는 미래의 움직임이 과거와는 관계없이 단지 현재의 상태에 따라서만 좌우되는 것이다. 내일 비가 올 것인가 하는 문제가 단지 오늘 비가 왔느냐 오지 않았느냐에 따라서 좌우될 뿐 지난날의 날씨와는 무관하다고 가정할 때라든지, 택시 타는 곳에서 택시가 도착하는 일정 시간간격을 한 주기로 하여 정류장에서 기다리는 손님 수, 연속된 도박에서 한 참여자의 매번 게임이 끝날 때마다의 총자금 등을 고려할 때가 그 예가 될 수 있다.

상태공간 S와 시간공간 T가 가산집합이라면 모든 가산 집합은 정수의 부분집합과 일대일 대응관계가 있기 때문에 표기의 편의를 위해 상태공간 S를 S가 유한이면 임의의 자연수 M에 대하여 $S=\{0, 1, 2, \cdots, M\}$로 표기하고 무한인 경우는 $S=\{0, 1, 2, 3, \cdots\}$ 또는 $S=\{\cdots, -2, -1, 0, 1, 2, \cdots\}$ 등으로 나타내기로 한다. 시간공간 T는 $T=\{0, 1, 2, 3, \cdots\}$로 가정할 수 있다. $\{X_n = i\}$라 함은 n시점에서 확률과정이 상태 i에 있는 사상을 의미한다.

상태공간 $S=\{\cdots, -2, -1, 0, 1, 2, \cdots\}$이고 $X_0=0$이며 상태 i 에서 $i+1$로 갈 확률이 2/3, $i-1$로 갈 확률이 1/3이라 하자. 여기서 $\{X_5=1\}$이 되는 사상을 생각해보자.

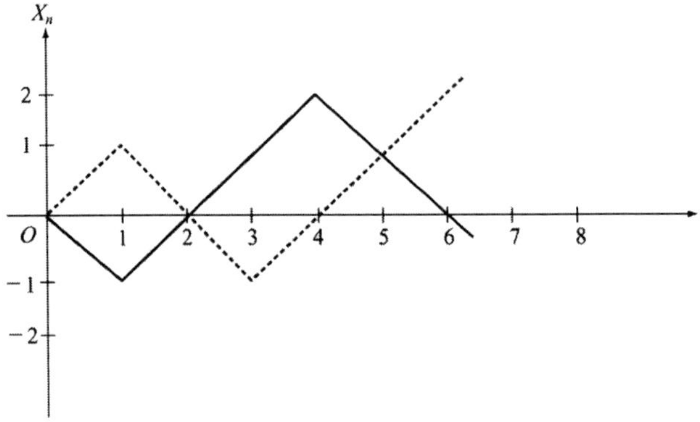

그림 7-1

$X_0=0$에서 출발하여 $X_5=1$ 되기까지는 위 그림에서와 같이

$$0 \to -1 \to 0 \to 1 \to 2 \to 1$$

또는

$$0 \to 1 \to 0 \to -1 \to 0 \to 1$$

등과 같은 경로를 따를 수 있으며, 이 외에도 여러 가지 길이 있다. 그러나 일단 $X_5=1$이 되면 X_6이 취할 수 있는 상태는 0 또는 2가 되며 각각의 확률은 1/3, 2/3이다. 여기서 X_6의 분포는 $n=0, 1, 2, 3, 4$에서의 X_n의 위치와는 전혀 상관이 없음을 알 수 있다.

이와 같은 성질을 식으로 표현하면 모든 n과 임의의 상태 $i_0, i_1, \cdots, i_{n+1} \in S$에 대하여 다음과 같다.

$$\begin{aligned} &P(X_{n+1}=i_{n+1} \mid X_0=i_0, X_1=i_1, \cdots, X_n=i_n) \\ &=P(X_{n+1}=i_{n+1} \mid X_n=i_n) \end{aligned} \tag{7.1.1}$$

(7.1.1)을 **마르코프성질**(Markov property)이라 하고 마르코프성질을 만족하는 확률과정 $\{X_n\}$을 **마르코프확률과정**이라 한다. $\{X_n: n \ge 0\}$이 마르코프성질을 가지고 있다면 이는 현재 시점을 n으로 보았을 때 미래 시점인 $n+1$에서의 상태 X_{n+1}은 과거 $0, 1, 2, \cdots, n-1$ 시점에서의 상태 $X_0, X_1, \cdots, X_{n-1}$과는 서로 독립이다. 즉 미래는 현 시점 n에서의 상태에만 의존하게 된다. 상태공간이 이산형인 마르코프확률과정을 **마르코프연쇄**(Markov chain)라 부른다.

마르코프확률과정은 두 가지 이유에서 중요하다고 할 수 있다. 첫째는 물리적, 생물학적, 공학적, 경제학적, 사회적 여러 현상들이 마르코프과정으로 잘 설명될 수 있다는 것이고, 다른 하나는 이론적으로 잘 정립되어 있어 이를 통한 여러 가지 계산이 용이하다는 점이다.

$n \ge m$일 때 확률과정 $\{X_n\}$이 시간 m에서 상태 i에 있다가 시간 n에서 j 상태로 바뀔 확률을 $P_{ij}^{m,n}$으로 표시하면 다음과 같다.

$$P_{ij}^{m,n} = P(X_n = j \mid X_m = i)$$

이와 같은 조건부 확률을 **전이확률** 또는 **추이확률**(transition probability)이라 한다. 특히 임의의 m, n에 대하여 $P_{ij}^{m,n} = P_{ij}^{0,n-m}$이 성립하면 $P_{ij}^{m,n}$을 **정상전이확률**(stationary transition probability 또는 time-homogeneous transition probability)이라 부른다. 이는 i에서 j로 가는 확률이 출발시점 및 도착시점과는 무관하고, 단지 경과된 시간에 의해서만 좌우됨을 의미한다. 따라서 정상전이확률을 갖는 마르코프연쇄에서는 출발시점 n에서 i에 있다가 m단계 후 j 상태가 되는 확률이 출발시점인 n과는 관계없는 값이 되므로 다음과 같이 표기할 수 있다.

$$P(X_{n+m} = j \mid X_n = i) = P_{ij}^{(m)}$$

이를 m-**단계전이확률**(m-step transition probability)이라 한다. 1-단계 전이확률 $P_{ij}^{(1)}$은 간단히 P_{ij}로 표기한다. P_{ij}은 확률값을 나타내므로 다음이 성립한다.

$$P_{ij} \ge 0 \ (i, j \in S), \quad \sum_{j \in S} P_{ij} = 1 \ (i \in S). \quad P_{ij}^{(0)} = \begin{cases} 1, & i = j \\ 0, & i \ne j \end{cases}$$

P_{ij}를 원소로 갖는 행렬 $\boldsymbol{P} = [P_{ij}]$을 (1-단계) **전이확률행렬**(transition probability matrix) 또는 간단히 전이행렬(transition matrix)이라 한다.

$S = \{0, 1, 2, 3, \cdots\}$일 때의 전이확률행렬은 다음과 같다.

$$\boldsymbol{P} = \begin{array}{c} \\ 0 \\ 1 \\ 2 \\ \\ \end{array} \begin{array}{c} \begin{array}{cccc} 0 & 1 & 2 & \cdots \end{array} \\ \begin{bmatrix} P_{00} & P_{01} & P_{02} & \cdots \\ P_{10} & P_{11} & P_{12} & \cdots \\ P_{20} & P_{21} & P_{22} & \cdots \\ \vdots & \vdots & \vdots & \end{bmatrix} \end{array}$$

7장에서는 이산상태공간과 정상전이확률행렬을 갖는 마르코프연쇄에 대해서만 다루기로 한다.

예 7.1.1 내일 비가 올 것인가 하는 문제는 오늘의 날씨에 따라 좌우될 뿐 지난 날의 날씨와는 무관하다고 하자. 오늘 비가 온 상황에서 내일 비가 올 확률은 α, 오늘은 비가 안 오는데 내일 비가 내릴 확률은 β라 하자. 비가 오는 상태를 0, 오지 않는 상태를 1이라 하면 X_n은 n번째 날 비가 왔는지의 여부를 나타내는 마르코프확률과정이 되고 상태공간 $S = \{0, 1\}$, 전이확률행렬은 다음과 같다.

오늘/내일	0(비 옴)	1(비 안 옴)
0(비 옴)	P_{00}	P_{01}
1(비 안 옴)	P_{10}	P_{11}

$$\rightarrow \begin{array}{c} \\ 0 \\ 1 \end{array} \begin{array}{c} \begin{array}{cc} 0 & 1 \end{array} \\ \begin{bmatrix} \alpha & 1-\alpha \\ \beta & 1-\beta \end{bmatrix} \end{array}$$

이번에는 내일의 날씨가 오늘뿐 아니라 어제의 날씨와도 연관이 있다고 하자. $\{X_n\}$을 n번째 날의 날씨로 하고 위에서와 같이 $S = \{0, 1\}$로 두면 X_n은 마르코프과정이 되지 않는다. 이 문제를 마르코프과정으로 설명할 수 있도록 X_n과 상태공간 S를 결정해보라.

예 7.1.2 (확률보행과정(random walk))

상태공간이 $S = \{\cdots, -2, -1, 0, 1, 2, \cdots\}$이고 i상태에서 오른쪽으

로 한 단위, 즉 $i+1$로 움직일 확률은 p_i, 왼쪽으로 한 단위 이동할 확률은 $1-p_i$라 하면 아래와 같은 전이행렬을 얻는다.

$$
\boldsymbol{P} = \begin{array}{c} \\ \vdots \\ -1 \\ 0 \\ 1 \\ \vdots \end{array}
\begin{array}{c}
\begin{array}{ccccccc} \cdots & -2 & -1 & 0 & 1 & 2 & \cdots \end{array} \\
\begin{bmatrix}
\cdots & \cdots & \cdots & \cdots & \cdots & \cdots & \cdots \\
\cdots & 1-p_{-1} & 0 & p_{-1} & 0 & 0 & \cdots \\
\cdots & 0 & 1-p_0 & 0 & p_0 & 0 & \cdots \\
\cdots & 0 & 0 & 1-p_1 & 0 & p_1 & \cdots \\
\vdots & \vdots & \vdots & \vdots & \vdots & \vdots & \cdots
\end{bmatrix}
\end{array}
$$

이를 다음과 같이 상태 전이 다이어그램(state transition diagram)으로 그려 볼 수 있다.

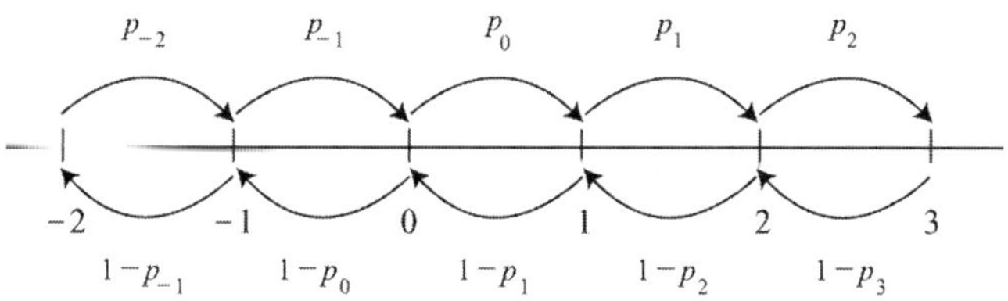

그림 7-2

위 그림은 마치 체인(chain)처럼 보인다. 마르코프 연쇄(Markov chain)란 명칭은 이 그림을 보고 지은 것은 아닐까?

모든 i에 대하여 $p_i = p$인 보행과정을 단순확률보행과정(simple random walk)이라고 하고, 특히 $p=1/2$일 때를 단순대칭확률보행과정(simple symmetric random walk)이라 부른다.

예 7.1.3 철이와 은영이가 게임을 한다. 철이는 2만원, 은영이는 3만원을 가지고 있으며 각 게임이 끝날 때마다 진 사람은 이긴 사람에게 만원씩 주기로 하고 둘 중 한 사람이 무일푼이 되면 게임을 끝낸다. 매 게임은 독립적으로 시행되며 각 게임에서 철이가 은영이를 이길 확률은 p라 하자. X_n을 n게임 후에 철이가 가지고 있는 총금액이라고 한다면 $i=1, 2, 3, 4$일 때 다음이 성립한다. $P(X_{n+1}=i+1 | X_n = i) = p$, $P(X_{n+1}=i-1 \mid X_n = i) = 1-p$. 또한 상태 0과 상태 5는 한번 도

달하면 게임이 끝나게 되므로 다른 상태로 옮겨가는 것이 불가능하다. 그러므로 $P_{00} = P_{55} = 1$이 된다.

X_n 은 다음과 같은 전이행렬을 갖는 마르코프연쇄이다.

$$\boldsymbol{P} = \begin{array}{c} \\ 0 \\ 1 \\ 2 \\ 3 \\ 4 \\ 5 \end{array} \begin{array}{c} \begin{array}{cccccc} 0 & 1 & 2 & 3 & 4 & 5 \end{array} \\ \begin{bmatrix} 1 & 0 & 0 & 0 & 0 & 0 \\ 1-p & 0 & p & 0 & 0 & 0 \\ 0 & 1-p & 0 & p & 0 & 0 \\ 0 & 0 & 1-p & 0 & p & 0 \\ 0 & 0 & 0 & 1-p & 0 & p \\ 0 & 0 & 0 & 0 & 0 & 1 \end{bmatrix} \end{array}$$ ■

Y_n을 철이가 n게임까지에서 얻은 총 수입이라고 하면 상태공간 $S = \{-2, -1, 0, 1, 2, 3\}$이 된다. Y_n의 전이확률행렬을 구하고 X_n의 전이확률행렬과 비교해보라. 또한 철이와 은영이가 가지고 있는 금액이 무한하다고 가정하고 X_n의 전이확률행렬을 구하여보자.

예 7.1.4 (success runs) 성공 확률이 α, 실패 확률이 $1-\alpha$인 베르누이 시행을 반복할 때 X_n을 n번 시행 후의 연속된 성공횟수라 하면 X_n은 마르코프연쇄가 되며 아래와 같은 형태의 전이확률행렬을 갖게 된다.

$$\boldsymbol{P} = \begin{array}{c} \\ 0 \\ 1 \\ 2 \\ \vdots \end{array} \begin{array}{c} \begin{array}{ccccc} 0 & 1 & 2 & 3 & \cdots \end{array} \\ \begin{bmatrix} 1-\alpha & \alpha & 0 & 0 & \cdots \\ 1-\alpha & 0 & \alpha & 0 & \cdots \\ 1-\alpha & 0 & 0 & \alpha & \cdots \\ \vdots & \vdots & \vdots & \vdots & \cdots \end{bmatrix} \end{array}$$

독립동등분포를 하는 확률변수들로부터 유도되는 마르코프연쇄의 예들을 살펴보자. ξ는 $P(\xi = i) = a_i \geq 0,\ i = 0, 1, 2, 3, \cdots,\ \sum a_i = 1$을 만족하는 확률변수라 하고 $\xi_1, \xi_2, \xi_3, \cdots$는 서로 독립이고 ξ와 동등분포를 하는 확률변수들의 열이다.

예 7.1.5 X_0을 $\{\xi_n\}$과 독립인 임의의 확률변수로 하고 $X_n = \xi_n (n \geq 1)$라 두면 $\{X_n\}$은 마르코프연쇄가 된다. 이때의 전이확률행렬은

$$
\boldsymbol{P} = \begin{array}{c} \\ 0 \\ 1 \\ \vdots \end{array} \begin{array}{c} \begin{array}{cccc} 0 & 1 & 2 & \cdots \end{array} \\ \begin{bmatrix} a_0 & a_1 & a_2 & \cdots \\ a_0 & a_1 & a_2 & \cdots \\ \vdots & \vdots & \vdots & \ddots \end{bmatrix} \end{array}
$$

이다.

예 7.1.6 $Y_0 = 0$이라 두고 $Y_n = \max\{\xi_1, \xi_2, \cdots, \xi_n\}$, $n = 1, 2, 3, \cdots$라 정의하면 다음 관계식을 만족한다.

$$
Y_{n+1} = \max\{Y_n, \ \xi_{n+1}\}
$$

이때 Y_n은 다음과 같은 전이행렬을 갖는 마르코프연쇄가 된다.

$$
\boldsymbol{P} = \begin{array}{c} \\ 0 \\ 1 \\ 2 \\ \vdots \end{array} \begin{array}{c} \begin{array}{ccccc} 0 & 1 & 2 & 3 & \cdots \end{array} \\ \begin{bmatrix} A_0 & a_1 & a_2 & a_3 & \cdots \\ 0 & A_1 & a_2 & a_3 & \cdots \\ 0 & 0 & A_2 & a_3 & \cdots \\ \vdots & \vdots & \vdots & \vdots & \ddots \end{bmatrix} \end{array}
$$

여기서 $A_k = a_0 + a_1 + \cdots + a_k$, $k = 0, 1, 2, \cdots$이다.

예 7.1.7 $Z_0 = 0$, $Z_n = \xi_1 + \xi_2 + \cdots + \xi_n$, $n = 1, 2, 3, \cdots$. 그러면

$$
\begin{aligned}
P(Z_{n+1} = j \mid Z_n = i) &= P(\xi_1 + \xi_2 + \cdots + \xi_{n+1} = j \mid \xi_1 + \cdots + \xi_n = i) \\
&= P(\xi_{n+1} = j - i) \\
&= \begin{cases} a_{j-i}, & j \geq i \\ 0, & j < i \end{cases}
\end{aligned}
$$

이다. 따라서 Z_n 의 전이행렬은 다음과 같다.

$$
\boldsymbol{P} = \begin{array}{c} \\ 0 \\ 1 \\ 2 \\ \vdots \end{array} \begin{array}{c} \begin{array}{ccccc} 0 & 1 & 2 & 3 & \cdots \end{array} \\ \begin{bmatrix} a_0 & a_1 & a_2 & a_3 & \cdots \\ 0 & a_0 & a_1 & a_2 & \cdots \\ 0 & 0 & a_0 & a_1 & \cdots \\ \vdots & \vdots & \vdots & \vdots & \ddots \end{bmatrix} \end{array}
$$

독립동등분포를 하는 확률변수들의 합 $\{Z_n : n \geq 0\}$을 확률보행과정(random walk)이라 부른다. 예 7.1.2에서 언급한 단순확률보행과정 $\{X_n\}$은 $P(U_n = 1) = p$, $P(U_n = -1) = 1 - p$이고 U_n이 서로 독립이라 할 때 $X_n = \sum_{i=1}^{n} U_i$로 나타낼 수 있다.

예 7.1.8 (G/D/1/3 대기 행렬 체계) 1명의 이발사가 있고 기다리는 좌석이 3개가 놓여 있는 이발소가 있다. 고객이 도착했을 때 좌석이 없으면 돌아간다고 하자. 한 사람이 이발하는 데 소요되는 시간은 항상 20분이고 20분 내에 이발소를 찾는 고객의 수는 아래와 같은 분포를 갖는다.

고객의 수	0	1	2	3	4	5 이상
확률	0.2	0.6	0.1	0.07	0.03	0

매 20분마다 이발소에 있는 고객의 수를 조사한다고 하자. 관측시간은 $0, t, 2t, 3t, \cdots, nt, \cdots,\ t = 20(\text{분})$이고 Y_n은 nt 시간에 이발소 내에 있는 고객의 수라고 할 때 Y_n이 갖는 값은 $\{0, 1, 2, 3, 4\}$가 된다. X_n을 시간 $[(n-1)t,\ nt]$ 사이에 도착한 고객의 수라 하면

$$Y_{n+1} = \begin{cases} \min\{4, X_{n+1}\}, & Y_n = 0 \\ \min\{4, Y_n - 1 + X_{n+1}\}, & Y_n > 0 \end{cases}$$

즉 Y_{n+1}은 오직 Y_n과 X_n에 의하여 결정되고 X_n의 분포는 Y_n과 독립이므로 $\{Y_n | n \geq 0\}$은 마르코프연쇄이다. $Y_n = 0$일 때 다음이 성립한다.

$$P(Y_{n+1} = j \mid Y_n = 0) = P(X_{n+1} = j),\ j = 0, 1, 2, 3, 4$$

따라서 추이확률은 다음과 같다.

$$P_{00} = 0.2,\ P_{01} = 0.6,\ P_{02} = 0.1,\ P_{03} = 0.07,\ P_{04} = 0.03$$

$Y_n = i,\ i \neq 0$일 때 다음이 성립한다.

$$\begin{aligned} P(Y_{n+1} = j \mid Y_n = i) &= P(\min\{4,\ Y_n - 1 + X_{n+1}\} = j \mid Y_n = i) \\ &= P(\min\{4,\ i - 1 + X_{n+1}\} = j) \end{aligned}$$

따라서 $i = 1$일 때는

$$P_{1j} = P(X_{n+1} = j) = P_{0j},\ \ j = 0,\ 1,\ 2,\ 3,\ 4$$

$i = 2$이면 $P_{2j} = P(\min\{4, 1 + X_{n+1}\} = j),\ \ j = 0,\ 1,\ 2,\ 3,\ 4.$

따라서 다음이 성립한다.

$$P_{20} = 0,\ \ P_{21} = 0.2,\ \ P_{22} = 0.6,\ \ P_{23} = 0.1,$$

$$P_{24} = 0.07 + 0.03 = 0.1$$

같은 방법으로 다음을 얻는다.

$$P_{30} = 0,\ \ P_{31} = 0,\ \ P_{32} = 0.2,\ \ P_{33} = 0.6,\ \ P_{34} = 0.2$$
$$P_{40} = 0,\ \ P_{41} = 0,\ \ P_{42} = 0,\ \ P_{43} = 0.2,\ \ P_{44} = 0.8$$

7.2 채프만 콜모고로프의 방정식

마르코프연쇄에서는 초기 확률변수 X_0의 분포와 전이확률로부터 확률과정 $\{X_n \mid n \geq 0\}$의 모든 확률적인 정보를 얻을 수 있다. X_0의 분포를 초기분포(initial distribution)라 한다. $P(X_0 = i_0) = p_{i_0}$로 표기하면 $X_0,\ X_1,\ \cdots,\ X_n$의 결합분포는 관계 $P(A \cap B) = P(B)\,P(A \mid B)$과 마르코프성질을 연속적으로 적용하면 다음과 같이 됨을 알 수 있다.

임의의 $i_0,\ i_1,\ \cdots,\ i_n \in S$에 대하여

$P(X_n = i_n,\ \cdots,\ X_0 = i_0)$

$$= P(X_n = i_n | X_0 = i_0, \cdots, X_{n-1} = i_{n-1}) P(X_0 = i_0, \cdots, X_{n-1} = i_{n-1})$$

$$= P(X_n = i_n | X_{n-1} = i_{n-1}) P(X_{n-1} = i_{n-1} \mid X_0 = i_0, \cdots, X_{n-2} = i_{n-2})$$

$$P(X_0 = i_0, \cdots, X_{n-2} = i_{n-2})$$

$$= \qquad \vdots$$

$$= P(X_n = i_n | X_{n-1} = i_{n-1}) P(X_{n-1} = i_{n-1} | X_{n-2} = i_{n-2})$$

$$\cdots P(X_1 = i_1 | X_0 = i_0) P(X_0 = i_0)$$

$$= p_{i_0} P_{i_0 i_1} \cdots P_{i_{n-1} i_n} \tag{7.2.1}$$

식 (7.2.1)의 마지막 항은 초기분포 p_{i_0}와 전이확률 P_{ij}에 의해 결정된다. 즉

$$i_0 \to i_1 \to i_2 \to \cdots \to i_n$$

을 따라 상태를 옮겨 갈 확률은 i_0에서 출발할 확률에 i_0에서 i_1으로 갈 확률, $i_1 \to i_2$로 갈 확률, $\cdots$, $i_{n-1} \to i_n$으로 갈 확률 등을 연속적으로 곱함으로써 얻을 수 있다.

다음 관계를 살펴보자.

$$\begin{aligned} P_{ij}^{(n+m)} &= P(X_{n+m} = j | X_0 = i) \\ &= \sum_{k \in S} P(X_{n+m} = j, X_n = k | X_0 = i) \\ &= \sum_{k \in S} P(X_{n+m} = j | X_n = k, X_0 = i) P(X_n = k | X_0 = i) \\ &= \sum_{k \in S} P(X_{n+m} = j | X_n = k) P(X_n = k | X_0 = i) \\ &= \sum_{k \in S} P_{ik}^{(n)} P_{kj}^{(m)} \end{aligned} \tag{7.2.2}$$

위 식 (7.2.2)의 세 번째 등식은 조건부 확률의 관계

$$P(A \cap B | C) = P(B | C) P(A | B \cap C)$$

에서 얻을 수 있고, 네 번째 등식은 X_n의 마르코프성질로부터 얻는다.

다음이 성립한다.

n단계 전이확률 $P_{ij}^{(n)}$에 대하여 다음 관계가 성립한다.

$$P_{ij}^{(n+m)} = \sum_{k \in S} P_{ik}^{(n)} P_{kj}^{(m)}, \quad n, m \geq 0, \quad i, j \in S \tag{7.2.3}$$

위 식 (7.2.3)을 **채프만-콜모고로프 방정식**(Chapman-Kolmogorove equation)이라 부른다. 이는 i에서 출발하여 $(n+m)$단계를 거쳐 j로 갈 확률은 처음 n단계에서 임의의 k상태를 거쳐 나머지 m단계 동안 j로 가는 확률과 일치함을 뜻한다. 식 (7.2.3)으로부터

$$\boldsymbol{P}^{(n+m)} = \boldsymbol{P}^{(n)} \cdot \boldsymbol{P}^{(m)}$$

이 성립한다. 특히 $\boldsymbol{P}^{(2)} = \boldsymbol{P}^{(1)} \cdot \boldsymbol{P}^{(1)} = \boldsymbol{P} \cdot \boldsymbol{P}$이므로 수학적 귀납법에 의해 $\boldsymbol{P}^{(n)} = \boldsymbol{P} \cdots \boldsymbol{P} = \boldsymbol{P}^n$. 즉 n단계 전이확률행렬은 1단계 전이확률행렬을 n번 곱함으로써 얻을 수 있다.

n단계 상태 확률(n-step state probability)은 총확률(total probability) 관계식을 이용하여

$$\begin{aligned} P(X_n = j) &= \sum_{i_0 \in S} P(X_n = j \mid X_0 = i_0) P(X_0 = i_0) \\ &= \sum_{i_0 \in S} p_{i_0} P_{i_0 j}^{(n)} \end{aligned}$$

와 같이 나타낼 수 있다. 또한 다음이 성립한다.

$$\begin{aligned} P(X_{n+m} = j, X_n = i) &= P(X_n = i) \cdot P(X_{n+m} = j \mid X_n = i) \\ &= \sum_{i_0 \in S} p_{i_0} P_{i_0 i}^{(n)} P_{ij}^{(m)} \end{aligned}$$

예 7.2.1 앞의 일기예보 예제 7.1.1에서 $\alpha = 0.7$, $\beta = 0.4$라 하면 오늘 비가 온다는 조건 아래에서 4일 후 비올 확률은 어떻게 될까?

풀이 구하는 확률은 $P_{00}^{(4)}$이다. 먼저 $\boldsymbol{P}^{(4)}$를 구하면

$$\boldsymbol{P}^{(2)} = \boldsymbol{P}^{2} = \begin{bmatrix} 0.7 & 0.3 \\ 0.4 & 0.6 \end{bmatrix} \cdot \begin{bmatrix} 0.7 & 0.3 \\ 0.4 & 0.6 \end{bmatrix} = \begin{bmatrix} 0.61 & 0.39 \\ 0.52 & 0.48 \end{bmatrix}$$

$$\boldsymbol{P}^{(4)} = \boldsymbol{P}^{2} \cdot \boldsymbol{P}^{2} = \begin{bmatrix} 0.5749 & 0.4251 \\ 0.5668 & 0.4332 \end{bmatrix}$$

따라서 $P_{00}^{(4)} = 0.5749$가 된다. ■

예 7.2.2 상태공간 $S = \{0, 1, 2\}$인 마르코프연쇄 $\{X_n\}$의 전이확률행렬은

$$\boldsymbol{P} = \begin{matrix} & \begin{matrix} 0 & 1 & 2 \end{matrix} \\ \begin{matrix} 0 \\ 1 \\ 2 \end{matrix} & \begin{bmatrix} 0.1 & 0.2 & 0.7 \\ 0.9 & 0.1 & 0 \\ 0.1 & 0.8 & 0.1 \end{bmatrix} \end{matrix}$$

이다. 초기분포 $p_i = P(X_0 = i)$이 $p_0 = 0.3,\ p_1 = 0.4,\ p_2 = 0.3$과 같이 주어질 때 $P(X_0 = 0, X_1 = 1, X_2 = 2)$를 구하여라.

풀이 확률의 곱 법칙 및 마르코프성질을 이용하면

$$\begin{aligned} & P(X_0 = 0,\ X_1 = 1,\ X_2 = 2) \\ & = P(X_0 = 0)P(X_1 = 1 \mid X_0 = 0)P(X_2 = 2 \mid X_0 = 0,\ X_1 = 1) \\ & = p_0\, P_{0\,1} P_{1\,2} = 0.3 \times 0.2 \times 0 = 0 \end{aligned}$$

■

예 7.2.3 $(X_1,\ X_3)$의 결합분포가 초기분포와 추이행렬에 의해 결정됨을 보여라.

풀이 상태공간 S 위의 임의의 두 상태 i_1, i_3에 대하여

$$\begin{aligned} P(X_1 = i_1,\ X_3 = i_3) &= \sum_{k \in S} \sum_{j \in S} P(X_0 = j,\ X_1 = i_1,\ X_2 = k,\ X_3 = i_3) \\ &= \sum_{k \in S} \sum_{j \in S} p_j\, P_{j\,i_1} P_{i_1\,k} P_{k\,i_3} \\ &= \sum_{j \in S} p_j\, P_{j\,i_1} P_{i_1 i_3}^{(2)} \end{aligned}$$

따라서 X_1과 X_3의 결합분포는 초기분포 p_j와 전이확률 $P_{i\,j}$에 의해 결정됨을 알 수 있다. ■

따라서 마르코프 과정은 초기분포와 1단계 전이확률행렬에 의해 완벽히 설명된다.

7.3 상태의 분류

예 7.1.3의 은영이와 철이의 게임문제를 다시 한 번 생각해보자. X_n은 n번째 게임이 끝난 후 철이가 가지고 있는 총액이다. $S=\{0,\ 1,\ 2,\ \cdots,\ 5\}$이고 $\{X_n\}$이 0 또는 5가 되면 게임은 끝나게 되므로 0 또는 5의 상태에서 다른 상태로 이동할 수 없으며 0 또는 5의 상태에 도달하기 전까지는 $\{1,\ 2,\ 3,\ 4\}$ 사이를 왔다 갔다 할 것이다. 1단계에서의 변화 상태를 그림으로 그려보면 다음과 같다.

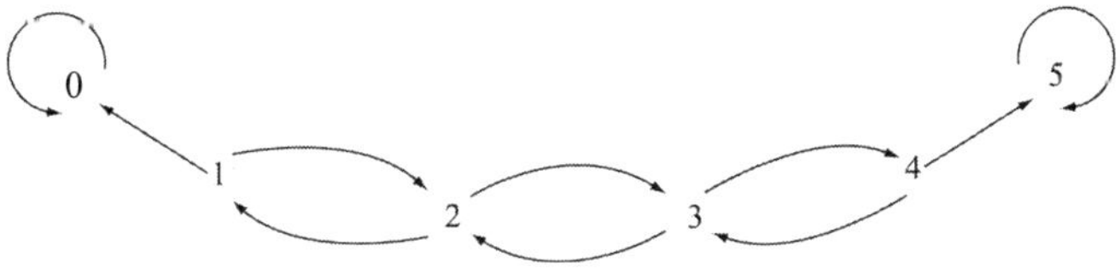

그림 7-3

상태 i가 유한 번의 단계를 거쳐 상태 j로 갈 수 있으면, 즉 $P_{ij}^{(n)}>0$인 정수 $n\ge 0$이 존재하면 상태 j는 상태 i에서 **도달가능(accessible)**이라 하고 $i\rightarrow j$로 표기한다. $P_{ii}^{(0)}=1$이라 약속한다. 또한 $i\rightarrow j$이고 $j\rightarrow i$이면 i와 j는 **상호도달가능(communicative)**이라 하고 $i\leftrightarrow j$로 표기한다. 특히 $P_{ii}=1$이면 이는 일단 i로 들어가면 영원히 그 자리에 머무르게 되는 것을 뜻하므로 i를 **흡수상태(absorbing state)**라고 한다.

상태공간에서 관계 $\leftrightarrow$는 아래의 세 조건을 만족한다.

(1) $i\leftrightarrow i$ (반사성 reflexive)

(2) $i\leftrightarrow j$이면 $j\leftrightarrow i$ (대칭성 symmetric)

(3) $i\leftrightarrow j$이고 $j\leftrightarrow k$이면 $i\leftrightarrow k$ (추이성 transitive)

(1)과 (2)는 모든 상태 i에 대하여 $P_{ii}^{(0)}=1$이 성립함과 상호도달가능의 정의로부터 쉽게 얻어진다. (3)을 증명해보자. (3)의 가정으로부터 $P_{ij}^{(m)}>0$, $P_{jk}^{(n)}>0$인 정수 m과 n이 존재하므로 여기에 채프만-콜모고로프 방정식을 이용하면

$$P_{ik}^{(n+m)}=\sum_{l\in S}P_{il}^{(m)}P_{lk}^{(n)} \ \geq \ P_{ij}^{(m)}P_{jk}^{(n)} \ >0$$

이 되며 따라서 $i\to k$가 성립한다. 같은 방법으로 $k\to j$, $j\to i$을 이용하면 $k\to i$임을 보일 수 있다. 위의 세 조건 즉 반사성, 대칭성, 추이성을 만족하는 관계를 **동치관계**(equivalence relation)라 한다. 동치관계 '$\leftrightarrow$'는 상태공간 S를 **동치류**(equivalence class)로 분할한다. 즉

$$C_i=\{j \mid i\leftrightarrow j\}$$

라 하면 임의의 i, j에 대하여 $C_i\cap C_j=\varnothing$이거나 $C_i=C_j$가 되고 $S=\bigcup_i C_i$이다. 여기서 $P_{ii}^{(0)}=1$이므로 상태 i는 C_i에 포함된다.

철이와 은영이의 게임문제에서는 상태공간 $S=\{0, 1, 2, 3, 4, 5\}$가 $\{0\}$, $\{5\}$, $\{1, 2, 3, 4\}$의 세 개의 동치류로 분할되는 것을 알 수 있다. 상태 0과 5는 $P_{00}=1$, $P_{55}=1$로 흡수상태가 된다. 동치류가 하나뿐인 마르코프연쇄를 **기약 마르코프연쇄**(irreducible Markov chain)라 하고 동치류가 두 개 이상이면 **비기약 마르코프연쇄**(reducible Markov chain 또는 non-irreducible Markov chain)라 한다. 기약 마르코프연쇄에서는 모든 상태가 서로 상호도달 가능하게 된다. 기약이란 더 이상 나눌 수 없음을 의미한다.

예 7.3.1 $S=\{0, 1, 2, 3, 4\}$인 마르코프연쇄의 전이확률행렬이 다음과 같을 때 상태를 분류하라.

$$\boldsymbol{P}=\begin{array}{c} \\ 0\\1\\2\\3\\4 \end{array}\!\!\begin{array}{c} \begin{array}{ccccc} 0 & 1 & 2 & 3 & 4 \end{array}\\ \begin{bmatrix} 1/2 & 1/2 & 0 & 0 & 0\\ 1/3 & 2/3 & 0 & 0 & 0\\ 0 & 0 & 0 & 1/2 & 1/2\\ 0 & 0 & 1/4 & 0 & 3/4\\ 0 & 0 & 0 & 1 & 0 \end{bmatrix}\end{array}=\begin{bmatrix} \boldsymbol{P}_1 & 0\\ 0 & \boldsymbol{P}_2 \end{bmatrix}$$

풀이 P를 그림으로 나타내보면

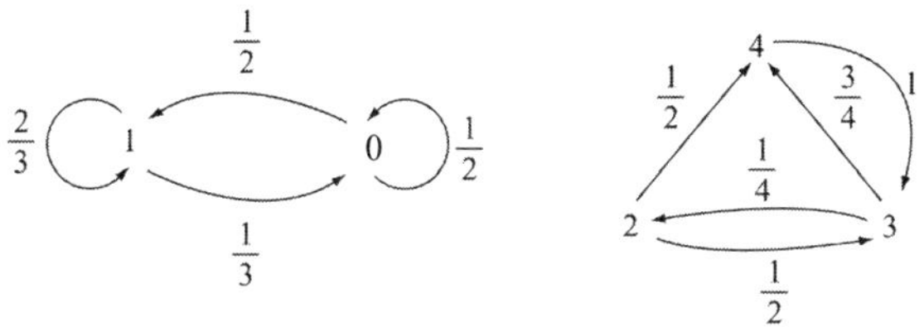

그림 7-4

이 되므로 주어진 마르코프연쇄는 $\{0, 1\}$과 $\{2, 3, 4\}$의 두 동치류를 갖고 있음을 쉽게 알 수 있다. X_0가 $\{0, 1\}$ 중의 한 상태에서 출발하면 계속 $\{0, 1\}$ 상태에 머무르게 되고, 반대로 $\{2, 3, 4\}$ 중의 한 상태에서 출발하게 되면 $\{X_n\}$은 마치 상태공간 $S=\{2, 3, 4\}$와 전이확률행렬 $\boldsymbol{P}_2$를 갖는 마르코프연쇄처럼 움직인다. ■

예 7.3.2 예 7.1.2의 단순확률보행과정 $\{X_n\}$에서 $0<p<1$이면 임의의 두 정수 i, j는 $i<j$ 라 하면

$$P_{ij}^{(j-i)}=p^{j-i}>0, \quad P_{ji}^{(j-i)}=(1-p)^{j-i}>0$$

이므로 상호도달 가능하며 따라서 $\{X_n\}$은 기약 마르코프연쇄이다.

편의에 의해 다음과 같이 약속하자.

$f_{ij}^{(n)}=i$에서 출발하여 처음으로 j에 도달하는 최초 방문시간(first visit time)
이 $n(n\ge 1)$이 될 확률

$f_{ij}=i$에서 출발하여 언젠가는 j에 도달할 확률

다음이 성립한다.

$$f_{ij}^{(n)}=P(X_n=j,\ X_m\ne j,\ 1\le m\le n-1 \,|\, X_0=i)$$

$$f_{ij}=\sum_{n=1}^{\infty} f_{ij}^{(n)}=P\Big(\bigcup_n (X_n=j)\,|\,X_0=i\Big)$$

여기서 $i=j$ 이면 최초 방문시간은 최초 귀환시간(first return time)이 되고

f_{ii}는 상태 i에서 출발한 마르코프연쇄가 언젠가는 다시 상태 i로 돌아올 확률을 의미한다. 정상전이행렬을 갖는 마르코프연쇄에서는 i에서 출발하여 다시 i로 되돌아왔다면 i로 되돌아온 이후의 움직임은 처음 i에서 시작하는 것과 확률적으로 동일하다고 할 수 있다. 즉 $X_0 = i$일 때 X_n, $n \geq 1$의 분포와 $X_m = i$일 때 X_{n+m}, $n \geq 1$의 분포는 서로 같다. $f_{ii} = 1$이면 i에서 출발한 과정은 언젠가는 다시 i로 돌아오게 되고 i로 돌아온 후 다시 얼마간의 시간이 경과하게 되면 다시 i로 돌아오므로 i로의 방문 횟수가 무한히 많게 된다. 반면에 $f_{ii} < 1$이면 i로 돌아오지 않을 확률이 $1 - f_{ii} > 0$가 되므로 i에서 출발하여 정확히 n번만 i를 방문할 확률은$(f_{ii})^n (1 - f_{ii})$이 된다. 즉,

$N_{ij} = i$에서 출발한 확률과정이 j를 방문하는 총 횟수

라 두면 $N_{ij} = n$이 되기 위해서는 i에서 출발하여 일단 j에 도달한 다음 다시 j로 $(n-1)$번 되돌아와야 한다. 따라서

$$P(N_{ij} = 0) = 1 - f_{ij}$$
$$P(N_{ij} = n) = f_{ij} (f_{jj})^{n-1} (1 - f_{jj}), \ n \geq 1$$

이다. 특히 $i = j$이면 $f_{ii} < 1$일 때 $P(N_{ii} = n) = (f_{ii})^n (1 - f_{ii})$ $(n \geq 0)$이 된다. 즉 N_{ii}의 분포는 기하분포가 됨을 알 수 있다.

다음이 성립한다.

(1) $f_{ii} = 1$이면 $P(N_{ii} = \infty) = 1$
(2) $f_{ii} < 1$이면 $P(N_{ii} < \infty) = 1$

이는 다음 식으로부터 분명해진다.

$$\begin{aligned} P(N_{ii} < \infty) &= \sum_{n=0}^{\infty} P(N_{ii} = n) \\ &= \sum_{n=0}^{\infty} (f_{ii})^n (1 - f_{ii}) = \begin{cases} 0, & f_{ii} = 1 \\ 1, & f_{ii} < 1 \end{cases} \end{aligned}$$

또한 다음이 성립한다.

$$E(N_{ii}) = \begin{cases} \infty, & f_{ii} = 1 \\ \sum_{n=0}^{\infty} n\,(f_{ii})^n\,(1-f_{ii}) = \dfrac{f_{ii}}{(1-f_{ii})}, & f_{ii} < 1 \end{cases} \tag{7.3.1}$$

$f_{ii} = 1$이면 상태 i를 **재귀적(recurrent)**이라 하고 $f_{ii} < 1$이면 상태 i를 **일시적(transient)**이라 한다. j가 일시적 상태이면 $E(N_{ij}) = \dfrac{f_{ij}}{1-f_{jj}}$가 되고 j가 재귀적이고 $f_{ij} > 0$이면 $E(N_{ij}) = \infty$가 된다.

이제 $E(N_{ii})$를 다른 관점에서 살펴보면 다음이 성립한다.

$$\begin{aligned} E(N_{ii}) &= E\left[\sum_{n=1}^{\infty} I_{\{X_n = i\}} | X_0 = i\right] \\ &= \sum_{n=1}^{\infty} E[I_{\{X_n = i\}} \,|\, X_0 = i] \\ &= \sum_{n=1}^{\infty} P(X_n = i \,|\, X_0 = i) \\ &= \sum_{n=1}^{\infty} P_{ii}^{(n)} \end{aligned} \tag{7.3.2}$$

두 식 (7.3.1)과 (7.3.2)로부터 i가 재귀상태이면 $\sum_{n=1}^{\infty} P_{ii}^{(n)} = \infty$, i가 일시상태이면 $\sum_{n=1}^{\infty} P_{ii}^{(n)} < \infty$가 되고 역으로 $\sum P_{ii}^{(n)} = \infty$이면 i는 재귀상태, $\sum_{n=1}^{\infty} P_{ii}^{(n)} < \infty$이면 i는 일시상태가 됨을 뜻한다. 위의 관계를 잘 살펴보면 유한 상태공간에서는 '모든 상태가 일시적이다.'는 성립될 수 없음을 알게 된다.

이제 $i \leftrightarrow j$이면 i와 j는 동시에 일시적이거나 동시에 재귀적이 됨을 알아보자. 가정 $i \leftrightarrow j$로부터 $P_{ij}^{(n)} > 0$, $P_{ji}^{(m)} > 0$인 $n, m \geq 1$이 존재하고 채프만-콜모고로프방정식을 이용하면

$$P_{jj}^{(n+s+m)} \geq P_{ji}^{(m)} P_{ii}^{(s)} P_{ij}^{(n)} \tag{7.3.3}$$

이므로 다음이 성립한다.

$$\sum_{s=0}^{\infty} P_{jj}^{(s)} \geq \sum_{s=0}^{\infty} P_{jj}^{(n+s+m)} \geq P_{ji}^{(m)}\ P_{ij}^{(n)} \sum_{s=0}^{\infty} P_{ii}^{(s)} \tag{7.3.4}$$

따라서 $\sum_{s=0}^{\infty} P_{ii}^{(s)} = \infty$, 즉 i가 재귀상태이면 j도 재귀상태이다. 만약 j가 일시상태, 즉 $\sum_{s=0}^{\infty} P_{jj}^{(s)} < \infty$이면 $\sum_{s=0}^{\infty} P_{ii}^{(s)} < \infty$이므로 i도 일시상태가 된다. 위 (7.3.3)과 (7.3.4)식에서 i와 j를 바꾸어 놓으면 같은 이유로 j가 재귀이면 i도 재귀, i가 일시적이면 j도 일시적이다.

위에서 얻은 결과들을 정리하면 아래와 같다.

(1) 상태 i가 재귀상태일 필요충분조건은 $\sum_{n=1}^{\infty} P_{ii}^{(n)} = \infty$이다.

(2) $i \leftrightarrow j$이면 상태 i와 j는 동시에 재귀적이거나 동시에 일시적이다.

지금부터 $i \rightarrow j$이고 i가 재귀적이면 j도 재귀적이고 $f_{ji} = 1$임을 증명하여 보자.

i에서 출발하여 언젠가는 j에 도착할 확률을 α라 할 때 $\alpha > 0$이다. 이때 j에서 다시 i로 돌아오지 않을 수 있다면 즉 $f_{ji} < 1$이면 i를 출발 후 다시 i로 돌아오지 못할 확률이 $\alpha(1 - f_{ji}) > 0$가 된다. 이는 i가 재귀적이라는 가정에 모순이 된다. 그러므로 $f_{ji} = 1$이 성립하고, 결국 $i \leftrightarrow j$가 되어 i, j는 모두 재귀상태가 된다.

다음이 성립한다.

i가 재귀적이고 $i \rightarrow j$이면 j도 재귀적이고, $i \leftrightarrow j$가 된다.

따라서 $i \rightarrow j$일 때 i가 재귀상태이면 $C_i = \{ j \mid i \rightarrow j \}$의 모든 상태들은 상호 도달 가능하게 되어 동치류를 형성한다. 또한 일단 C_i에 들어가게 되면 C_i를 벗어날 수 없게 된다. 왜냐하면 C_i에서 출발하여 C_i를 벗어날 수 있다고 가정하면, 즉 어떤 $k \in C_i$인 k 로부터 $k \to l$ 이나 $l \not\in C_i$ 인 l 이 존재한다면 $i \to k \to l$ 즉 $i \to l$이 성립하게 되어 $l \in C_i$ 가 되어야 하므로 모순이 생긴다.

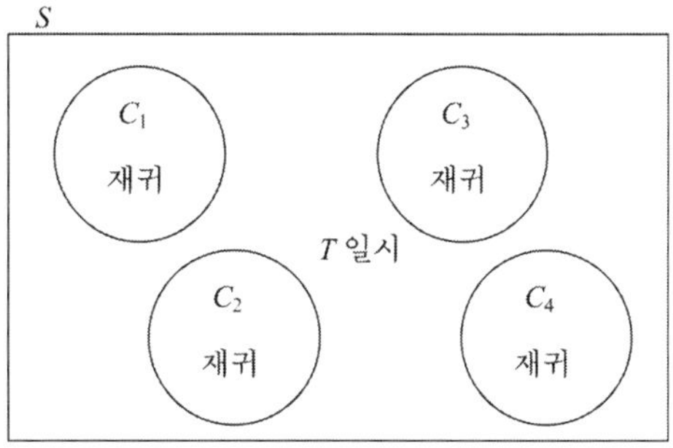

그림 7-5

위의 사실로부터 T를 모든 일시적 상태들의 집합이라 하고, $C_1, C_2, \cdots$를 $C_i \cap C_j = \varnothing\ (i \neq j)$인 동치류들이라 하면 마르코프연쇄의 상태공간은 서로 배반적인 집합 $T, C_1, C_2, \cdots$로 분할된다.

모든 상태가 일시적이거나 단 하나의 재귀동치류와 일시상태집합 T를 가지고 있을 때 상태공간은 더 이상 분해되지 않는다(indecomposable)고 말한다. 일시상태의 수가 유한하다면 일시상태에서 출발한 마르코프과정은 궁극적으로 재귀상태로 들어가게 된다. 그러나 일시상태의 수가 무한하다면 재귀상태로 들어가지 않을 수도 있다.

예 7.3.3 다음 그림을 보고 상태를 분류하라. $i \sim> j$는 $P_{ij} > 0$임을 의미한다.

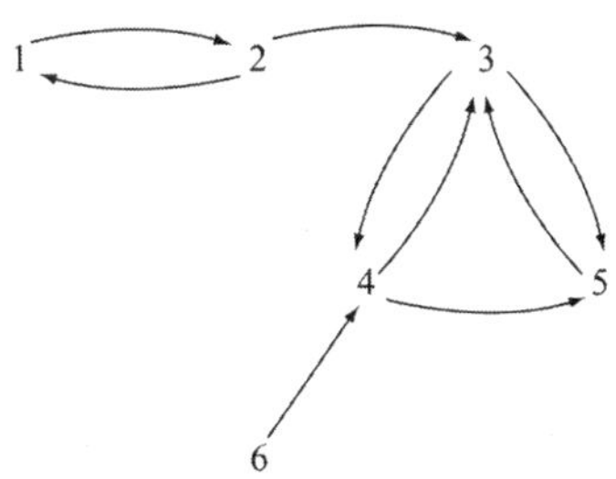

그림 7-6

풀이 상태공간은 $C_1=\{1, 2\}$, $C_2=\{3, 4, 5\}$, $C_3=\{6\}$의 세 동치류로 나뉘고 C_2는 재귀적이고 $T=C_1 \cup C_3$는 일시적이다. 어느 상태에서 출발했건 시간이 충분히 지난 후에는 C_2 위에서 움직이게 된다. ■

예 7.3.4 (1) $S=\{0, 1, 2, 3\}$인 마르코프연쇄의 전이행렬이 다음과 같이 주어졌다.

$$\boldsymbol{P}=\begin{array}{c} \\ 0 \\ 1 \\ 2 \\ 3 \end{array}\begin{array}{c} \begin{array}{cccc} 0 & 1 & 2 & 3 \end{array} \\ \begin{bmatrix} 0 & 0 & 1/2 & 1/2 \\ 1 & 0 & 0 & 0 \\ 0 & 1 & 0 & 0 \\ 1/2 & 1/2 & 0 & 0 \end{bmatrix} \end{array}$$

이 경우는 모든 상태가 상호 도달 가능하고 상태집합이 유한하므로 모든 상태가 재귀적이다.

(2) 상태공간 $S=\{0, 1, 2, 3, 4\}$로 구성된 마르코프연쇄의 전이행렬이 다음과 같이 주어졌다고 하자.

$$\boldsymbol{P}=\begin{array}{c} \\ 0 \\ 1 \\ 2 \\ 3 \\ 4 \end{array}\begin{array}{c} \begin{array}{ccccc} 0 & 1 & 2 & 3 & 4 \end{array} \\ \begin{bmatrix} 1/2 & 1/2 & 0 & 0 & 0 \\ 1/2 & 1/2 & 0 & 0 & 0 \\ 0 & 0 & 1/2 & 1/2 & 0 \\ 0 & 0 & 1/2 & 1/2 & 0 \\ 1/4 & 1/4 & 0 & 0 & 1/2 \end{bmatrix} \end{array}$$

위 마르코프연쇄는 세 개의 동치류 $\{0, 1\}$, $\{2, 3\}$, $\{4\}$로 구성되고 $\{0, 1\}$과 $\{2, 3\}$은 재귀적이고 $\{4\}$는 일시적이다.

예 7.3.5 $S=\{정수\}$이고 추이확률이 $P_{ii+1}=p$, $P_{ii-1}=1-p=q(0<p<1)$인 확률보행과정은 모든 상태가 상호 도달 가능하고(기약마르코프연쇄) $n \geq 0$에 대하여 $P_{00}^{(2n+1)}=0$, $P_{00}^{(2n)}=\binom{2n}{n} p^n q^n$가 성립한다. 여기에 스털링의 공식 $n! \sim n^n e^{-n} \sqrt{2\pi n}$을 적용하면

$$\binom{2n}{n} \sim \frac{\sqrt{2\pi}\,(2n)^{2n+\frac{1}{2}}e^{-2n}}{(\sqrt{2\pi}\,n^{n+\frac{1}{2}}e^{-n})^2} = \frac{2^{2n}}{\sqrt{\pi n}}$$

이 되므로 $P_{00}^{(2n)} \sim \frac{1}{\sqrt{\pi n}}(4pq)^n$이다(여기서 $a_n \sim b_n$은 $n \to \infty$일 때 $\frac{a_n}{b_n} \to 1$을 의미한다). 이때 $p = 1/2$이면 $4pq = 1$이고 $p \neq 1/2$이면 $4pq < 1$이므로 $\sum P_{00}^{(n)} = \infty$일 필요충분조건은 $p = 1/2$이다. 따라서 $p = 1/2$이면 0은 재귀상태가 되고 동치류는 하나뿐이므로 모든 상태가 재귀상태가 된다.

7.4 정상분포와 극한 성질

한 가정의 평균 수입을 상, 중, 하 세 단계로 나누고 한 세대에서 다음 세대로 넘어갈 때의 변화를 조사하여 다음과 같은 전이확률행렬을 얻었다.

$$\boldsymbol{P} = \begin{matrix} \text{상} \\ \text{중} \\ \text{하} \end{matrix}\overset{\begin{matrix}\text{상} & \text{중} & \text{하}\end{matrix}}{\begin{bmatrix} 0.6 & 0.3 & 0.1 \\ 0.1 & 0.7 & 0.2 \\ 0.1 & 0.3 & 0.6 \end{bmatrix}}$$

이때 상, 중, 하 각 그룹의 구성 비율이 시간이 지나면서 일정해지는가? 그렇다면 그 비율은 얼마인가 하는 부분들이 궁금해진다.

마르코프연쇄의 전이확률이 오랜 시간이 경과한 후에는 어떠한 값을 갖게 될까? 즉 n단계 전이확률행렬 $\boldsymbol{P}^{(n)}$에서 n이 커지면 $\boldsymbol{P}^{(n)}$의 각 원소들이 어떤 값에 수렴하게 될까? 만일 전이행렬이 $\boldsymbol{P} = \begin{bmatrix} 0.7 & 0.3 \\ 0.4 & 0.6 \end{bmatrix}$라면

$$\boldsymbol{P}^{(4)} = \begin{bmatrix} 0.5749 & 0.4251 \\ 0.5668 & 0.4332 \end{bmatrix},\ \boldsymbol{P}^{(8)} = \begin{bmatrix} 0.572 & 0.428 \\ 0.570 & 0.430 \end{bmatrix}$$

을 얻게 된다. 여기서 $\boldsymbol{P}^{(4)}$와 $\boldsymbol{P}^{(8)}$이 매우 근사한 원소들을 갖는 것을 볼 수 있

다. 또한 n이 커지면서 $\boldsymbol{P}^{(n)}$의 각 열의 원소들이 거의 같아지는 것을 볼 수 있다. 이는 $n \to \infty$이면 $P_{ij}^{(n)}$이 모든 i에 대하여 같은 값으로 수렴함을 의미한다. 즉 마르코프연쇄 $\{X_n : n \geq 0\}$가 오랜 시간 경과 후($n \to \infty$) 상태 j가 될 확률은 출발지점 i에 관계없이 어떤 특정 값으로 수렴하게 되는 것이다.

7.4.1 주기

마르코프연쇄의 극한 성질에 관한 일반적인 결과들을 이야기하기 전에 먼저 마르코프연쇄의 주기에 대한 이해가 필요하다.

$S = \{정수\}$를 상태공간으로 하고 $P_{ii+1} = p$, $P_{ii-1} = 1-p \ (0 < p < 1)$인 단순확률보행과정에서 $P_{ii}^{(n)} > 0$이 성립하기 위해서는 n이 2의 배수이어야 한다. $\{n : P_{ii}^{(n)} > 0\}$의 최대공약수 (g.c.d.)를 d라 할 때 $d > 1$이면 상태 i는 주기(period) d를 갖는 주기적 상태라 하고 $d = 1$이면 i는 비주기적 상태라 한다. 따라서 i가 주기 d를 갖게 되면 d의 배수가 아닌 n에 대하여 항상 $P_{ii}^{(n)} = 0$이 된다. i의 주기를 $d(i)$라 표현하면 다음이 성립한다.

(1) $d(i) = g.c.d. \ \{n \geq 1 : P_{ii}^{(n)} > 0\}$
(2) $i \leftrightarrow j$이면 $d(i) = d(j)$이다.

위 관계 (2)는 $i = j$일 때는 당연하므로 $i \neq j$일 때 $d(i) = d(j)$임을 증명해보자. $i \leftrightarrow j$이므로 $P_{ij}^{(m)} > 0$, $P_{ji}^{(n)} > 0$인 $m, n \geq 1$이 존재한다. 따라서 $P_{jj}^{(r)} > 0$인 r에 대하여 다음이 성립한다.

$$P_{ii}^{(n+m)} \geq P_{ij}^{(m)} P_{ji}^{(n)} > 0, \quad P_{ii}^{(m+r+n)} \geq P_{ij}^{(m)} P_{jj}^{(r)} P_{ji}^{(n)} > 0$$

$d(i)$의 정의에 의하여 $(m+n)$과 $(m+r+n)$는 각각 $d(i)$로 나누어진다. 따라서 r도 $d(i)$로 나누어지고 $P_{jj}^{(r)} > 0$를 만족하는 r의 최대공약수가 $d(j)$이므로 $d(i) \leq d(j)$가 된다. 같은 방법으로 $d(j) \leq d(i)$를 보일 수 있으므로 $d(i) = d(j)$를 얻는다. 마르코프연쇄 $\{X_n\}$의 상태공간 위의 임의의 두 점의 주기가 같으면 이를 마르코프연쇄의 주기라고 부른다.

예 7.4.1 $S=\{0, 1, 2, 3\}$인 마르코프연쇄의 전이확률행렬이 아래와 같을 때 각각에서의 주기를 구하여라.

$$P_1=\begin{array}{c} \\ 0 \\ 1 \\ 2 \\ 3 \end{array}\begin{array}{c} \begin{array}{cccc} 0 & 1 & 2 & 3 \end{array} \\ \begin{bmatrix} 0 & 0 & 1 & 0 \\ 1 & 0 & 0 & 0 \\ 1/2 & 1/2 & 0 & 0 \\ 1/3 & 1/3 & 1/3 & 0 \end{bmatrix} \end{array} \qquad P_2=\begin{array}{c} \\ 0 \\ 1 \\ 2 \\ 3 \end{array}\begin{array}{c} \begin{array}{cccc} 0 & 1 & 2 & 3 \end{array} \\ \begin{bmatrix} 0 & 1 & 0 & 0 \\ 0 & 0 & 0 & 1 \\ 0 & 1 & 0 & 0 \\ 1/3 & 0 & 2/3 & 0 \end{bmatrix} \end{array}$$

풀이 P_1을 전이확률행렬로 갖는 마르코프연쇄에서는 $\{0, 1, 2\}$과 $\{3\}$을 동치류로 가지며 3은 일시상태이다. 여기서 $P_{00}^{(2)}>0$, $P_{00}^{(3)}>0$이므로 0, 1, 2는 모두 비주기적이다. P_2를 전이확률행렬로 갖는 마르코프연쇄에서는 모든 상태가 상호도달 가능하고 $P_{00}^{(3)}>0$, $P_{00}^{(6)}>0$, $P_{00}^{(9)}>0$, $\cdots$. 이는 상태 0의 주기가 3임을 의미하며, 따라서 이러한 마르코프연쇄의 주기는 3이다. ■

예 7.4.2 $S=\{0, 1, 2, \cdots, b\}$이고 $P_{i\,i+1}=p, P_{i\,i-1}=1-p$, $i=1, 2, \cdots, b-1$이고 0과 b가 흡수상태인 확률보행과정에서는 $C_1=\{0\}$, $C_2=\{b\}$, $C_3=\{1, 2, \cdots, b-1\}$의 세 동치류로 나뉘고 C_1, C_2는 비주기적 재귀상태이고 C_3는 주기 2이며 일시적이다.

주기 d를 갖고 상태 i에서 시작한 마르코프연쇄의 움직임을 시점 $d, 2d, 3d, \cdots$에서 관찰한 변화만을 본다면 이는 $P_{ij}^{(d)}$를 1단계 전이확률로 갖는 새로운 비주기적 마르코프연쇄를 얻게 된다. 따라서 주기를 갖는 마르코프연쇄의 여러 성질들은 비주기적 마르코프연쇄에서 얻은 결과를 이용하여 유도할 수 있다.

7.4.2 평균재귀시간과 극한분포

만약 i가 재귀상태이면 상태 i로 최초로 돌아오는 데 걸리는 평균시간(i상태로의 도착간격 시간에 대한 기댓값)을 u_i라 할 때

$$u_i=\sum_{n=1}^{\infty} n\, f_{ii}^{(n)}$$

이고 이를 상태 i 의 **평균재귀시간**(mean recurrence time)이라 한다. u_i의 값에 따라 재귀상태를 다음의 두 가지로 분류한다. 즉 재귀상태 i 의 평균재귀시간 $u_i = \infty$ 이면 i 를 **귀무재귀상태**(null recurrent state)라 하고 $u_i < \infty$ 이면 i 를 **양재귀상태**(positive recurrent state)라 한다. 양재귀적이고 비주기적인 상태를 **에르고딕상태**(ergodic state)라고 부른다.

i 에서 출발한 마르코프 연쇄에서

$T_1^{(i)}$ = 처음 i 로 돌아오는 데 필요한 전이횟수

$= \min\{n \geq 1 \mid X_n = i,\ X_m \neq i,\ 1 \leq m < n,\ X_0 = i\}$

$T_2^{(i)}$ = 처음 i 로 돌아온 이후 다시 두 번째로 i 에 되돌아오는 데 필요한 전이횟수

⋮

이라 하면 $T_1^{(i)},\ T_2^{(i)},\ \cdots$ 는 독립동등분포를 하게 된다. 여기서 $u_i = E(T_1^{(i)})$, 즉 상태 i 로 전이하는 사건이 평균적으로 u_i번의 전이마다 한 번씩 일어난다. 한편 $T_n^{(i)},\ n = 1, 2, \cdots$ 은 독립동등분포를 하므로 강대수법칙을 적용하면 $n \to \infty$ 일 때 확률 1로 다음이 성립한다.

$$\frac{T_1^{(i)} + \cdots + T_n^{(i)}}{n} \quad \to \quad u_i \tag{7.4.1}$$

이때 분자는 i 를 n 번 방문할 때까지 필요한 총 전이횟수를 나타내므로 (7.4.1)의 좌변은 1회 방문에 필요한 평균전이 횟수를 나타내고, 이의 역수는 i 를 방문한 횟수를 관찰시간 동안 발생한 총 전이횟수로 나눈 값, 즉 총 전이횟수 중에서 i 로 전이한 횟수의 상대적 비율을 나타낸다. 이는 n 이 커지면 $\frac{1}{u_i}$ 로 접근하게 된다. i 로의 전이에 필요한 평균시간이 길수록 i 로 전이한 횟수의 상대적 비율이 작아지는 것은 당연하다. 출발점이 i 가 아닌 j 라 하더라도 처음 i 로 돌아온 이후는 i 에서 출발한 확률과정과 같게 움직이므로 총 전이횟수 중에서 i 로 전이한 횟수의 상대적 비율은 역시 $\frac{1}{u_i}$ 이 된다.

같은 현상을 관찰하는 경우에도 관찰방법에 따라 다른 형태의 확률과정을 얻게 된다. 포커게임의 경우 매 게임이 끝날 때마다 도박사의 총 자금을 기록한다면 n 게임 후의 자금을 X_n 으로 표현하고 이산시간형 확률과정 $\{X_n\}$을 얻는다. 그러나 각 게임마다 소용되는 시간은 다를 것이고 이를 고려하여 모형을 만들면 t가 연속인 확률과정 $\{X_t\}$를 얻게 된다. i 에서 i 로 돌아오는 시간을 고려할 때 전자의 경우는 게임 수를 나타내게 되고, 후자의 경우는 실제 소요된 시간을 나타내게 된다. 따라서 위의 $\dfrac{1}{u_i}$ 이 의미하는 바도 전자의 경우는 총 전이 횟수 대비 i 를 방문하는 횟수의 비가 되고 각 상태에서 단위시간만큼 머무른다면 상태 i 에 머무는 시간비로도 해석할 수 있다. 연속시간형에서는 $T_n^{(i)}$는 i 로 돌아오는 데 걸리는 시간 즉 i 로의 도착간격시간이 되고 $N(t)$를 t 시간 동안 i 를 방문한 횟수라 하면 다음이 성립한다.

$$\frac{N(t)}{t} \quad \rightarrow \quad \frac{1}{E(T_1^{(i)})} = \frac{1}{u_i}$$

이와 같은 문제는 9장의 재생과정에서 자세히 다룰 것이다. 따라서 후자의 경우는 총 경과시간 대비 i 를 방문한 횟수의 비를 의미하게 된다.

임의의 i 에 대하여 $f_{ii}^{(0)} = 0$이라 두면

$$P_{ii}^{(n)} = \sum_{k=0}^{n} f_{ii}^{(k)} P_{ii}^{(n-k)}, \; n \geq 1 \tag{7.4.2}$$

이 성립한다. 이는 $P_{ii}^{(0)} = 1$과 다음 관계식으로부터 얻을 수 있다.

$$\begin{aligned} P_{ii}^{(n)} &= P(X_n = i \mid X_0 = i) \\ &= \sum_{k=0}^{n} P(X_n = i, \text{ 시간 } k\text{에서 처음으로 } i\text{에 되돌아옴} \mid X_0 = i) \\ &= \sum_{k=0}^{n} P(X_n = i \mid X_k = i) \; P(\text{시간 } k\text{에서 처음으로 } i\text{에 되돌아옴} \mid \\ &\quad X_0 = i) \end{aligned}$$

$$= \sum_{k=0}^{n} P_{ii}^{(n-k)} f_{ii}^{(k)}$$

i가 비주기적 재귀상태이면 위 식 (7.4.2)로부터 $n \to \infty$일 때 다음이 성립한다.

$$P_{ii}^{(n)} \to \frac{1}{\sum_{n=1}^{\infty} n f_{ii}^{(n)}} = \frac{1}{u_i} \tag{7.4.3}$$

따라서 $P_{ii}^{(n)}$의 의미는 n이 매우 클 때는 i에서 출발한 확률과정이 i에 머무르는 시간비로 해석될 수 있다.

만일 i가 주기 d를 갖는 재귀상태이면 $m \neq nd$인 m에 대해서는 $P_{ii}^{(m)} = 0$이 되고

$$\lim_{n \to \infty} P_{ii}^{(nd)} = \frac{d}{u_i} \tag{7.4.4}$$

가 성립한다(Ash pp.230-233, Karlin and Taylor(1975) pp.81-85).

다음은 극한분포에 대한 결과들을 정리한 것이다.

(1) j가 일시상태이면 모든 i에 대하여 $P_{ij}^{(n)} \to 0 \ (n \to \infty)$.

(2) j가 비주기적, 재귀적상태이면 모든 i에 대하여

$$P_{ij}^{(n)} \to \frac{f_{ij}}{u_j} \ (n \to \infty)$$

j가 일시상태이면 모든 i에 대하여 $\sum P_{ij}^{(n)} < \infty$이 성립하므로 $n \to \infty$일 때 $P_{ij}^{(n)} \to 0$이 된다. 따라서 (1)은 j가 일시상태이면 임의의 상태 i에서 출발한 확률과정이 오랜 시간 경과 후 j 위에 있을 확률은 0 이 됨을 의미한다.

비주기적 기약 마르코프연쇄에서는 초기에는 불규칙하게 움직이던 확률과정이 시간이 지날수록 안정성(stability)을 유지하게 되어 $P_{ij}^{(n)}$은 초기상태 i와는 무관한 극값을 갖게 된다.

j가 귀무재귀상태이면 $u_j = \infty$ 이므로 모든 i에 대하여

$$P_{ij}^{(n)} \to 0 \quad (n \to \infty)$$

이 성립하고 j가 비주기적 양재귀상태일 때 i와 j가 같은 동치류에 속하면 $f_{ij} = 1$이므로

$$P_{ij}^{(n)} \to \frac{1}{u_j} > 0$$

이 된다.

두 재귀상태 i, j에서 $i \leftrightarrow j$라 하면 $P_{ij}^{(r)} > 0, P_{ji}^{(s)} > 0$인 r, s가 존재한다. 또한 $P_{ii}^{(r+n+s)} \ge P_{ij}^{(r)} P_{jj}^{(n)} P_{ji}^{(s)}$이 성립하므로 만일 u_j가 유한이면 충분히 큰 n에 대하여 $P_{jj}^{(n)} \to \dfrac{1}{u_j} > 0$이 되고 따라서 우변은 0보다 크다. 이때 $u_i = \infty$라 가정하면 $P_{ii}^{(n)} \to 0$이 되어 모순이 된다. 그러므로 $i \leftrightarrow j$이면 $u_i < \infty$와 $u_j < \infty$은 서로 동치이다. 다음이 성립한다.

> $i \leftrightarrow j$이면 i와 j는 동시에 일시적이거나 동시에 양재귀이거나 또는 동시에 귀무재귀가 된다.

예 7.4.3 예 7.4.1의 두 전이확률 $\boldsymbol{P}_1$, $\boldsymbol{P}_2$ 각각에 대하여 $\lim_{n\to\infty} P_{ij}^{(n)}$ $(i, j = 0, 1, 2, 3)$을 구하여라.

풀이 컴퓨터를 이용하여 행렬 $\boldsymbol{P}_1$의 곱을 연속적으로 구해보면 충분히 큰 n에 대한 $\boldsymbol{P}_1^{(n)}$의 근삿값은 다음과 같다.

$$\boldsymbol{P}_1^{(n)} = \begin{matrix} & \begin{matrix} 0 & \;\;1 & \;\;2 & \;\;3 \end{matrix} \\ \begin{matrix} 0 \\ 1 \\ 2 \\ 3 \end{matrix} & \begin{bmatrix} 0.4 & 0.2 & 0.4 & 0 \\ 0.4 & 0.2 & 0.4 & 0 \\ 0.4 & 0.2 & 0.4 & 0 \\ 0.4 & 0.2 & 0.4 & 0 \end{bmatrix} \end{matrix}$$

이는 $n \to \infty$ 일 때 일시상태인 3에 대해서는 모든 i 에 대하여 $P_{i3}^{(n)} \to 0$이고 $P_{i0}^{(n)} \to 0.4$, $P_{i1}^{(n)} \to 0.2$, $P_{i2}^{(n)} \to 0.4$가 성립함을 의미한다. 또한 $\boldsymbol{P}_2$의 모든 상태는 주기 3을 가지므로 $m \neq 3n$이면 $P_{ii}^{(m)} = 0$이 된다. 컴퓨터를 이용하여 $n \to \infty$ 일 때 다음이 성립함을 확인할 수 있다.

$$P_{00}^{(3n)} \to \frac{1}{3},\ P_{11}^{(3n)} \to 1,\ P_{22}^{(3n)} \to \frac{2}{3},\ P_{33}^{(3n)} \to 1 \qquad (7.4.5)$$

또한 $\boldsymbol{P}_2$를 전이행렬로 갖는 마르코프연쇄의 각 상태의 평균재귀시간은 다음과 같다.

$$u_0 = \sum_{n=0}^{\infty} n f_{00}^{(n)} = 3 \cdot \frac{1}{3} + 6 \cdot \frac{2}{3}\frac{1}{3} + 9 \cdot \left(\frac{2}{3}\right)^2 \frac{1}{3} + \cdots\cdots = 9$$

같은 방법으로 계산하면 $u_1 = 3, u_2 = \dfrac{9}{2}, u_3 = 3$가 된다. 따라서 식 (7.4.4)를 이용하여 $P_{ii}^{(3n)}$의 극한값을 구할 수 있으며 그 결과는 (7.4.5)와 같게 된다. ■

7.4.3 정상분포와 극한분포

확률과정 $\{X_n:\ n \geq 0\}$에서 임의의 $k > 0, m > 0$에 대하여 $(X_0,\ X_1,\ \cdots, X_m)$의 결합분포가 $(X_k,\ X_{k+1},\ \cdots,\ X_{k+m})$의 결합분포와 항상 같아지면 X_n을 **정상과정**(stationary or strictly stationary process)이라고 부른다.

상태공간 S를 갖는 마르코프연쇄에서 $\sum_{i \in S} \pi_i = 1$와 $\sum_{i \in S} \pi_i P_{ij} = \pi_j,\ j \in S$를 만족하는 수집합 $\pi_i \geq 0,\ i \in S$를 전이행렬 $\boldsymbol{P} = [P_{ij}]$ 에 대한 **정상분포**(stationary distribution)라고 부른다. 편의에 의해 상태공간을 $S = \{0,\ 1,\ 2,\ 3,\ \cdots\}$라 하고 $\boldsymbol{\pi} = [\pi_0,\ \pi_1,\ \pi_2,\ \cdots]$라 두면 위 관계는 행렬의 곱 $\boldsymbol{\pi P} = \boldsymbol{\pi}$로 표현할 수 있다.

초기분포가 정상분포 $\pi_j,\ j = 0,\ 1,\ 2,\ \cdots$를 갖는다고 가정하면 다음이 성립한다.

$$P(X_1 = j) = \sum_i P(X_1 = j \mid X_0 = i)\, P(X_0 = i)$$
$$= \sum_i \pi_i P_{ij} = \pi_j$$

$n > 1$인 임의의 n에 대하여 X_{n-1}의 분포가 π 라고 가정하면 다음이 성립한다.

$$\begin{aligned} P(X_n = j) &= \sum_i P(X_n = j \mid X_{n-1} = i) \cdot P(X_{n-1} = i) \\ &= \sum_i \pi_i \cdot P_{ij} \\ &= \pi_j \end{aligned}$$

따라서 수학적 귀납법에 의해 임의의 n에 대한 X_n의 분포는 초기분포 π와 같아진다. 이러한 이유로 극한 분포 π_j, $j \ge 0$를 X_n의 **불변확률분포**(invariant probability distribution)라 부르기도 한다. 또한 초기분포가 정상분포 π를 따르면, 다음이 성립한다.

$$\begin{aligned} &P(X_n = i,\ X_{n+1} = i_1, \cdots, X_{n+k} = i_k) \\ &= P(X_n = i)\ P_{i\,i_1}\ P_{i_1 i_2} \cdots\ P_{i_{k-1} i_k} \\ &= \pi_i\ P_{i\,i_1}\ P_{i_1 i_2} \cdots\ P_{i_{k-1} i_k} \end{aligned}$$

따라서 X_n, X_{n+1}, $\cdots$, X_{n+k}의 결합확률분포는 n에 독립이다.

(1) 초기분포가 정상분포이면 임의의 n에 대한 X_n의 분포도 정상 분포이다.
(2) 초기분포가 정상분포인 마르코프과정 $\{X_n\}$은 정상확률과정이다.

모든 i, $j \in S$에 대하여 $\lim_{n \to \infty} P_{ij}^{(n)} = \pi_j \ge 0$이 성립하고, $\sum_{j \in S} \pi_j = 1$이면 π_j, $j \in S$를 평형상태분포(steady-state distribution) 또는 **극한분포**(limiting distribution)라 부른다. π_j가 극한분포이면 $P_{kj}^{(n+1)} = \sum_{i \in S} P_{ki}^{(n)} P_{ij}$의 양변에

$n \to \infty$를 취하여 $\pi_j = \sum_i \pi_i P_{ij}$을 얻을 수 있고 따라서 극한분포는 유일한 정상분포가 된다. 그러나 마르코프연쇄가 정상분포를 갖는다는 것이 극한분포를 갖는 것을 의미하지는 않음을 다음의 예를 통하여 알 수 있다.

예 7.4.4 전이확률행렬이 $\boldsymbol{P} = \begin{bmatrix} 0 & 1 \\ 1 & 0 \end{bmatrix}$인 마르코프연쇄에서 $[\pi_1, \pi_2] = \left[\frac{1}{2}, \frac{1}{2}\right]$은 유일한 정상확률분포이다. 그러나

$$\boldsymbol{P}^{2n} = \begin{bmatrix} 1 & 0 \\ 0 & 1 \end{bmatrix}, \quad \boldsymbol{P}^{2n+1} = \begin{bmatrix} 0 & 1 \\ 1 & 0 \end{bmatrix}$$

이므로 $\boldsymbol{P}^n$의 극한은 존재하지 않는다.

정상분포와 극한분포 사이에는 다음의 관계가 성립한다(참조 Ash p.236).

> $\boldsymbol{P} = [P_{ij}]$를 추이행렬로 갖는 마르코프연쇄에서 임의의 i, j에 대하여
>
> $$\lim_{n \to \infty} P_{ij}^{(n)} = \pi_j \tag{7.4.6}$$
>
> 라 가정하면 다음이 성립한다.
>
> (1) $\sum_{j \in S} \pi_j \le 1$이고 $\sum_{i \in S} \pi_i P_{ij} = \pi_j, j \in S$이다.
>
> (2) 모든 $j \in S$에 대하여 $\pi_j = 0$이거나 $\sum_{j \in S} \pi_j = 1$이다.
>
> (3) 모든 $j \in S$에 대하여 $\pi_j = 0$이면 정상분포는 존재하지 않고, $\sum_{j \in S} \pi_j = 1$ 이면 $\pi_j, j \in S$는 극한분포이며 동시에 유일한 정상분포이다.

비주기적 기약 마르코프연쇄에서는 임의의 i, j에 대하여 식 (7.4.6)을 만족하는 π_j가 존재한다. 따라서 비주기적 기약 마르코프연쇄에서는 다음의 두 가지 경우 중에서 하나가 성립하게 된다.

(1) 모든 상태가 일시적이거나 귀무재귀이다.

(2) 모든 상태가 양재귀이다.

모든 상태가 일시적이거나 귀무재귀이면 임의의 i, j에 대하여 $P_{ij}^{(n)} \to 0$이 되므로 정상분포가 존재하지 않는다. 비주기적, 양재귀적 기약마르코프연쇄(이러한 마르코프연쇄를 에르고딕 마르코프연쇄라고 부른다)에서는 모든 i, j에 대하여 $\pi_j = \lim_{n\to\infty} P_{ij}^{(n)}$이 존재하고 $\pi_j > 0$, $\sum_{j\in S}\pi_j = 1$과 $\pi_j = \sum_{i\in S}\pi_i P_{ij}$를 만족한다. 유한상태공간을 갖는 비주기적 기약 마르코프연쇄는 양재귀적 연쇄이다. 그리고 역으로 비주기적 기약 마르코프연쇄에서 $\pi_j > 0$, $\sum_{j\in S}\pi_j = 1$과 $\pi_j = \sum_{i\in S}\pi_i P_{ij}$를 만족하는 π_j가 존재하면 모든 상태는 에르고딕상태가 되고 π_j는 $\pi_j = \lim_{n\to\infty} P_{ij}^{(n)}$를 만족하는 극한 분포가 된다. 여기서 $\pi_j = \dfrac{1}{u_j}$이다.

예 7.4.5 n단계추이행렬 $\boldsymbol{P}^{(n)} = [P_{ij}^{(n)}]$에서 $P_{ij}^{(n)} \to \pi_j \ge 0$, $\sum_{j\in S}\pi_j = 1$이면

$$P(X_n = j) = \sum_{i\in S} p_i P_{ij}^{(n)} \to \sum_{i\in S} p_i \pi_j = \pi_j$$

이 성립한다. 따라서 $\lim_{n\to\infty} P(X_n = j)$는 초기분포 p_i의 영향을 받지 않음을 알 수 있다.

π가 극한분포일 때 $\pi P = \pi$가 내포하고 있는 의미를 생각해보자. 다음이 성립한다.

$$\begin{aligned}\pi_j &= \sum_{i\in S}\pi_i P_{ij} \\ &= \sum_{i\neq j}\pi_i P_{ij} + \pi_j P_{jj}\end{aligned}$$

따라서 다음이 성립한다.

$$\pi_j(1 - P_{jj}) = \sum_{i\neq j}\pi_i P_{ij} \tag{7.4.7}$$

여기서 π_j는 상태 j에 있게 되는 극한 확률을 의미하고 $1-P_{jj}$는 j 상태에 있는 마르코프연쇄가 j를 떠날 확률을 의미한다. 따라서 (7.4.7)의 좌변 $\pi_j(1-P_{jj})$는 마르코프연쇄가 상태 j를 떠날 극한확률을 의미한다. 한편 우변은 다른 상태로부터 상태 j로 들어오는 극한 확률을 나타낸다. 즉 (7.4.7)의 좌변은 상태 j를 떠날 확률이고 우변은 다른 상태로부터 상태 j로 들어오는 확률을 가르킨다. 따라서 시스템이 평형상태 또는 안정상태에 이르렀다고 말한다.

유한상태공간에서 양재귀동치류의 개수를 N이라 할 때 다음과 같이 정리할 수 있다.

		극한분포의 수	정상분포의 수
$N=1$	주기적	없다	1
	비주기적	1	1
$N=2$ 이상		없다	무수히 많다

유한상태공간에는 최소한 1개 이상의 양재귀 동치류가 있고 일시상태 동치류의 유무는 극한분포나 정상분포의 존재 및 개수에 영향을 주지 않는다. 그러나 무한 상태공간의 경우는 영향을 줄 수 있다.

무한상태공간에서는 양재귀 동치류와 무한상태를 갖는 일시적 동치류가 하나씩 있다고 할 때 극한분포가 존재하지 않을 수 있다. 즉 일시상태에서 시작한 확률과정이 영원히 일시상태에 머무르는 것이 가능하다. 즉 양재귀 동치류를 R, 일시상태들의 모임을 T라 할 때, $i\in T$, $j\in R$인 i, j에 대해 $P_{ij}^{(n)}\to\pi_j=0$이다. 그러나 $k, j\in R$에서 $P_{kj}^{(n)}\to\pi_j>0$이 성립될 수 있으며, 이때 극한분포는 존재하지 않는다.

예 7.4.6 $S=\{0, 1\}$이고 $\boldsymbol{P}=\begin{bmatrix}0.5 & 0.5\\0.25 & 0.75\end{bmatrix}$인 마르코프연쇄에서

$$\boldsymbol{P}^{(2)}=\begin{bmatrix}0.375 & 0.625\\0.3125 & 0.6875\end{bmatrix},\ \boldsymbol{P}^{(3)}=\begin{bmatrix}0.3438 & 0.6562\\0.3281 & 0.6719\end{bmatrix},$$

$$\boldsymbol{P}^{(4)}=\begin{bmatrix}0.3359 & 0.6641\\0.3320 & 0.6680\end{bmatrix}$$

을 얻으며 이로부터 $\lim_{n\to\infty}\boldsymbol{P}^{(n)} = \begin{bmatrix}0.333 & 0.667\\0.333 & 0.667\end{bmatrix}$임을 유추할 수 있다. 즉 다음이 성립한다.

$$\pi_0 = \lim_{n\to\infty} p_{i\,0}^{(n)} = \frac{1}{3},\ \ \pi_1 = \lim_{n\to\infty} p_{i\,1}^{(n)} = \frac{2}{3},\quad i = 0,1$$

어느 야구선수가 n 번째 타석에서 안타를 치면 $X_n = 1$, 안타를 치지 못하면 $X_n = 0$이라 두었을 때의 추이행렬이 위의 $\boldsymbol{P}$와 같다면 π_1을 이 선수의 타율로 볼 수 있을 것이다.

일반적으로 $\lim_{n\to\infty}\boldsymbol{P}^{(n)}$을 구하는 일은 쉽지 않다. 유한상태공간을 갖는 비주기적 기약 마르코프 연쇄에서는 $\pi_j = \sum_{i\in S}\pi_i P_{ij}$, $\sum_{i\in S}\pi_i = 1$의 관계를 풀어 극한분포 π_j를 구할 수 있다. 이는 다원 1차 연립방정식을 푸는 문제가 된다. 위 예제에서 $[\pi_0,\ \pi_1]\begin{bmatrix}0.5 & 0.5\\0.25 & 0.75\end{bmatrix} = [\pi_0,\ \pi_1]$이 되고 이를 풀어놓으면 다음과 같다.

$$\begin{aligned}\pi_0 &= 0.5\pi_0 + 0.25\pi_1\\ \pi_1 &= 0.5\pi_0 + 0.75\pi_1\\ \pi_0 + \pi_1 &= 1\end{aligned}$$

위 식의 유일한 해를 구하면 $\pi_0 = \frac{1}{3}$, $\pi_1 = \frac{2}{3}$이다.

$$S = \{0,\ 1\},\ \boldsymbol{P} = \begin{bmatrix}0.7 & 0.3\\0.4 & 0.6\end{bmatrix}$$

일 때

$$\boldsymbol{\pi} = [\pi_0,\ \pi_1] = \left[\frac{4}{7},\ \frac{3}{7}\right]$$

임을 확인해보라.

예 7.4.7 A, B, C 세 종류의 커피가 국내시장을 점유하고 있다. 고객들이 각 브랜드를 선택하는 경향을 조사하여 다음과 같은 추이행렬을 얻었다.

$$\boldsymbol{P} = \begin{array}{c} \\ A \\ B \\ C \end{array} \begin{array}{c} \begin{array}{ccc} A & B & C \end{array} \\ \begin{bmatrix} 0.6 & 0.3 & 0.1 \\ 0.2 & 0.7 & 0.1 \\ 0.2 & 0 & 0.8 \end{bmatrix} \end{array}$$

3원 1차 연립방정식을 풀면 극한분포는 $\pi_A = \pi_B = \pi_C = 1/3$ 이다. 이는 전체 고객의 1/3이 A 브랜드의 커피를 선택한다는 뜻이기도 하다. 즉 브랜드별 구입횟수의 비율이 1:1:1이라는 뜻이며, 슈퍼마켓에서는 세 브랜드를 같은 양만큼씩 진열할 것이다. 구입횟수를 시장점유율로 해석한다면 세 브랜드의 시장점유율은 1:1:1이 되는 셈이다. 만약 A 커피를 가격이 다른 브랜드에 비해 2배이고, 시장점유율을 매출액의 비율로 정의하면 이 경우 세 브랜드의 시장 점유율은 2:1:1이 된다.

예 7.4.8 (Ehrenfest 모형) 물리학자인 P. Ehrenfest와 T. Ehrenfest는 두 개의 항아리에 분포되어 있는 M개의 분자들의 운동에 관한 모형을 생각했다. 각 시간에 분자들 중 하나를 임의로 선택하여 그것이 들어 있던 항아리로부터 다른 항아리로 이동시킨다. X_n을 n번째 이동 직후 첫 번째 항아리에 들어 있는 분자 수라 하면 $\{X_n\}$은 다음과 같은 전이확률을 갖는 마르코프연쇄가 된다.

$$P_{i\,i+1} = \frac{M-i}{M}, \qquad P_{i\,i-1} = \frac{i}{M}, \qquad 0 \le i \le M$$

따라서 전이확률행렬은

$$\boldsymbol{P} = \begin{array}{c} \\ 0 \\ 1 \\ 2 \\ 3 \\ \vdots \\ \vdots \\ M \end{array} \begin{array}{c} \begin{array}{cccccccc} 0 & 1 & 2 & 3 & 4 & 5 & \cdots & M \end{array} \\ \begin{bmatrix} 0 & 1 & 0 & 0 & 0 & 0 & \cdots & 0 \\ 1/M & 0 & (M-1)/M & 0 & 0 & 0 & \cdots & 0 \\ 0 & 2/M & 0 & (M-2)/M & 0 & 0 & \cdots & 0 \\ 0 & 0 & 3/M & 0 & (M-3)/M & 0 & \cdots & 0 \\ \vdots & \vdots & \vdots & \vdots & \vdots & \vdots & \vdots & \vdots \\ \vdots & \vdots & \vdots & \vdots & \vdots & (M-1)/M & 0 & 1/M \\ \vdots & \vdots & \vdots & \vdots & \vdots & 0 & 1 & 0 \end{bmatrix} \end{array}$$

위 모형은 주기가 2이므로 극한분포 $\lim_{n\to\infty} P_{ij}^{(n)}$은 존재하지 않는다. 그러나 관계식 $\pi = \pi P$ 와 $\sum_{j=0}^{M} \pi_j = 1$의 해인 정상분포는 존재하며 이를 구하면 $\pi_j = \binom{M}{j}\left(\frac{1}{2}\right)^M$, $j = 0, 1, 2, \cdots, M$이 된다.

$M = 2a$, $Y_n = X_n - a$라 하고 Y_n의 전이확률행렬을 구해보라.

예 7.4.9 $S = \{0, 1, 2, 3, \cdots\}$이고 아래의 전이확률을 갖는 마르코프연쇄를 생각해보자.

$$\boldsymbol{P} = \begin{array}{c} \\ 0 \\ 1 \\ 2 \\ 3 \\ \vdots \end{array} \begin{array}{c} \begin{array}{cccccc} 0 & 1 & 2 & 3 & 4 & \cdots \end{array} \\ \left[\begin{array}{cccccc} q & p & 0 & 0 & 0 & \cdots \\ q & 0 & p & 0 & 0 & \cdots \\ 0 & q & 0 & p & 0 & \cdots \\ 0 & 0 & q & 0 & p & \cdots \\ \vdots & \vdots & \vdots & \vdots & \vdots & \cdots \end{array}\right] \end{array}$$

극한분포를 $\pi = [\pi_0, \pi_1, \pi_2, \cdots]$라 하면

$$\begin{aligned} \pi_0 &= q\pi_0 + q\pi_1 \\ \pi_1 &= p\pi_0 + q\pi_2 \\ &\vdots \\ \pi_n &= p\pi_{n-1} + q\pi_{n+1} \end{aligned}$$

이므로

$$\pi_1 = \frac{p}{q}\pi_0, \quad \pi_2 = \frac{p^2}{q^2}\pi_0, \quad \cdots, \quad \pi_n = \frac{p^n}{q^n}\pi_0, \quad \cdots$$

이다. $\alpha = \sum_{n=0}^{\infty}\left(\frac{p}{q}\right)^n < \infty$이면 $\sum_{n=0}^{\infty}\pi_n = \pi_0\sum_{n=0}^{\infty}\left(\frac{p}{q}\right)^n = \pi_0\alpha = 1$이므로 $\pi_n = \frac{1}{\alpha}\left(\frac{p}{q}\right)^n$이다. $\alpha < \infty$ 즉 정상분포가 존재하기 위한 필요충분조건은 $\frac{p}{q} < 1$ 즉 $p < q$이다. 만약 $p > q$이면 임의의 상태에서 출발한

확률과정이 $+\infty$로 가 버릴 확률이 0보다 크므로 모든 상태가 일시적이고, $p=q=\dfrac{1}{2}$이면 재귀적이나 $u_0=\infty$이므로 모든 상태가 귀무재귀상태가 된다(참고: Karlin and Taylor(1975) p.108).

상태공간이 유한인 기약 마르코프연쇄에서 각 상태의 평균재귀시간은 유한이다. 따라서 귀무재귀상태는 상태공간이 가산 무한집합일 때 발생하게 된다. 또한 $i\leftrightarrow j$이고 i가 양재귀상태이면 j도 양재귀상태, 즉 같은 동치류 내의 상태들은 동시에 귀무재귀이거나 동시에 양재귀가 된다. 기약 마르코프연쇄가 아닌 경우에도 상태공간이 유한하면 귀무재귀상태는 존재할 수 없다. 그러므로 유한 상태공간은 일시상태들의 집합 T와 양재귀상태들의 집합 C_1, C_2, C_3, $\cdots$들로 분할된다.

7.5 흡수 마르코프연쇄

상태 i가 $P_{ii}=1$를 만족하면 i를 흡수상태라고 하였다. 흡수상태와 일시상태만이 있는 유한상태공간을 갖는 마르코프연쇄를 살펴보자. 상태공간이 $S=\{1,2,\cdots,N\}$인 마르코프연쇄에서 상태 $\{1,2,\cdots,r\}$은 흡수상태이고 $\{r+1,r+2,\cdots,N\}$은 일시상태라고 하면 이러한 마르코프연쇄의 전이확률행렬은 다음과 같은 모양이 된다.

$$\boldsymbol{P}=\begin{bmatrix} \boldsymbol{I} & 0 \\ \boldsymbol{R} & \boldsymbol{Q} \end{bmatrix} \tag{7.5.1}$$

여기서 $\boldsymbol{I}$는 $P_{ii}=1$을 가리키고 0은 흡수상태에서 일시상태로의 전이를, $\boldsymbol{R}$은 일시상태에서 흡수상태로의 전이를, $\boldsymbol{Q}$는 일시상태에서 일시상태로의 전이를 각각 나타낸다.

예를 들어 GG, Gg, gg 세 가지 형태의 유전인자가 있다. 자식의 인자는 부모에게서 각각 하나씩의 인자를 받아 형성된다. 부모 중 한 사람의 인자가 계속 GG일 때 자식의 인자는 다음과 같은 상태전이다이어그램으로 나타낼 수 있다.

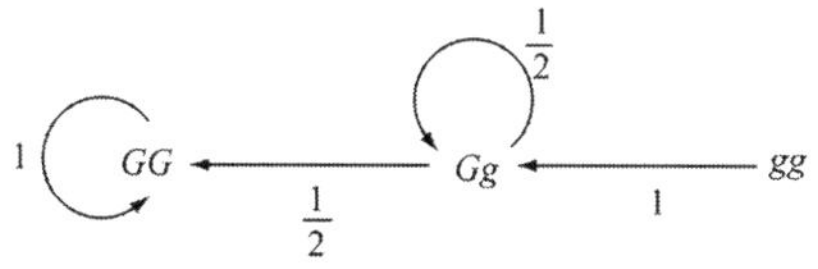

그림 7-7

이때의 전이확률행렬은 다음과 같다.

$$\boldsymbol{P} = \begin{array}{c} \\ GG \\ Gg \\ gg \end{array} \begin{array}{c} \begin{array}{ccc} GG & Gg & gg \end{array} \\ \begin{bmatrix} 1 & 0 & 0 \\ 1/2 & 1/2 & 0 \\ 0 & 1 & 0 \end{bmatrix} \end{array}$$

GG는 흡수상태이고 Gg와 gg는 일시상태이다. $\boldsymbol{Q} = \begin{bmatrix} 1/2 & 0 \\ 1 & 0 \end{bmatrix}$이다.

흡수마르코프연쇄에서는 흡수상태가 아닌 상태는 모두 일시상태로, 궁극적으로 흡수상태 중의 한 상태로 흡수되고 만다. 흡수마르코프연쇄에서의 관심사는 흡수되기까지의 평균전이횟수와 각 흡수상태로 흡수되는 확률이다. (7.5.1)의 $\boldsymbol{P}$에서 얻은 n단계 전이확률행렬 및 그의 극한은 다음과 같다.

$$\boldsymbol{P}^n = \begin{bmatrix} \boldsymbol{I} & 0 \\ (\boldsymbol{I} + \boldsymbol{Q} + \cdots + \boldsymbol{Q}^{n-1})\boldsymbol{R} & \boldsymbol{Q}^n \end{bmatrix} \rightarrow \begin{bmatrix} \boldsymbol{I} & 0 \\ (\boldsymbol{I} - \boldsymbol{Q})^{-1}\boldsymbol{R} & 0 \end{bmatrix}$$

i, j가 일시상태이면 $P_{ij}^{(n)} = Q_{ij}^{(n)}$이다.

먼저 일시상태의 흡수되기 전까지의 평균전이횟수를 구하여보자. 일시상태 i, j에 대하여 m_{ij}는 상태 i에서 출발한 마르코프과정이 상태 j를 방문하게 되는 평균횟수라 하자. 즉 다음과 같이 쓸 수 있다.

$$m_{ij} = E[\text{현재 이후(현재포함) } j\text{ 상태를 방문한 횟수} \mid \text{현재상태는 } i]$$

T를 일시상태집합, A를 흡수상태집합이라 하자. m_{ij}는 다음 관계식을 만족한다.

$$m_{ij} = \delta_{ij} + \sum_{l \in T} P_{il}\, m_{lj} \qquad (7.5.2)$$

위 식에서의 합은 일시상태 T 위에서의 합이고 $\delta_{ij} = \begin{cases} 1, & i = j \\ 0, & i \neq j \end{cases}$이다.

(7.5.2)식을 다음의 1단계 추이행렬을 갖는 마르코프 연쇄에서 설명해보자.

$$P = \begin{bmatrix} \boldsymbol{I} & 0 \\ \boldsymbol{R} & \boldsymbol{Q} \end{bmatrix} = \begin{matrix} \\ 0 \\ 1 \\ 2 \\ 3 \\ 4 \end{matrix} \begin{matrix} \begin{matrix} 0 & 1 & 2 & 3 & 4 \end{matrix} \\ \begin{bmatrix} 1 & 0 & 0 & 0 & 0 \\ 0 & 1 & 0 & 0 & 0 \\ 1/2 & 0 & 0 & 0 & 1/2 \\ 1/3 & 0 & 0 & 1/3 & 1/3 \\ 0 & 1/3 & 1/3 & 1/3 & 0 \end{bmatrix} \end{matrix} \tag{7.5.3}$$

$A=\{0, 1\}$은 흡수상태이고 $T=\{2, 3, 4\}$는 일시상태이다.

$$\begin{aligned} m_{23} &= E\,[\text{상태3을 방문한 횟수} \mid X_0 = 2\,] \\ &= E[X_1 = 0,\ \text{상태3을 방문한 횟수} \mid X_0 = 2\,] \\ &\quad + E[X_1 = 4,\ \text{상태3을 방문한 횟수} \mid X_0 = 2\,] \\ &= \frac{1}{2} E[\text{상태3을 방문한 횟수} \mid X_1 = 4\,] \\ &= \frac{1}{2} m_{4\,3} \end{aligned}$$

$$\begin{aligned} m_{33} &= E\,[\,X_1 = 0,\ \text{상태3을 방문한 횟수} \mid X_0 = 3\,] \\ &\quad + E[X_1 = 3,\ \text{상태3을 방문한 횟수} \mid X_0 = 3\,] \\ &\quad + E[X_1 = 4,\ \text{상태3을 방문한 횟수} \mid X_0 = 3\,] \\ &= \frac{1}{3}(1) + \frac{1}{3}(1 + m_{33}) + \frac{1}{3}(1 + m_{43}) \\ &= 1 + \frac{1}{3} m_{33} + \frac{1}{3} m_{43} \end{aligned}$$

같은 방법으로 $m_{43} = \frac{1}{3} m_{23} + \frac{1}{3} m_{33}$을 얻을 수 있고 나머지도 같은 방법으로 구하면 다음이 성립함을 알 수 있다.

$$\boldsymbol{M} = \begin{bmatrix} m_{22} & m_{23} & m_{24} \\ m_{32} & m_{33} & m_{34} \\ m_{42} & m_{43} & m_{44} \end{bmatrix} = \boldsymbol{I} + \boldsymbol{QM} = \begin{bmatrix} 1 & 0 & 0 \\ 0 & 1 & 0 \\ 0 & 0 & 1 \end{bmatrix} + \begin{bmatrix} 0 & 0 & 1/2 \\ 0 & 1/3 & 1/3 \\ 1/3 & 1/3 & 0 \end{bmatrix} \begin{bmatrix} m_{22} & m_{23} & m_{24} \\ m_{32} & m_{33} & m_{34} \\ m_{42} & m_{43} & m_{44} \end{bmatrix}$$

$\boldsymbol{M} = [\,m_{i\,j}]$라 두고 (7.5.2)를 행렬식으로 나타내면 다음과 같다.

$$\boldsymbol{M} = \boldsymbol{I} + \boldsymbol{QM}$$

따라서 $\boldsymbol{M} = (\boldsymbol{I} - \boldsymbol{Q})^{-1}$를 얻는다.

(7.3.2)의 관계를 이용하면

$[m_{ij}]_{i,j \in S} = \sum_{n=0}^{\infty} \boldsymbol{P}^n$이므로 $i,\ j \in T$일 때

$$\boldsymbol{M} = [m_{ij}]_{i,j \in T} = \sum_{n=0}^{\infty} \boldsymbol{Q}^n = (\boldsymbol{I} - \boldsymbol{Q})^{-1}$$

이 성립하므로 이는 위의 결과와 일치한다.

$i \in T$일 때 a_i를 일시상태 i에서 출발하여 임의의 흡수 상태로 흡수되기까지 소요되는 시간이라 하자. 흡수되기 전까지는 일시상태 위에서 움직이게 되므로 $E(a_i) = \sum_{j \in T} m_{ij}$이 성립한다. 이는 행렬 $\boldsymbol{M}$의 i번째 행의 합이다.

한편 i가 일시상태, k가 흡수상태일 때 f_{ik}는 i에서 출발하여 흡수상태인 k로 들어갈 확률을 나타낸다. $f_{kk} = 1$이고 $k \neq l$인 모든 l에 대해서 $f_{kl} = 0$이다. 다음 관계를 만족한다.

$$f_{ik} = P(\text{언젠가는 } k\text{에 흡수됨} \mid \text{현재 상태는 } i)$$

$$f_{ik} = P_{ik} + \sum_{l \in T} P_{il}\, f_{lk} \tag{7.5.4}$$

(7.5.3)의 행렬을 이용하면

$$\begin{aligned} f_{20} &= P[\text{언젠가는 } 0\text{에 흡수} \mid X_0 = 2] \\ &= P[X_1 = 0,\ \text{언젠가는 } 0\text{에 흡수} \mid X_0 = 2] \\ &\quad + P[X_1 = 4,\ \text{언젠가는 } 0\text{에 흡수} \mid X_0 = 2] \\ &= \frac{1}{2} \cdot 1 + \frac{1}{2} f_{40} \end{aligned}$$

같은 방법으로 다음을 얻는다.

$$f_{30} = \frac{1}{3} + \frac{1}{3} f_{30} + \frac{1}{3} f_{40}$$

$$f_{40} = \frac{1}{3} \cdot 0 + \frac{1}{3} f_{20} + \frac{1}{3} f_{30}$$

나머지도 같은 방법으로 구하고 이를 행렬식을 빌려 표현하면 아래와 같다.

$$\boldsymbol{F} = \boldsymbol{R} + \boldsymbol{QF}$$

(7.5.4)식의 합 또한 일시상태 T 위에서의 합을 나타낸다. 여기서 $\boldsymbol{F} = [f_{ik}]_{i \in T,\, k \in A}$이다. 다음이 성립한다.

$$\boldsymbol{F} = (\boldsymbol{I} - \boldsymbol{Q})^{-1} \boldsymbol{R} = \boldsymbol{MR}$$

$n \to \infty$ 이면 다음이 성립한다.

$$\boldsymbol{P}^n \;\to\; \begin{bmatrix} \boldsymbol{I} & 0 \\ \boldsymbol{F} & 0 \end{bmatrix}$$

예 7.5.1 I, II단계로 구별되는 작업장이 있다. 신입사원이 들어오면 우선 I, II 중 하나의 단계에 배치하고 추후 연말마다 1년 동안의 실적을 심사하여 I, II단계 중의 하나에 재배치하든가, 고용관계를 끝내든가 아니면 평생고용이 보장되는 제3의 작업장으로 옮긴다. 고용관계를 끝내는 상태를 1, 제3의 작업장을 2, I단계를 3, II단계를 4라 하자. 오랫동안의 기록을 검토해본 결과 직원들의 이동과 관련된 다음과 같은 전이행렬을 얻었다.

$$\boldsymbol{P} = \begin{array}{c} \\ 1 \\ 2 \\ 3 \\ 4 \end{array}\!\!\begin{array}{c} \begin{array}{cccc} 1 & 2 & 3 & 4 \end{array} \\ \begin{bmatrix} 1 & 0 & 0 & 0 \\ 0 & 1 & 0 & 0 \\ 0.2 & 0.1 & 0.2 & 0.5 \\ 0.1 & 0.3 & 0.1 & 0.5 \end{bmatrix} \end{array} = \begin{bmatrix} \boldsymbol{I} & 0 \\ \boldsymbol{R} & \boldsymbol{Q} \end{bmatrix}$$

(1) 회사를 그만두거나 평생고용상태로 갈 때까지 평균 몇 년이 걸리는가?

(2) 중간에 회사를 그만둘 확률과 제3의 부서로 옮길 확률을 각각 구하여라.

풀이 {1, 2}는 흡수상태집합, {3, 4}는 일시상태집합이다.

$$\boldsymbol{R}=\begin{bmatrix} 0.2 & 0.1 \\ 0.1 & 0.3 \end{bmatrix}, \quad \mathrm{Q}=\begin{bmatrix} 0.2 & 0.5 \\ 0.1 & 0.5 \end{bmatrix}$$

따라서 $\boldsymbol{M}=(\boldsymbol{I}-\boldsymbol{Q})^{-1}=\begin{bmatrix} 10/7 & 10/7 \\ 2/7 & 16/7 \end{bmatrix}=\begin{bmatrix} m_{33} & m_{34} \\ m_{43} & m_{44} \end{bmatrix}$이고

$$\boldsymbol{F}=\boldsymbol{MR}=\begin{bmatrix} 3/7 & 4/7 \\ 2/7 & 5/7 \end{bmatrix}=\begin{bmatrix} f_{31} & f_{32} \\ f_{41} & f_{42} \end{bmatrix}$$

따라서 I단계에서 시작한 신입사원은 20/7년, II단계에서 시작한 신입사원은 18/7년 동안 I 또는 II단계에 머무르게 된다. I단계에서 시작한 신입사원이 평생고용관계로 갈 확률은 4/7, II단계에서 시작한 사원이 평생고용관계로 갈 확률은 5/7이다. 단계 I 또는 II에서 시작한 사원이 중간에 회사를 그만두게 될 확률은 각각 3/7, 2/7가 된다. ■

상태공간이 무한이면 유한일 때와 비교하여 얘기가 훨씬 복잡해진다. 무한 상태공간이며 흡수상태를 갖는 마르코프연쇄를 생각해보자. A를 흡수상태들의 모임, T를 일시상태들의 모임이라 하자. T가 유한이면 출발점이 어디든 마르코프연쇄는 궁극적으로 흡수상태로 들어가게 되나, 일시상태집합 T가 무한이면 각 상태로는 유한 번의 방문으로 그치지만 T가 무한하므로 흡수상태로 들어가지 않고 영원히 T 위에서만 이동할 수가 있다.

7.6 마르코프연쇄의 추론

이산시간 마르코프연쇄에서의 추정 및 검정 문제에 대해서 간단히 살펴보자.

유한상태공간과 정상전이확률행렬을 갖는 마르코프연쇄에서 최우추정방법을 이용한 전이확률의 추정값을 구하여보자.

$S=\{1, 2, \cdots, m\}$을 상태공간으로 하는 마르코프연쇄 $\{X_t\}$에서 n번의 전이가 일어날 때까지 관찰하여 다음과 같은 표를 얻었다.

$$\begin{array}{c} \\ 1 \\ 2 \\ \vdots \\ m \end{array}\begin{array}{c} \begin{array}{cccc} 1 & 2 & \cdots & m \end{array} \\ \begin{bmatrix} n_{11} & n_{12} & \cdots & n_{1m} \\ n_{21} & n_{22} & \cdots & n_{2m} \\ \vdots & \vdots & \vdots & \vdots \\ n_{m1} & n_{m2} & \cdots & n_{mm} \end{bmatrix} \end{array}$$

$\{X_t\}$는 다음과 같은 정상전이확률행렬 $\boldsymbol{P}$를 갖는다고 하자.

$$\boldsymbol{P} = \begin{bmatrix} P_{11} \cdots P_{1m} \\ P_{21} \cdots P_{2m} \\ \vdots \qquad \vdots \\ P_{m1} \cdots P_{mm} \end{bmatrix} \qquad P_{ij} \geq 0, \quad \sum_{j \in S} P_{ij} = 1$$

여기서 P_{ij}에 대한 추정값 $\widehat{P_{ij}}$을 구하고자 한다.

상태 i에서 $1, 2, \cdots, m$으로 전이될 확률은 $P_{i1}, \cdots, P_{im}$이고 위 표에 의하면 상태 i에서는 n_i번의 전이가 일어났다. n_i번의 전이 중에서 상태 $1, 2, \cdots, m$으로 각각 $n_{i1}, n_{i2}, \cdots, n_{im}$번의 전이가 일어날 확률은 시행횟수 n_i와 확률 $P_{i1}, \cdots, P_{im}$을 갖는 다항분포를 따르므로 $n_{i1}, n_{i2}, \cdots, n_{im}$이 일어날 확률은 다음과 같다.

$$\frac{n_i!}{n_{i1}!\, n_{i2}! \cdots n_{im}!} P_{i1}^{n_{i1}} P_{i2}^{n_{i2}} \cdots P_{im}^{n_{im}}, \ \sum_{j=1} n_{ij} = n_i$$

여기서 위 표의 각 행의 합 $n_1, n_2, \cdots, n_m$은 고정된 값이 아닌 확률변수이다. 우도함수(likelihhood function)는 다음과 같다(이때 A는 P_{ij}와는 독립적이다).

$$f(\boldsymbol{P}) = A \prod_{i=1}^{m} \frac{n_i!}{n_{i1}!\, n_{i2}! \cdots n_{im}!} P_{i1}^{n_{i1}} P_{i2}^{n_{i2}} \cdots P_{im}^{n_{im}} \tag{7.6.1}$$

따라서 다음을 얻는다.

$$L(\boldsymbol{P}) = \ln B + \sum_{i=1}^{m} \sum_{j=1}^{m} n_{ij} \ \ln P_{ij} \tag{7.6.2}$$

여기서 B는 P_{ij}와 독립인 항들의 모임이다.

최우추정량은 $\sum_{j=1}^{m} P_{ij} = 1$ 조건 아래서 (7.6.2)를 최대로 하는 값이다. 다음이 성립한다.

$$L(\boldsymbol{P}) = \ln B + \sum_{i=1}^{m}\sum_{j=1}^{m-1} n_{ij} \ \ln P_{ij} + \sum_{i=1}^{m} n_{im} \ln(1 - P_{i1} - \cdots - P_{im-1})$$

$$L_i(\boldsymbol{P}) = \ln B + \sum_{j=1}^{m-1} n_{ij} \ \ln P_{ij} + n_{im} \ln(1 - P_{i1} - \cdots - P_{im-1})$$

따라서 각 i에서 $\dfrac{\partial L_i(\boldsymbol{P})}{\partial P_{ij}} = 0, \ \ i = 1, 2, \cdots, m-1$을 풀면 다음을 얻는다.

$$\widehat{P_{ij}} = \frac{n_{ij}}{n_i}, \ \ i, j = 1, 2, \cdots, m \tag{7.6.3}$$

다음은 관찰값이 주어진 전이확률에 잘 부합되는지를 검정해보자. 즉

$$H_0 : \boldsymbol{P} = \boldsymbol{P}^0$$

을 통계적으로 검정해보자.

n이 크면 중심극한정리에 의해 다음은 자유도 $m(m-1)-d$를 갖는 카이제곱분포를 따른다. 여기서 d는 $\boldsymbol{P}^0$에 있는 0의 개수이다.

$$\sum_{i=1}^{m}\sum_{j=1}^{m} \frac{n_i(\widehat{P_{ij}} - P_{ij}^0)^2}{P_{ij}^0}$$

Λ를 다음과 같이 정의하자.

$$\Lambda = \frac{f(\boldsymbol{P}^0)}{f(\hat{\boldsymbol{P}})}$$

이때 $f(\hat{\boldsymbol{P}})$은 (7.6.3)을 (7.6.1)에 대입한 값이다. H_0가 사실이면 다음 관계가 성립한다.

$$-2\ln\Lambda = 2[L(\hat{\boldsymbol{P}}) - L(\boldsymbol{P}^0)]$$

$$= 2\sum\sum n_{ij} \ \ln\frac{n_{ij}}{n_i P^0_{ij}} \sim \chi^2(m(m-1))$$

따라서 이를 이용하여 H_0의 기각 여부를 결정할 수 있다.

이 밖에 전이확률의 정상성, 범주형 자료에서 다루었던 동질성 및 독립성 등의 성립 여부를 검정해볼 수 있다.

7.7 마르코프연쇄의 예

도박꾼 파산 문제(Gambler's ruin problem)

상태공간 $S=\{0, 1, \cdots, N\}$이고 추이확률행렬이 다음과 같은 게임문제를 생각해보자. 각 게임에서 이길 확률은 p, 질 확률은 $q=1-p$이며 이기면 한 단위씩의 상금을 받고, 지면 한 단위씩 잃게 되는 모형이다.

$$\boldsymbol{P} = \begin{array}{c} \\ 0 \\ 1 \\ 2 \\ \vdots \\ N \end{array} \begin{array}{c} \begin{array}{ccccc} 0 & 1 & 2 & \cdots & N \end{array} \\ \begin{bmatrix} 1 & 0 & 0 & 0 & 0 \\ q & 0 & p & 0 & 0 \\ 0 & q & 0 & p & 0 \\ \vdots & \vdots & \vdots & \vdots & \vdots \\ 0 & 0 & 0 & 0 & 1 \end{bmatrix} \end{array}$$

여기서 $\{0\}$과 $\{N\}$은 흡수상태이고 $\{1, 2, \cdots, N-1\}$은 일시상태의 집합이다. X_n은 궁극적으로 $\{0\}$이나 $\{N\}$에 도달하게 된다. 위의 마르코프연쇄는 i를 초기 자본으로 하는 게임 모형으로 나타낼 수 있다. α_i를 $X_0=i$일 때 X_n이 N 상태에 도착하기 전에 0 상태에 먼저 도착할 확률, 즉 자본금 i로 게임을 시작한 사람이 파산할 확률이라 하자. 첫 단계를 조건에 추가하면 확률의 합공식에 의해 다음 식을 얻는다.

$$\begin{aligned} P(X_n=0 \mid X_0=i) = \ & P(X_n=0, X_1=i+1 \mid X_0=i) \\ & + P(X_n=0, X_1=i-1 \mid X_0=i) \end{aligned}$$

따라서 $\lim_{n\to\infty} P^{(n)}_{i0} = \alpha_i$, $\lim_{n\to\infty} P^{(n)}_{iN} = 1-\alpha_i$라 두면 다음 관계를 얻는다.

$$\alpha_i = p\alpha_{i+1} + q\alpha_{i-1},\ i = 1, 2, \cdots, N-1$$
$$\alpha_0 = 1,\ \alpha_N = 0 \tag{7.7.1}$$

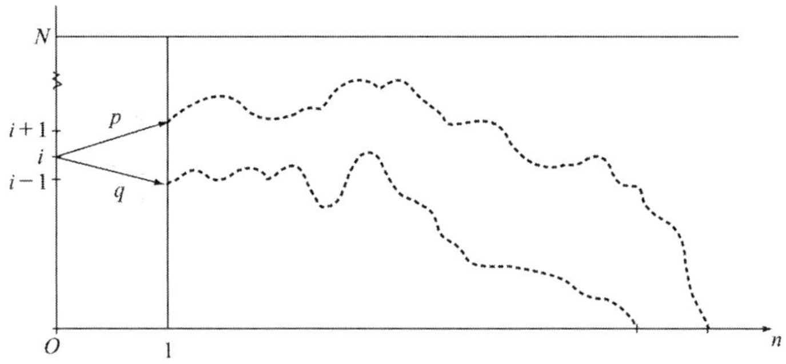

그림 7-8

식 (7.7.1)을 변형하면

$$\alpha_i = (p+q)\alpha_i = p\alpha_{i+1} + q\alpha_{i-1}$$
$$\alpha_{i+1} - \alpha_i = \frac{q}{p}(\alpha_i - \alpha_{i-1}),\ i = 1, 2, \cdots, N-1$$

을 얻고 여기에 $i=1$에서 $i=N-1$까지를 각각 대입하면

$$\alpha_2 - \alpha_1 = \frac{q}{p}(\alpha_1 - \alpha_0)$$
$$\alpha_3 - \alpha_2 = \frac{q}{p}(\alpha_2 - \alpha_1) \Rightarrow \alpha_3 - \alpha_2 = \left(\frac{q}{p}\right)^2(\alpha_1 - \alpha_0)$$
$$\vdots$$
$$\alpha_k - \alpha_{k-1} = \frac{q}{p}(\alpha_{k-1} - \alpha_{k-2}) \Rightarrow \alpha_k - \alpha_{k-1} = \left(\frac{q}{p}\right)^{k-1}(\alpha_1 - \alpha_0)$$
$$\vdots$$
$$\alpha_N - \alpha_{N-1} = \left(\frac{q}{p}\right)^{N-1}(\alpha_1 - \alpha_0)$$

이 된다. 위 $N-1$개의 부등식의 좌우변을 각각 더하면

$$\alpha_N - \alpha_1 = (\alpha_1 - \alpha_0)\left(\frac{q}{p} + \cdots + \left(\frac{q}{p}\right)^{N-1}\right)$$

을 얻는다. 여기에 $\alpha_0 = 1$, $\alpha_N = 0$을 대입하면 α_1을 구할 수 있으며 반복적으로 임의의 k에 대한 α_k를 구할 수 있다. 이를 정리하면 다음과 같다.

$$\alpha_i = \begin{cases} \dfrac{\left(\dfrac{q}{p}\right)^i - \left(\dfrac{q}{p}\right)^N}{1 - \left(\dfrac{q}{p}\right)^N}, & p \neq q \\ 1 - \left(\dfrac{i}{N}\right), & p = q = \dfrac{1}{2} \end{cases} \tag{7.7.2}$$

도박꾼 파산 문제에서 α_i를 7.5 흡수 마르코프연쇄에서 제시한 방법으로 접근해보자. 흡수상태집합 $A = \{0, 5\}$, 일시상태집합 $T = \{1, 2, 3, 4\}$이므로

$$\boldsymbol{P} = \begin{array}{c} \\ 0 \\ 5 \\ 1 \\ 2 \\ 3 \\ 4 \end{array} \begin{array}{c} \begin{array}{cccccc} 0 & 5 & 1 & 2 & 3 & 4 \end{array} \\ \left[\begin{array}{cc|cccc} 1 & 0 & 0 & 0 & 0 & 0 \\ 0 & 1 & 0 & 0 & 0 & 0 \\ \hline q & 0 & 0 & p & 0 & 0 \\ 0 & 0 & q & 0 & p & 0 \\ 0 & 0 & 0 & q & 0 & p \\ 0 & p & 0 & 0 & q & 0 \end{array}\right] \end{array} = \begin{bmatrix} \boldsymbol{I} & \boldsymbol{O} \\ \boldsymbol{R} & \boldsymbol{Q} \end{bmatrix}$$

$$F = \begin{bmatrix} f_{10} & f_{15} \\ f_{20} & f_{25} \\ f_{30} & f_{35} \\ f_{40} & f_{45} \end{bmatrix} = (\boldsymbol{I} - \boldsymbol{Q})^{-1}\boldsymbol{R} = \begin{bmatrix} 1 & -p & 0 & 0 \\ -q & 1 & -p & 0 \\ 0 & -q & 1 & -p \\ 0 & 0 & -q & 1 \end{bmatrix}^{-1} \begin{bmatrix} q & 0 \\ 0 & 0 \\ 0 & 0 \\ 0 & p \end{bmatrix}$$

특히 $p = q = \dfrac{1}{2}$일 때 F는 다음과 같다.

$$F = \begin{bmatrix} 1.6 & 1.2 & 0.8 & 0.4 \\ 1.2 & 2.4 & 1.6 & 0.8 \\ 0.8 & 1.6 & 2.4 & 1.2 \\ 0.4 & 0.8 & 1.2 & 1.6 \end{bmatrix} \begin{bmatrix} 0.5 & 0 \\ 0 & 0 \\ 0 & 0 \\ 0 & 0.5 \end{bmatrix} = \begin{bmatrix} 0.8 & 0.2 \\ 0.6 & 0.4 \\ 0.4 & 0.6 \\ 0.2 & 0.8 \end{bmatrix}$$

따라서 (7.7.2)에서 구한 α_i와 F행렬의 f_{i0}가 $i = 1, 2, 3, 4$에서 일치함을 알 수 있다.

창고관리모형(inventory model)

연속적으로 소요되는 일상용품 A를 쌓아 두는 창고가 있다. 일정시간 간격

$n=0, 1, 2, 3, \cdots$ 으로 창고 조사를 하고 만약 쌓인 물건이 s 보다 적으면 S까지 물건을 들여놓고 만약 남아 있는 양이 s보다 많을 경우에는 다음 조사 때까지 물건을 더 들여놓지 않는다고 하자. X_n을 n시점에 창고에 보관 중인 상품의 양이라 하고 ξ_n을 $(n-1)$시점에서 n 시점까지 창고에서 나간 상품의 양이라고 하자. ξ_n은 n에 관계없이 독립동등분포를 한다. 이를 그림으로 그려보면 다음과 같다.

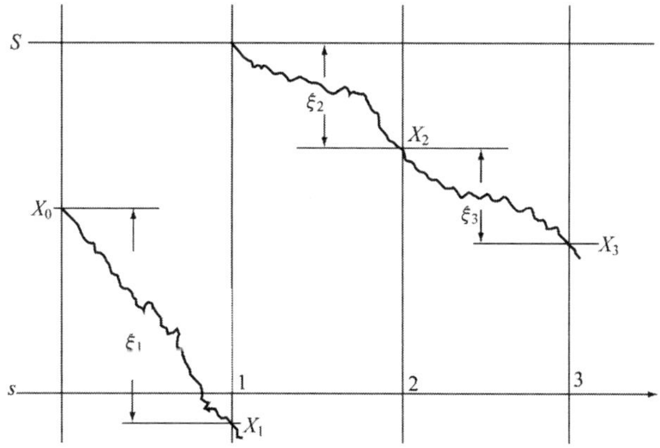

그림 7-9

여기서

$$X_{n+1}=\begin{cases} X_n-\xi_{n+1}, & s<X_n\le S \\ S-\xi_{n+1}, & X_n\le s \end{cases}$$

로 나타낼 수 있고 $\{X_n \mid n\ge 0\}$은 다음의 추이 확률을 갖는 마르코프연쇄가 된다.

$$\begin{aligned} P_{ij} &= P\{X_{n+1}=j \mid X_n=i\} \\ &= \begin{cases} P(\xi_{n+1}=i-j), & s<i\le S \\ P(\xi_{n+1}=S-j), & i\le s \end{cases} \end{aligned}$$

어떤 기계의 부품의 여분을 최고 2개까지 보관한다고 하자. 그러면

$s=0$, $S=2$이 되고 ξ_n을 일정시간 간격 동안 필요로 하게 되는 부품 수라 할 때 ξ_n의 분포가 $P(\xi_n=0)=0.5$, $P(\xi_n=1)=0.4$, $P(\xi_n=2)=0.1$인 경우를 생각해보자. 여기서 X_n이 취할 수 있는 값은 $\{2,\ 1,\ 0,\ -1\}$이고

$$\boldsymbol{P}=\begin{array}{c} \\ -1 \\ 0 \\ 1 \\ 2 \end{array}\begin{array}{c} \begin{array}{cccc} -1 & 0 & 1 & 2 \end{array} \\ \begin{bmatrix} 0 & 0.1 & 0.4 & 0.5 \\ 0 & 0.1 & 0.4 & 0.5 \\ 0.1 & 0.4 & 0.5 & 0 \\ 0 & 0.1 & 0.4 & 0.5 \end{bmatrix} \end{array}$$

이다. $P_{10}=P(X_{n+1}=0|X_n=1)$에서 $X_n=1$일 때 $X_{n+1}=0$이라면 $\xi_{n+1}=1$임을 뜻하므로 $P_{10}=0.4$이다. $P_{00}=P(X_{n+1}=0 \mid X_n=0)$에서는 $X_n=0$이면 물건들을 $S=2$ 상태로 보충하게 되고 $X_{n+1}=0$이라고 하면 이는 $\xi_{n+1}=2$임을 의미하게 되므로 $P_{00}=0.1$가 된다. 다른 P_{ij}도 마찬가지 방법으로 얻을 수 있다.

이와 같은 창고 모형에서 관심 있는 부분은 오랜 시간 경과 후 $\{X_n<0\}$인 상황이 일어날 비율이다.

위의 예에서 $\pi_{-1}=2/45, \pi_0=21/90$, $\pi_1=4/9$, $\pi_2=5/18$임을 확인해보라.

분기과정(branching process)

같은 속성을 갖는 자손을 생산하는 개체로 구성된 집합을 생각하자. 각 물체는 수명이 끝나는 순간에 같은 속성을 갖는 개체를 생산하고, j개의 자손을 생산할 확률을 P_j라 하고 각각의 개체가 생산하는 자손의 수는 서로 독립이라 한다. X_n을 n세대의 개체의 총수라 하면 $\{X_n \mid n \geq 0\}$은 마르코프연쇄가 된다. 이러한 형태의 마르코프연쇄를 **분기과정**(branching process)이라 한다. 남성들만의 자손을 고려할 때 이씨, 박씨 등의 성이 확산되는 문제나, 원자핵의 연쇄반응, 유전학에서 사용되는 많은 모형 등이 분기과정으로 설명될 수 있다. 분기과정에서 $\{0\}$은 흡수상태이고 만약 $P_0>0$이면 $P_{i0}=(P_0)^i$이 되어 $\{0\}$이 유일한 폐집합이므로 0 이외의 상태는 모두 일시적이 된다. 그러나 상태공간의 수가 무한이므로 영원히 일시상태에 머무는 것이 가능하다. $X_0=1$, $P(Y=j)=P_j$이고

$Y_i(i=1, 2, \cdots)$는 Y와 같은 분포를 갖는 서로 독립인 확률변수들의 열이라 가정하자. $X_n = m$이면 $X_{n+1} = Y_1 + Y_2 + \cdots + Y_m$이 된다. 즉 $X_{n+1} = Y_1 + Y_2 + \cdots + Y_{X_n}$이다. 한 개의 개체가 생산해 내는 자손의 평균 수와 분산은 다음과 같이 주어진다.

$$\mu = E(Y) = \sum_{j=0}^{\infty} j\, P_j, \quad \sigma^2 = Var(Y) = \sum_{j=0}^{\infty} (j-\mu)^2\, P_j$$

또한 다음이 성립한다.

$$\begin{aligned} E(X_{n+1}) &= E[E(X_{n+1} \mid X_n)] \\ &= E[E(Y_1 + Y_2 + \cdots + Y_{X_n} \mid X_n)] \\ &= E[\mu X_n] \end{aligned}$$

$E(X_0) = 1$이므로

$$E(X_{n+1}) = \mu E(X_n) = \cdots = \mu^{n+1}$$

마찬가지로 $Var(X_n)$은 조건부 분산에 관한 다음 관계식을 이용하여 구한다.

$$Var(X_n) = E[Var(X_n \mid X_{n-1})] + Var[E(X_n \mid X_{n-1})]$$

$$Var(X_n \mid X_{n-1}) = X_{n-1}\sigma^2$$

이므로

$$Var(X_n) = E(X_{n-1}\,\sigma^2) + Var(X_{n-1}\,\mu) = \sigma^2\mu^{n-1} + \mu^2\, Var(X_{n-1})$$

$Var(X_0) = 0$ 인 사실과 수학적 귀납법을 이용하면

$$Var(X_n) = \begin{cases} \sigma^2\mu^{n-1}\dfrac{\mu^n - 1}{\mu - 1}, & \mu \neq 1 \\ n\sigma^2, & \mu = 1 \end{cases}$$

임을 쉽게 증명할 수 있다.

$\pi_0 = \lim_{n\to\infty} P(X_n = 0 \mid X_0 = 1)$라 하고 π_0를 구하여보자.

다음이 성립한다.

$$\begin{aligned}\mu^n = E(X_n) &= \sum_{j=1}^{\infty} j\ P(X_n = j) \\ &\geq \sum_{j=1}^{\infty} 1\ P(X_n = j) = P(X_n \geq 1)\end{aligned}$$

따라서 $\mu < 1$이면 $\mu^n \to 0$이므로 $P(X_n \geq 1) \to 0$이다. 그러므로 $n\to\infty$일 때 $P(X_n = 0) \to 1$이다.

$X_1 = j$ 조건하에서 개체가 완전히 소멸한다는 것은 j개의 개체 각각에서 생산되는 후손들이 모두 소멸한다는 것을 의미하며, j의 개체들이 상호 독립적으로 행동하므로 다음 식을 얻는다.

$$\begin{aligned}\pi_0 = P(\text{개체가 소멸}) &= \sum_{j=0}^{\infty} P(\text{개체가 소멸} \mid X_1 = j)\, P_j \\ &= \sum_{j=0}^{\infty} (\pi_0)^j\, P_j\end{aligned}$$

이제 다음과 같이 함수 $\psi(\cdot)$를 정의하자.

$$\psi(a) = \sum_{j=0}^{\infty} a^j P_j, \quad 0 < a \leq 1$$

이때 $\psi(a)$는 분포 $\{P_i\}$의 pgf가 되고 이는 a가 증가함에 따라 증가하며, $\psi(\pi_0) = \pi_0$, $\psi(1) = 1$을 만족한다. 구하고자 하는 π_0는 $a = \sum_{j=0}^{\infty} a^j P_j$, $0 < a \leq 1$를 만족하는 a 중에서 가장 작은 수임을 보이자.

먼저 $X_0 = 1$, $P_0 > 0$, $q_n = P(X_n = 0)$라 두면 다음이 성립한다.

$$q_0 = P(X_0 = 0) = 0$$

$$q_1 = P(X_1 = 0) = P(Y_1 = 0) = P_0 > 0$$

$$P(X_n = 0) = \sum_{j=0}^{\infty} P(X_n = 0 \mid X_1 = j)\ P_j$$
$$= \sum_{j=0}^{\infty} (P(X_{n-1} = 0))^j\ P_j$$

따라서 다음 관계가 성립함을 쉽게 알 수 있다.

$$q_n = \psi(q_{n-1}),\ (n \ge 2)$$
$$q_0 \le q_1 \le q_2 \le \cdots \le 1$$

q_n이 수렴하므로 그의 극한을 q_∞라 하면 $\psi(q_\infty) = q_\infty$이다. 한편 $\psi(a) = a$의 가장 작은 근을 ρ라 하면 다음이 성립한다.

$$q_0 = 0 \le \rho$$
$$q_1 = \psi(q_0) \le \psi(\rho) = \rho$$
$$q_2 = \psi(q_1) \le \psi(\rho) = \rho$$
$$\vdots$$

따라서 $q_\infty \le \rho$이 성립하고 ρ가 가장 작은 근이므로 $\pi_0 = q_\infty = \rho$이다.

$P_0 + P_1 < 1$이라 하자. $\psi(a)$, $0 < a < 1$은 볼록(convex)함수이므로 $\psi(\cdot)$와 기울기 1인 (1,1)을 지나는 직선은 기껏해야 2점에서 만난다. $\psi'(1) = \sum_{j=1}^{\infty} j\,P_j = \mu$이므로 $\mu > 1$이면 [그림 7-10]의 왼쪽 그림과 같이 되므로

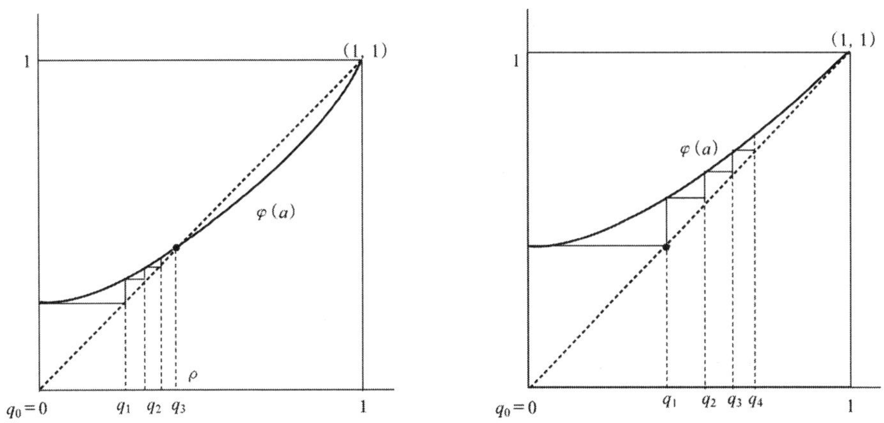

그림 7-10

$0 < \pi_0 < 1$이 성립하고 $\psi'(1) = \mu \leq 1$이면 [그림 7-10]의 오른쪽 그림과 같이 되므로 $\pi_0 = 1$이 성립한다.

일반적으로 다음이 성립한다(Karlin and Taylor, p.397).

> $P_0 > 0$이고, $P_0 + P_1 < 1$일 때
> (1) $\mu \leq 1$이면 $\pi_0 = 1$　　　　(2) $\mu > 1$이면 $\pi_0 < 1$

$P_0 = 0$이면 개체소멸은 일어나지 않으며 $P_0 > 0$이고 $P_0 + P_1 = 1$이면 $\mu = 1 - P_0 < 1$이다. 또한 $P_0 = 1/3,\ P_2 = 2/3$인 분기과정에서는

$$\mu = 0 \cdot 1/3 + 2 \cdot 2/3 = 4/3 > 1$$

이다. 그런데 $\pi_0 = 1/3 + (2/3)\pi_0^2$을 만족하는 π_0는 1/2과 1이므로 구하는 $\pi_0 = 1/2 < 1$이다.

실제 자료를 마르코프과정으로 설명하기 위해서는 다음과 같은 점들을 고려해야 할 것이다.

1. 상태공간과 시간공간이 각각 가산인지 연속인지를 파악한다.
2. $n+1$단계의 상태에 영향을 주는 전 단계는 $0 \sim n$단계 중에서 몇 단계나 되는가?
3. $n+1$단계의 상태는 n에서의 상태만 알면 된다(Markov property)고 할 때 1차 전이확률행렬 $\boldsymbol{P}$를 구한다. 이때 시간동질성(time homogeneity)을 갖고 있는지 확인한다.
4. 2에서 $n+1$단계의 상태에 영향을 주는 전 단계가 $n,\ n-1$ 또는 그 이상일 때는 상태공간을 확장하거나, 상태공간을 세분화하거나 또는 추가 변수를 더 넣는 방법으로 마르코프성질을 갖도록 모형화할 수 있다.
5. 연속시간형 모형을 이산시간형으로 변형할 수는 없는지를 생각해본다. 이때 많이 쓰는 방법은 Embedded chain, Equally spaced chains, randomly spaced chains 등이다.
6. 특정 상태에 머무는 시간을 조사한다.

7장 연습문제

7.1 $\{X_n\}$은 상태공간 $S=\{0, 1, 2\}$이고 다음 행렬을 추이확률행렬로 갖는 마르코프연쇄라고 하자.

$$\boldsymbol{P}=\begin{array}{c} \\ 0 \\ 1 \\ 2 \end{array}\begin{array}{c} \begin{array}{ccc} 0 & 1 & 2 \end{array} \\ \begin{bmatrix} 0.1 & 0.2 & 0.7 \\ 0.2 & 0.2 & 0.6 \\ 0.6 & 0.1 & 0.3 \end{bmatrix} \end{array}$$

(1) 2단계 추이확률행렬 $\boldsymbol{P}^{(2)}$을 구하여라.

(2) $P(X_3=1 \mid X_1=0)$, $P(X_3=1 \mid X_0=0)$를 구하여라.

(3) 초기분포가 $p_0=0.2$, $p_1=0.3$, $p_2=0.5$일 때 X_2와 X_4의 결합분포를 구하여라.

7.2 X_n이 어떤 생산라인에서 생산된 n번째 제품의 품질을 나타낸다고 하자. $X_n=0$은 합격, $X_n=1$은 불합격을 의미한다고 한다. X_n이 다음 추이행렬을 갖는 마르코프연쇄라고 할 때 네 번째 제품이 불합격일 확률은 얼마인가? 단, $P(X_0=0)=0.9$, $P(X_0=1)=0.1$이다.

$$\boldsymbol{P}=\begin{array}{c} \\ 0 \\ 1 \end{array}\begin{array}{c} \begin{array}{cc} 0 & 1 \end{array} \\ \begin{bmatrix} 0.99 & 0.01 \\ 0.12 & 0.88 \end{bmatrix} \end{array}$$

첫 번째 제품이 불량일 때 세 번째 제품도 불량일 확률은 얼마인가? 궁극적으로 이 생산라인에서 만들어진 제품의 불량률은 얼마나 될까?

7.3 1, 2, 3의 세 가지 부품으로 이루어진 기계가 있다. 세 부품 중 2가지가 고장 날 때까지 기계는 정상적으로 작동되며, 고장 난 부품이 2개가 되면 기계는 곧바로 수리에 들어가 다음 날부터 다시 정상적으로 가동된다. 1, 2, 3 각 부품이 고장 날 확률은 각각 0.01, 0.02, 0.04이고 상태공간을 고장

난 부품이라 두면 $S=\{0, 1, 2, 3, 12, 13, 23\}$이 된다. 1단계 전이확률행렬을 구하여라. 단, 하루에 2개 이상의 부품이 고장 나지는 않는다고 가정하고, 상태 23이란 2와 3부품이 고장 난 상태를 가리킨다.

7.4 동전을 연속해서 던진다고 하자. X_n을 시간 n에서의 연속된 앞면의 수라고 하자. 즉 연속해서 H T T H H H T H $\cdots$을 얻었다면 $X_0=0$, $X_1=1$, $X_2=0$, $X_3=0$, $X_4=1$, $X_5=2$, $\cdots$이 된다. $P(H)=p$일 때의 X_n의 추이행렬을 구하여라. 연속 3회 앞면을 얻을 때까지 동전을 던진다면 그때의 추이확률행렬을 구하여라.

7.5 총 N개의 공이 들어 있는 A, B 두 상자가 있다. N개의 공 중에서 임의로 하나를 선택한 다음, 두 상자 A, B 중 하나를 선택하여(이때 A가 선택될 확률은 p, B가 선택될 확률은 $1-p$) 선택된 공을 이곳에 넣는다. X_n을 시간 n에서의 시행 직후 상자 A에 들어있는 공의 개수라 하자. $\{X_n\}$은 마르코프연쇄인가? 그렇다면 X_n의 추이확률행렬을 구하여라.

7.6 세 대의 복사기가 있는 사무실이 있다. 세 대 중 하나의 복사기가 하루 동안 고장 날 확률은 0.1이고 고장 난 복사기가 생기면 그 다음 날 수리공이 오는데 수리공이 고장 난 복사기 중 하나를 성공적으로 수리할 확률은 0.6이다. 하루 동안 복사기가 두 대 이상 고장 날 확률을 무시할 수 있다고 하자. X_n을 n번째 날 퇴근 전에 고장 상태에 있는 복사기 수라 할 때 X_n을 마르코프과정으로 볼 수 있는가? 1단계 전이확률행렬을 구하여라.

7.7 X_n은 아래의 추이확률행렬을 갖는 마르코프연쇄이다.

$$\boldsymbol{P} = \begin{array}{c} \\ 0 \\ 1 \end{array} \begin{array}{c} \begin{array}{cc} 0 & 1 \end{array} \\ \begin{bmatrix} 0.3 & 0.7 \\ 0.6 & 0.4 \end{bmatrix} \end{array}$$

$Y_n=(X_{n-1}, X_n)$이라 두면 Y_n는 $S=\{(0, 0), (0, 1), (1, 0), (1, 1)\}$인 마르코프연쇄가 된다. Y_n의 추이행렬을 구하여라.

7.8 ○○미술관은 관람객을 20명 단위로 모아 안내를 하여준다. 이처럼 어느 특정 시설에 대한 서비스를 받으려면 K명이 모일 때까지 기다려야 하고 K번째 사람이 도착하면 즉시 K명에 대한 서비스가 동시에 진행된다고 한다. $\{\xi_n\}$을 단위시간 동안 도착하는 고객의 수라 하면 ξ_n 은 서로 독립이고

$$P(\xi_n = 0) = \alpha,\ \ P(\xi_n = 1) = 1 - \alpha,\ \ 0 < \alpha < 1$$

라고 가정하자. X_n을 시간 n에서 기다리는 고객의 수라 하면 X_n은 $S = \{0,\ 1,\ 2,\ \cdots,\ K-1\}$인 마르코프연쇄가 된다. $K = 4$일 때 X_n의 추이확률행렬을 구하여라.

7.9 마르코프연쇄 $\{X_n\}$의 1단계 추이확률행렬이 다음과 같다. 상태를 분류하라.

$$P = \begin{array}{c} \\ 0 \\ 1 \\ 2 \\ 3 \\ 4 \\ 5 \\ 6 \\ 7 \end{array} \begin{array}{c} \begin{array}{cccccccc} 0 & 1 & 2 & 3 & 4 & 5 & 6 & 7 \end{array} \\ \begin{bmatrix} 0.2 & 0.2 & 0.6 & 0 & 0 & 0 & 0 & 0 \\ 0 & 0.4 & 0.6 & 0 & 0 & 0 & 0 & 0 \\ 0.3 & 0.3 & 0.4 & 0 & 0 & 0 & 0 & 0 \\ 0 & 0 & 0 & 0 & 1 & 0 & 0 & 0 \\ 0 & 0 & 0 & 1 & 0 & 0 & 0 & 0 \\ 0.14 & 0.03 & 0.13 & 0.03 & 0.07 & 0.4 & 0.2 & 0 \\ 0.12 & 0.08 & 0 & 0.19 & 0.11 & 0.1 & 0.3 & 0.1 \\ 0.03 & 0.21 & 0.16 & 0.02 & 0.18 & 0.2 & 0 & 0.2 \end{bmatrix} \end{array}$$

7.10 다음의 추이행렬을 갖는 마르코프상태를 분류하고 흡수상태를 찾아라.

$$P = \begin{array}{c} \\ 0 \\ 1 \\ 2 \\ 3 \\ 4 \\ 5 \end{array} \begin{array}{c} \begin{array}{cccccc} 0 & 1 & 2 & 3 & 4 & 5 \end{array} \\ \begin{bmatrix} 1 & 0 & 0 & 0 & 0 & 0 \\ 0 & 1 & 0 & 0 & 0 & 0 \\ 1/2 & 0 & 0 & 0 & 1/2 & 0 \\ 1/3 & 0 & 0 & 0 & 1/3 & 1/3 \\ 0 & 1/3 & 1/3 & 1/3 & 0 & 0 \\ 0 & 1/2 & 0 & 1/2 & 0 & 0 \end{bmatrix} \end{array}$$

7.11 다음의 추이행렬을 갖는 마르코프연쇄의 주기를 찾아라.

$$P = \begin{array}{c} \\ A \\ B \\ C \\ D \\ E \\ F \\ G \end{array} \begin{array}{c} \begin{array}{ccccccc} A & B & C & D & E & F & G \end{array} \\ \left[\begin{array}{ccccccc} 0 & 0 & 1/4 & 1/4 & 1/2 & 0 & 0 \\ 0 & 0 & 2/5 & 2/5 & 1/5 & 0 & 0 \\ 0 & 0 & 0 & 0 & 0 & 1/4 & 3/4 \\ 0 & 0 & 0 & 0 & 0 & 1/2 & 1/2 \\ 0 & 0 & 0 & 0 & 0 & 1/3 & 2/3 \\ 2/3 & 1/3 & 0 & 0 & 0 & 0 & 0 \\ 1/4 & 3/4 & 0 & 0 & 0 & 0 & 0 \end{array}\right] \end{array}$$

7.12 (1) 예 7.3.4(1)의 추이확률행렬 $\boldsymbol{P}$에서 $\boldsymbol{I}+\boldsymbol{P}+\boldsymbol{P}^{(2)}+\boldsymbol{P}^{(3)}+\boldsymbol{P}^{(4)}$의 모든 원소가 양이 됨을 보여라.

(2) $\{X_n\}$은 N개의 상태를 갖는 마르코프 연쇄이다. '$\{X_n\}$이 기약마르코프연쇄이다'와 '$\boldsymbol{I}+\boldsymbol{P}+\boldsymbol{P}^{(2)}+\cdots+\boldsymbol{P}^{(N)}$의 모든 원소가 양이 된다'는 서로 동치이다. 이를 설명하라.

7.13 (1) 조건부 확률을 이용하여 다음 식이 성립함을 보여라.

$$f_{ij} = P_{ij} + \sum_{m \neq j} P_{im} f_{mj}, \quad i, j, m \in S$$

(2) 위 식을 행렬을 이용해서 표현하면 다음과 같다. 이때 $\boldsymbol{F} = [f_{ij}]_{i,\, j \in S}$, $\boldsymbol{I}$는 단위행렬, 그리고 $\boldsymbol{F}_d$는 (i, i) 원소가 f_{ii}인 대각행렬이다.

$$\boldsymbol{F} = \boldsymbol{P} \cdot (\boldsymbol{I} + \boldsymbol{F} - \boldsymbol{F}_d)$$

(3) 다음과 같은 1단계 추이확률행렬을 갖는 마르코프연쇄 I, II를 생각해 보자.

$$\boldsymbol{P}_1 = \begin{bmatrix} 0.4 & 0.1 & 0.5 \\ 0.2 & 0.2 & 0.6 \\ 0.3 & 0.4 & 0.3 \end{bmatrix}, \qquad \boldsymbol{P}_2 = \begin{bmatrix} 1 & 0 & 0 \\ 1/2 & 0 & 1/2 \\ 1/2 & 1/2 & 0 \end{bmatrix}$$

마르코프연쇄 I의 모든 상태는 재귀상태인가? 마르코프연쇄 II의 상태 중에서 일시상태는? 또한 (2)의 관계식을 풀어 f_{ii}를 구하고 이를 이용하여 상태 i의 재귀성 및 일시성을 말하여라.

7.14 $C_i = \{j \mid i \leftrightarrow j\}$라 하면 상태공간 $S = \cup C_i$이고 임의의 i, j에 대하여 $C_i \cap C_j = \varnothing$ 이거나 $C_i = C_j$가 됨을 보여라.

7.15 유한 상태공간에서는 모든 상태가 동시에 일시적이 될 수 없음을 설명하라. 또한 유한 상태공간을 갖는 기약 마르코프연쇄에서는 모든 상태가 재귀상태이고, 평균재귀시간은 유한임을 설명하라.

7.16 유한상태공간을 갖는 기약 마르코프연쇄에서 다음을 증명하라.

(1) $E(N_{ij}^{(n)}) = \sum_{k=1}^{n} P_{ij}^{(k)}$

(2) 단위시간당 상태 j의 평균방문횟수 $\nu_j = \lim_{n\to\infty} \frac{1}{n} E(N_{ij}^{(n)})$는 출발상태 i의 영향을 받지 않음을 보여라.

(3) $\sum_{j\in S} \nu_j = 1$, $\nu_j = \sum_{k\in S} \nu_k P_{kj}$이 성립한다.

7.17 유한상태공간을 갖는 마르코프연쇄를 (1) 비주기적 기약 마르코프연쇄, (2) 주기적 기약 마르코프연쇄, (3) 두 개 이상의 재귀 동치류를 갖는 비기약 마르코프연쇄 등의 세 가지로 분류하고 각각에서의 정상분포와 극한분포의 존재성 및 관계에 대해 설명하라.

7.18 j가 일시적 상태이면 $E(N_{ij}) = \dfrac{f_{ij}}{1 - f_{jj}}$임을 보여라.

7.19 임의의 $i \in S$에 대하여 $C = \{j \mid i \to j\}$라 하면 C는 닫힌 집합(closed set) 즉, $\sum_{j\in C} P_{kj} = 1$, $\forall k \in C$가 성립함을 보여라.

7.20 다음 추이행렬의 극한분포를 구하여라.

(1) $\boldsymbol{P}_1 = \begin{bmatrix} 1/2 & 1/2 & 0 \\ 1/3 & 1/3 & 1/3 \\ 0 & 1/2 & 1/2 \end{bmatrix}$, $\boldsymbol{P}_2 = \begin{bmatrix} 0 & 0 & 1 & 0 \\ 0 & 0 & 0 & 1 \\ 1/4 & 1/4 & 1/4 & 1/4 \\ 0 & 0 & 1/2 & 1/2 \end{bmatrix}$

(2) 예 7.3.1에 주어진 추이행렬에 대하여 극한분포나 정상분포가 존재하는가? 존재하면 구하여라.

7.21 $\boldsymbol{P}=\begin{bmatrix}1-\alpha & \alpha \\ \beta & 1-\beta\end{bmatrix}$일 때 $P_{00}^{(n)}=\frac{\beta}{\alpha+\beta}+\frac{\alpha(1-\alpha-\beta)^n}{\alpha+\beta}$가 성립함을 수학적 귀납법으로 증명하여 보라. 또한 다음이 성립함을 보여라.

$$\lim_{n\to\infty}\boldsymbol{P}^{(n)}=\begin{bmatrix}\frac{\beta}{\alpha+\beta} & \frac{\alpha}{\alpha+\beta} \\ \frac{\beta}{\alpha+\beta} & \frac{\alpha}{\alpha+\beta}\end{bmatrix}$$

7.22 내일의 날씨는 어제와 오늘의 날씨에 영향을 받는다.

(S, S) : 어제도 맑고 오늘도 맑음

(S, C) : 어제는 맑고 오늘은 흐림

(C, S) : 어제는 흐리고 오늘은 맑음

(C, C) : 어제도 흐리고 오늘도 흐림

아래의 추이확률행렬을 갖는 마르코프연쇄를 생각하자.

$$\boldsymbol{P}=\begin{matrix} & (S,S) & (S,C) & (C,S) & (C,C) \\ (S,S) & 0.7 & 0.3 & 0 & 0 \\ (S,C) & 0 & 0 & 0.4 & 0.6 \\ (C,S) & 0.5 & 0.5 & 0 & 0 \\ (C,C) & 0 & 0 & 0.2 & 0.8\end{matrix}$$

(1) 3월 20일과 21일 날씨가 흐렸다면 3월 26일 날씨가 흐릴 확률을 구하여라.

(2) 오랜 시간이 경과하면 흐린 날의 비율을 구하여라.

(3) 각 상태의 주기를 찾아라.

7.23 대학생의 학교에서의 상태는 {자퇴, 졸업, 1학년, 2학년, 3학년, 4학년}과 같이 분류할 수 있다. 유급(휴학)률은 0.2, 자퇴율 0.1, 그리고 진학률은 0.7일 때 다음을 구하여라.

(1) 1단계 추이확률행렬 $\boldsymbol{P}$

(2) (7.5.2)와 (7.5.4)의 $\boldsymbol{M}$과 $\boldsymbol{F}$

7.24 수명이 끝나는 순간 j개의 자손을 생산할 확률이 P_j인 분기 과정에서

$$P_j = \frac{\lambda^j e^{-\lambda}}{j!}, \quad j = 0, 1, 2, 3, \cdots$$

일 때 $\lambda \leq 1$이면 $\pi_0 = 1$, $\lambda > 1$이면 $\pi_0 < 1$임을 확인하라.

7.25 철이는 M_1원, 은영이는 M_2원을 가지고 게임을 시작하였다. 매 게임에 1원씩을 걸고, 둘 중 한 사람이 무일푼이 되면 게임을 중단한다고 할 때 은영이보다 철이가 먼저 무일푼이 될 확률은 얼마인가? 철이가 은영이를 이길 확률은 p 라고 하자.

7.26 지훈이와 혜미가 100원짜리 동전을 들고 게임을 하고 있다. 혜미는 10개, 지훈이는 16개의 동전을 갖고 있다. 각자 한 개씩의 동전을 던져 나타난 결과가 같으면 지훈이가 200원을 갖고 서로 다른 면이 나오면 혜미가 200원을 갖기로 했다. 한 사람이 동전을 다 갖게 될 때까지 게임을 계속한다고 할 때 지훈이가 이길 확률을 구하여라.

7.27 사회학자들은 종종 부모와 자식 대의 사회적 지위를 마르코프연쇄로 가정한다. 즉 자식 대의 사회적 지위는 부모의 사회적 지위와는 연관이 있지만 조부모와는 연관이 없다고 하자. 추이확률행렬이 아래와 같이 주어졌다면 오랜 세월이 흐른 뒤 중간층에 속하는 사람의 비율은 얼마나 될까?

		아들의 사회적 지위		
		낮다	중간	높다
아버지의 사회적 지위	낮다	0.4	0.5	0.1
	중간	0.15	0.7	0.15
	높다	0.05	0.5	0.45

7.28 분기과정에서 다음의 경우에 π_0 을 구하여라.

(1) $P_0 = 1/4, \quad P_1 = 3/4$

(2) $P_0 = 1/4, \quad P_1 = 1/2, \quad P_2 = 1/4$

(3) $P_0 = 1/6, \quad P_1 = 1/2, \quad P_3 = 1/3$

7.29 $P_n = b(1-b)^n$, $n = 0, 1, 2, \cdots$ 인 분기과정에서 π_0 을 구하여라.

7.30 7.6절의 도박꾼 파산 문제에서 $T = \min\{n \geq 0,\ X_n = 0$ 또는 $X_n = N\}$ 이라고 두면 T는 상태 0 또는 상태 N에 처음 도달하는 시간을 가리킨다. $\beta_i = E(T \mid X_0 = i)$라 하자. $p = q = 1/2$일 때 $\beta_i = i(N-i)$, $i = 0, 1, \cdots, N$임을 보여라.

7.31 원점을 시작점으로 하는 단순임의 확률보행과정에서 시점 n에서의 위치를 Z_n이라 하자. $P(X_n = 1) = p$, $P(X_n = -1) = 1-p$분포를 갖는 독립동등분포를 하는 확률변수열 X_n을 이용하여 Z_n을 나타내어라.

(1) 대수의 법칙을 이용하면 확률 1로 $\frac{1}{n} Z_n \to p-q$, $q = 1-p$이 성립함을 보여라.

(2) 중심극한정리를 이용하여 $p = 0.6$일 때 Z_{10000}의 95% 신뢰구간을 구하여라.

7.32 상태공간이 $S = \{0, 1, 2, \cdots\}$인 확률보행과정이 다음의 규칙을 따라 움직인다고 한다.

$$P_{ii} = r_i,\ P_{ii+1} = p_i,\ P_{ii-1} = q_i,$$
$$(\text{단},\ r_0 + p_0 = 1,\ r_i + p_i + q_i = 1\ (i \geq 1),$$
$$r_0 > 0,\ p_0 > 0,\ q_i > 0,\ r_i > 0,\ p_i > 0\ (i \geq 1))$$

다음이 성립함을 보여라.

(1) $\sum_{n=1}^{\infty} \frac{p_0 p_1 \cdots p_{n-1}}{q_1 q_2 \cdots q_n} = \infty$이면 확률보행과정은 일시적이다.

(2) $\sum_{n=1}^{\infty} \frac{p_0 p_1 \cdots p_{n-1}}{q_1 q_2 \cdots q_n} < \infty$이면 확률보행과정은 재귀적이다.

(3) $p_i = p$, $q_i = q\ (i \geq 1)$일 때 재귀적 확률보행과정이 되기 위한 조건을 구하여라.

쉬어가기

분기과정을 공부하다 보니 우리나라 사람들의 성씨(姓氏)의 구성이 어떤지 궁금해집니다. 2000년에 통계청에서 발표한 전국인구주택 총 조사 자료에 의하면 한국에는 총 286개의 성씨가 있고 구성비가 높은 순서대로 10개의 성씨의 구성비와 가장 흔한 김, 이, 박씨의 본관 자료는 다음과 같습니다.

순위	성씨(姓氏)	인구수(명)	구성비(%)	김(金)	인구수(명)	구성비(%)
1	김(金)	9,925,949	21.59	김해(1)	4,124,934	41.56
2	이(李)	6,794,637	14.78	경주	1,736,798	17.50
3	박(朴)	3,895,121	8.47	광산	837,008	8.43
4	최(崔)	2,169,704	4.72	김녕	513,015	5.17
5	정(鄭)	2,010,117	4.37	안동(구)	425,264	4.28
6	강(姜)	1,044,386	2.27	의성	253,309	2.55
7	조(趙)	984,913	2.14	김해(2)	199,544	2.01
8	윤(尹)	948,600	2.06	강릉	165,963	1.67
9	장(張)	919,339	2.00	선산(일선)	109,682	1.11
10	임(林)	762,767	1.66	청풍	94,468	0.95
	계	45,985,289	100.00	계	9,925,949	100.00
순위	이(李)	인구수(명)	구성비(%)	박(朴)	인구수(명)	구성비(%)
1	전주	2,609,890	38.41	밀양(밀성)	3,031,478	77.83
2	경주	1,424,866	20.97	반남	139,438	3.58
3	성주	186,188	2.74	함양	123,688	3.18
4	광주	158,249	2.33	순천	87,631	2.25
5	연안	145,440	2.14	무안	78,817	2.02
6	한산	136,615	2.01	죽산(죽주)	53,489	1.37
7	전의	133,237	1.96	고령	39,239	1.01
8	함평	125,419	1.85	충주	27,486	0.71
9	합천	115,462	1.70	영해	25,189	0.65
10	영천(寧川)	94,491	1.39	진원	23,839	0.61
	계	6,794,637	100.00	계	3,895,121	100.00

또한 1949년~2016년 연도별 인구 연평균증가율과 2015년, 2016년 연령별 인구 분포는 아래와 같다(2017년 통계청 발표자료).

대한민국 정부수립 후 연도별 총조사 인구

(단위: 천명, %, 명/km^2)

조사연도	인구	증감	증감률	연평균 증감률	인구밀도
1949년^T	20,189	-	-	-	214
1955년^T	21,526	1,338	6.6	1.1	222
1960년^T	24,989	3,463	16.1	3.0	254
1966년^T	29,193	4,204	16.8	2.6	296
1970년^T	31,466	2,273	7.8	1.9	320
1975년^T	34,707	3,241	10.3	2.0	351
1980년^T	37,436	2,730	7.9	1.5	379
1985년^T	40,448	3,012	8.0	1.6	409
1990년^T	43,411	2,962	7.3	1.4	438
1995년^T	44,609	1,198	2.8	0.5	449
2000년^T	46,136	1,527	3.4	0.7	464
2005년^T	47,279	1,143	2.5	0.5	474
2010년^T	48,580	1,301	2.8	0.5	486
2010년^R	49,711	-	-	-	497
2015년^R	51,069	1,359	2.7	0.5	509
2016년^R	51,270	200	0.4	0.4	511

2010년^R, 2015년^R, 2016년^{R}은 등록센서스 방식으로 산정한 인구임

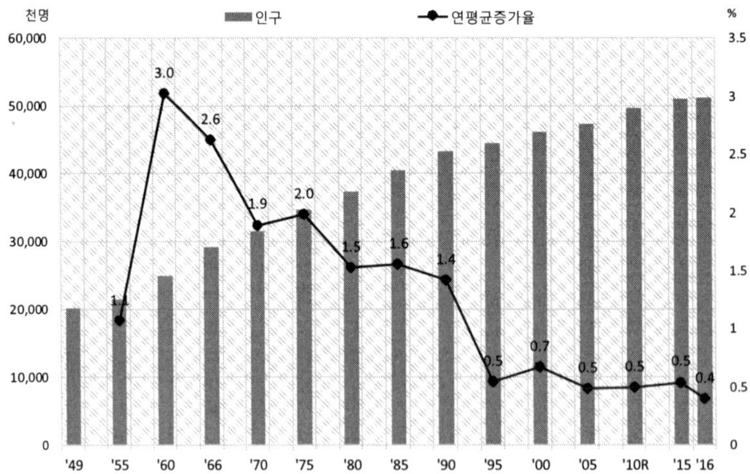

연도별 총조사 인구 및 연평균증가율(1949^T~2016^R)

연령별 내국인 인구(2015[R], 2016[R])

(단위: 천명, %)

연 령	2015년[R](A)		2016년[R](B)		증감(B–A)	
		구성비		구성비		증감률
계	49,706	100.0	49,856	100.0	150	0.3
0-4	2,235	4.5	2,193	4.4	-43	-1.9
5-9	2,253	4.5	2,287	4.6	34	1.5
10-14	2,418	4.9	2,289	4.6	-130	-5.4
15-19	3,171	6.4	3,057	6.1	-114	-3.6
20-24	3,386	6.8	3,401	6.8	15	0.4
25-29	3,028	6.1	3,069	6.2	41	1.4
30-34	3,611	7.3	3,416	6.9	-195	-5.4
35-39	3,784	7.6	3,852	7.7	68	1.8
40-44	4,216	8.5	4,032	8.1	-184	-4.4
45-49	4,267	8.6	4,370	8.8	103	2.4
50-54	4,146	8.3	4,031	8.1	-115	-2.8
55-59	3,863	7.8	4,076	8.2	213	5.5
60-64	2,759	5.6	3,010	6.0	251	9.1
65-69	2,118	4.3	2,180	4.4	62	2.9
70-74	1,761	3.5	1,736	3.5	-25	-1.4
75-79	1,356	2.7	1,418	2.8	62	4.6
80-84	811	1.6	881	1.8	70	8.6
85세 이상	523	1.1	560	1.1	37	7.0
0-14세	6,907	13.9	6,768	13.6	-138	-2.0
15-64세	36,230	72.9	36,312	72.8	82	0.2
65세 이상	6,569	13.2	6,775	13.6	206	3.1

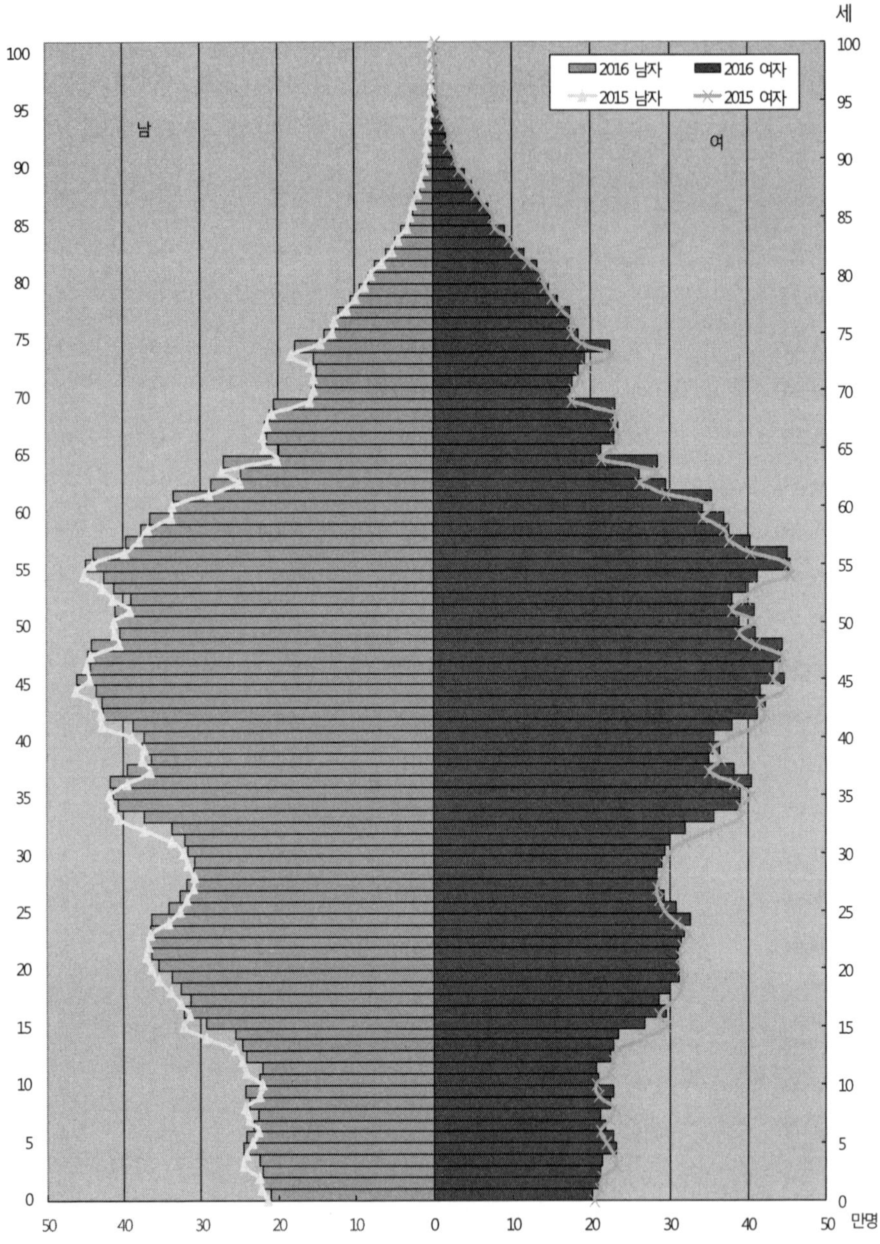

인구 피라미드(2015[R], 2016[R])

8장 지수분포와 포아송과정

8.1 지수분포

현실 세계의 문제는 일반적으로 매우 복잡한 양상을 띤다. 따라서 이를 모형화하고 수리적으로 계산하고자 할 때에는 어느 정도 단순화할 필요가 있다. 그러나 단순화의 정도가 지나치면 현실 세계와 동떨어진 결론을 내리기 쉽고, 그렇다고 너무 많은 요인들을 고려 하다보면 식이 복잡하게 되어 계산하기가 어렵고 실용성이 떨어지기 때문에 적절한 가정을 하는 것이 중요하다. 우리 생활에서 흔히 찾아 볼 수 있는 문제 중의 하나가 수명과 관계되는 문제이다. 새로 구입한 자동차를 몇 년이나 탈 수 있을까? 새로 장만한 냉장고가 몇 년이나 버텨줄까? 식당에서, 버스 정류장에서, 병원대기실에서, 은행에서, 할인매장 계산대에서 얼마를 기다려야 내 차례가 오는 걸까? 하는 문제는 모두 수명과 연관 지어 생각할 수 있는 문제이다. 여기서 수명(life time)이란 인간이나 기계의 자연적 수명은 물론이고 어떤 변화가 일어날 때까지 기다리는 시간을 통칭하여 쓰는 말이다. 수명시간을 지수분포로 가정하는 경우가 많은데 이는 수학적으로 다루기 쉬울 뿐만 아니라 실제 상황에도 비교적 잘 적용되기 때문이다.

확률변수 X의 확률밀도함수가 아래와 같을 때 X는 모수 λ를 갖는 **지수분포**

(exponential distribution)를 따른다고 한다.

$$f(x) = \lambda e^{-\lambda x}, \ x \geq 0$$

지수함수의 누적분포함수는

$$F(x) = \int_0^x f(y)\,dy = 1 - e^{-\lambda x}, \ x \geq 0$$

$\lambda = 2$인 지수분포의 확률밀도함수와 분포함수는 아래와 같다.

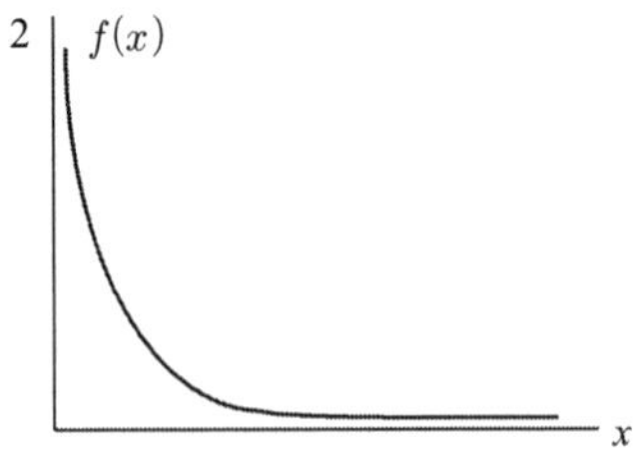

지수분포의 확률밀도함수

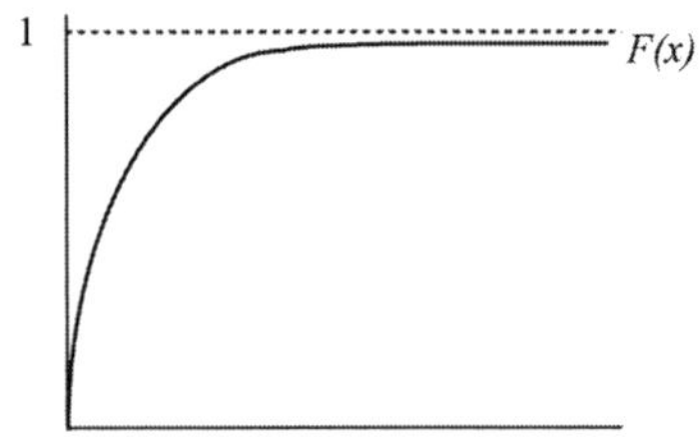

지수분포의 분포함수

모수 λ인 지수분포의 평균과 분산은 각각 다음과 같다.

$$E(X) = \int_0^\infty x\,\lambda e^{-\lambda x} dx = \lambda^{-1}$$

$$Var(X) = E(X^2) - (E(X))^2 = \lambda^{-2}$$

$$E(X^i) = \int_0^\infty x^i \ \lambda e^{-\lambda x} \ dx = \frac{i!}{\lambda^i}$$

여기서

$$P(X > s) = 1 - F(s) = e^{-\lambda s}$$

$$P(X > s+t) = e^{-\lambda(s+t)} = e^{-\lambda s}.e^{-\lambda t} = P(X > s)P(X > t)$$

이 성립하므로 다음 관계식을 얻는다.

$$P(X > s+t \ | X > t) = P(X > s)$$

이는 지수분포 확률변수 X를 컴퓨터 칩의 수명이라 할 때 t시점에 칩이 잘 작동하고 있었다면 $s+t$시점에 여전히 작동하고 있을 확률은 처음부터 시작하여 s시점에 작동하고 있을 확률과 동일함을 의미한다. 즉 t시점에 컴퓨터 칩이 작동하고 있었다면 t시점 이후의 컴퓨터 칩의 수명은 새 칩의 수명과 일치하게 된다. 이와 같은 성질을 **비기억성**(memoryless property)이라 한다. 사고 다발 지점에서 사고가 일어나는 것이 비기억성을 갖는다면 5분 전에 일어난 사고가 다음 사고가 일어날 때까지의 경과시간을 예측하는 데 도움이 될 수 없으며 3월의 사고 건수와 4월의 사고 건수는 서로 독립적일 것이다. 지금까지 20여 년 동안 살아오면서 경험한 사건들을 잘 기억하고 분석해 놓는 것이 언제쯤 내가 또 다른 사건을 당하게 될는지를 예측하는 데에 아무런 도움이 되지 않는다. 큰 사고를 당하면 하나 같이 내가 이런 일을 당할 줄은 상상도 못했다고들 말하는 것은 이러한 이유 때문이 아닐까? 하지만 인간이나 세포의 수명은 물론이고 기계부품의 수명, 버스도착시간, 서비스시간 등이 비기억성을 갖는다는 가정은 엄밀한 의미에서 보면 비현실적이다. 그러나 비기억성을 가정하면 수학적으로 다루기가 수월해지므로 현실성을 조금 손해 보더라도 계산의 용이성을 얻게 되어 실용성이 커진다고 볼 수 있다. 지수분포는 비기억성을 가지며, 또한 비기억성을 갖는 연속확률분포는 지수분포밖에 없다(참고: Ross(1994) p.226).

X와 Y는 서로 독립이며 각각 모수 λ와 μ를 갖는 지수분포를 따른다고 할 때 X와 Y의 최솟값이 $t\,(>0)$보다 클 확률은 다음과 같다.

$$
\begin{aligned}
P(\min(X, Y) > t) &= P(X > t,\ Y > t) = P(X > t)P(Y > t) \\
&= e^{-\lambda t} e^{-\mu t} = e^{-(\lambda+\mu)t}
\end{aligned}
$$

즉 $\min(X, Y)$의 분포는 모수 $\lambda+\mu$인 지수분포를 한다.

예 8.1.1 어느 은행의 한 미니출장소에는 2명의 직원이 창구에 앉아 있다. 영선이가 은행을 들어섰을 때 두 명의 고객이 각각의 직원으로부터 서비스를 받고 있었다. 누구든 일이 끝나는 대로 곧 영선이가 서비스를 받는다고 하고 직원이 한 고객을 서비스하는 데 걸리는 시간은 평균 5분인 지수분포를 한다고 한다. 영선이가 세 사람 중 제일 늦게 은행을 떠날 확률은 얼마인가?

풀이 지금 서비스를 받고 있는 두 사람 중 한 사람의 서비스가 끝나면 곧 영선이가 서비스를 받게 될 것이고 한 사람을 서비스하는 데 걸리는 시간이 지수분포를 따르므로 지수분포의 비기억성에 의하여 지금까지 서비스를 받고 있던 사람이 일을 끝내는 데 걸리는 시간이나 영선이가 일을 마치는 데 걸리는 시간의 분포는 같을 것이다. 따라서 영선이가 마지막으로 은행을 떠날 확률은 1/2이다. ■

예 8.1.2 TV의 수명은 평균 10년인 지수분포를 따른다고 가정하자. 혜영이는 알뜰시장에서 중고 TV를 하나 구입하였다. 이 TV를 앞으로 5년 이상 사용할 확률은 얼마인가?

풀이 TV의 수명을 X라 하면 X는 모수 $1/10$인 지수분포를 따르며 지수분포는 과거에 대한 기억이 없으므로

$$P(X>t+5 \mid X>t) = P(X>5) = 1-F(5) = e^{-\frac{1}{2}}$$

이 된다. 여기서 t는 구입 당시의 중고 TV의 연령을 나타낸다.

만약 TV의 수명이 지수분포가 아니라면 위의 확률은

$$P(X>t+5 \mid X>t) = \frac{P(X>t+5)}{P(X>t)} = \frac{1-F(t+5)}{1-F(t)}$$

로 t의 함수가 된다. 즉 앞으로 남은 수명은 과거 몇 년을 사용했느냐에 따라 달라질 것이다. ■

연속적으로 도착하는 두 버스 사이의 도착간격 시간을 수명시간 X로 보고 X의 평균을 μ, 분산을 σ^2이라 하자. 누구든 정류장에 도착하는 대로 곧 버스가 와주길 바랄 것이나 이는 대개 소망으로 그친다. 직관적으로 X의 평균이 μ이므로 기다려야 하는 평균시간은 $\frac{1}{2}\mu$ 정도라 생각할 수 있다. 이 짐작이 옳은가 살펴보자. 승객이 정류장에 도착하여 버스가 올 때까지 기다리는 시간을 W라 하자.

W의 분포를 구하는 일은 간단치 않으나 몇 단계의 수학적 과정을 거쳐 얻은 결과는 간단한 형태를 갖는다. (W의 분포는 9.3절에서 언급되는 초과수명 분포의 극한 분포이다.) 즉

$$P(W \le t) = \frac{1}{\mu}\int_0^t P(X \ge x)\,dx, \quad 0 \le t < \infty \tag{8.1.1}$$

(8.1.1)식을 이용하여 W의 평균을 구하면 다음과 같다.

$$E(W) = \frac{\sigma^2 + \mu^2}{2\mu} \tag{8.1.2}$$

이는 항상 $\frac{1}{2}\mu$ 보다 크거나 같은 값이 된다.

(8.1.2)식에서 $\sigma^2 = 0$이라면 X는 상수 값을 가짐을 의미하고 이는 버스 종점에서처럼 일정한 시간 간격을 가지고 규칙적으로 출발하는 곳에서 버스를 탈 때 해당되는 경우이다. 만약 X가 모수 λ인 지수분포를 한다고 가정하면 $\mu = \lambda^{-1}$이고 $P(X \ge x) = e^{-\lambda x}$이므로 이를 (8.1.1)식에 대입하면 $P(W \le t) = 1 - e^{-\lambda t}$가 되어 W는 X와 같은 지수분포를 갖게 된다. 이는 지수분포의 비기억성에 의해 언제 승객이 정류장에 왔건 상관없이 기다려야 하는 시간의 분포는 같다는 것을 의미한다. $\mu = \frac{1}{\lambda}$, $\sigma^2 = \frac{1}{\lambda^2}$을 (8.1.2)식에 대입하면 $E(W) = \frac{1}{\lambda}$이 되어 W가 모수 λ인 지수분포일 때와 일치한다. 여러분은 막 떠나는 버스를 보고 안타까워하다 곧바로 따라온 텅 빈 버스를 타고 쾌재를 부른 기억은 없으신지요?

$F(x)$, $f(x)$를 각각 누적분포함수와 확률밀도함수로 갖는 확률변수 X가 있다. X가 수명시간을 나타낸다고 하면 $h > 0$에 대하여 다음 식은 수명시간 X가 t시간 이상이라고 할 때 추가되는 h시간 동안에 수명이 끝날 확률을 나타낸다.

$$P(X \le t+h \mid X > t) = \frac{P(t \le X \le t+h)}{P(X > t)} = \frac{F(t+h) - F(t)}{1 - F(t)} \tag{8.1.3}$$

(8.1.3)식의 양변을 h로 나누고 $h \to 0$이면 다음을 얻는다.

$$\lim_{h \to 0} \frac{P(X \le t+h \mid X > t)}{h} = r(t) = \frac{f(t)}{1-F(t)}$$

$r(t)$는 t 시간까지 생존한 것이 t 시점을 지나면서 고장 날 조건부 확률의 강도, 즉 조건부확률밀도함수를 나타내므로 이를 **실패율함수(failure rate function)** 또는 **위험률함수(hazard rate function)**라고 부른다. $r(t)h \approx P(X \le t+h \mid X > t)$는 t시간 동안 생존한 X가 h시간 안에 사망할 확률을 의미한다. 여기서 관계식

$$r(t) = \frac{f(t)}{1-F(t)} = -\frac{d\log(1-F(t))}{dt}$$

이 성립하므로 $R(t) = \int_0^t r(x)dx$라 두면 다음이 성립한다.

$$F(t) = 1 - e^{-R(t)}, \quad f(t) = r(t)e^{-R(t)}$$

이는 실패율 $r(t)$가 주어지면 수명 X의 분포를 구할 수 있음을 의미한다.

일반적으로 실패율 $r(t)$는 시간 t의 함수이다. 그러나 지수함수의 경우에는 비기억성으로 인하여 $r(t)$가 상수 값이 된다. 즉 다음이 성립한다.

$$r(t) = \frac{f(t)}{1-F(t)} = \frac{\lambda e^{-\lambda t}}{e^{-\lambda t}} = \lambda$$

예 8.1.3 확률변수 X의 위험률함수가 $r(t) = a + bt$라 하자. X의 확률밀도함수 $f(t)$를 구하여라.

풀이 $R(t) = \int_0^t r(x)dx = at + (1/2)bt^2$

$f(t) = (a+bt)e^{-at-(1/2)bt^2}, \quad t \ge 0$ ■

예 8.1.4 흡연자의 40세에서 50세 사이의 사망률이 다음과 같다.

$$r(t) = 1/30, \quad 40 \le t \le 50$$

40세의 흡연자가 적어도 50세까지 생존할 확률을 구하여라.

풀이 $P(X \geq 50 \mid X \geq 40) = \dfrac{1-F(50)}{1-F(40)} = e^{-\int_{40}^{50} 1/30dt} = e^{-1/3}$ ■

8.2 포아송과정

처음부터 t시간까지 발생한 사건의 총수에 관심이 있을 때가 많다. 예를 들어, $(0, t]$시간 동안 백화점에 들어온 고객 수, 보험청구 건수, 전화 통화 수, 자동차 사고 건수, 불량품의 개수 등이 그것이다. $(0, t]$시간 동안에 발생한 어떤 사건들의 총수를 $N(t)$로 나타내면 $\{N(t) \mid t \geq 0\}$는 하나의 확률과정이 된다. 아래 4가지 조건을 만족하는 확률과정 $\{N(t) \mid t \geq 0\}$을 특별히 **셈과정**(counting process)이라고 부른다.

(1) $N(t) \geq 0$
(2) $N(t)$는 정수 값을 갖는다.
(3) $s < t$이면 $N(s) \leq N(t)$이다.
(4) $s < t$일 때 $N(t) - N(s)$는 $(s, t]$에서 발생하는 사건의 수를 나타낸다.

백화점에서 문 여는 시간을 기점으로 하여 t시간까지 들어온 총 고객 수를 $N(t)$라 하면 $\{N(t) \mid t \geq 0\}$는 셈과정이 된다. 그러나 $N(t)$를 t시점에 백화점 안에 있는 고객의 수라 하면 이는 위의 조건 (3)을 만족하지 않으므로 셈과정으로 볼 수 없다. 셈과정에서 서로 겹치지 않는 시간 구간 안에서 일어나는 사건 발생 수가 독립일 때 셈과정은 **독립증분**(independent increment)을 갖는다고 한다. 즉 $N(t)$가 독립증분을 가지면 $t_1 < t_2 < \ldots < t_n$에서

$$N(t_1),\ N(t_2) - N(t_1),\ N(t_3) - N(t_2)\ ,\ \cdots\ ,\ N(t_n) - N(t_{n-1})$$

은 서로 독립이 된다. 또한 임의의 시간 구간에서의 사건 발생수가 오로지 시간 구간의 길이에 따라 좌우될 때 이러한 셈과정은 **정상증분**(stationary increment)을 갖는다고 한다. 다시 말하면 $N(t)$가 정상증분을 갖게 되면 임의의

$t_1 < t_2$, $s > 0$에 대하여, $N(t_2) - N(t_1)$과 $N(t_2 + s) - N(t_1 + s)$은 같은 분포를 한다. $N(t)$를 t시간까지 백화점에 들어온 고객 수라 하면 $N(t)$는 독립증분을 갖게 되고 또한 하루 동안 고객이 특별히 선호하는 시간대가 없으면 정상증분을 갖는다고 말할 수도 있다. 그러나 만약 퇴근시간 전후한 5시에서 6시 사이에 특별히 많은 손님들이 몰린다면 정상증분 성질은 갖지 못하게 된다. $N(t)$가 t시간까지의 출생자 수를 나타낸다고 하면 $N(t)$는 독립증분도 정상증분성질도 갖지 못한다. 왜냐하면 t시점에서의 $N(t)$가 큰 값을 갖게 되면 t시간 이후의 출생자 수도 일반적으로 큰 값을 갖게 되어 t시간 이후의 분포가 $N(t)$의 값에 따라 좌우될 수 있기 때문이다.

특별한 설명이 없는 한 $N(t)$는 $(0, t]$시간 동안 발생한 총 사건 수를 나타낸다. 다음의 (1)~(4)조건을 만족하는 셈과정을 생각해보자.

〈조건 A〉

(1) $N(0) = 0$

(2) 독립증분과 정상증분을 갖는다.

(3) $P((t, t+\Delta t]$ 동안 한 사건이 발생) $=\lambda\Delta t + o(\Delta t)$

(4) $P((t, t+\Delta t]$ 동안 둘 이상의 사건이 발생) $=o(\Delta t)$

여기서 $o(\Delta t)$는 $\lim_{\Delta t \to 0} \frac{f(\Delta t)}{\Delta t} = 0$을 만족하는 모든 함수 f를 의미한다. 예를 들어 $f(h) = h^2$은 $o(h)$이나 $f(h) = 2h$는 $o(h)$가 되지 못한다. $o(h)$함수의 합, 차, 곱과 상수 곱 역시 $o(h)$함수가 된다.

위의 (1)은 시간 0에서 셈과정이 시작됨을 의미하고, (2)로부터 임의의 $t \geq 0$에 대해 $N(t+\Delta t) - N(t)$와 $N(\Delta t)$는 같은 분포를 갖게 된다. (3)과 (4)는 위의 셈과정은 한 번에 하나씩 증가하며, 즉 둘 또는 그 이상이 동시에 발생하지 않으며, 한 단위 증가할 확률은 구간의 길이 Δt에 비례함을 의미한다. 또한 Δt 시간 동안 사건 발생이 없을 확률은 $1 - \lambda\Delta t + o(\Delta t)$이다.

(3)으로부터 발생률 λ는 다음과 같다.

$$\lambda = \lim_{\Delta t \to 0} \frac{P(N(t+\Delta t) - N(t) = 1)}{\Delta t}$$

정상증분 성질을 이용하면 위 식은 다음과 같다.

$$\lambda = \lim_{\Delta t \to 0} \frac{P(N(\Delta t) = 1)}{\Delta t}$$

즉 λ 는 아주 짧은 시간 동안에 한 사건이 발생할 확률의 시간에 대한 변화율이다. λ를 좀 더 실용적인 의미로 해석하면 단위시간당 발생하는 평균 사건수가 된다. 다음이 성립한다(이는 9장에서 다루게 될 기초재생정리이다).

$$\lambda = \lim_{t \to \infty} \frac{N(t)}{t} \quad \text{또는} \quad \lambda = \lim_{t \to \infty} \frac{E(N(t))}{t}$$

(1)~(4)가 성립하면 미분-차분 방정식을 이용하여 $N(t)$는 모수 λt 를 갖는 포아송분포를 함을 다음과 같이 증명할 수 있다.

먼저 $P_n(t) = P(N(t) = n)$라 하자. 그러면

$$\begin{aligned} P_0(t+h) &= P(N(t+h) = 0) \\ &= P(N(t) = 0,\ N(t+h) - N(t) = 0) \\ &= P_0(t)[1 - \lambda h + o(h)] \end{aligned}$$

이다. 위 식을 정리하면 다음과 같다.

$$\frac{P_0(t+h) - P_0(t)}{h} = -\lambda P_0(t) + \frac{o(h)}{h}$$

이 식에서 양변에 $h \to 0$을 취하면 다음을 얻는다.

$$\frac{P_0'(t)}{P_0(t)} = -\lambda \qquad (8.2.1)$$

(8.2.1)식의 양변을 적분하면 다음과 같다.

$$\log P_0(t) = -\lambda t + c$$

따라서

$$P_0(t) = Ke^{-\lambda t}$$

조건 (1)로부터 $P_0(0) = P(N(0)=0) = 1$이므로

$$P_0(t) = e^{-\lambda t} \tag{8.2.2}$$

을 얻는다. 같은 방법으로 $n > 0$에 대하여 다음이 성립한다.

$$\begin{aligned} P_n(t+h) &= P(N(t+h)=n) \\ &= P(N(t)=n,\ N(t+h)-N(t)=0) \\ &\quad + P(N(t)=n-1,\ N(t+h)-N(t)=1) \\ &\quad + \sum_{k=2}^{n} P(N(t)=n-k,\ N(t+h)-N(t)=k) \end{aligned}$$

위 식에 가정 (1)~(4)를 적용하면 다음을 얻는다.

$$\begin{aligned} P_n(t+h) &= P_n(t)\,P_0(h) + P_{n-1}(t)\,P_1(h) + o(h) \\ &= (1-\lambda h)P_n(t) + \lambda h\,P_{n-1}(t) + o(h) \end{aligned}$$

즉

$$\frac{P_n(t+h)-P_n(t)}{h} = -\lambda P_n(t) + \lambda P_{n-1}(t) + \frac{o(h)}{h}.$$

위 식의 양변에 $h \to 0$을 취하고 $e^{\lambda t}$를 곱한 다음 변형하면 다음과 같다.

$$\frac{d}{dt}(e^{\lambda t}P_n(t)) = \lambda e^{\lambda t}\ P_{n-1}(t) \tag{8.2.3}$$

위 식에 $n=1$을 대입하고 $P_1(0)=0$과 (8.2.2)식을 이용하면

$$P_1(t) = \lambda t\ e^{-\lambda t} \tag{8.2.4}$$

임을 보일 수 있다. 이제 (8.2.3)과 (8.2.4), 그리고 수학적 귀납법을 적용하면 다음이 성립한다.

$$P_n(t) = (\lambda t)^n \frac{e^{-\lambda t}}{n!}, \quad n = 0,\ 1,\ 2,\ \cdots$$

또한 $N(t)$는 정상증분 성질을 가지고 있으므로 임의의 $s > 0$에 대하여 다음 관계가 성립한다.

$$P_n(t) = P(N(t) = n) = P(N(t+s) - N(s) = n)$$

포아송과정은 독립증분 및 정상증분 성질에 의해 어느 시점에서 시작하든 처음 시작한 것과 같다. 즉 어떤 시점을 기준으로 하였을 때 앞으로의 과정은 과거의 발자취와 독립이고 동일한 확률법칙의 지배를 받는다. 간단히 '과거의 완전한 망각'으로 지수분포와 연결됨을 알 수 있다.

셈과정 $N(t)$가 다음 <조건 B>를 만족하면 $N(t)$를 도착률(발생률 또는 모수라고도 부른다) λ를 갖는 **포아송과정**(Poisson process)이라 한다.

〈조건 B〉

(1) $N(0) = 0$

(2) 독립증분을 갖는 확률과정이다.

(3) 임의의 $s,\ t \geq 0$에 대하여

$$P(N(t+s) - N(s) = n) = e^{-\lambda t} \frac{(\lambda t)^n}{n!}, \quad n \geq 0$$

독립증분 및 정상증분 성질을 갖는 가장 대표적인 셈과정이 포아송과정이다. 위의 조건 (3)으로부터 포아송과정이 정상증분을 가짐을 쉽게 볼 수 있다. 또한 포아송분포의 평균과 분산은 모수와 같으므로 $E(N(t)) = \lambda t$가 된다. λ를 도착률이라 부르는 이유는 이 때문이다.

<조건 A>의 (1)-(4)조건을 만족하면 포아송과정이 됨을 보았다. 역으로 포아송과정 즉 <조건 B>를 만족하면 <조건 A>의 (1)-(4)조건을 만족함을 보이자. 먼저 <조건 B>의 (3)으로부터 다음이 성립한다.

$$P(N(h) = 1) = \lambda h e^{-\lambda h}$$

$$= \lambda h + [\lambda h e^{-\lambda h} - \lambda h]$$
$$= \lambda h + o(h)$$

또한 다음이 성립한다.

$$P(N(h) \geq 2) = 1 - P(N(h) = 0) - P(N(h) = 1)$$
$$= 1 - e^{-\lambda h} - \lambda h + o(h)$$

$1 - e^{-\lambda h} - \lambda h = o(h)$, $o(h) + o(h) = o(h)$이므로 <조건 A>의 (3)과 (4)가 성립한다.

예 8.2.1 600쪽으로 된 책 속에 총 240자의 오자가 있다. 세 쪽 연속해서 한 자의 오자도 없을 확률을 포아송 근사를 사용하여 구하여라.

풀이 $N(t)$를 첫 쪽부터 t쪽까지의 오자의 수라 하면 한 쪽당 평균 2/5자의 오자가 발생하는 꼴이 되므로 $N(t)$는 모수 2/5인 포아송과정으로 볼 수 있다. 따라서 구하고자 하는 확률은 다음과 같다.

$$P(N(3) = 0) = e^{-3 \cdot \frac{2}{5}}$$ ■

예 8.2.2 어떤 사무실에 고객이 매 시간당 도착률 $\lambda = 4$인 포아송과정을 따라 들어온다고 하자. 오전 9시에 문을 열었을 때 10시까지 2명의 손님이 찾아올 확률을 구하여라. 또 10시까지 2명, 11시 30분까지 5명의 손님이 들어올 확률은 얼마인가?

풀이 9시에 문을 열었으므로 9시를 $t = 0$이라 두면 10시는 $t = 1$, 11시 30분은 $t = 2.5$가 된다. 따라서 구하고자 하는 확률은 각각 다음과 같다.

$$P(N(1) = 2) = \frac{e^{-4 \cdot 1}(4 \cdot 1)^2}{2!} = 8e^{-4}$$
$$P(N(1) = 2,\ N(2.5) = 5) = P(N(1) = 2)\ P(N(2.5) - N(1) = 3)$$
$$= P(N(1) = 2)\ P(N(1.5) = 3)$$

$$= 8e^{-4} \cdot 36e^{-6} = 288\, e^{-10}$$ ■

8.3 도착간격시간 분포 및 대기시간 분포

셈과정에서 n번째 사건이 도착(또는 발생)한 시점을 S_n이라 하면 S_n은 n번째 사건이 도착할 때까지의 대기시간(waiting time)으로 볼 수 있다. $S_0 = 0$, $X_n = S_n - S_{n-1}\,(n \geq 1)$라 두면 이는 $(n-1)$번째 사건과 n번째 사건 사이의 경과된 시간을 나타낸다. 이때 수열 $\{X_n \mid n = 1, 2, 3, \cdots\}$을 **도착간격시간**(interarrival time) 수열이라 정의한다.

모수 λ를 갖는 포아송과정에서의 X_n의 분포를 알아보자.

$\{X_1 > t\}$는 t시간 안에 아무런 사건도 일어나지 않았음을 의미한다. 따라서

$$P(X_1 > t) = P(N(t) = 0) = e^{-\lambda t}.$$

또한 포아송과정은 독립, 정상증분을 가지므로 다음이 성립한다.

$$P(X_2 > t \mid X_1 = s) = P(N(t+s) - N(s) = 0 \mid X_1 = s)$$

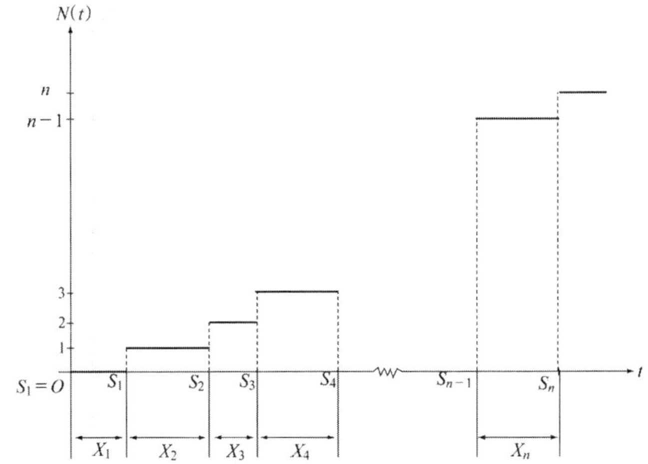

그림 8-1

$$= P(N(t+s) - N(s) = 0) \quad (\text{독립증분})$$
$$= P(N(t) = 0) \quad (\text{정상증분})$$
$$= e^{-\lambda t} \tag{8.3.1}$$

또한 $P(X_2 > t) = E[P(X_2 > t \mid X_1)] = e^{-\lambda t}$이 되므로 X_1과 X_2 모두 모수 λ 인 지수분포를 하며, (8.3.1)식의 마지막 항은 $X_1 = s$ 값의 영향을 받지 않으므로 두 확률변수는 서로 독립이다.

일반적으로 $t, t_1, t_2, \cdots, t_{n-1} \geq 0$에 대하여

$$P(X_n > t \mid X_1 = t_1,\ X_2 = t_2,\ \cdots,\ X_{n-1} = t_{n-1}) = e^{-\lambda t}$$

가 되므로 다음과 같이 결론을 내릴 수 있다.

모수 λ를 갖는 포아송과정에서 도착간격시간을 X_n이라 하면 $X_1, X_2, X_3, \cdots$는 서로 독립이고 각각 모수 λ를 갖는 지수분포를 따른다.

독립, 정상증분을 갖는 확률과정이 어떤 시점에서 재출발을 하게 되면 재출발 이후의 사건은 이전에 발생한 사건들과는 독립적으로 일어나고 또한 처음과 동일한 분포를 갖게 된다. 따라서 포아송과정이 비기억성을 갖게 되리라는 것을 짐작할 수 있다.

역으로 다음 상자 속의 글이 참임을 알아보자.

〈조건 C〉

도착간격시간 $X_1, X_2, \cdots$가 서로 독립이고 각각이 모수 λ인 지수분포를 따른다면 t 시간까지 도착된 사건의 수를 나타내는 셈과정 $N(t)$는 도착률 λ인 포아송과정이 된다.

도착간격시간 $X_1, X_2, \cdots, X_n$이 서로 독립이고 모수 λ인 지수분포를 가지면 대기시간 S_n은 $S_n = \sum_{i=1}^{n} X_i$이므로 S_n은 모수(n, λ)인 감마분포를 하게 된다. 따라서 S_n의 확률밀도함수, 평균, 분산은 다음과 같이 주어진다.

$$f_{S_n}(t) = \lambda e^{-\lambda t}\frac{(\lambda t)^{n-1}}{(n-1)!}, \quad n=1, 2, 3, \cdots, \quad t \ge 0$$

$$E(S_n) = \frac{n}{\lambda,} \quad Var(S_n) = \frac{n}{\lambda^2}$$

$\{S_n \le t\}$은 n번째 사건이 $(0,\, t]$에서 발생하였다는 것을 의미하고 이는 $(0\,,\, t]$ 사이에서 적어도 n번 이상의 사건이 발생하였음을 말한다. 즉 다음이 성립한다.

$$\{N(t) \ge n\} \Leftrightarrow \{S_n \le t\}$$

따라서 부분적분을 이용하면 다음이 성립한다.

$$P(N(t) \ge n) = P(S_n \le t) = \int_0^t \lambda e^{-\lambda x}\frac{(\lambda x)^{n-1}}{(n-1)!}\,dx$$

$$= \frac{(\lambda t)^n}{n!}e^{-\lambda t} + P(N(t) \ge n+1)$$

그러므로 다음을 얻는다.

$$P(N(t)=n) = P(N(t) \ge n) - P(N(t) \ge n+1) = \frac{(\lambda t)^n}{n!}e^{-\lambda t}$$

따라서 <조건 A>, <조건 B>, <조건 C>는 모두 도착률 λ 인 포아송과정을 정의한다.

도착간격시간 X_i가 서로 독립이며 지수분포를 한다는 가정을 약화시켜 X_i가 독립, 동등분포를 한다고 가정하면 보다 일반적인 셈과정을 얻게 되는데 이러한 셈과정을 재생과정(renewal process)이라 한다. 재생과정에 관해서는 9장에서 자세히 다룰 것이다.

예 8.3.1 $N_1(t)$, $N_2(t)$는 각각 모수 λ를 갖는 서로 독립인 포아송과정이다. 각 과정에서 적어도 하나의 사건이 발생할 때까지 기다리는 시간을 T라 할 때 T의 분포를 구하여라.

풀이 $N_1(t)$ 과정의 첫 번째 사건이 도착한 시점을 X_1, $N_2(t)$ 과정의 첫 번째 사건이 도착한 시점을 Y_1이라 하면 T는 다음과 같이 쓸 수 있다.

$$T = \max\{X_1,\ Y_1\}$$

여기서 X_1, Y_1은 각각 모수 λ인 지수분포를 하고 서로 독립이므로 다음이 성립한다.

$$\begin{aligned} P(T \le t) &= P(\max\{X_1,\ Y_1\} \le t) \\ &= P(X_1 \le t)P(Y_1 \le t) = (1 - e^{-\lambda t})^2 \end{aligned}$$

두 과정에서 첫 번째 사건이 발생하는 시점을 S라 하면 $S = \min\{X_1,\ Y_1\}$이 되며 S는 모수 2λ인 지수분포를 따른다. ■

8.4 균등 분포와 포아송과정

승객이 열차 대합실에 도착하는 것은 모수 λ인 포아송과정을 따르며 기차는 매 t 분마다 출발한다고 하자. 이때 각 승객이 대합실에서 기다리는 시간들의 총합은 얼마나 될까? 위와 같은 유형의 문제는 균등분포의 순서통계량(order statistics)분포를 이용하여 구할 수 있다.

만약 $(0,\ t]$ 시간 내에 한 명의 승객만이 도착하였다고 하자. 포아송과정은 독립, 정상증분을 가지므로 한 승객이 도착할 시점은 $(0,\ t]$의 각 시점에서 동등한 확률로 일어난다. 즉 첫 번째 승객이 도착한 시점 S_1은 $(0,\ t]$에서 균일 분포를 갖게 된다.

$$\begin{aligned} & P(S_1 \le s \mid N(t) = 1) \\ &= \frac{P(S_1 \le s,\ N(t) = 1)}{P(N(t) = 1)} \\ &= \frac{P((0,\ s]\text{ 사이에 한 사람 오고, }(s,\ t]\text{ 동안엔 아무도 오지 않는다})}{P(N(t) = 1)} \end{aligned}$$

$$= \frac{P((0, s]\text{에 한 사람 온다}) \cdot P((s, t]\text{에 아무도 오지 않는다})}{P(N(t)=1)}$$

$$= \frac{\lambda s e^{-\lambda s} \cdot e^{-\lambda(t-s)}}{\lambda t e^{-\lambda t}}$$

$$= \frac{s}{t}$$

이는 $N(t)=1$이라는 조건 아래서는 $S_1 = X_1$은 $(0, t)$에서 균등분포를 함을 의미한다. 조건이 없는 경우의 X_1의 분포는 모수 λ인 지수분포를 하는 것과 비교해보라.

이제 $t_1 < t_2 < \cdots < t_n$에 대해 조건부 도착시점 $\{S_1, S_2, \cdots, S_n \mid N(t)=n\}$의 결합확률밀도함수를 구하여 보면 다음과 같다.

$$P(t_1 < S_1 \le t_1 + dt_1,\quad t_2 < S_2 \le t_2 + dt_2,\ \cdots,\ t_n < S_n \le t_n + dt_n \mid N(t)=n)$$

$$= \frac{1}{P(N(t)=n)} P((0, t_1]\text{에 발생 없음, } (t_1, t_1+dt_1]\text{에 하나 발생,}$$

$$(t_1+dt_1, t_2]\text{에 발생 없음, } (t_2, t_2+dt_2]\text{에 하나 발생, } \cdots$$

$$(t_{n-1}+dt_{n-1}, t_n]\text{에 발생 없음, } (t_n, t_n+dt_n]\text{에 하나 발생,}$$

$$(t_n+dt_n, t]\text{에 발생 없음})$$

$$= \frac{1}{P(N(t)=n)} e^{-\lambda t_1} \cdot (\lambda dt_1) e^{-\lambda dt_1} e^{-\lambda(t_2 - t_1 - dt_1)} \cdot (\lambda dt_2) e^{-\lambda dt_2}$$

$$\cdots e^{-\lambda(t_n - t_{n-1} - dt_{n-1})} \cdot (\lambda dt_n) e^{-\lambda dt_n} e^{-\lambda(t - t_n - dt_n)}$$

$$= \frac{\lambda dt_1 e^{-\lambda dt_1} \cdot \lambda dt_2 e^{-\lambda dt_2} \cdots \lambda dt_n e^{-\lambda dt_n} \cdot e^{-\lambda(t - dt_1 - \cdots dt_n)}}{(\lambda t)^n \dfrac{e^{-\lambda t}}{n!}}$$

$$= \frac{n!}{t^n} dt_1 dt_2 \cdots dt_n$$

이는 $(0, t)$에서 균등분포를 하는 n개의 독립확률변수들의 순서통계량의 결합확률밀도함수이다. 따라서 $N(t)=n$일 때 각 승객의 도착시점인 S_1, S_2,

$\cdots$, S_n의 조건부분포는 서로 독립이고 $(0, t]$에서 균등분포를 하는 확률변수들 $U_1, U_2, \cdots, U_n$의 순서통계량 $U_{(1)}, U_{(2)}, \cdots, U_{(n)}$과 같은 분포를 한다. 즉 $N(t)=n$이라는 조건 아래서 임의로 선택한 도착시점은 $(0, t)$에서 균등분포를 한다. $\{S_1, S_2, \cdots, S_n \mid N(t)=n\}$의 결합확률밀도함수는 다음과 같다.

$$f_{S_1, \cdots, S_n \mid N(t)=n}(s_1, \cdots, s_n \mid n) = \frac{n!}{t^n}, \ 0 < s_1 < s_2 < \cdots < s_n \le t$$

예 8.4.1 고객이 은행에 도착하는 모형은 모수 λ인 포아송과정을 따른다고 한다. 9시 30분에 문을 연 후 10시 30분까지 2명의 손님이 은행을 찾아왔다면 두 명의 손님이 모두 10시 전에 들어왔을 확률은 얼마인가? 또 적어도 한 명의 고객이 10시 전에 들어왔을 확률을 구하여라.

풀이 첫 번째 고객이 들어온 시점을 S_1, 두 번째 고객이 들어온 시점을 S_2라 하면 $N(1)=2$일 때의 S_1, S_2의 결합확률밀도 함수는 다음과 같다.

$$f_{S_1, S_2 \mid N(1)=2}(s_1, s_2 \mid 2) = 2, \ 0 < s_1 < s_2 < 1$$

따라서 구하는 확률은 아래와 같다.

$$P(S_2 \le 1/2 \mid N(1)=2) = 1/4$$
$$P(S_1 \le 1/2 \mid N(1)=2) = 3/4$$

이는

$$P(N(1/2)=2, N(1)-N(1/2)=0 \mid N(1)=2) = 1/4$$

와

$$P(N(1/2)=2, N(1)-N(1/2)=0 \mid N(1)=2) + P(N(1/2)=1, N(1)-N(1/2)=1 \mid N(1)=2) = 3/4$$

를 이용하여 구할 수도 있다. ■

열차 승객이 모수 λ인 포아송과정을 따라 대합실에 들어온다. 기차가 시간 t 에 떠날 예정이라면 열차 대합실에 있던 각 승객들이 기차를 타기까지 기다리게 되는 대기시간의 총합에 대한 기댓값을 구하여보자. 기차 출발 시 n 명의 승객이 있었다면 i 번째 도착 승객이 기다리는 시간은 $t-S_i$ 이고 $N(t)=n$ 이므로 기다리던 각 사람의 대기시간의 합은 $\sum_{i=1}^{n}(t-S_i)$가 된다. 따라서 대기시간의 총합에 대한 기댓값은 다음과 같다.

$$E\left(\sum_{i=1}^{N(t)}(t-S_i)\mid N(t)=n\right)=E\left(\sum_{i=1}^{n}(t-S_i)\mid N(t)=n\right)$$
$$=nt-E\left(\sum_{i=1}^{n}S_i\mid N(t)=n\right)$$
$$=\frac{nt}{2} \tag{8.4.1}$$

$U_1,\ U_2,\ \cdots,\ U_n$을 서로 독립이고 $(0,\ t)$에서 균등분포를 하는 확률변수라 하면 (8.4.1)식의 세 번째 등식은 다음 관계로부터 얻는다.

$$E\left(\sum_{i=1}^{n}S_i\mid N(t)=n\right)=E\left(\sum_{i=1}^{n}U_{(i)}\mid N(t)=n\right)$$
$$=E\left(\sum_{i=1}^{n}U_i\right)$$
$$=\frac{nt}{2}$$

그러므로 다음이 성립한다.

$$E\left(\sum_{i=1}^{N(t)}(t-S_i)\right)=E\left(E\left[\sum_{i=1}^{N(t)}(t-S_i)\mid N(t)\right]\right)$$
$$=E\left(\frac{N(t)\cdot t}{2}\right)$$
$$=\frac{\lambda t^2}{2}$$

10분 간격으로 배차된 열차의 배차량을 2배로 늘린다면 자연스럽게 5분 간격으로 열차를 배차할 것이다. 이는 지극히 상식적인 결정이나 이러한 결정이 승객들이 기다리는 총 대기시간을 최소화하는 방법이라는 것을 위 식으로부터 확인해볼 수 있다. T시간 간격으로 배차하던 열차를 $(0, T]$ 사이의 임의의 시간 t에 한 번 더 배차한다면 $(0, t]$ 사이에 도착한 승객이 기다리는 시간의 합은 $\frac{\lambda t^2}{2}$이 될 것이고 $(t, T]$ 사이에 온 승객이 기다리게 되는 시간의 합은 $\frac{\lambda(T-t)^2}{2}$이므로 $(0, T]$ 사이에 승객들이 기다리는 총 시간의 합은

$$g(t) = \frac{\lambda t^2}{2} + \frac{\lambda(T-t)^2}{2}$$

이 되며 $g(t)$는 $t = \frac{T}{2}$에서 최솟값을 갖는다.

예 8.4.2 어떤 특정 시설물에 고객들이 모수 λ인 포아송분포를 따라 들어온다. 고객들은 입장 시에 만 원씩을 내게 되고 $t = S_k$ $(k = 1, 2, \cdots)$ 시점에 받은 만 원을 $t = 0$ 시점의 값어치로 환산한다면 $e^{-\beta S_k}$(만 원)에 해당한다고 한다(β는 상수). 따라서 $(0, t]$ 동안에 받은 금액을 모두 $t = 0$ 시점에서의 액수로 환산하여 더하면 다음과 같다.

$$M = \sum_{k=1}^{N(t)} e^{-\beta S_k}$$

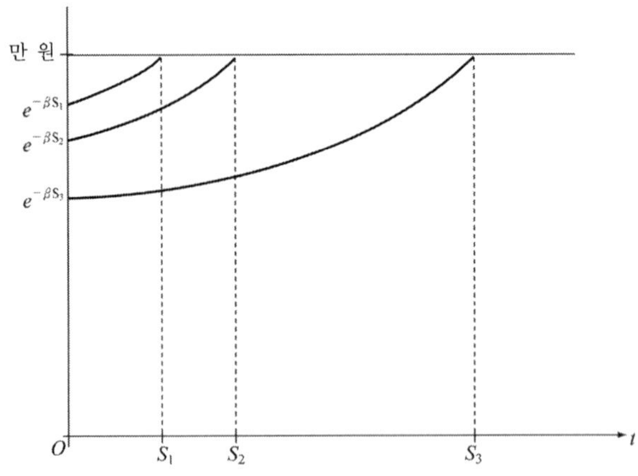

그림 8-2

$N(t)$는 $(0,\ t]$ 사이에 도착한 고객 수이다. $E(M)$을 구하여라.

풀이 $E(M) = E\left(\sum_{k=1}^{N(t)} e^{-\beta S_k}\right)$

$$= \sum_{n=1}^{\infty} E\left(\sum_{k=1}^{n} e^{-\beta S_k} \mid N(t) = n\right) P(N(t) = n)$$

이제 $U_1,\ U_2,\ \cdots,\ U_n$을 $(0,\ t]$에서 균등분포를 하는 서로 독립인 확률변수라 하면 $N(t) = n$ 조건 아래서 $\sum_{k=1}^{n} e^{-\beta S_k}$는 $\sum_{k=1}^{n} e^{-\beta U_{(k)}}$와 같아지므로 다음이 성립한다.

$$E\left(\sum_{k=1}^{n} e^{-\beta S_k} \mid N(t) = n\right) = E\left(\sum_{k=1}^{n} e^{-\beta U_k} \mid N(t) = n\right)$$
$$= nE(e^{-\beta U_1})$$
$$= \frac{n}{\beta t}(1 - e^{-\beta t})$$

따라서 다음을 얻는다.

$$E(M) = \frac{1}{\beta t}(1 - e^{-\beta t}) \cdot E(N(t))$$
$$= \frac{\lambda}{\beta}(1 - e^{-\beta t})$$ ■

어떤 서비스 장소에 모수 λ인 포아송과정으로 고객이 도착하고 고객들은 도착하자마자 곧 서비스를 받는다고 한다(서비스 제공자가 무한히 많다고 가정한다). 각 서비스에 걸리는 시간은 독립동등분포를 한다고 하자. t 시점에 서비스 장소에 있는 고객 수를 $X(t)$라 할 때 $X(t)$의 분포에 대해 알아보자.

$N(t)$는 t 시점까지 도착한 총 고객 수, i 번째 들어온 고객의 서비스 시간을 Y_i, 그에 대한 분포 함수를 $G(x)$라 하자. i 번째 들어온 고객이 t 시점에 여전히 서비스를 받고 있을 확률은 $P(Y_i + S_i > t)$. 따라서 $N(t) = n$ 일 때 t 시점에 m 명의 고객이 여전히 서비스를 받고 있을 확률은

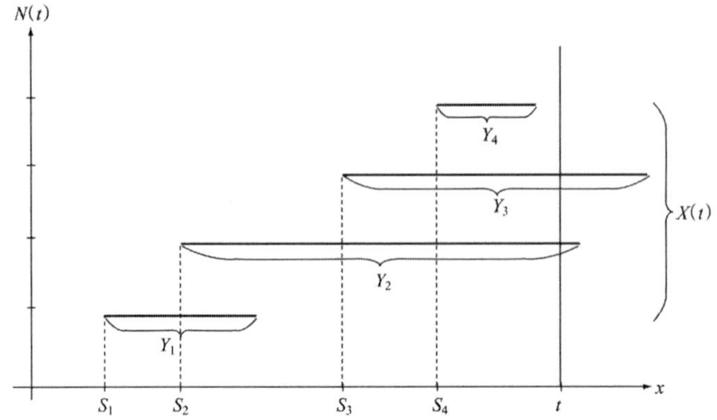

그림 8-3

$$P(X(t)=m \mid N(t)=n)=P[\sum_{i=1}^{n} I(Y_i+S_i \geq t)=m \mid N(t)=n]$$

$$=P[\sum_{i=1}^{n} I(Y_i+U_i \geq t)=m] \qquad (8.4.2)$$

여기서 U_i는 $(0,\ t]$ 사이에서 독립, 균등분포를 하며 I함수는 지시함수(indicator function)를 가리킨다. 즉

$$I(W \geq t)=\begin{cases}1 & \text{if} \quad W \geq t \\ 0 & \text{if} \quad W < t\end{cases}$$

p를 아래와 같이 정의하고

$$p=P(U_i+Y_i \geq t)=\frac{1}{t}\int_0^t P(Y_i \geq t-u)du$$

$$=\frac{1}{t}\int_0^t (1-G(t-u))du$$

$$=\frac{1}{t}\int_0^t (1-G(z))dz$$

(8.4.2)식의 $I(Y_i+U_i \geq t)=Z_i$라 두면 Z_i는 각각 1이 될 확률이 p, 0이 될 확률이 $1-p$인 서로 독립인 확률변수들이고 $\sum_{i=1}^{n} Z_i$는 p를 성공 확률로 하는 이항

분포가 된다. 따라서 다음이 성립한다.

$$P(X(t)=m \mid N(t)=n)=\binom{n}{m}p^m(1-p)^{n-m}, \qquad m=0,1,2,\cdots,n$$

$$\begin{aligned} P(X(t)=m) &= \sum_{n=0}^{\infty} P(N(t)=n)\cdot P(X(t)=m \mid N(t)=n) \\ &= \sum_{n=m}^{\infty}\binom{n}{m}p^m(1-p)^{n-m}e^{-\lambda t}\frac{(\lambda t)^n}{n!} \\ &= e^{-\lambda t}\frac{(\lambda pt)^m}{m!}\sum_{j=0}^{\infty}\frac{[\lambda t(1-p)]^j}{j!} \\ &= e^{-\lambda pt}\frac{(\lambda pt)^m}{m!} \end{aligned}$$

즉 $X(t)$는 모수 λp인 포아송과정이 된다.

8.5 포아송과정의 합과 분해

포아송과정의 합

모수 λ_1를 가지는 포아송과정 $\{N_1(t) \mid t \ge 0\}$와 모수 λ_2를 가지는 포아송과정 $\{N_2(t) \mid t \ge 0\}$이 있다. 이때 $N_1(t)$와 $N_2(t)$는 서로 독립이라 하고 $N(t)=N_1(t)+N_2(t)$라 할 때 $N(t)$는 모수 $\lambda_1+\lambda_2$를 가지는 포아송분포가 됨을 다음과 같이 보일 수 있다.

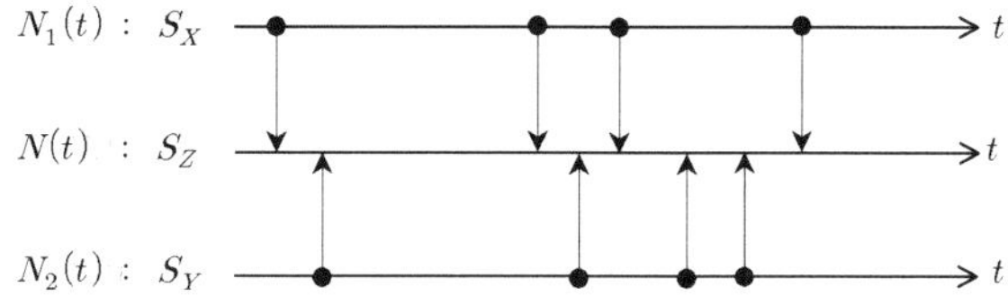

두 포아송과정의 합

먼저 $N(0)=N_1(0)+N_2(0)=0$이고 $N_1(t)$과 $N_2(t)$가 서로 독립이고 각각

은 독립증분을 가지고 있으므로 $N(t)$도 독립증분을 가지며 다음이 성립한다.

$$\begin{aligned}
&P((N(t+s)-N(s)=n) \\
&=P(N_1(t+s)+N_2(t+s)-N_1(s)-N_2(s)=n) \\
&=\sum_{k=0}^{n} P(N_1(t+s)-N_1(s)=k,\ N_2(t+s)-N_2(s)=n-k) \\
&=\sum_{k=0}^{n} \frac{(\lambda_1 t)^k}{k!} e^{-\lambda_1 t} \cdot \frac{(\lambda_2 t)^{n-k}}{(n-k)!} e^{-\lambda_2 t} \\
&=\frac{(\lambda_1+\lambda_2)^n t^n}{n!} e^{-(\lambda_1+\lambda_2)\cdot t}
\end{aligned}$$

일반적으로 $i=1, 2, \cdots, n$에 대하여 형태 i의 확률과정 $N_i(t)$가 모수 λ_i를 갖는 서로 독립인 포아송과정이면 $N(t)=\sum_{i=1}^{k} N_i(t)$는 모수 $\lambda=\sum_{i=1}^{k}\lambda_i$를 갖는 포아송과정이 됨을 쉽게 짐작할 수 있다. $X_1, X_2, \cdots, X_n$이 각각 모수 λ_i, $1 \le i \le n$인 포아송분포를 하는 서로 독립인 확률변수들의 열이면 $Y=\sum_{i=1}^{n} X_i$의 분포는 $\sum_{i=1}^{n}\lambda_i$를 모수로 갖는 포아송분포를 따름을 상기하자.

예 8.5.1 어떤 슈퍼마켓에 들어오는 손님들에 대해 조사하여 보니 1분 동안 남녀 각 1명과 2명의 비율로, 서로 독립적 포아송분포를 따라 들어 왔다. 임의의 시간부터 세었을 때 다음을 계산하라.

(1) t시간 동안 남자는 2명 이상, 여자는 2명 이하가 들어올 확률
(2) 2분 동안 총 고객 수가 4명 이상일 확률
(3) 처음 7명 중 남자가 3명 이상일 확률

풀이 $(0, t]$시간 동안 들어오는 남자 손님 수를 $N_1(t)$, 여자 손님 수를 $N_2(t)$라 하면 $N_1(t), N_2(t)$는 서로 독립이며 각각 모수 $\lambda_1=1, \lambda_2=2$인 포아송분포를 따른다. 따라서 구하는 확률은 각각 다음과 같다.

(1) $P(N_1(t) \geq 2, N_2(t) \leq 2) = P(N_1(t) \geq 2)\ P(N_2(t) \leq 2)$

(2) $P(N_1(2) + N_2(2) \geq 4) = 1 - \sum_{k=0}^{3} 6^k \frac{e^{-6}}{k!} = 1 - 61e^{-6}$

(3) $P(N_1(t) \geq 3 |\ N_1(t) + N_2(t) = 7)$

$$= \frac{1 - \sum_{i=0}^{2} \frac{t^i e^{-t}}{i!} \cdot \frac{(2t)^{7-i} e^{-2t}}{(7-i)!}}{\frac{(3t)^7 e^{-3t}}{7!}}$$

한편 한 고객이 남자일 확률은 1/3이므로 아래와 같은 방법으로 구할 수도 있다.

$$\sum_{k=3}^{7} \binom{7}{k} (1/3)^k (2/3)^{7-k}$$

■

포아송과정의 분해

다음은 포아송과정의 분해에 대하여 생각해보자.

어느 미장원에 들어오는 고객 수는 시간당 모수 2인 포아송분포를 하고 각 고객은 파마하는 사람과 커트 및 기타 서비스를 받는 사람으로 나뉜다고 하자. 과거의 경험으로 볼 때 한 고객이 파마를 할 확률이 1/3이라면 t시간까지의 파마 손님은 몇 명이나 될까?

도착률이 λ인 포아송과정을 생각해보자. 매 사건이 발생할 때마다 이를 형태 I과 형태 II로 구분하고, 각 사건들은 서로 독립적으로 형태 I이 될 확률은 p, 형태 II가 될 확률은 $(1-p)$가 된다고 하자.

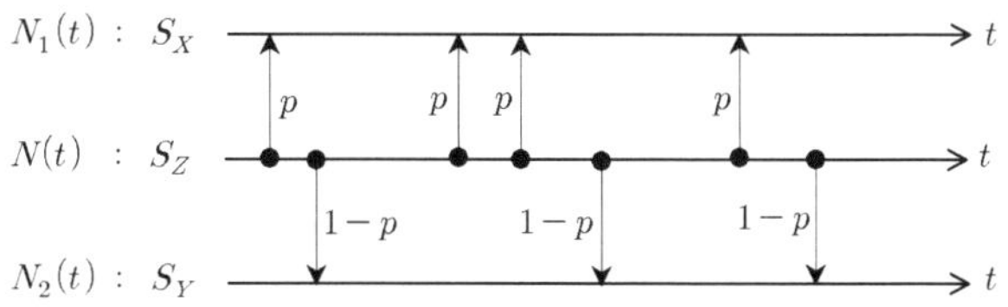

포아송과정의 분해

$N_1(t)$, $N_2(t)$를 각각 $(0,\ t]$ 구간 내에서 발생한 형태 I과 형태 II 사건의 수라고 한다면 $N_1(t)$와 $N_2(t)$는 각각 도착률 λp와 $\lambda(1-p)$를 갖는 서로 독립인 포아송분포가 된다. 이를 증명하기 위해 먼저 $N_1(t)$와 $N_2(t)$의 결합분포를 구하여보자.

$$
\begin{aligned}
P(N_1(t)=n,\ N_2(t)=m) \\
&= \sum_{k=0}^{\infty} P(N_1(t)=n, N_2(t)=m \mid N(t)=k)\ P(N(t)=k) \\
&= P(N_1(t)=n, N_2(t)=m \mid N(t)=n+m)\ P(N(t)=n+m) \\
&= \binom{n+m}{n} p^n (1-p)^m \frac{(\lambda t)^{n+m} e^{-\lambda t}}{(n+m)!} \qquad (8.5.1)
\end{aligned}
$$

위 식의 두 번째 등식은 $N(t)=N_1(t)+N_2(t)$이므로 $k \neq n+m$이면 $P(N_1(t)=n,\ N_2(t)=m \mid N(t)=k)=0$으로부터 얻어지고, 마지막 등식은 형태 I일 확률이 p, 형태 II일 확률이 $(1-p)$인데 $n+m$개 중 형태 I의 개수가 n, 형태 II의 개수가 m일 확률은 각 사건이 서로 독립적으로 일어나므로 이항분포 확률값을 갖게 된다는 사실로부터 얻어진다. 여기서

$$
\begin{aligned}
P(N_1(t)=n) &= \sum_{m=0}^{\infty} P(N_1(t)=n,\ N_2(t)=m) \\
&= \frac{(\lambda p t)^n}{n!} e^{-\lambda p t} \qquad (8.5.2)
\end{aligned}
$$

즉 $N_1(t)$는 모수 λp인 포아송과정이 된다. 같은 방법으로 $N_2(t)$의 분포를 구하면 모수 $\lambda(1-p)$인 포아송과정이 됨을 확인할 수 있다. 또한 (8.5.1)과 (8.5.2)를 이용하면 다음이 성립한다.

$$
P(N_1(t)=n,\ N_2(t)=m) = P(N_1(t)=n)\ P(N_2(t)=m)
$$

따라서 두 포아송과정은 서로 독립이다.

위의 미장원의 경우 만약 6시간 동안 파마 손님이 30명이 다녀갔다면 같은 시간 동안 커트 및 기타 서비스를 받은 고객은 약 60명에 이를 것이라 생각할 수

있지만 실제로 커트 및 기타 서비스를 받은 고객 수의 기댓값은 $2\times(2/3)\times 6 = 8$이 된다. t시간 동안의 파마손님수와 커트 및 기타서비스 고객 수는 서로 독립임을 상기하라.

$k \geq 2$일 때 다음이 성립한다.

> 모수 λ인 포아송과정에서 일어나는 사건의 형태를 k가지로 나눌 수 있고 각 사건이 서로 독립적으로 형태 i가 될 확률이 p_i라 하면 t시간까지 형태 i가 일어난 횟수 $N_i(t)$는 모수 λp_i를 갖는 서로 독립인 포아송과정이 된다.

보다 일반화된 경우를 생각해보자. 모수 λ인 포아송과정을 따라 사건이 도착할 때, 각 도착한 사건은 k개의 그룹으로 나눌 수 있고, 한 발생사건이 형태 i, $i=1, 2, \cdots, k$로 구분될 확률이 사건이 일어난 시간에 따라 변한다고 하자. 즉 시점 s에서 발생한 사건이 형태 i일 확률을 s의 함수 $p_i(s)$라 가정하는 것이다. 이때 t시간까지 도착한 형태 i의 사건의 수를 $N_i(t)$라 하면 $N_i(t)$, $i=1, 2, \cdots, k$는 서로 독립이고 모수 $\lambda p_i t$를 갖는 포아송분포를 하게 된다. 여기서 p_i는 다음과 같이 주어진다.

$$p_i = \frac{1}{t}\int_0^t p_i(s)\,ds$$

이를 증명하자.

먼저 $\{N_i(t) \mid i=1, 2, \cdots, k\}$의 결합분포를 구하여보자.

$$\begin{aligned} &P(N_1(t)=n_1, \cdots, N_k(t)=n_k) \\ &= P(N_1(t)=n_1, \cdots, N_k(t)=n_k \mid N(t)=\sum_{i=1}^{k} n_i)\cdot P(N(t)=\sum_{i=1}^{k} n_i) \end{aligned}$$

또한 $(0, t]$ 내의 s시점에서 사건이 발생하였다면 이것이 형태 i일 확률은 $p_i(s)$이고 시점 s는 $(0, t]$에서 균일 분포를 하므로 임의로 발생한 사건이 형태 i일 확률은

$$p_i = \frac{1}{t}\int_0^t p_i(s)\,ds$$

가 된다. 따라서 다항확률분포를 이용하면 다음이 성립한다.

$$P(N_1(t)=n_1,\ \cdots,\ N_k(t)=n_k \mid N(t)=\sum_{i=1}^{k} n_i)$$

$$=\frac{(\sum n_i)!}{n_1!\cdots\ n_k!}p_1^{n_1}\cdots\ p_k^{n_k}$$

그러므로 다음을 얻는다.

$$P(N_1(t)=n_1,\cdots,N_k(t)=n_k)=\prod_{i=1}^{k}\frac{(\lambda p_i t)^{n_i}}{n_i!}e^{-\lambda p_i t}$$

$$P(N_i(t)=n_i)=\frac{(\lambda p_i t)^{n_i}}{n_i!}e^{-\lambda p_i t},\ \ i=1,\ 2,\ \cdots,\ k$$

따라서 포아송과정은 나타나는 유형에 따라 구분하여 얻은 몇 개의 서로 독립인 포아송과정들의 합으로 표시할 수 있다.

예 8.5.2 고속도로의 어떤 지점을 지나는 차들을 조사하여 보았더니 1분에 10대의 비율로 포아송과정을 따라 지나가며 이들의 버스, 화물차, 승용차의 비율은 각각 2% : 5% : 93%이었다. (1) 10분 동안 버스는 한 대도 지나가지 않고 화물차는 3대 이하일 확률은 얼마인가? (2) 10분 동안 50대의 자동차가 지나갔을 때 이 중 5대가 버스일 확률은 얼마인가? (3) 10분 동안 버스가 10대가 지나갔다. 같은 시간 동안 화물차가 2대 지나갈 확률은?

풀이 $(0,\ t]$시간 동안 지나가는 자동차의 총 대수를 $N(t)$라 하면 $N(t)$는 모수 $\lambda=10$인 포아송과정이고 이 시간 동안 지나가는 버스, 화물차, 승용차의 대수를 각각 $N_1(t), N_2(t), N_3(t)$라 하면 이들은 각각 모수 $\lambda_1=0.2,\ \lambda_2=0.5,\ \lambda_3=9.3$인 포아송과정을 따르며 서로 독립이다. 따라서 구하는 확률은 다음과 같다.

(1) $P(N_1(10)=0, N_2(10)\le 3)=P(N_1(10)=0)\ P(N_2(10)\le 3)$

(2) $P(N_1(10)=5 \mid N(10)=50) = \binom{50}{5}(0.02)^5(0.98)^{45}$

(3) $P(N_2(10)=2) = \dfrac{5^2 e^{-5}}{2!}$ ■

예 8.5.3 봄이 오면 서울과천대공원은 나들이 나온 가족들로 붐빈다. 대공원 주차장에 승용차가 모수 λ를 갖는 포아송과정을 따라 들어오고, 들어온 차가 주차장에 머무는 시간은 분포함수 G를 따른다고 한다. 각각의 자동차가 주차장에 머무는 시간은 서로 독립이고 이는 도착과정과도 서로 독립이다. 시간 0에 주차장은 비어 있었고 주차장 용량은 무한이라 가정하자. $N_1(t)$는 t 시간까지 주차장을 떠난 자동차 수를 말하고 $N_2(t)$는 t 시간 현재 주차장에 주차되어 있는 자동차 수를 말한다고 한다. 이때 $N_1(t)$는 모수 λpt 인 포아송분포를 따름을 보여라. 여기서 $p=\frac{1}{t}\int_0^t G(t-s)ds$이다. 또한 $N_2(t)$의 분포가 $\lambda(1-p)t$를 모수로 하는 포아송분포를 따르는지 확인해보라.

풀이 시간 t에 주차장을 떠난 자동차이면 A 타입이라 하자. 시간 s에 도착한 자동차가 주차장에 머문 시간이 $t-s$ 이하이면 이는 A 타입에 속한다. 따라서 시간 s에 도착한 자동차가 A 타입이 될 확률은 $G(t-s)$ 즉 $p(s)=G(t-s)$가 된다. 따라서 $N_1(t)$의 분포는 모수 λpt, $p=\frac{1}{t}\int_0^t G(t-s)ds$인 포아송분포를 따른다. $N_2(t)$는 $\lambda(1-p)t$를 모수로 하는 포아송분포를 따르는가? ■

8.6 일반화된 포아송과정

8.6.1 비정상 포아송과정

어떤 음식점에 도착하는 고객들의 도착률과 같이 도착률 λ가 시간 t의 함수 형태로 나타나는 경우를 생각해보자. 셈과정 $\{N(t) \mid t \ge 0\}$이 다음 4가지 조건을 만족하면 이를 **강도함수**(intensity function) $\lambda(t)$를 가지는 **비정상 포아송과정**(non-homogeneous Poisson process 또는 non-stationary Poisson process)이라 부른다.

(1) $N(0)=0$
(2) 독립증분을 갖는다.
(3) $P(N(t+h)-N(t)\geq 2)=o(h)$
(4) $P(N(t+h)-N(t)=1)=\lambda(t)h+o(h)$

따라서 다음이 성립한다.

$$\begin{aligned}\lambda(t)&=\lim_{h\to 0}\frac{P(N(t+h)-N(t)=1)}{h}\\&=\lim_{h\to 0}\frac{E(N(t+h)-N(t))}{h}\end{aligned}$$

예를 들어 A버스가 아침 6시부터 저녁 6시까지 정류장에 도착하는 평균대수는 36이라고 하자. 시간당 도착률은 36/12=3이다. 그러나 7:30~9:00 사이의 출근시간에는 낮 1:00~3:00 사이의 한가한 시간보다 더 빈번히 올 것이다. 따라서 도착률을 시간의 함수로 볼 수 있다.

비정상 포아송과정에서 $(0,\ t]$시간 동안 발생한 사건 수 $N(t)$의 분포를 구하기 위하여 $P_n(t)=P(N(t)=n)$라 두면 포아송과정에서와 같은 방법으로 다음을 얻는다.

$$\frac{d}{dt}P_0(t)=-\lambda(t)P_0(t)$$

$$\frac{d}{dt}P_n(t)=-\lambda(t)P_n(t)+\lambda(t)P_{n-1}(t)\quad (n\geq 1)$$

여기서

$$m(t)=\int_0^t\lambda(r)dr$$

라 두고 위의 미분방정식을 풀고, 수학적 귀납법을 이용하면 다음을 보일 수 있다.

$$P(N(t+s)-N(t)=n)=\frac{[\,m(t+s)-m(t)\,]^n}{n!}e^{-[m(t+s)-m(t)]},\quad n\geq 0 \tag{8.6.1}$$

따라서 $N(t+s)-N(t)$는 평균 $\int_t^{t+s}\lambda(r)dr=[\,m(t+s)-m(t)\,]$인 포아송분포를 따른다. 물론 $N(t)$는 평균 $m(t)$인 포아송분포를 따르게 된다. 만약 $\lambda(t)=\lambda$이면 $m(t)=\lambda t$가 되므로 위 과정은 바로 포아송과정이 된다. 비정상 포아송과정과 포아송과정의 차이점은 포아송과정이 정상증분성질을 갖고 있는 데 반해 비정상 포아송과정은 정상증분성질을 갖고 있지 않다는 데 있다. 비정상 포아송과정에서는 $m(t)$가 시간 t의 함수이므로 서로 다른 시간 구간에서는 구간의 길이가 같더라도 분포가 달라지게 되기 때문이다.

비정상 포아송과정에서의 도착간격시간의 분포를 보면 다음과 같다.

$$\begin{aligned}P(X_2>t\,|\,X_1=t_1)&=P(N(t+t_1)-N(t_1)=0)\\&=e^{-[m(t+t_1)-m(t_1)]}\end{aligned}$$

여기서 X_1과 X_2는 서로 독립이 아닐 뿐 아니라 X_1과 X_2의 분포형태도 다르게 된다.

비정상 포아송과정은 포아송과정이 아니며, 식당에 들어가는 손님 수를 고려할 때와 같이 시간에 따라 도착률이 변하는 현상을 모형화할 때 이용할 수 있다.

예 8.6.1 특정 시설에 대한 시간대별 이용 횟수를 조사해본 결과 다음과 같은 강도 함수 $\lambda(t)$를 가지는 비정상 포아송과정임을 알았다.

$$\lambda(t)=\begin{cases}2t, & 0\leq t\leq 1\\ 2, & 1<t<2\\ 4-t, & 2\leq t\leq 4\end{cases}$$

여기서 t는 아침에 시설을 개방한 후 경과된 시간을 나타낸다. 문을 연 후 처음 두 시간 동안 2번 이용될 확률은? 또한 2시간 이후부터 4

시간 이전까지 3번 이용될 확률은 얼마나 되나?

풀이 $P(N(2)=2)=\dfrac{(m(2))^2e^{-m(2)}}{2}$

$$P(N(4)-N(2)=3)=\frac{[m(4)-m(2)]^3e^{-[m(4)-m(2)]}}{3!}$$

여기서 $m(2)=\int_0^1 2t\,dt\ +\ 2=3,\ \ m(4)=3+\int_2^4 4-t\,dt=5$이다.

■

8.6.2 복합 포아송과정

고객이 상점을 떠나는 것이 포아송과정을 따르고 i번째로 떠나는 고객의 물품 구입비는 Y_i라 하자. 이때 Y_i가 서로 독립동등분포를 한다고 가정하고, t시간까지의 총 매출액을 $X(t)$로 나타내면 다음과 같다.

$$X(t)=\sum_{i=1}^{N(t)}Y_i,\qquad t\ge 0 \tag{8.6.2}$$

이처럼 $\{N(t)\mid t\ge 0\}$은 모수 λ인 포아송과정이고 $\{Y_n\mid n\ge 0\}$은 서로 독립동등분포를 하며 $\{N(t)\mid t\ge 0\}$에 독립인 확률변수들의 열일 때 식 (8.6.2)처럼 표현되는 확률과정 $X(t)$를 **복합 포아송과정**(compound Poisson process)이라고 부른다. 기념품가게에 들어오는 관광버스 수는 포아송과정 $N(t)$를 따르고 각 버스 안에 있는 고객 수를 Y_i라 표현하면 $X(t)=\sum_{i=1}^{N(t)}Y_i,\ t\ge 0$는 t시간 동안 기념품가게에 들른 총 고객 수가 된다. 이처럼 복합 포아송과정은 고객들이 집단으로 도착하는 현상을 모형화할 때 유용하게 쓰인다.

이제 복합 포아송과정 $X(t)$의 평균과 분산을 구하여보자.

먼저 조건부 기댓값의 성질로부터 다음 관계식이 성립한다.

$$E(X(t))=E[E(X(t)\mid N(t))]$$

이때 Y_i는 서로 독립 동등분포를 할 뿐만 아니라 $N(t)$와도 독립이므로

$$E(X(t)\,|\,N(t)=n)=E(\sum_{i=1}^{N(t)} Y_i\,|\,N(t)=n)$$

$$=E(\sum_{i=1}^{n} Y_i)$$

$$=n\,E(Y_i)$$

이다. 따라서

$$E(X(t)\,|\,N(t))=N(t)\cdot E(Y_i),\;\; E(X(t))=\lambda t\;E(Y_1)$$

이 성립한다. 분산은 다음 식을 이용하여 보자.

$$Var(X(t))=E[\,Var(X(t)\,|\,N(t))]+Var[E(X(t)\,|\,N(t))]$$

$$Var(X(t)\,|\,N(t)=n)=Var(\sum_{i=1}^{N(t)} Y_i\,|\,N(t)=n)$$

$$=Var(\sum_{i=1}^{n} Y_i)$$

$$=n\,Var(Y_i)$$

그러므로

$$Var(X(t))=E[N(t)\,Var(Y_1)]+Var[N(t)E(Y_1)]$$

$$=\lambda t\;Var(Y_1)+(E(Y_1))^2\,\lambda t$$

$$=\lambda t\;E(Y_1^2)$$

이다. 복합 포아송과정은 포아송과정이 아니며 특별히 $Y_i=1$일 때에 한하여 포아송과정이 된다.

예 8.6.2 한 자동차 보험회사에서는 매일 $\lambda=5$의 포아송과정으로 지불 요구가 들어온다. 각 지불 요구당 지불 금액이 평균 20만 원인 지수분포를 한다고 하면 한 달 동안(30일) 지불되는 총 금액의 평균과 분산을 구하

여라.

풀이 한 달 동안의 총 지불 금액을 $X(t)$라 하면

$$E(X(t)) = \lambda t E(Y_1) = 5 \cdot 30 \cdot 20 = 3000(\text{만 원}).$$

1회 지불 금액은 평균이 20(만 원)이므로 $\lambda = \dfrac{1}{20}$인 지수분포를 한다. 따라서 다음이 성립한다.

$$E({Y_1}^2) = Var(Y_1) + (E(Y_1))^2 = 2\lambda^{-2} = 800$$
$$Var(X(t)) = \lambda t E({Y_1}^2) = 5 \cdot 30 \cdot 800 = 120000$$

■

8.6.3 조건부 포아송과정

Λ가 분포 G를 갖는 양의 확률변수이다. $\Lambda = \lambda$라 가정할 때 $N(t)$가 모수 λ인 포아송과정을 따른다면

$$P(N(t+s) - N(s) = n) = \int_0^\infty \frac{(\lambda t)^n e^{-\lambda t}}{n!} dG(\lambda)$$

이 성립한다. 이때 $N(t)$를 조건부 포아송과정이라 부른다. 왜냐하면 $\Lambda = \lambda$라는 가정하에서는 $N(t)$가 모수 λ인 포아송과정을 따르기 때문이다. 그러나 엄밀히 $N(t)$는 포아송과정이 아니다. $N(t)$는 정상증분을 가지나 독립증분의 성질은 갖지 않는다.

8장 연습문제

8.1 $X_1, X_2, \cdots, X_n$은 서로 독립이고 각각 모수 $\lambda_1, \lambda_2, \cdots, \lambda_n$을 갖는 지수분포를 따른다. 다음을 구하여라.

(1) $\min(X_1, X_2, \cdots, X_n)$의 분포

(2) $P(X_1 < X_2)$

(3) $P(X_i = \min(X_1, X_2, \cdots, X_n)) = \dfrac{\lambda_i}{\lambda_1 + \lambda_2 + \cdots + \lambda_n}$ 임을 보여라.

8.2 확률변수 X가 모수 λ인 지수분포를 따를 때 양수 α에 대하여 αX는 모수 $\dfrac{\lambda}{\alpha}$인 지수분포를 따름을 확인해보라.

8.3 확률변수 X가 모수 λ인 지수분포를 따르고, $Y = [X]$라 하자. 여기서 $[x]$는 x를 넘지 않는 최대정수를 가리킨다. Y가 기하분포를 따름을 증명하라.

8.4 김 박사와 이 박사가 한 사람을 진료하는 데 걸리는 시간은 각각 모수 2와 모수 5인 지수분포를 따른다고 한다. 지금 두 사람 모두 진료 중이라 할 때 김 박사가 이 박사보다 먼저 진료를 끝낼 확률을 구하여라.

8.5 예선이와 지영이는 함께 미장원에 들렀다. 예선이는 파마를, 지영이는 마사지를 하려고 한다. 예선이와 지영이의 서비스 시간은 각각 모수 λ와 μ를 갖는 지수분포를 따른다고 하자. 먼저 끝난 사람은 나머지 사람이 끝날 때까지 기다리기로 하였다면 두 사람 중 한 사람이 기다려야 하는 평균시간을 구하여라.

8.6 $X_1, X_2, \cdots, X_n$은 서로 독립이고 각각 모수 λ을 갖는 지수분포를 따른다. $S_n = X_1 + \cdots + X_n$이라 할 때 S_n은 모수 n과 λ를 갖는 감마분포를 따름을 보여라.

8.7 어떤 기계의 특정 부품의 수명이 평균 1/2(년)인 지수분포를 따른다. 이 부품이 고장 나게 되면 즉시 새 부품으로 갈아 끼우고 기계를 작동시키는데 이 부품은 매우 고가품이라 여분을 많이 쌓아 놓기가 힘들며 또한 주문한 후 배달되기까지는 상당히 많은 시간이 소요된다. 2년 동안 부품 부족으로 기계가 작동되지 못할 확률을 0.01보다 작게 하는 범위 내에서 최소한의 여분을 갖고자 한다면 몇 개의 부품을 여분으로 두면 되는지 구하여라.

8.8 k 번 충격을 받으면 고장 나는 시설이 있다. 충격이 모수 λ인 포아송과정을 따라 올 때 시설의 수명 T의 분포함수를 구하여라.

8.9 어떤 사무실에 시간당 평균 3건의 팩스가 포아송과정을 따라 온다. 아침 9시부터 12시까지 한 건의 팩스도 오지 않을 확률을 구하여라.

8.10 어떤 기계에 전기충격이 모수 λ인 포아송과정을 따라 들어온다. 각 충격이 기계를 파손시킬 확률을 p라 할 때 기계가 파손될 때까지 경과 시간 X의 분포를 구하여라.

8.11 지훈이와 정수가 게임을 하고 있다. 한 판의 게임이 끝나는 데 걸리는 시간은 모수가 λ인 지수분포를 따르고 각 게임에서 지훈이가 이길 확률은 p, 정수가 이길 확률은 q, 그리고 비길 확률은 r이다. 5번을 먼저 이긴 사람을 최종승자로 한다. (단 $p, q, r > 0,\ p+q+r=1$)

(1) t 시간 동안 지훈이가 이긴 게임 수를 $N(t)$라 할 때 $N(t)$의 분포를 구하여라.

(2) 처음으로 비기지 않은 게임이 발생할 때까지의 경과된 시간을 Y라 하고 이의 분포를 구하여라.

(3) 정수가 최종승자가 될 확률을 구하여라.

(4) 최종승자가 결정될 때까지의 경과 시간을 W라 할 때 이의 분포를 구하여라.

8.12 모수 λ인 포아송과정 $N(t)$에서 $Cov(N(t), N(s)), (s > t)$를 구하여라. $Cov(N(8)-N(2), N(12)-N(3))$은 얼마인가?

8.13 노인이 도로의 어떤 지점에서 무단횡단을 하려고 한다. 1분 동안 $\lambda=3$의 비율로 차들이 이 지점을 지나고 있고 노인이 이 도로를 다 건너는 데는 5분이 소요된다. 노인이 건너는 동안 차가 지나가게 되면 사고가 난다고 하자. 노인이 사고를 당하지 않고 무사히 길을 건널 확률을 구하여라.

8.14 자동차 정비소에 고객이 도착률 λ인 포아송과정을 따라 들어온다. 한 사람의 고객을 서비스하는 데 걸리는 시간은 모수 μ인 지수분포를 따른다고

한다. 현석이가 정비소에 들어온 시점을 0이라 하고 현석은 들어오자마자 서비스를 받는다고 하자.

(1) 현석 다음으로 들어온 두 번째 고객이 기다릴 확률을 구하여라.

(2) 두 번째 고객이 기다리게 되는 평균시간을 구하여라.

8.15 A 아파트 관리실에 수신전용 전화기 한 대가 있다. 도착간격시간이 평균 $\dfrac{1}{\lambda}$인 지수분포를 따라 전화가 걸려오고 통화시간은 평균 $\dfrac{1}{\mu}$인 지수분포를 따른다고 가정하자.

(1) 임의의 통화시간 동안 걸려오는 전화 수를 N이라 할 때 N의 분포를 구하여라.

(2) 전화사용시간과 비사용시간 간의 시간비는 얼마로 볼 수 있나?

8.16 $\{N(t) : t \geq 0\}$는 $\lambda = 2$인 포아송과정이라 할 때 다음을 구하여라.

(1) $P(N(t) \leq 2)$

(2) $P(N(1) = 3,\ N(3) = 6)$

(3) $P(N(2) \geq 2 \mid N(1) \geq 1)$

(4) $E[N(2)]$

(5) $E[N(1)N(2)]$

8.17 $N(t)$가 모수 $\lambda > 0$인 포아송과정이다. $\lambda = 5$일 때 $P(N(1) = 5 \mid N(2) = 12)$을 구하여라. 일반적으로 $0 < u < t$와 $0 \leq k \leq n$에 대하여 다음 식이 성립함을 보여라.

$$P(N(u) = k \mid N(t) = n) = \binom{n}{k}\left(\frac{u}{t}\right)^k\left(1 - \frac{u}{t}\right)^{n-k}$$

8.18 모수 $\lambda = 3$(시간당)인 포아송과정을 따라 고객이 들어오는 사무실이 있다. 4시간 동안 15명의 손님이 방문했다면 r번째 손님이 들어오는 시간을 S_r이라 했을 때 S_r의 분포를 구하여라.

8.19 '어린이에게 새생명을' 재단에서는 심장병을 앓고 있는 어린이들의 수술을 돕기 위해 모금운동을 하고 있다. 기부자는 약정서에 서명하는 날부터 매일 1000원씩을 기부하도록 되어 있다. 기부자가 모수 λ를 갖는 포아송분포를 따라 생긴다면 $(0, t]$시간(일) 동안 재단에 들어온 기부금 총액을 구

하여라.

8.20 어떤 상점에 고객이 $\lambda = 10$(시간당)인 포아송과정을 따라 들어온다. 고객이 무엇인가를 구매할 확률은 0.3, 그냥 나갈 확률은 0.7이며, 각 고객은 독립적으로 움직인다고 하자. 1시간 동안 9명의 고객이 들어와 이 중 3명은 무엇인가를 사고 나머지는 그냥 나갈 확률을 구하여라.

8.21 어떤 상점에 들어오는 고객 수는 모수 $\lambda(t)$인 비정상 포아송분포를 따른다. 모수 $\lambda(t)$는 시간 t의 함수로 개점시간인 오전 8시를 $t = 0$으로 하고 폐점시간인 $t = 10$까지의 변화는 아래와 같다.

$$\lambda(t) = \begin{cases} 3+3t, & 0 \le t < 4 \\ 15, & 4 \le t < 7 \\ 15-3(t-7), & 7 \le t < 10 \end{cases}$$

(1) 10시까지 10명의 손님이 들어올 확률을 구하여라.

(2) 2시에서 4시까지 20명의 손님이 들어올 확률을 구하여라.

8.22 청담동 웨딩샵에 손님의 도착률은 10시에 0에서 12시 4에 이르고 2시에 6에 이른 후 4시에 2로 떨어지고 문 닫는 시간 6시에 0에 이른다. 시간 사이의 도착률이 선형이라면

(1) 하루 동안 내왕하는 고객 수의 분포를 구하여라.

(2) 12시 전에 방문자가 없을 확률을 구하여라.

(3) 급한 일이 있어 5:30분에 문을 닫게 되었다. 5:30~6:00 사이에 오는 고객 수의 기댓값을 구하여라. 적어도 한 명의 고객이 5:30~ 6:00 사이에 오게 될 확률을 구하여라.

8.23 강도함수 $\lambda(t)$를 갖는 비정상 포아송과정에서 처음사건이 발생하는 시점을 S_1이라 할 때 S_1의 분포를 구하여라.

8.24 $m(t) = t^2 + 2t$인 비정상 포아송과정에서 시간간격 (3, 5) 동안 n번의 사건이 발생할 확률을 구하여라.

8.25 (1) 어떤 아파트 지역에 새로 이사 오는 가정 수는 일주일 동안 $\lambda = 2$인

포아송과정을 따른다. 각 이사 가정에 가족 수가 1, 2, 3, 4, 5일 확률은 각각 1/6, 1/4, 1/3, 1/6, 1/12이다. 4주 동안 이 지역에 새로 전입한 사람 수의 평균값과 분산을 구하여라.

(2) 새로이 이사 오는 가정의 수가 도착률 $\lambda(t)$의 비정상 포아송과정을 따른다면 t주 동안 새로이 전입하는 총 인원 $X(t)$의 평균과 분산을 구하여라.

8.26 분자들이 계수기에 모수 λ인 포아송과정을 따라 도착한다. 도착된 분자가 기록될 확률은 p, 기록되지 못할 확률은 $1-p$이다. 도착된 분자의 기록 여부는 서로 독립이라 할 때 기록된 분자들의 열은 모수 λp인 포아송분포를 따름을 보여라.

8.27 $N(t)$는 모수 λ를 갖는 포아송과정이고 $\{Y_n\}$은 양의 정수 값을 갖고 독립동등분포를 갖는 확률변수열이다. $N(t)$와 Y_n이 서로 독립이라고 할 때 복합 포아송과정 $X(t)=\sum_{n=1}^{N(t)} Y_n$의 분포를 다음 순서를 따라 구하여라.

(1) $P(X(t)=0)=e^{-\lambda t}$

(2) $P(X(t)=x)=\sum_{k=1}^{\infty} e^{-\lambda t}\frac{(\lambda t)^k}{k!}P(Y_1+\cdots+Y_k=x),\ x=1,2,\cdots$

8.28 특정 시설에 고객이 시간당 평균 10명씩 들어온다. 방문고객들은 세 가지 타입으로 분류되는데 각각의 타입이 될 확률은 $p_1=0.5$, $p_2=0.4$, $p_3=0.1$이다. 다음 물음에 답하여라.

(1) 10분 안에 적어도 한 명의 손님이 도착할 확률을 구하여라.

(2) 타입 2 고객이 세 명 들어올 때까지 기다리는 평균시간을 구하여라.

8.29 경기도 포천에는 ○○숯불갈비집이 있다. 토요일 12시~1시 사이에 많은 손님들이 찾아오는데 모두 승용차를 이용한다. ○○갈비집에 들어오는 승용차 대수는 모두 λ인 포아송분포를 따르고 각 승용차에 손님이 1명, 2명, 3명, 4명일 확률은 각각 0.1, 0.3, 0.4, 0.2이다. $N_j(t)$는 t시간(12시를 시간 0으로 본다)까지 j명이 함께 타고 오는 승용차 대수라 할 때, $N_j(t)$의 분포를 구하여라. $N_1(t),\cdots,N_4(t)$는 서로 독립인가?

8. 30 포아송과정과 마르코프연쇄 사이에서 서로 관련지을 수 있는 문제들에 대해 설명하라.

8. 31 조건부 포아송과정은 정상증분은 가지나 독립증분성질은 갖지 않음을 보여라.

8. 32 비정상 포아송과정에서 $m(t) = \int_0^t \lambda(r)\,dr$일 때

$$P_0(t) = e^{-m(t)}, \quad P_1(t) = m(t)\,e^{-m(t)}$$

를 유도하라.

동물의 왕국을 보면 넓은 초원에서 초식동물들이 혹시나 있을지도 모르는 사자나 표범 등의 공격에 대비하여 풀을 뜯으면서도 연신 주위를 살피는 것을 볼 수 있다. 실제 아프리카의 케냐에서 타조가 고개를 드는 시간 간격을 관찰하여 보니 지수분포에 잘 적합하였다.

고개를 드는 시간 간격이 지수분포를 한다면 지수분포의 비기억성의 성질에 의해 육식동물로 하여금 자기가 목표로 하는 초식동물이 언제 고개를 들어 주위를 살필지를 예측하기 힘들게 할 것이다.

지수분포의 또 다른 예로 미국 로키마운틴 근방에서 1977~80년도에 진도 6 이상의 지진을 기록하여 보니 지진이 일어난 도착간격시간이 지수분포와 잘 맞아떨어졌다고 한다.

HISTORY

Mathematical probability has its origins in games of chance, principally in games with dice and cards. Early calculations involving dice were included in a well-known and widely distributed poem entitled De Vetula, written in France around 1250 AD, (possibly by Richard de Fournival, a French cleric). Dice and Cards continued as the main vessels of gambling in the fifteenth and sixteenth centuries, during which mathematics flowered as part of Renaissance. A number of Italian mathematicians of this period (including Galileo) gave calculations of the proportion of winning outcomes in various fashionable games. One of them(G. Cardnao) went so far as to write a book, *On games of chance*, sometimes shortly after 1550. This was not published however until 1663, by which time probability theory had already had its official inauguration elsewhere.

It was around 1654 that B. Pascal and P. de Fermat generated a celebrated correspondence about their solutions of the problem of the points. These were soon widely known, and C. Huygens developed these ideas in a book published in 1657, in Latin. Translation into Dutch(1660) and English(1692) soon followed. The preface by John Arbuthnot to the English version makes it clear that the intuitive notions underlying this work were similar to those commonly in force nowadays.

These first simple ideas were soon extended by Jacob(otherwise known as James) Bernoulli in *Ars conjectandi*(1793) and by A. de Moivre on *Doctrine of chances*(1718, 1738, 1756). These books included simple versions of the weak law of large numbers and the central limit theorem. Methods, results, and ideas were all greatly refined and generalized by P. Laplace in series of books form 1774 to 1827. Many other eminent mathematicians of this period wrote on probability: Euler, Gauss, Lagrange, Legendre, Poisson, and so on.

However, as ever harder problems were tackled by ever more powerful mathematical techniques during the nineteenth century, the lack of a well-defined axiomatic structure was recognized as a serious handicap. In 1900, D. Hilbert included this as his sixth problem, and in his 1933 book *Grundbegriffe der Wahrscheinlichkeitsrechung*, written to aid roof repairs of his dacha, A. Kolomogorov provided the axioms which today underpin most mathematical probability. (출처: Grimmett and Stirzaker (2001))

9장 재생과정

9.1 재생, 재생과정

9.1.1 서론

저자는 얼마 전 1년 동안 연구교수로 미국에 머무른 적이 있다. 형광등을 많이 사용하는 우리의 생활 방식과는 달리 대부분의 미국 가정에서는 백열전구로 간접 조명을 많이 한다. 저자가 살던 조그만 아파트에도 무려 24개의 백열등이 있었다. '3~4개 정도의 여분을 가지고 있으면 1년을 지내기에는 충분하겠지'라고 생각하였으나 전구는 생각보다 자주 나갔다. 나중에는 몇 개를 더 사다 놓아야 전구 때문에 일부러 나가는 일도 없고 또 남아서 버리고 가는 일이 없을까를 생각하게 되었다.

여러분의 방에 있는 전구를 생각해보자. 전구가 나가면 즉시 새 전구로 갈아 끼우게 되고 새로 끼운 전구는 자기의 수명이 다할 때까지 여러분 방을 밝힐 것이다. 이때 아래와 같은 문제를 생각해보자.

(1) 미리 준비해 놓은 전구를 다 써버릴 때까지 걸리는 시간

(2) 1년 동안 필요한 전구 수

한정된 수의 전구를 다 써버릴 때까지의 시간이 길어지면 상대적으로 1년 동안 필요한 전구의 숫자는 적어지게 되므로 (1)과 (2)의 분포는 서로 연관성을 가지게 된다.

전구와 마찬가지로 시계의 배터리, 자동차 타이어, 기계의 부품 등도 그 수명이 다하면 즉시 새것으로 교체하게 되는데 일단 교체하고 나면 새로 시작하는 것과 같기 때문에 이와 같은 즉각적인 교체를 **재생**(renewal)이라 한다.

다음과 같이 정의하자.

$$S_n = n\text{번째 재생이 발생할 때까지의 총 수명}$$
$$N(t) = t\text{시간까지 발생하는 총 재생 횟수}$$
$$= \max\{n: S_n \le t\}$$

S_n은 n번째 재생이 일어날 때까지의 총 대기시간(waiting time)을 나타내므로 양의 실수 값을, $N(t)$는 0 또는 자연수 값을 갖는 확률변수가 된다. (1), (2)의 물음은 S_n과 $N(t)$ 각각의 분포를 구함으로써 해결될 것이다.

그림 9-1을 보라. 시점 $S_0 = 0$에 새 전구를 끼우고 시점 $S_1 = X_1$에 처음 끼운 전구가 나가 새 전구로 갈아 끼우게 되며 시점 $S_2 = X_1 + X_2$에서 두 번째 전구가 나가 세 번째 전구를 새로 끼우게 된다. 시점 $S_n = X_1 + \cdots + X_n$에서 n번째 전구가 나가고 새 전구를 갈아 끼우면 다시 확률과정은 계속된다.

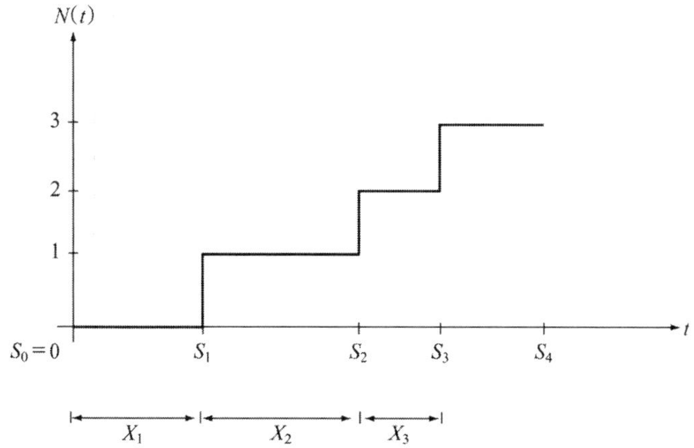

그림 9–1

$X_n(n=1, 2, \cdots)$을 $(n-1)$번째 재생이 일어난 이후 n번째 재생이 일어날 때까지의 수명시간이라 하면 다음이 성립한다.

$$S_n = X_1 + \cdots + X_n,\ \ n \geq 1 \tag{9.1.1}$$

편의에 의해 $S_0 = X_0 = 0$이라 둔다. 재생간격시간 X_n이 서로 독립 동등분포를 하면, t시간까지의 총 재생발생 횟수 $N(t)$를 **재생과정**(renewal process)이라 부른다. 때에 따라서는 $\{S_n,\ n \geq 0\}$을 재생과정이라 부르기도 한다.

재생과정의 예로는 연속적인 전기 충격이나 신호가 기록 장치에 도달하는 시간, 고속도로의 어느 특정 지점을 지나가는 자동차 수, 은행창구 등에 고객이 도착하는 시간, 분기과정, 인구증가모형, 보험위험모형(Insurance risk model) 등의 여러 분야에서 나타난다. 재생과정의 구체적인 예를 몇 가지 들어보자.

(1) 재생간격시간 X_n 이 지수분포를 하면 재생과정 $N(t)$는 포아송과정이 되므로 포아송과정은 재생과정의 특별한 경우이다.

(2) 동전을 연속해서 던져서 n번째 앞면이 나오는 시점을 S_n이라 하면 $N(t)$는 t시점까지 앞면이 나온 횟수가 되고 이때 재생간격시간은 앞면을 얻은 후 다음 앞면을 얻기까지의 시행횟수가 되므로 기하분포를 따른다. 기하분포는 비기억성을 갖는 이산분포임을 상기하자.

(3) 한 대의 기계를 관찰할 때 기계의 수명은 U이고, 고장 나면 새 기계로 교환하게 되는데 이때 걸리는 시간을 D라고 하자. 시점 0에서 기계가 가동을 시작했고 S_n을 n번째로 교환된 기계가 가동을 시작하는 시점이라고 본다면 $N(t)$는 t시점까지 교체된 기계수를 나타내게 된다. 재생간격시간 $X_n = U_n + D_n$로 볼 수 있다. 이러한 재생과정을 교대재생이라 한다.

(4) $Z_0, Z_1, Z_2, \cdots$이 재귀 마르코프연쇄일 때 $Z_0 = i$라 하고 i로 다시 돌아오는 시간을

$$S_0 = 0$$
$$S_1 = \min\{n > 0 \mid Z_n = i\}$$
$$S_{k+1} = \min\{n > S_k \mid Z_n = i\},\ k = 1, 2, \cdots$$

이라 할 때 $X_k = S_k - S_{k-1}$은 독립동등분포를 하게 되어 상태 i로의 n번째 회귀시간 S_n은 X_k를 재생간격시간으로 갖는 재생과정이 된다.

(5) 여러 가지 대기행렬시스템에서 재생과정을 찾아볼 수 있다. M/G/1 대기행렬시스템을 살펴보자. 은행원이 1명뿐인 초미니 지점에 고객은 포아송분포를 따라 들어오고 한 고객을 서비스하는 데 걸리는 시간은 G를 분포함수로 가지며 서로 독립이다. 기다리는 손님이 있으면 은행원은 연속적으로 일하게 되나, 손님이 끊어지면 잠시 쉬기도 한다. 은행원이 바쁜 시간을 B, 쉬는 시간을 I라 하자. 바쁜 시간이 끝나는 시점을 시작점으로 하여 n번째 바쁜 시간이 끝나는 시점을 S_n이라 하면, 이는 $X_n = I_n + B_n$을 재생간격시간으로 하는 재생과정이 된다.

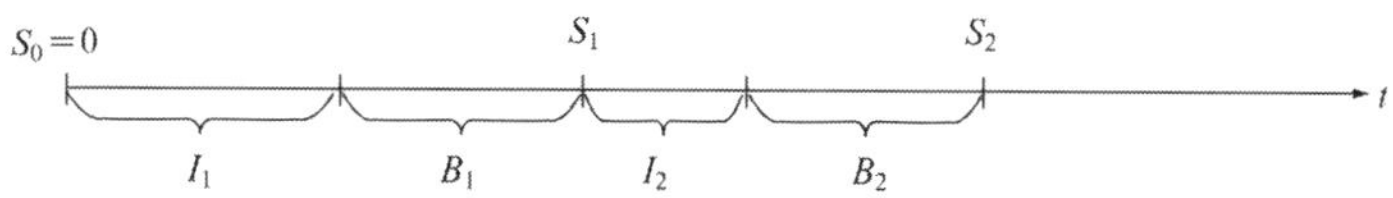

그림 9 2

예 9.1.1 신촌에서 출발하는 인천행 시외버스가 도착하는 시간은 재생과정으로 모형화할 수 있다. X_n을 $(n-1)$번째 버스와 n번째 버스의 도착간격시간이라 하자.

t분 안에 2대 이상의 버스가 도착할 확률은

$$P(N(t) \geq 2) = 1 - P(N(t) = 0) - P(N(t) = 1),$$

5분 안에 운 좋게 차를 탈 확률은

$$P(N(5) \geq 1) = 1 - P(N(5) = 0).$$

여기서 X_n이 평균 3(단위시간 : 분)인 지수분포를 한다면 $N(t)$는 모수 $t/3$인 포아송분포를 따르므로 15분 동안 정확히 4대의 버스가 도착할 확률은 다음과 같다.

$$P(N(15) = 4) = \frac{5^4}{4!}e^{-5}$$

9.1.2 S_n과 $N(t)$의 분포

재생이론(renewal theory)에서의 궁극적인 목적은 재생간격시간 X_n의 분포 F로부터 재생과정 $N(t)$ 또는 대기시간 S_n과 관련된 확률변수들의 성질을 유도하는 것이다.

X_n들이 서로 독립동등분포를 할 때 X_n의 누적분포함수를 F, 확률밀도함수를 f, 평균을 μ, 분산을 σ^2으로 나타내고 S_n의 누적분포함수를 G_n, 확률밀도함수를 g_n이라 하면 $S_n = \sum_{i=1}^{n} X_i$의 평균과 분산은 X_i가 독립동등분포를 한다는 가정으로부터

$$E(S_n) = n\mu, \quad Var(S_n) = n\sigma^2$$

이 된다. X_i의 분포를 이용하여 S_n의 분포를 구하여보자.

먼저 $S_1 = X_1$이므로 $G_1 = F,\ g_1 = f$가 된다.

$S_2 = X_1 + X_2$와 합성분포 이론(convolution)을 이용하면

$$g_2(t) = \int_0^t f(t-s)f(s)\,ds.$$

일반적으로 $S_n = S_{n-1} + X_n$ 관계가 있고 S_{n-1}과 X_n은 서로 독립이므로

$$g_n(t) = \int_0^t f(t-s)g_{n-1}(s)ds, \quad n = 2, 3, \cdots, \quad 0 \le t < \infty$$

편의에 의해 $G_0 = 1$이라 하고 위 식의 양변을 적분하면 아래 식이 얻어진다.

$$G_n(t) = \int_0^t F(t-s)dG_{n-1}(s), \quad n = 2, 3, \cdots, \quad 0 \le t < \infty \qquad (9.1.2)$$

따라서 X_i의 분포가 주어지면 모든 자연수 n에 대하여 g_n 또는 G_n의 값을 구하는 것이 이론적으로 가능한 일이다. 특별히 X_i가 기하분포를 하면 S_n은 음이항분포를, X_i가 지수분포를 하면 S_n은 감마분포를 한다. 하지만 식 (9.1.2)가

적분 형태로 표현되기 때문에 X_i의 분포가 일반적인 경우에는 이 값들을 위 관계식을 이용하여 계산해 내기란 용이한 일이 아니다.

이제 S_n과 $N(t)$ 사이의 관계를 이용하여 $N(t)$의 분포를 생각해보자. $S_n \le t$라 함은 t시간 안에 n번째 재생이 발생했다는 뜻이고 이는 시간 $(0, t]$에 적어도 n번 재생이 발생한다는 것을 의미하므로 $N(t) \ge n$이 된다. 즉 다음이 성립한다.

$$\{S_n \le t\} \Leftrightarrow \{N(t) \ge n\} \tag{9.1.3}$$

따라서 다음이 성립한다.

$$\{N(t)=n\} = \{N(t) \ge n\} - \{N(t) \ge n+1\} = \{S_n \le t\} - \{S_{n+1} \le t\}$$

위 식의 각 항에 확률을 취하면 아래와 같다.

$$P(N(t)=n) = G_n(t) - G_{n+1}(t), \ \ n=0, 1, 2, \cdots, \ \ t>0 \tag{9.1.4}$$

(9.1.3)과 (9.1.4)식으로부터 다음 관계를 쉽게 확인해볼 수 있다.

(1) $P(N(t) \le n-1) = P(S_n > t)$

(2) $G_n(t) = \sum_{k=n}^{\infty} P(N(t)=k)$

또한 식 (9.1.4)에 $n=0$을 대입하면

$$P(N(t)=0) = G_0(t) - G_1(t) = 1 - F(t)$$

이 성립하고 식 (9.1.2)와 (9.1.4)를 결합하면 다음과 같은 일반식을 얻을 수 있다.

$$P(N(t)=n) = \int_0^t [1-F(t-s)]\,dG_n(s), \quad n=1, 2, \cdots$$

X_n이 모수 λ인 지수분포를 하면 X_n에 의한 재생과정은 모수 λ인 포아송과정을 따른다. 이때 $N(t)$의 분포를 위의 관계식들을 이용하여 구하여보자. X_n의

분포함수 $F(t)$, 확률밀도함수 $f(t)$는 각각 다음과 같다.

$$F(t) = 1 - e^{-\lambda t}, \quad f(t) = \lambda e^{-\lambda t}, \quad t \geq 0, \ \lambda > 0$$

와 같다. $S_2 = X_1 + X_2$이므로 공식에 의해 $t > 0$에서

$$g_2(t) = \lambda t e^{-\lambda t} \cdot \lambda$$

$$g_3(t) = \int_0^t \lambda s e^{-\lambda s} \lambda \cdot \lambda e^{-\lambda(t-s)} ds = \frac{(\lambda t)^2}{2} e^{-\lambda t} \cdot \lambda$$

따라서

$$g_n(t) = \frac{(\lambda t)^{n-1}}{(n-1)!} e^{-\lambda t} \lambda$$

$$\begin{aligned} G_n(t) &= \int_0^t \frac{(\lambda x)^{n-1}}{(n-1)!} e^{-\lambda x} \lambda \, dx \\ &= \frac{1}{(n-1)!} \int_0^{\lambda t} y^{n-1} e^{-y} \, dy \\ &= 1 - e^{-\lambda t} \sum_{k=0}^{n-1} \frac{(\lambda t)^k}{k!} \end{aligned} \tag{9.1.5}$$

위 (9.1.5)식의 두 번째 등식은 $\lambda x = y$의 치환을 통해 얻었으며 세 번째 등식은 부분적분을 이용한 것이다.

따라서 다음을 얻는다.

$$P(N(t) = n) = \frac{(\lambda t)^n}{n!} e^{-\lambda t}, \ n = 0, 1, 2, \cdots, \quad t > 0$$

예 9.1.2 재생간격시간 $X_1, X_2, \cdots$가 모수 λ인 포아송분포를 따르는 재생과정에서 대기시간 S_n의 분포를 구하여라. $P(N(t) = k)$는 얼마인가?

풀이 $S_n = X_1 + X_2 + \cdots + X_n$은 서로 독립인 포아송분포의 합이므로 다시 포아송분포를 하고 그때의 모수는 $n\lambda$가 된다. 또한 X_i가 0, 1, 2, ⋯

값을 갖는 이산확률변수이므로 S_n도 정수 값을 갖는 이산확률변수이다. 그러므로 임의의 $n \geq 0$에 대하여

$$P(N(t)=n) = P(S_n \leq t) - P(S_{n+1} \leq t)$$
$$= \sum_{k=0}^{[t]} P(S_n = k) - \sum_{k=0}^{[t]} P(S_{n+1} = k)$$
$$= \sum_{k=0}^{[t]} \left[\frac{e^{-n\lambda}(n\lambda)^k}{k!} - \frac{e^{-(n+1)\lambda}((n+1)\lambda)^k}{k!} \right]$$

여기서 $[t]$는 t를 넘지 않는 최대정수를 의미한다. ■

9.1.3 재생함수와 재생방정식

다음은 t시간까지의 평균 재생수 $E(N(t))$에 대하여 알아보자.

$E(N(t))$를 구하려면 $N(t)$의 분포를 먼저 구하는 것이 일반적인 방법이나 우리는 이미 $N(t)$의 분포를 구하는 문제가 간단하지 않음을 보았다. $N(t)$의 분포를 구하지 않고 직접 $E(N(t))$를 구하는 방법을 찾아보자.

$(0, t]$ 시간 동안의 평균 재생수를 $U(t)$라 하면 $U(t)$를 **재생함수**(renewal function)라 부른다. 이때 $N(t)$는 음이 아닌 정수 값을 가지므로 다음이 성립한다.

$$U(t) = E(N(t)) = \sum_{n=0}^{\infty} n\, P(N(t)=n)$$
$$= \sum_{n=1}^{\infty} P(N(t) \geq n)$$
$$= \sum_{n=1}^{\infty} G_n(t) \tag{9.1.6}$$

(9.1.6)식을 변형하여 다음 식을 얻는다.

$$E(N(t)) = U(t) = \sum_{n=1}^{\infty} G_n(t)$$
$$= G_1(t) + \sum_{n=2}^{\infty} \int_0^t F(t-s)\, dG_{n-1}(s)$$

$$= G_1(t) + \int_0^t F(t-s)\, d\,(\sum_{n=2}^{\infty} G_{n-1}(s))$$

$$= G_1(t) + \int_0^t F(t-s)\, dU(s) \tag{9.1.7}$$

(9.1.7)식에 $G_1 = F$를 대입하면 다음과 같다

$$U(t) = F(t) + \int_0^t U(t-s)\, dF(s) \tag{9.1.8}$$

위 (9.1.8)식을 **재생방정식**(renewal equation)이라 부른다. 이는 G_n 또는 $N(t)$의 분포를 일일이 구하지 않고도 F만 주어지면 $E(N(t))$를 구할 수 있음을 보여준다. (9.1.6)과 (9.1.8)식의 양변을 미분하고 $d\frac{U(t)}{dt} = u(t)$라 두면 $u(t)$는 아래 두 식을 만족하게 된다.

$$u(t) = \frac{d}{dt} U(t) = \sum_{n=1}^{\infty} g_n(t)$$

$$u(t) = f(t) + \int_0^t f(t-s)\, u(s) ds, \quad t > 0 \tag{9.1.9}$$

f가 주어지면 적분방정식 (9.1.9)를 풀어 $u(t)$를 구할 수 있다. 이때 라플라스 변환(Laplace transform)을 이용하게 된다. 0 이상의 값을 갖는 비음수 함수 f와 u의 라플라스 변환을 각각 f^*, u^*라 하면, $\alpha \geq 0$에 대하여 다음을 얻는다.

$$f^*(\alpha) = \int_0^{\infty} e^{-\alpha t} f(t) dt, \qquad u^*(\alpha) = \int_0^{\infty} e^{-\alpha t} u(t) dt$$

여기서

$$w(t) = \int_0^t f(t-s)\, u(s) ds$$

라 두면 다음이 성립한다.

$$\begin{aligned}
w^*(\alpha) &= \int_0^\infty e^{-\alpha t}\, w(t)dt \\
&= \int_0^\infty \int_0^t e^{-\alpha(t-s)} f(t-s) e^{-\alpha s} u(s) ds dt \\
&= \int_0^\infty \int_s^\infty e^{-\alpha(t-s)} f(t-s) e^{-\alpha s} u(s) dt ds \\
&= \int_0^\infty e^{-\alpha s} u(s) ds \int_0^\infty e^{-\alpha y} f(y) dy \\
&= f^*(\alpha) u^*(\alpha)
\end{aligned}$$

따라서 (9.1.9)식의 양변에 라플라스 변환을 취하면

$$u^*(\alpha) = f^*(\alpha) + u^*(\alpha) \cdot f^*(\alpha)$$

즉 다음을 얻는다.

$$u^*(\alpha) = \frac{f^*(\alpha)}{1 - f^*(\alpha)} \tag{9.1.10}$$

따라서 주어진 f 에 대해 f^* 를 구한 다음 식 (9.1.10)을 이용하여 u^*를 구하고 라플라스 변환의 역 변환을 취하면 u를 구할 수 있다. 이는 X의 분포와 u (또는 U) 사이에 서로 1:1 대응 관계가 있음을 보여주기도 한다.

간단한 예를 보자. 8장에서 X_i가 모수 λ 인 지수분포를 하면 $N(t)$는 모수 λt 인 포아송과정이 되고 따라서 $E(N(t)) = \lambda t$ 임을 보았다. 역으로 $E(N(t)) = \lambda t$ 를 만족하는 재생과정 $N(t)$의 도착간격시간(재생간격시간) 함수 X_i는 모수 λ 인 지수분포가 됨을 다음과 같이 보일 수 있다. $U(t) = \lambda t$ 이면 $u(t) = \lambda$이므로 라플라스변환의 정의에 의해

$$u^*(\alpha) = \int_0^\infty \lambda e^{-\alpha t}\, dt = \frac{\lambda}{\alpha}$$

따라서 (9.1.10)을 적용하면 다음을 얻는다.

$$f^*(\alpha) = \frac{u^*(\alpha)}{1 + u^*(\alpha)} = \frac{\lambda/\alpha}{1 + \lambda/\alpha} = \frac{\lambda}{\alpha + \lambda}$$

이제 지수분포의 라플라스변환을 구해보자.

$h(x)=\lambda e^{-\lambda x}$, $x \geq 0$이라 두면 $h(x)$의 라플라스변환 $h^*(\alpha)$는 다음과 같다.

$$h^*(\alpha)=\int_0^{\infty} e^{-\alpha t}\lambda e^{-\lambda t}dt=\frac{\lambda}{\alpha+\lambda}$$

$f^*(\alpha)=h^*(\alpha)$이므로 분포와 라플라스변환과의 일대일 대응관계에 의해 X_i는 모수 λ인 지수분포를 한다.

예 9.1.3 재생방정식이 $U(t)=2t$, $t \geq 0$인 재생과정에서 $t=5$까지 일어난 재생수에 대한 분포를 구하여라.

풀이 $U(t)=2t$ 이므로 이는 $\lambda=2$인 포아송과정이다. 즉 $N(5)$는 모수 10 인 포아송분포를 하므로

$$P(N(5)=k)=\frac{e^{-10}10^k}{k!}, \quad k \geq 0$$ ■

9.2 극한 성질

시간 t가 무한히 커지면 $N(t)$도 무한히 큰 값을 갖게 된다. 그 이유는 만일 $t \to \infty$ 일 때 $N(t)$가 유한 값을 갖게 되면 도착간격시간들 중 적어도 하나는 무한 값을 갖게 되어 모순이 생기기 때문이다. $N(t)$가 증가하는 비율 $\frac{N(t)}{t}$의 극한값에 대하여 알아보자. 임의의 t에 대하여

$$S_{N(t)} \leq t < S_{N(t)+1}$$

의 관계가 있으므로 위 식의 각 항을 $N(t)$로 나누면

$$\frac{S_{N(t)}}{N(t)} \leq \frac{t}{N(t)} < \frac{S_{N(t)+1}}{N(t)} \tag{9.2.1}$$

이 성립한다. 또한 다음이 성립한다.

$$\frac{S_{N(t)}}{N(t)} = \sum_{i=1}^{N(t)} \frac{X_i}{N(t)} \tag{9.2.2}$$

$$\frac{S_{N(t)+1}}{N(t)} = \frac{S_{N(t)+1}}{N(t)+1} \cdot \frac{N(t)+1}{N(t)} \tag{9.2.3}$$

$E(X_i) = \mu$라 하고 (9.2.2)에 강대수법칙(strong law of large numbers)을 적용하면 확률 1(with probability 1)로 아래의 수렴 관계가 성립한다.

$$\frac{S_{N(t)}}{N(t)} \to \mu, \ N(t) \to \infty \tag{9.2.4}$$

그러므로 (9.2.1)식의 양변에 $t \to \infty(N(t) \to \infty)$를 취하면 (9.2.3), (9.2.4)에 의해 확률 1로

$$\frac{N(t)}{t} \to \frac{1}{\mu}, \quad t \to \infty$$

이 성립한다. $\frac{N(t)}{t}$는 시간 $(0, t]$ 에서 단위시간당 사건 발생수를 의미하므로 $\frac{1}{\mu}$은 오랜 시간이 흐른 후의 단위시간당 재생수를 나타내는 값이 된다. 따라서 이를 **재생비**(renewal rate)라고 부른다.

일반적으로 확률변수가 어떤 수에 접근한다고 하여 그 확률변수의 평균도 같은 수로 접근하는 것을 보장하지는 못한다(참조 : 연습문제 9.2). 그러나 단위시간당 평균 재생수 $\frac{E(N(t))}{t}$는 오랜 시간이 경과한 후 $\frac{N(t)}{t}$와 같은 극한값인 $\frac{1}{\mu}$로 접근하게 된다. 이와 같은 성질을 **기초재생정리**(elementary renewal theorem)라 부른다. 평균 재생간격시간 μ가 커지면 단위시간당 평균재생 수가 줄어들리라는 것은 쉽게 예측할 수 있다. 기초재생정리의 증명은 Karlin and Taylor, pp.188-189를 참조하기 바란다.

> $t \to \infty$일 때 다음 관계가 성립한다.
>
> (1) 확률 1로 $\frac{N(t)}{t} \to \frac{1}{\mu}$

(2) $\frac{E(N(t))}{t} \to \frac{1}{\mu}$

모수 λ인 포아송과정에서는 모든 $t>0$에 대하여 $E(N(t))=\lambda t$이고 $E(X_i)=\frac{1}{\lambda}$이므로 다음이 성립한다.

$$\frac{E(N(t))}{t}=\lambda=\frac{1}{E(X_i)}$$

포아송과정은 $E(N(t))$가 t에 선형인 유일한 확률과정이다.
기초재생정리는 모든 재생과정에서 아래의 관계가 성립한다.

$$E(N(t)) \simeq \frac{t}{\mu}, \quad t \to \infty$$

이는 $E(N(t))$가 근사적으로 선형이 됨을 의미한다.
기초재생정리와 더불어 재생과정에서는 다음과 같은 결과 (1)-(3)을 얻을 수 있다.

(1) (극한분포) 중심극한정리를 이용하면 충분히 큰 t에 대하여

$$N(t) \simeq N\left(\frac{t}{\mu}, \frac{\sigma^2 t}{\mu^3}\right)$$

가 성립함을 보일 수 있다(참조 : Karlin and Taylor, P.208).

(2) (Blackwell의 정리) 비음수함수 X_i의 분포가 격자분포가 아니면 충분히 큰 t에 대해서

$$E(N(t+h))-E(N(t)) \simeq \frac{h}{\mu}$$

이 성립한다(참조 : Karlin and Taylor, P.192). 여기서 $\sum_{n=0}^{\infty} P(X=\pm na)$ $=1$이 되는 $a>0$이 존재할 때 X가 격자분포(lattice distribution)를 한

다고 한다.

(3) (Key 재생정리) 재생간격시간 X의 분포가 격자분포가 아니고, $h(t)$가 직접리만적분가능(directly Riemann integrable)하면 다음 등식이 성립한다.

$$\lim_{t\to\infty}\int_0^t h(t-x)dU(x)=\frac{1}{\mu}\int_0^\infty h(t)dt$$

여기서 $U(t)=E(N(t))$, $\mu=E(X)$이다. $\int_0^\infty h(t)dt<\infty$를 만족하는 음이 아닌 증가함수 $h(t)$를 직접리만적분가능함수라고 한다.

Key 재생정리는 $g(t)=h(t)+\int_0^t h(t-x)dU(x)$ 형태의 방정식에서 $g(t)$의 극한값을 찾는 데 유용하게 쓰일 수 있다. 여기서 $g(t)$는 주로 t 시점에서의 확률이나 기댓값을 나타낸다.

예 9.2.1 주연이가 차고 있는 시계의 배터리는 수명이 6개월에서 1년 사이에 균등분포를 한다고 한다. 궁극적으로 배터리가 교체되는 비율은 얼마이며, 3년 동안 평균 몇 번이나 배터리를 교체해야 하나?

풀이 X_i는 $(6,12)$에서 균등분포를 하므로 $\mu=9$(개월)이고 배터리 교체비율은 $\frac{N(t)}{t}$로 나타낼 수 있으므로

$$\frac{N(t)}{t}\to\frac{1}{\mu}=\frac{1}{9},\quad t\to\infty$$

따라서 궁극적으로 9개월마다 한 번씩 교체해야 한다. 또한

$$\frac{E(N(t))}{t}\to\frac{1}{\mu},\quad t\to\infty$$

이므로 $\frac{E(N(36))}{36}\simeq\frac{1}{9}$로부터 $E(N(36))\simeq\frac{36}{9}=4$, 즉 3년 동안의 평균 배터리 교체 횟수는 4번이 된다. ■

예 9.2.2 한 사람의 상담원이 일하고 있는 상담실에 고객이 모수 λ인 포아송과정을 따라 들어온다. 고객이 도착하였을 때 누군가가 상담을 받고 있으면 그 고객은 기다리지 않고 바로 떠난다고 가정하자. 다음을 구하여라. $(t \to \infty)$

(1) 상담을 받는 고객의 단위시간당 도착률

(2) 상담실을 찾아온 고객들 중에서 실제로 상담을 받고 가는 고객의 비율

풀이 전 고객이 상담을 끝내고 떠난 후 새로운 고객이 도착할 때까지의 경과 시간을 X_i, 각 고객의 상담시간을 Y_i, $E(Y_i) = \nu$라 하자. 첫 고객이 상담실에 도착한 시간을 $t = 0$이라 하고 두 번째 상담을 받은 고객의 도착시간을 Z_1, 세 번째 상담을 받은 고객의 도착시간을 $Z_1 + Z_2$, $\cdots$이라 하면 $Z_i = X_i + Y_i$가 된다. 이때 지수분포의 비기억성에 의해 X_i는 모수 λ인 지수분포를 한다. Z_i는 서로 독립동등분포를 하므로 Z_i를 재생간격시간으로 하는 재생과정 $N_Z(t)$를 생각할 수 있다. 여기서

$$E(Z_i) = E(X_i) + E(Y_i) = \nu + \frac{1}{\lambda}$$

이므로 상담을 받은 고객의 단위시간당 도착률은

$$\frac{N_Z(t)}{t} \approx \frac{1}{E(Z_i)} = \frac{\lambda}{\nu\lambda + 1}$$

이 되고 상담 온 고객들 중에서 상담을 받고 떠나는 고객의 비율은

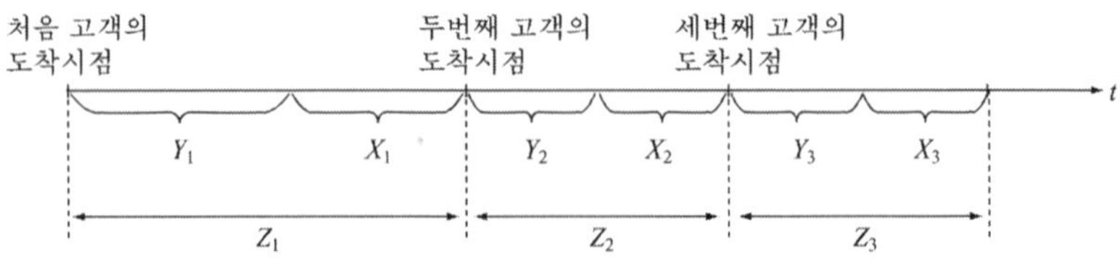

그림 9–3

$$\frac{N_Z(t)}{N_X(t)} = \frac{N_Z(t)}{t} \Big/ \frac{N_X(t)}{t} \quad \rightarrow \quad \frac{\lambda}{\nu\lambda+1} \Big/ \lambda = \frac{1}{\nu\lambda+1} \qquad \blacksquare$$

9.3 현재수명, 초과수명, 총수명

재생과정을 임의의 시점 t에서 관찰해보자. t 직전 재생이 일어난 이후 지금까지 경과된 시간, t시점 이후 처음 재생이 일어날 때까지의 시간 또는 이들 두 시간의 합 등을 나타내는 확률변수들도 재생이론에서 주목받고 있는 확률변수이다.

다음과 같이 정의하자.

$$\gamma_t = S_{N(t)+1} - t$$
$$\delta_t = t - S_{N(t)}$$
$$\beta_t = \gamma_t + \delta_t$$

$S_{N(t)}$에서 $N(t)=2$이면 이는 t시간까지 2번의 재생이 일어났음을 의미하므로 $S_{N(t)} = S_2 = X_1 + X_2$ 즉 S_2는 t시점 전에 마지막으로 사건이 발생한 시점이 된다. 일반적으로 $S_{N(t)}$는 t시점 전에 마지막으로 재생이 발생한 시점이고 아울러 $S_{N(t)+1}$는 t시점 이후 처음 재생이 발생한 시점이 된다. 여기서 δ_t는 현재수명(current life 또는 age random variable), γ_t는 잔여수명(excess life 또는 residual life), β_t는 총수명(recurrence time 또는 total life)이라 불린다. 이를 그림으로 그려보면 다음과 같다.

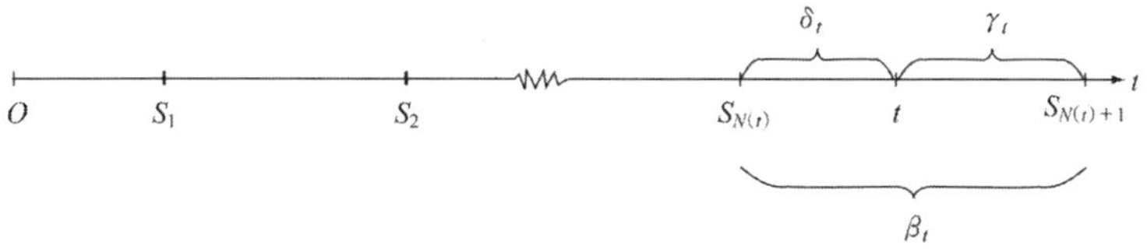

그림 9-4

모수 λ 인 포아송과정에서 잔여수명이 x 이상일 확률은 $(t, t+x]$에서 재생이 일어나지 않을 확률이므로

$$
\begin{aligned}
P(\gamma_t > x) &= P(N(t+x) - N(t) = 0) \\
&= P(N(x) = 0) \\
&= e^{-\lambda x}
\end{aligned}
$$

즉 포아송과정에서의 잔여수명과정은 도착간격시간 분포와 같은 지수분포를 한다. 이는 지수분포의 비기억성을 다시 한 번 보여 주는 것이기도 하다.

Key 재생정리를 이용하여 현재수명 δ_t, 잔여수명 γ_t, 총수명 β_t는 각각 다음과 같은 극한분포를 가짐을 보일 수 있다(참조 : Ross(1996), p.112; Karlin and Taylor, pp.192-194).

$$
\lim_{t \to \infty} P(\gamma_t \le x) = \frac{1}{\mu} \int_0^x (1 - F(y))dy
$$

$$
\lim_{t \to \infty} P(\delta_t \le x) = \frac{1}{\mu} \int_0^x (1 - F(y))dy
$$

$$
\lim_{t \to \infty} P(\beta_t \le x) = \frac{1}{\mu} \int_0^x y\, dF(y)
$$

위 관계를 이용하면 다음을 보일 수 있다.

$$
\lim_{t \to \infty} E(\gamma_t) = \lim_{t \to \infty} E(\delta_t) = \frac{\mu^2 + \sigma^2}{2\mu}
$$

총수명 β_t는 재생간격시간보다 확률적으로 길다. 즉 다음이 성립한다.

$$
P(\beta_t > x) \ge P(X > x)
$$

이는 총수명은 관찰 시점 t를 포함해야 하므로 재생간격시간보다는 길어지게 된다(이를 inspection paradox라고 한다).

9.4 재생과정의 일반화

9.4.1 지연 재생과정

$X_1, X_2, X_3, \cdots$는 서로 독립이고 X_1의 분포함수는 F_1이고 $X_2, X_3, \cdots$의 분포함수는 F인 확률과정을 **지연재생과정**(delayed renewal process)이라 부른다. 기계의 부품을 새로 갈아 끼움과 동시에 확률과정이 시작되는 것이 아니라 기존에 사용 중인 상태의 어느 시점부터 시간을 측정한다면 현재 사용 중인 부품의 수명 X_1의 분포는 그 후 갈아 끼우게 될 새 부품의 수명분포와 일반적으로 다르게 된다. 따라서 이는 지연재생과정이 된다. 우리가 실제로 접하게 되는 많은 재생과정들은 지연재생과정이다. 지연재생과정에서의 여러 성질들에 대한 이론은 재생과정에서의 이론과 유사하다.

재생과정 $\{N(t) \mid t \geq 0\}$에서 최초의 관찰 시점을 y라 하면 y시점 이후의 재생과정 $\{N(t) \mid t \geq y\}$에서 첫 번째 재생이 일어나는 시점은 y의 잔여수명 γ_y가 된다. y시점 이후의 확률과정은 γ_y의 분포를 X_1의 분포로 하는 지연재생과정이다. $N_D(t)$를 지연재생과정이라 하고 $U_D(t) = E(N_D(t))$라 하면 아래의 관계들이 성립한다.

(1) $t \to \infty$일 때 확률 1로 $\dfrac{N_D(t)}{t} \to \dfrac{1}{\mu}$

(2) $t \to \infty$이면 $\dfrac{U_D(t)}{t} \to \dfrac{1}{\mu}$

여기서 $\mu = E(X_2)$이다.

지연재생과정에서 X_1의 분포 함수 F_1이 잔여수명 γ_y의 극한분포 G,

$$G(x) = \frac{1}{\mu}\int_0^x (1 - F(y))dy$$

와 같은 지연재생과정을 **정상재생과정**(stationary renewal process 또는 equilibrium renewal process)이라 부른다. 주어진 재생과정이 아주 먼 과거로부터 현재까지 진행되어 왔다면 현 시점 이후의 재생과정을 정상재생과정으로 볼 수 있다. 따라서 정상재생과정에서는 모든 시점에서의 현재수명 및 잔여수명의 분포는 G와 동일하다.

9.4.2 재생보상과정

재생과정 $\{N(t) | t \geq 0\}$에서 n번째 재생이 발생하는 시점에서 보상(또는 비용) R_n, $n \geq 1$을 얻는다면 t시간까지의 보상의 합을 $R(t)$, $t \geq 0$라 할 때 다음이 성립한다.

$$R(t) = \sum_{n=1}^{N(t)} R_n \tag{9.4.1}$$

사건이 일어날 때마다 적절한 보상(비용)이 이루어지고 R_n이 독립동등분포를 한다면 t시간까지 발생한 보상의 합 $R(t)$와 같은 형태의 확률과정을 **누적과정**(cumulative process) 또는 **재생보상과정**(renewal reward process)이라 부른다. 재생보상과정의 특별한 예로 $R_n = 1$이라 하면 $R(t) = N(t)$가 된다. 또한 $N(t)$가 포아송과정을 따르면 $R(t)$는 8장에서 언급한 복합 포아송과정이 된다.

재생간격시간 X_n과 R_n의 관계는 일반적으로 서로 독립이 아니며, 종종 X_n이 길어지면 R_n값도 큰 값을 갖는다. 따라서 (X_n, R_n), $n \geq 1$이 독립동등분포를 한다고 가정한다.

$E(R_n) = E(R) < \infty$, $E(X_n) = E(X) < \infty$라 가정하자. 이때 단위시간당 보상률 $\dfrac{R(t)}{t}$의 극한은 강대수법칙에 의해 확률 1로 다음과 같다.

$$\frac{R(t)}{t} = \frac{\sum_{n=1}^{N(t)} R_n}{t} = \frac{\sum_{n=1}^{N(t)} R_n}{N(t)} \cdot \frac{N(t)}{t} \to \frac{E(R)}{E(X)}, \quad t \to \infty$$

또한 단위시간당 평균보상액은 다음과 같다(참조 : Ross(1996), p.134).

$$\frac{E(R(t))}{t} \to \frac{E(R)}{E(X)}, \quad t \to \infty \tag{9.4.2}$$

식 (9.4.2)는 궁극적으로 단위시간당 발생하는 평균보상액은 $(0, t]$시간 동안의 전 과정을 관찰하지 않아도 한 번의 재생에서 얻게 되는 평균보상액을 재생간격시간의 평균값으로 나눔으로써 얻을 수 있다는 것으로 이를 **재생보상정리** (renewal reward theorem)라 하며 응용 분야에서 많이 활용된다.

보험회사에서 보험청구가 들어오는 도착간격시간은 $X_1, X_2, \cdots$이고 n 번째 청구의 청구금액이 R_n이라 하면 t시간까지의 총 보험 청구액 $R(t)$는 $R(t) = \sum_{n=1}^{N(t)} R_n$이 된다.

예 9.4.1 어느 보험회사의 t일 동안의 보험 청구건수는 모수 $2t$ 인 포아송분포를 따른다. 각 청구에서의 청구액이 평균 50인 지수분포를 한다면 1달 동안의 평균 보험 청구액은 얼마인가? 1일 평균 보험 청구액은 얼마인가? X가 모수 3인 포아송분포를 할 때의 1일 평균 보험 청구액은 얼마인가?

풀이 첫 번째 경우의 재생과정은 복합 포아송과정이 되므로 1달(30일) 동안의 평균 보험 청구액은

$$E\left(\sum_{n=1}^{N(30)} R_n\right) = E(R_n)E(N(30)) = 50 \times 60 = 3000$$

1일 평균 보험 청구액은

$$\frac{E(R_n)}{E(X)} = \frac{50}{1/2} = 100$$

두 번째 경우의 1일 평균 보험청구액은 $E(R_n)/E(X) = 50/3$이다. ■

참고로 $X_1, X_2, \cdots$는 독립동등분포를 하고 이들이 또 다른 확률변수 N과 서로 독립일 때 다음이 성립한다.

$$E\left(\sum_{i=1}^{N} X_i\right) = E(X)E(N) \tag{9.4.3}$$

그러나 위의 식 (9.4.1)에서는 X_n과 R_n이 서로 독립이라는 가정이 없으므로 $N(t)$와 R_n도 서로 독립이라 할 수 없다. 그러나 Wald의 등식에 의해 식 (9.4.3)이 성립함을 알 수 있다(참조 : 연습문제 9.8; Ross(1996), p.105).

보통 일반 가정에서는 전구가 나가야 교체하지만 공공장소나 공장, 사무실 등에서는 전구가 나감으로써 발생하는 손실이 큰 경우가 있기 때문에 전구가 나가면 물론 즉시 갈아 끼우고, 또한 일정 시간이 지나면 무조건 새것으로 교체하는 정책을 택할 수 있다. 기계의 부품이 고장 나서 전 생산라인의 가동이 중단된다거나, 변압기에 이상이 생겨 교체를 해야 된다면 교체 시간 동안 발생하는 손실은 매우 클 것이다. 몇 년 전 어느 대학의 실험실이 있는 건물이 정전되어 몇 년 동안 애지중지 키운 미생물이 모두 죽었다는 하소연을 들은 적이 있다. 기계도 나이가 들면 성능이 떨어져 불량률이 높아지게 된다. 고장 나서 못 쓰게 되기에 앞서 적정 기간을 사용한 후 새것으로 교체해주는 것이 득이 될 수도 있다. 새것으로 교체하는 데 큰 비용이 들지만 고장 나서 못 쓰게 되면 새 기계 값뿐만 아니라 고장 남으로 인하여 지불하게 되는 부대비용도 만만치 않을 때가 많기 때문이다. 이런 경우는 일정 기간 사용 후 고장 여부와는 상관없이 새것으로 교체하는 것이 훨씬 비용을 절감할 수 있는 길일 것이다. 이와 같은 교체방식을 **수명교체**(Age replacement)라고 한다.

수명 시간이 $X_1, X_2, X_3, \cdots$인 재생과정에서 X_i의 분포함수를 F, 평균을 μ라 하면 기초재생정리에 의해 단위시간당 평균 재생수는 $\frac{1}{\mu}$이 된다. 고장이 나면 물론 교체를 하고 고장이 없더라도 T시간이 지나면 자동적으로 새것으로 교체하는 수명교체모형에서의 단위시간당 평균 재생수를 알아보자. 이 모형에서의 수명 시간을 X_T라 하면 X_T의 분포함수 F_T는 다음과 같다.

$$X_T = \begin{cases} X, & X < T \\ T, & X \geq T \end{cases}, \quad F_T(x) = \begin{cases} F(x), & x < T \\ 1, & x \geq T \end{cases}$$

따라서 $\mu_T = E(X_T) = \int_0^T xf(x)dx + \int_T^\infty T \cdot f(x)dx < \int_0^\infty xf(x)dx = E(X)$

이다.

X_T에 의한 재생과정을 $N_T(t)$라 하면 $N_T(t)$에서의 단위시간당 평균 재생수

는 $\dfrac{1}{\mu_T}$이 되고

$$\frac{1}{\mu_T} > \frac{1}{\mu}$$

이 되므로 수명교체를 하면 교체되는 횟수는 당연히 더 많아진다. 하지만 고장이 난 경우에는 추가비용이 더 들게 되어 어느 방법이 더 경제적인지는 면밀히 검토해 보아야 할 것이다.

한 번 교체할 때마다 K원의 비용이 들고 고장이 나서 교체할 때에는 C원의 비용이 추가로 든다고 가정하자. $R_1(t)$와 $R_2(t)$를 각각 수명이 다한 후에 교체하는 방식과 수명 교체 방식을 채용했을 때 t시점까지 예상되는 총 비용이라 한다면

$$R_1(t) = \sum_{i=1}^{N(t)} (K+C) = (K+C)N(t)$$

가 되어 단위시간당 평균 비용은

$$\frac{E(R_1(t))}{t} \approx \frac{(K+C)}{\mu}$$

이 된다. 반면에

$$R_i = \begin{cases} K & X_i \geq T \\ K+C & X_i < T \end{cases}$$

라 두면 $E(R_i) = K + CF(T)$이고, $R_2(t) = \sum_{i=1}^{N_T(t)} R_i$이다. 따라서 이때의 단위시간당 평균 재생비용 $C(T)$는

$$C(T) = \frac{E(R_2(t))}{t} \approx \frac{K + CF(T)}{\mu_T}$$

이 된다. 위의 관계식을 이용하면 주어진 K, C에 대하여 기간 T를 얼마로 잡

을 때 최소비용을 들이게 되는지를 알 수 있다.

예 9.4.2 $K=1$, $C=4$이고 X는 $(0, 1)$에서 균등분포를 할 때 최소 비용이 들도록 T를 결정하라.

풀이 $\mu_T = \int_0^T (1-F(x))dx = T(1-T/2)$

따라서

$$C(T) = \frac{1+4T}{T(1-T/2)} \tag{9.4.4}$$

$C(T)$를 최소로 하는 T값을 구하기 위하여 식 (9.4.4)를 T에 대해 미분하면

$$\frac{d(C(T))}{dT} = \frac{4T(1-T/2)-(1+4T)(1-T)}{[T(1-T/2)]^2} \tag{9.4.5}$$

(9.4.5)식의 분자를 0으로 하는 T를 구하면 $T=1/2, -1$이 된다. 따라서 구하는 기간 $T=1/2$ 이다. ■

예 9.4.3 동수는 자동차가 파손되거나 차의 수명이 T(년)가 되면 즉시 새 차를 구입한다고 한다. 헌 차를 주고 새 차를 구입할 때는 C_1이 들고 파손되어 폐차하는 경우에는 폐차비용이 추가되어 $C_1 + C_2$를 지불해야 한다. 동수가 지불해야 하는 평균 비용은 얼마나 될까? 또 T를 얼마로 잡아야 평균 비용을 최소화할 수 있을까?

풀이 동수가 구입하고자 하는 회사에서 만든 자동차의 수명 X는 분포함수 F, 확률밀도함수 f를 갖는 확률변수라고 하자. 새 차를 구입하는 시점을 사건 발생시점으로 보면 도착간격시간 X_T는 자동차 구입의 한 주기에 해당한다. 새 차 구입에 드는 모든 비용을 R이라 하면 다음이 성립한다.

$$R = \begin{cases} C_1, & X > T \\ C_1 + C_2, & X \le T \end{cases}$$

따라서 한 주기 동안의 평균 지불비용 $E(R)$은

$$E(R) = C_1 P(X > T) + (C_1 + C_2) P(X \le T) = C_1 + C_2 F(T)$$

한 주기의 길이 X_T는

$$X_T = \begin{cases} T, & X > T \\ X, & X \le T \end{cases}$$

따라서 한 주기의 평균 길이는

$$\begin{aligned} E(X_T) &= \int_0^T x\, f(x)\, dx + \int_T^\infty T f(x)\, dx \\ &= \int_0^T x\, f(x)\, dx + T(1 - F(T)) \end{aligned}$$

이다. 따라서 구하고자 하는 단위시간당 평균비용은

$$\frac{E(R)}{E(X_T)} = \frac{C_1 + C_2 F(T)}{\int_0^T x\, f(x)\, dx + T(1 - F(T))}$$

수명이 다할 때까지 사용한다면 단위시간당 평균 비용은 아래와 같이 될 것이다.

$$\frac{C_1 + C_2}{E(X)}$$

만일 X가 (0, 10) 위에서 균일 분포를 하고 $C_1 = 1200$, $C_2 = 50$(단위: 만원)이라면

$$\frac{E(R)}{E(X_T)} = \frac{24000 + 100T}{20T - T^2}$$

이 된다. 평균비용을 최소로 하는 T값은 9.799임을 확인해보라. ■

9.4.3 교대재생과정

공중전화, 도서관에 있는 복사기, 공용컴퓨터 등과 같이 여러 사람이 공동으로 사용하는 기계들은 특히 '고장'이라 쓰여 있는 것을 자주 보게 된다. 또한 이러한 것들은 그 수리에도 상당한 기간을 요한다.

어떤 기계가 작동하고 있는 상태를 A, 수리 중인 상태를 B라 하자. X시간 동안 작동을 하다 고장 나면 Y 시간의 수리 기간이 필요하게 되고 일단 수리된 기계는 새것과 같은 성능을 유지한다고 할 때 t 시점에서 이 기계가 작동 중일 확률은 어떻게 구할까?

X_n을 n 번째 작동시간이라 하고 Y_n 을 n 번째 수리에 필요한 시간이라 하자. $X_n(n \geq 1)$은 분포함수 F를 따르는 독립동등분포를 하고 $Y_n(n \geq 1)$은 분포함수 G를 따르는 독립동등분포를 하며, X_n과 Y_n이 서로 독립일 때 이러한 확률 과정을 **교대재생과정(alternative renewal process)**이라 한다.

$Z_n = X_n + Y_n$이라 두고 Z_n을 재생도착간격시간으로 보면 위의 확률과정은 재생과정이 된다. 교대재생과정에서는 시점 t 에서 '작동' 상태에 있을 확률 등에 관심이 있다. t 시점에서 상태 A 에 있을 확률을 $P(t)$라 하면 Z_n이 격자분포를 하지 않으면 다음이 성립한다.

$$P(t) \rightarrow \frac{E(X_n)}{E(X_n + Y_n)}, \quad t \rightarrow \infty$$

이는 Key 재생정리를 이용하여 증명할 수 있다(참조 : Karlin and Taylor, pp.201-202).

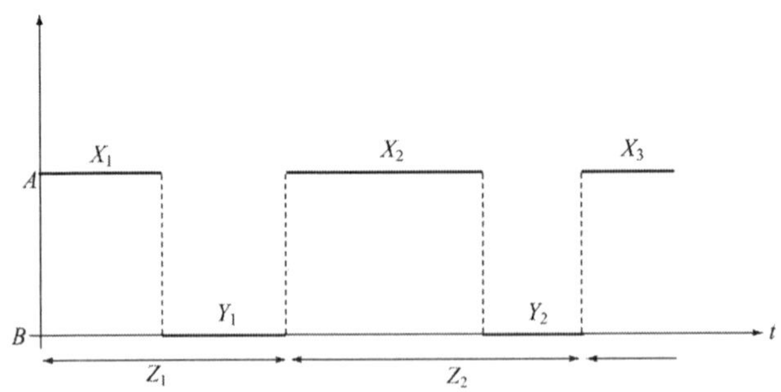

그림 9-5

9.4.4 재생성과정

확률과정 $\{X_t : t \geq 0\}$이 특정 시점 T_1 이후의 확률과정 $\{X_{T_1+t} : t \geq 0\}$과 확률적으로 동일하면 이러한 확률과정을 **재생성과정**(regenerative process)이라고 부른다. 이때 위 관계를 만족하는 T_1이 존재하면 연속적으로 같은 성질을 갖는 $T_2, T_3, \cdots$의 존재성을 밝힐 수 있으며 T_i를 i번째로 확률과정이 새롭게 시작되는 시점으로 본다면 다음과 같이 정의된 $N(t)$는 t 시점까지 새롭게 시작되는 시점들의 수를 나타내는 재생과정이 된다.

$$N(t) = \max\{n : T_1 + T_2 + \cdots + T_n \leq t\}$$

양재귀 마르코프연쇄에서 i 에서 시작한 확률과정이 처음으로 i 로 돌아오는 시점을 T_1, 두 번째로 i 로 돌아오는 시점을 T_2, $\cdots$라 두면 양재귀 마르코프연쇄는 재생성과정으로 볼 수 있다. 재생성과정은 재생과정이다. 단지 재생과정은 연속해서 발생하는 재생간격시간들에 관심을 둔 경우이고, 재생성과정은 재생성이 일어나는 시점들 사이에 발생하는 현상들에 관심을 둔다. 재생성간격시간을 한 사이클로 보면 다음이 성립한다.

$E(T_1) < \infty$이면

$$\lim_{t\to\infty} P(X(t) = j) = \frac{E(\text{한 사이클 동안 } j\text{ 상태 위에 있는 시간})}{E(\text{한 사이클의 길이})}$$

또한 $E(T_1) < \infty$이면 확률 1로 다음이 성립한다.

$$\lim_{t\to\infty} \frac{(0, t]\text{ 시간 동안 } j\text{상태 위에 있는 시간}}{t}$$
$$= \frac{E(\text{한 사이클 동안 } j\text{상태 위에 있는 시간})}{E(\text{한 사이클의 길이})}$$

9장 연습문제

특별한 설명이 없는 경우 X는 재생과정에서 재생간격시간을 나타낸다.

9.1 X가 음이 아닌 정수 값을 갖는 확률변수이면 다음이 성립함을 보여라.

$$E(X) = \sum_{n=1}^{\infty} P(X \geq n)$$

9.2 X가 $(0, 1)$에서 균등분포를 하고 Y_n을 다음과 같이 정의하자.

$$Y_n = \begin{cases} 0, & X > 1/n \\ n, & X \leq 1/n \end{cases}$$

Y_n은 0에 수렴하나(즉 $\forall \epsilon > 0,\ \lim_{n \to \infty} P(Y_n > \epsilon) = 0$), 모든 n에 대하여 $E(Y_n) = 1$임을 보여라.

9.3 $P(X_i = 1) = 1/3,\ P(X_i = 2) = 2/3$인 재생과정에서 $k = 0, 1, 2, 3, \cdots$에 대하여 다음을 구하여라.

$$P(N(1) = k),\ P(N(2) = k),\ P(N(3) = k)$$

9.4 X의 확률밀도함수 f가 다음과 같이 주어졌을 때 $P(N(t) \geq k)$를 구하여라.

$$f(x) = \begin{cases} \rho e^{-\rho(x-\delta)}, & x \geq \delta \\ 0, & x < \delta \end{cases}$$

9.5 재생간격시간 $X_1, X_2, \cdots$의 공통인 분포가 아래와 같다.

$$f(x) = xe^{-x},\ x > 0$$

대기시간 S_n의 분포를 구하여라. 재생함수 $U(t)$를 구하고 $t \to \infty$일 때

$\frac{U(t)}{t}$의 극값을 구하여라.

9.6 수명시간 X의 확률밀도함수가 $f(x) = 2x,\ 0 < x < 1$이다. 수명교체 모형에서 교체비용 $K = 1$이고 고장이 나서 교체할 때에는 $C = 4$ 가 추가로 더 든다고 할 때 최소비용을 보장하는 T값을 구하여라.

9.7 한 명의 이발사가 일을 하는 이발소에 모수 λ인 포아송과정을 따라 손님이 찾아온다. 그러나 찾아온 손님들은 이발사가 바로 자신에게 서비스를 해줄 수 있을 때는 들어오지만 그렇지 못할 경우에는 돌아간다고 한다. 이발사가 각 손님에게 서비스를 하는 데 걸리는 시간은 서로 독립이며 분포함수 G를 따른다고 한다. 다음을 구하여라.

(1) 단위시간당 이발소 안으로 들어오는 고객의 도착률을 구하여라.

(2) 이발사가 바쁜 시간의 비율을 구하여라.

(3) 이발소를 찾는 사람 중 실제로 서비스를 받는 사람의 비율을 구하여라.

(4) 서비스를 받는 손님들에 의해 생성되는 확률과정을 설명하라.

9.8 $\{X_n\}$은 독립동등분포를 하는 확률변수 열이고, N은 정숫값 확률변수이다. 사상 $\{N = n\}$이 일어났는지의 여부가 확률변수들 $X_{n+1},\ X_{n+2},\ \cdots$와 무관할 때(즉 독립일 때) N을 $\{X_n\}$에 대하여 멈춤시간(stopping time)이라 부른다. X_i를 재생간격시간으로 하는 재생과정을 $N(t)$라고 할 때 다음을 증명하라.

(1) $N(t)$는 멈춤시간이 아니다.

(2) $N(t)+1$은 멈춤시간이다.

(3) $E(S_{N(t)+1}) = E(X_1)(E(N(t))+1)$이 성립한다. 이 등식을 Wald의 등식이라 부른다.

9.9 $X_i,\ i = 1, 2, \cdots$가 서로 독립동등분포를 하고 N은 X_i에 독립인 정수 값 확률변수로 $S_N = X_1 + \cdots + X_N$이라 두면 $E(S_N) = E(X_1)E(N)$이 성립함을 보았다. $N(t)$는 X_i를 도착간격시간으로 갖는 재생과정이고 $S_{N(t)} = X_1 + \cdots + X_{N(t)}$라 할 때 다음 물음에 답하여라.

(1) $E(S_{N(t)}) = E(X_1)E(N(t))$가 참인지 알아보고, 참이라면 그 이유를 설명하여라.

(2) X_1의 확률밀도함수는 $f(x)$이고, $g(t) = E(S_{N(t)+1})$이라 두면 다음이 성립한다.

$$E(S_{N(t)+1} \mid X_1 = x) = \begin{cases} x, & x > t \\ x + g(t-x), & x \le t \end{cases}$$

따라서 관계식 $g(t) = E(X_1) + \int_0^t g(t-x)f(x)dx$을 얻는다. 이를 증명하라.

9.10 모수 λ 를 갖는 포아송과정에서 현재수명 δ_t의 분포가 다음과 같음을 보여라.

$$P(\delta_t \le x) = \begin{cases} 1 - e^{-\lambda x}, & 0 \le x < t \\ 1, & x \ge t \end{cases}$$

또한 총수명 $\beta_t = \delta_t + \gamma_t$에 대하여 $E(\beta_t) = \frac{1}{\lambda} + \frac{1}{\lambda}(1 - e^{-\lambda t})$임을 보여라.

9.11 서울역 앞 공중전화기는 한 번 수리를 받으면, 정상적으로 작동되는 시간은 평균 μ_F이고 분포함수 F를 따른다. 담당 공중전화 관리인이 공중전화가 정상적으로 작동하고 있는지를 검사하러 오는 시간은 모수 λ인 포아송과정을 따르고, 고장이면 즉시 수리를 하고 간다. 다음을 구하여라.

(1) $N(t)$를 t시간 동안 수리한 횟수라 할 때 $\frac{N(t)}{t}$의 극한값을 구하여라.

(2) $V(t)$를 t시간 동안 관리인이 들르는 횟수라 할 때 $\frac{V(t)}{t}$의 극한값을 구하여라.

(3) 얼마의 비율로 전화기가 수리되는가? (관리인이 점검하러 오는 횟수 대비 고치고 가는 횟수, 즉 $\frac{N(t)}{V(t)}$의 극한값을 구하여라.)

(4) 전체시간 중 전화기가 작동되는 시간 비율의 극한값을 구하여라.

10장 연속시간형 마르코프과정

10.1 마르코프과정

7장에서는 상태공간 S와 지수집합 T가 모두 가산 집합인 (이산시간형) 마르코프연쇄를 다루었다. 상태공간 $S=\{0, 1, 2, \cdots\}$은 가산(countable)이나 지수집합이 $T=[0, \infty)$와 같이 연속형인 확률과정에 대해서 생각해보자.

모든 $0 < t_1 < t_2 < \cdots < t_{n+1}$, $i_j \in S$, $j=0, 1, 2, \cdots, n+1$ 에 대하여 다음 조건을 만족하는 확률과정 $\{X(t) \mid t \geq 0\}$(또는 $\{X_t \mid t \geq 0\}$)를 생각해보자.

$$
\begin{aligned}
& P(X(t_{n+1}) = i_{n+1} \mid X(t_n) = i_n, \cdots, X(t_1) = i_1, X(0) = i_0) \\
& = P(X(t_{n+1}) = i_{n+1} \mid X(t_n) = i_n)
\end{aligned}
$$

이는 모든 $i, j, x(u) \in S$, $0 \leq u < s$ 에 대하여 다음과 같이 쓸 수 있다.

$$
\begin{aligned}
& P(X(t+s) = j \mid X(s) = i, \ X(u) = x(u), 0 \leq u < s) \\
& = P(X(t+s) = j \mid X(s) = i) \\
& = P_{ij}^{s, s+t} \qquad (10.1.1)
\end{aligned}
$$

(10.1.1)식은 확률과정 $\{X(t) \mid t \geq 0\}$가 과거 $X(u),\ 0 \leq u < s$ 와 현재 $X(s)$의 조건 아래서 미래 $X(t+s)$의 조건부 확률이 과거와는 상관없이 단지 현재 상태에 의해 결정되는 **마르코프성질**(Markov property)을 만족함을 의미한다. 이와 같이 마르코프성질을 만족하는 확률과정 $\{X(t) \mid t \geq 0\}$을 **연속시간형 마르코프연쇄**(continuous time Markov chain) 또는 간단히 **마르코프과정**(Markov process)이라 부른다. 특히

$$P(X(t+s)=j \mid X(s)=i) = P(X(t)=j \mid X(0)=i)$$

을 만족하면 $\{X(t) \mid t \geq 0\}$을 시간균질성(time homogeneous) 또는 정상전이확률(stationary transition probability)을 갖는 마르코프과정이라 한다. 이 장에서 다루는 마르코프과정은 시간균질성을 갖는다고 가정하자.

다음을 정의하자.

$$P_{ij}(t) = P(X(t)=j \mid X(0)=i),$$
$$p_i = P(X(0)=i),$$
$$\boldsymbol{P}(t) = [P_{ij}(t)] = \begin{bmatrix} P_{00}(t) & P_{01}(t) & \cdots & \\ P_{10}(t) & P_{11}(t) & \cdots & \\ & & \vdots & \vdots \end{bmatrix}$$

여기서 $P_{ij}(t)$는 확률값을 나타내므로 다음 관계가 성립한다.

$$P_{ij}(t) \geq 0, \quad \sum_j P_{ij}(t) = 1$$
$$P_{ij}(0) = \begin{cases} 1, & i=j \\ 0, & i \neq j \end{cases}$$

마르코프연쇄에서와 마찬가지로 연속시간형 마르코프과정에서도 다음의 성질들이 성립함을 쉽게 증명할 수가 있다.

(1) 전이행렬 $\boldsymbol{P}(t) = [P_{ij}(t)]$와 초기분포 $\boldsymbol{p} = (p_0, p_1, p_2, \cdots)$가 주어지면 확률과정 $\{X(t) \mid t \geq 0\}$에 대한 모든 확률값이 결정된다. 즉

$$P(X(t)=j) = \sum_i P(X(t)=j,\ X(0)=i) = \sum_i p_i P_{ij}(t)$$

또한 $0 < t_1 < t_2 < \cdots < t_n$, $i_0, \cdots, i_n \in S$에 대하여 다음이 성립한다.

$$\begin{aligned}&P(X(t_n)=i_n,\ X(t_{n-1})=i_{n-1},\ \cdots,\ X(0)=i_0)\\&=P(X(t_n)=i_n \mid X(t_{n-1})=i_{n-1})P(X(t_{n-1})=i_{n-1} \mid X(t_{n-2})=i_{n-2})\\&\quad\cdots P(X(t_1)=i_1 \mid X(0)=i_0)P(X(0)=i_0)\\&=p_{i_0}P_{i_0 i_1}(t_1)\cdots P_{i_{n-1} i_n}(t_n-t_{n-1})\end{aligned}$$

(2) (채프만 콜모고로프 방정식)

$$\boldsymbol{P}(t+s)=\boldsymbol{P}(t)\boldsymbol{P}(s)=\boldsymbol{P}(s)\boldsymbol{P}(t)$$

이는 다음 관계로부터 증명된다.

$$\begin{aligned}P_{ij}(t+s)&=P(X(t+s)=j \mid X(0)=i)\\&=\sum_k P(X(s)=k \mid X(0)=i)\ P(X(s+t)=j \mid X(s)=k)\\&=\sum_k P_{ik}(s)P_{kj}(t)\end{aligned}$$

이산시간 마르코프연쇄에서는 방문횟수, 전이횟수 등에 관심이 있었으며 상태에 머무는 시간은 관심의 대상이 아니었다. 따라서 각 상태에 머무는 시간은 무시될 수 있었고, 경우에 따라서는 단위시간이라 생각하곤 했다. 즉 단위시간 동안 머문다고 생각하면 특정 상태에 머문 총 시간과 방문횟수가 같게 되기 때문이다.

연속시간형 마르코프과정에서는 특정 상태에 머문 시간도 중요한 역할을 하게 된다. 마르코프과정이 상태 i에 머무는 시간을 T_i라 하면 T_i는 지수분포를 따른다. 왜냐하면 마르코프과정이 시간 0에서 상태 i에 있고 그 후로 10분 동안 상태의 변화가 없다고 가정하자. 10분이 지난 후 다시 5분 동안 상태 i를 떠나지 않을 확률은 얼마인가? 확률과정이 $t=10$에서 상태 i에 있기 때문에 마르코프 성질에 의하여 시간 구간 $[10, 15]$ 동안 상태 i에 있을 확률은 지나온 시간과는 상관없이 최소한 5분 동안 상태 i에 있을 확률과 일치하게 된다. 즉 $P(T_i > 15 \mid T_i > 10) = P(T_i > 5)$이 성립한다. 이는 T_i가 비기억성(memoryless property)을 가지고 있음을 뜻하고 비기억성을 갖는 유일한 연속분포가 지수분포이므로 T_i 는 지수분포를 한다. 이때 모수는 상태 i 에 따라 다를 수 있다.

마르코프과정 $X(t)$가 상태 i 에서 일정 시간 머무르다 다음 상태로 이동할 때, 상태 j 로 갈 확률을 P_{ij}라 하자. 마르코프과정은 상태 i 에서 모수 ν_i인 지수분포를 하는 T_i시간만큼 머물다가 전이확률 P_{ij}를 따라 다음 상태 j 로 옮겨 가는 확률과정이다. 주어진 T_i 의 분포와 P_{ij}를 이용하여 전이확률행렬 $P_{ij}(t)$를 구하는 문제는 10.3절에서 다루게 된다. $X(t)$를 상태가 변하는 시점에서만 관찰하면 이는 1단계 전이확률이 P_{ij}인 마르코프연쇄가 된다.

7장에서 언급한 바와 같이 같은 현상을 모형화할 때 관점에 따라 이산시간 마르코프연쇄로도 볼 수 있고 연속시간형 모형으로도 볼 수 있다. 예를 들어 도박 관련 문제에서 매 게임이 끝날 때마다 도박사가 갖는 총금액만 기록한다면 이는 마르코프연쇄이나 게임에 걸리는 시간까지 고려하면 이는 연속시간형 마르코프 과정이 된다.

마르코프과정에서 상태 i에 머무는 시간과 어느 상태로 옮겨가게 될 것인가 하는 두 가지는 서로 독립적으로 결정된다. 왜냐하면 만약 머무는 시간이 다음에 옮겨갈 상태를 결정하는 데에 영향을 준다면 이는 마르코프과정에서 미래의 움직임은 단지 현재 위치에 의해서만 영향을 받는다는 마르코프성질에 모순이 되기 때문이다.

10.2 생사과정

생사과정은 개체들이 시간이 경과함에 따라 새로 생기거나 없어지는 현상을 모형화한 확률과정으로 이를 $X(t)$라 하면 $X(t)$는 t시점에서의 개체수를 나타낸다. 생사과정은 마르코프과정의 특수한 형태이며 대기행렬이론이나 확률모형에서 매우 중요한 역할을 한다.

제8장에서 다루었던 포아송과정 $\{X(t)\}$(8장에서는 $N(t)$로 표기하였다)는 상태공간 $S=\{0, 1, 2, 3, \cdots\}$와 독립, 정상증분을 갖고 $X(0)=0$이고 작은 $h>0$에 대해서

$$P(X(t+h)-X(t)=1 \mid X(t)=n)=\lambda h+o(h)$$
$$P(X(t+h)-X(t)=0 \mid X(t)=n)=1-\lambda h+o(h)$$

를 만족하는 확률과정임을 보았다. 포아송과정은 마르코프확률과정이 되며 위 식은 다음과 같이 표현할 수도 있다.

$$P_{nn+1}(h)=\lambda h+o(h)$$
$$P_{nn}(h)=1-\lambda h+o(h)$$
$$P_{nm}(h)=o(h),\ m \neq n,\ n+1$$

위 식에 의하면 포아송과정은 현재 있는 위치와는 상관없이 항상 일정한 비율로 증가하는 것을 모형화한 것이다. 그러나 세포수가 증가할 때와 같이 현재의 수가 증가율에 영향을 주는 좀 더 일반적인 모형을 생각할 수 있다. 일정 용기 안에 충분한 먹이가 있고 죽는 세포도 없다고 할 때 용기 속의 세포의 수를 세는 모형을 다음과 같이 나타낼 수 있다.

$$P_{nn+1}(h)=\lambda_n h+o(h)$$
$$P_{nn}(h)=1-\lambda_n h+o(h)$$

이는 감소는 일어나지 않고 증가만 하는 경우를 모형화한 것이다. 그러나 일반적으로 인구증가모형(population growth model), 대기행렬모형(waiting line model), 이주모형(immigration-emigration model), 전염병모형(epidemic model) 등에서는 증가와 감소를 동시에 고려하여야 한다. 상태공간 $S=\{0, 1, 2, \cdots\}$인 마르코프확률과정 $\{X(t) \mid t \geq 0\}$가 아래의 조건 (1)~(3)을 만족하면 이를 **생사과정**(birth and death process)이라 부른다.

(1) $P_{nn+1}(h)=\lambda_n h+o(h),\quad n \geq 0$

(2) $P_{nn-1}(h)=\mu_n h+o(h),\ \mu_0=0,\quad n \geq 1$

(3) $P_{nm}(h)=o(h),\ m \neq n-1,\ n,\ n+1$

(1)~(3)에 의해 $P_{nn}(h)=1-(\lambda_n+\mu_n)h+o(h),\ n \geq 0$이다.

예를 들어 어떠한 시스템 내에 n명이 있는 경우 모수 λ_n을 갖는 지수분포로 시스템에 도착하고 모수 μ_n을 갖는 지수분포로 시스템을 이탈하며 도착간격시간과 이탈간격시간은 서로 독립이라고 하자. 경과시간 $h>0$가 작으면 h 시간 동안 아무 변화가 없거나, 하나가 늘거나 줄게 되고 둘 이상의 변화는 없다고 볼 수 있다. 생사과정도 마르코프과정이므로 n상태에서 머무는 시간 T_n과 전이확률 P_{ij}에 의해 $P_{ij}(t)$가 결정된다. Z_n을 출생간격시간, Y_n을 사망간격시간이라 하면 $T_n = \min(Z_n,\ Y_n)$이 된다. Z_n, Y_n 이 각각 모수 λ_n과 μ_n을 갖는 독립인 지수분포를 하므로 T_n 또한 모수 $\lambda_n+\mu_n$인 지수분포를 따르게 된다. 또한 상태 변화가 일어나는 시점에서의 전이확률 P_{ij}에서 P_{ii+1}은 사망이 일어나기 전에 출생이 발생할 확률이고 P_{ii-1}은 반대로 출생이 일어나기 전에 사망이 먼저 발생할 확률이다.

출생과 사망은 서로 독립이므로 다음이 성립한다.

$$
\begin{aligned}
P_{ii+1} &= P(\text{다음 상태가 } i+1 \mid \text{막 상태 } i\text{에 들어감}) \\
&= P(\text{출생이 먼저 일어남} \mid \text{막 상태 } i\text{에 들어감}) \\
&= P(\text{출생이 먼저 일어남} \mid \text{임의의 시점에 상태 } i\text{에 있음}) \\
&= P(Z_i < Y_i) \\
&= \int_0^\infty (1-e^{-\lambda_i y})\mu_i e^{-\mu_i y}dy \\
&= \frac{\lambda_i}{\lambda_i+\mu_i}
\end{aligned}
$$

따라서 다음이 성립한다.

$$
\begin{aligned}
P_{ii+1} &= \frac{\lambda_i}{\lambda_i+\mu_i}, \quad i>0 \\
P_{ii-1} &= \frac{\mu_i}{\lambda_i+\mu_i}, \quad i>0 \\
P_{01} &= 1
\end{aligned} \tag{10.2.1}
$$

사망률 $\mu_n = 0$인 확률과정을 **순수출생과정**(pure birth process)이라 하고 모든 n에 대하여 $\lambda_n = 0$이면 **순수사망과정**(pure death process)이라고 한다.

예 10.2.1 (포아송과정) 생사과정 $\{X_t \mid t \geq 0\}$에서 모든 n에 대하여 $\lambda_n = \lambda$, $\mu_n = 0$이 주어진다면 이는 사망은 없고 출생만 있는 경우이며 출생간격시간은 모수 λ 인 지수분포를 하므로 $\{X_t \mid t \geq 0\}$은 모수 λ인 포아송분포를 한다. 포아송과정은 모든 상태에서 출생률이 동일한 순수 출생과정이다.

예 10.2.2 (율과정) 시스템의 각 개체가 동질적인 개체를 생성해 낼 수 있고 사망은 없다고 가정하자. 각 개체는 독립이고 한 개체가 새로운 개체를 생산해 내는 데 걸리는 시간은 모수 λ인 지수분포를 따른다고 하자. X_t를 시간 t에 시스템 내에 있는 개체의 총수라고 하면 확률과정 $\{X_t \mid t \geq 0\}$은 출생률 $\lambda_n = n\lambda$인 순수출생과정이 된다. 이처럼 출생비율이 선형함수인 위의 모형은 율(G. Yule)이 진화에 관한 수학적 이론을 전개하기 위해 사용하였다 하여 **율과정**(Yule process)이라 부르기도 한다.

예 10.2.3 (전염병 모형) 전체인구가 N인 지역에 한 명의 전염병환자가 발생했다. 이 발생 시기를 $t = 0$이라 하자. 이 전염병은 불치의 병이며 전염병에 걸린 사람이 n명일 때 나머지 $N-n$명 각각이 h시간 동안 전염병에 걸릴 확률이 $n\lambda h + o(h)$이라 하자. X_t를 t 시점에 전염병에 걸린 사람 수라 하면 $\{X_t \mid t \geq 0\}$은 순수 출생과정이 되며 이때 $\lambda_n = (N-n)n\,\lambda,\ \ n = 1, 2, \cdots, N$이 된다. 이때 λ_n이 n의 비선형 함수임을 주목하자.

예 10.2.4 (선형증가 모형(linear growth model)) 시스템 안의 각 개체가 각각 동질적인 개체를 생산해 내는 데 걸리는 시간은 모수 λ인 지수분포를, 각 개체의 수명은 모수 μ인 지수분포를 따른다고 하면 시간 t에 시스템 안에 있는 개체의 수 X_t는 출생률과 사망률이 각각 $\lambda_n = n\lambda$, $(n \geq 0)$, $\mu_n = n\mu$, $(n \geq 1)$인 생사과정이 된다. 여기서 $\lambda_n = n\lambda + \theta$로 주어지면 이는 이민을 허락하는 선형증가모형이 된다.

예 10.2.5 (이주모형) 어느 일정 지역에 모수 λ인 지수분포를 따라 이주해 오고 각 이주자는 모수 μ인 지수분포를 하는 기간 T 동안 머문다면 이는

$$\mu_n = n\mu, \quad n \geq 1$$
$$\lambda_n = \lambda, \quad n \geq 0$$

이 된다.

예 10.2.6 (M/M/1 대기행렬모형) 미용사가 한 명밖에 없는 미장원에 손님은 모수 λ인 포아송과정으로 도착하고 손님이 서비스를 받기 시작하여 끝날 때까지 걸리는 시간은 모수 μ인 지수분포를 따른다고 가정하자. 손님의 도착간격시간이나 서비스 받는 데 걸리는 시간은 서로 독립이고 손님이 들어왔을 때 아무도 없으면 곧바로 서비스를 받고 서비스를 받고 있는 손님이 있는 경우에는 차례가 올 때까지 기다린다고 하자. 이러한 시스템을 M/M/1 대기모형이라 한다. 여기서 M은 Memoryless를 의미하며(즉 도착간격시간이나 시스템의 이탈간격시간이 모두 지수분포를 한다) 1은 서비스하는 사람이 한 사람임을 의미한다. X_t를 시간 t 에서 시스템 내에 있는 사람 수라 하면 $\{X_t \mid t \geq 0\}$는 출생비율과 사망비율이 각각 다음과 같은 생사과정이 된다.

$$\lambda_n = \lambda(n \geq 0), \ \mu_n = \mu(n \geq 1)$$

예 10.2.5의 이주모형은 M/M/∞ 모형으로 볼 수 있다.

예 10.2.7 (M/M/s 대기행렬모형) 앞의 예제에서 미용사가 s 명인 경우를 생각해 보자. 손님이 들어왔을 때 쉬고 있는 미용사가 있으면 바로 서비스를 받고 모든 미용사가 일을 하고 있으면 차례가 되기를 기다린다고 하자. X_t를 시간 t에 미장원에 있는 손님 수라 할 때 $X_t = n$이고 $n \leq s$이면 s명의 미용사 중 n명만 일하고 있는 경우이므로 손님들이 시스템을 떠날 비율은 $n\mu$이다. $n > s$인 경우는 $s\mu$가 된다. 확률과정 $\{X_t \mid t \geq 0\}$는 출생과 사망 비율이 아래와 같은 생사과정이 된다.

$$\lambda_n = \lambda (n \geq 0), \quad \mu_n = \begin{cases} n\mu, & 1 \leq n \leq s \\ s\mu, & n > s \end{cases}$$

10.3 콜모고로프의 미분방정식

우리는 8장의 포아송과정에서 미분방정식을 유도하여 보았다. 마르코프과정에서도 마르코프성질을 이용하여 미분방정식을 유도해 낼 수 있다. 채프만-콜모고로프 방정식은 다음과 같다.

$$P_{ij}(h+t) = \sum_{k \in S} P_{ik}(h) P_{kj}(t) \tag{10.3.1}$$

(10.3.1)의 양변에서 $P_{ij}(t)$를 빼면 다음이 성립한다.

$$\begin{aligned} P_{ij}(h+t) - P_{ij}(t) &= \sum_{k \in S} P_{ik}(h) P_{kj}(t) - P_{ij}(t) \\ &= \sum_{k \neq i} P_{ik}(h) P_{kj}(t) - (1 - P_{ii}(h)) P_{ij}(t) \end{aligned}$$

여기서 극한과 합의 순서를 바꿀 수 있다고 가정하면 위 식은 다음과 같이 쓸 수 있다.

$$\begin{aligned} \frac{d}{dt} P_{ij}(t) &= \lim_{h \to 0} \frac{P_{ij}(h+t) - P_{ij}(t)}{h} \\ &= \sum_{k \neq i} [\lim_{h \to 0} \frac{P_{ik}(h)}{h}] P_{kj}(t) - [\lim_{h \to 0} \frac{1 - P_{ii}(h)}{h}] P_{ij}(t) \end{aligned}$$

마르코프확률과정에서 상태 i에 머무는 시간 T_i는 지수분포를 함을 보았다. T_i가 모수 ν_i인 지수분포를 한다고 가정하자. 작은 시간 h 내에 상태가 두 번 이상 변할 확률은 $o(h)$가 되므로 다음이 성립한다.

$$1 - P_{ii}(h) = P(T_i < h) = 1 - e^{-\nu_i h} = \nu_i h + o(h)$$

따라서 다음이 성립한다.

$$\lim_{h \to 0} \frac{1 - P_{ii}(h)}{h} = \nu_i$$

$P_{ik}(h)$ $(i \neq k)$는 h시간 내에 변환이 일어날 확률 $\nu_i h + o(h)$과 변환이 상태 k로 옮겨갈 확률 P_{ik}의 곱으로 나타낼 수 있다. 즉

$$P_{ik}(h) = \nu_i h \cdot P_{ik} + o(h), \quad (i \neq k)$$

따라서 다음을 얻는다.

$$\lim_{h \to 0} \frac{P_{ik}(h)}{h} = \nu_i P_{ik}, \quad (i \neq k)$$

위의 관계들을 정리하면 모든 i, j와 시간 t에 대하여 전이확률 $P_{ij}(t)$는 아래 식을 만족한다.

$$\frac{d}{dt} P_{ij}(t) = \nu_i \sum_{k \neq i} P_{ik} P_{kj}(t) - \nu_i P_{ij}(t) \tag{10.3.2}$$

식 (10.3.2)를 콜모고로프의 **후진방정식**(Kolmogorove's backward equation)이라 한다. 이는 T_i의 분포와 P_{ij}를 이용하여 $P_{ij}(t)$를 구할 수 있음을 보여 준다.

한편 (10.3.1)식을 행렬식으로 쓰면 다음과 같다.

$$\boldsymbol{P}(h+t) = \boldsymbol{P}(h) \cdot \boldsymbol{P}(t)$$

양변에서 $\boldsymbol{P}(t)$를 빼고 h로 나눈 뒤 $h \to 0$을 취하면 아래와 같다.

$$\frac{d}{dt} \boldsymbol{P}(t) = \boldsymbol{Q} \cdot \boldsymbol{P}(t) \tag{10.3.3}$$

여기서 $\boldsymbol{Q}$는 다음과 같다.

$$\boldsymbol{Q} = \lim_{h \to 0} \frac{\boldsymbol{P}(h) - \boldsymbol{I}}{h}$$

$\boldsymbol{Q} = [\,q_{ij}\,]$를 **전이율행렬**(transition rate matrix 또는 infinitesimal generator)이라고 부르고 (10.3.3)식은 (10.3.2)식과 일치한다.

다음이 성립한다.

$$q_{ii} = -\nu_i, \quad q_{ij} = \nu_i P_{ij} \ (i \neq j)$$

예 10.3.1 순수출생과정에서 $\nu_i = \lambda_i$, P_{ij}값은 $j = i+1$ 일 때는 1이고 $j \neq i+1$일 때는 0이므로 콜모고로프 후진방정식은 다음과 같다.

$$\begin{aligned}\frac{d}{dt}P_{ij}(t) &= \nu_i \sum_{k \neq i} P_{ik} P_{kj}(t) - \nu_i P_{ij}(t) \\ &= \lambda_i P_{i+1\,j}(t) - \lambda_i P_{ij}(t)\end{aligned}$$

예 10.3.2 생사과정에서는 다음이 성립한다.

$$\nu_i = \lambda_i + \mu_i \ (i \geq 1), \quad \nu_0 = \lambda_0$$

이를 (10.3.2)식에 대입하면 다음의 콜모고로프 후진방정식을 얻는다.

$$\begin{aligned}&\frac{d}{dt}P_{0j}(t) = \lambda_0 P_{1j}(t) - \lambda_0 P_{0j}(t) \\ &\frac{d}{dt}P_{ij}(t) = \lambda_i P_{i+1\,j}(t) + \mu_i P_{i-1\,j}(t) - (\lambda_i + \mu_i) P_{ij}(t), \ i > 0\end{aligned}$$

(10.3.1)식의 h와 t의 자리를 바꿔 얻은 채프만-콜모고로프 방정식 $P_{ij}(t+h) = \sum_k P_{ik}(t) P_{kj}(h)$의 양변에서 $P_{ij}(t)$를 빼고 양변을 h로 나눈 뒤 $h \to 0$을 취하면 다음의 결과를 얻는다.

$$\frac{d}{dt}P_{ij}(t) = \sum_{k \neq j} P_{ik}(t)\, \nu_k\, P_{kj} - \nu_j P_{ij}(t) \quad \text{또는}$$

$$\frac{d}{dt}\boldsymbol{P}(t) = \boldsymbol{P}(t) \cdot \boldsymbol{Q} \tag{10.3.4}$$

식 (10.3.4)를 콜모고로프의 **전진방정식**(Kolmogorov's forward equation)이라 부른다.

예 10.3.3 출생률 λ_i인 순수출생과정에서는 $\nu_i = \lambda_i$, $P_{j-1\,j} = 1$이고 $P_{kj} = 0$, $k \neq j-1$이므로 콜모고로프 전진방정식은 다음과 같다.

$$P'_{ij}(t) = \lambda_{j-1} P_{i\,j-1}(t) - \lambda_j P_{ij}(t)$$

$j < i$일 때 $P_{ij}(t) = 0$임을 감안하여 위 식을 다시 쓰면 다음과 같다.

$$P'_{ii}(t) = -\lambda_i P_{ii}(t) \tag{10.3.5}$$

$$P'_{ij}(t) = \lambda_{j-1} P_{ij-1}(t) - \lambda_j P_{ij}(t), \quad j \geq i+1 \tag{10.3.6}$$

(10.3.5)~(10.3.6)식의 미분방정식을 이용하여 순수출생과정의 추이확률 $P_{ij}(t)$를 구하여보자. 먼저 $\dfrac{P'_{ii}(t)}{P_{ii}(t)} = -\lambda_i$이고 $P_{ii}(0) = 1$이므로 다음이 성립한다.

$$P_{ii}(t) = e^{-\lambda_i t}, \quad i \geq 0$$

(10.3.6)식의 양변에 $e^{\lambda_j t}$를 곱하여 정리하면 다음을 얻는다.

$$e^{\lambda_j t}\,[P'_{ij}(t) + \lambda_j P_{ij}(t)] = e^{\lambda_j t}\,\lambda_{j-1} P_{i\,j-1}(t)$$

$$\frac{d}{dt}[e^{\lambda_j t} P_{ij}(t)] = \lambda_{j-1} e^{\lambda_j t} P_{i\,j-1}(t)$$

다음이 성립한다.

$$P_{ij}(t) = \lambda_{j-1} e^{-\lambda_j t} \int_0^t e^{\lambda_j s} P_{i\,j-1}(s)\,ds, \quad j \geq i+1$$

이를 정리하면 출생률 λ_i 인 순수출생과정의 추이확률 $P_{ij}(t)$ 는 다음과 같다.

$$P_{ii}(t) = e^{-\lambda_i t} \tag{10.3.7}$$

$$P_{ij}(t) = \lambda_{j-1} e^{-\lambda_j t} \int_0^t e^{\lambda_j s} P_{i\,j-1}(s) ds, \quad j \ge i+1 \tag{10.3.8}$$

선형증가 출생률 $\lambda_j = j\lambda (j \ge 0)$을 갖는 순수출생과정인 율과정에서의 추이확률 $P_{ij}(t)$는 다음과 같다.

$$P_{ij}(t) = \binom{j-1}{j-i}(e^{-\lambda t})^i (1-e^{-\lambda t})^{j-i}, \quad j \ge i \ge 1 \tag{10.3.9}$$

이는 (10.3.7)~(10.3.8)과 수학적 귀납법을 이용하여 증명할 수 있다 (연습문제 10.12).

위의 순수출생과정의 예에서 본 바와 같이 P_{ij}와 i상태에 머무르는 시간 T_i의 모수 ν_i가 주어지면 콜모고로프의 미분방정식을 이용하여 전이행렬 $P_{ij}(t)$를 구할 수 있다.

10.4 극한 확률

마르코프연쇄에서와 마찬가지로 마르코프과정에서도 극한 분포 즉 $\lim_{t \to \infty} P_{ij}(t)$를 생각할 수 있다. 그러나 앞 절에서 살펴본 바와 같이 $P_{ij}(t)$를 구하는 자체가 특수한 경우를 제외하고는 어렵기 때문에 $P_{ij}(t)$의 극한값을 구하는 방법으로 극한분포를 찾기는 쉽지 않다. 다행히 상태 i에 머무는 시간 분포는 비기억성을 갖는 지수분포를 따르므로 마르코프연쇄와는 달리 마르코프과정에서는 주기적인 변화가 일어나지 않는다. 먼저 연속시간 마르코프과정에서의 상태공간의 분류에 대해 생각해보자. 마르코프연쇄에서와 같은 개념으로 $P(X(t) = j \mid X(0) = i) = P_{ij}(t) > 0$인 $t > 0$이 존재하면 상태 j는 상태 i로부터 도달가능하다고 한다. 또한 i는 j로부터 그리고 j는 i로부터 각각 도달가능하면 i와 j는 상호도달가능하다고 하고, 상태공간은 상호도달가능한 상태들의 모임(동치류)으로 분할된다. 모든 상태가 상호도달가능한 마르코프과정을 기약마르코프과정(irreducible Markov process)이라 한다. 연속시간 마르코프과정에서도 각 상태를 일시상태, 재귀상태 그리고 더 나아가 재귀상태를 출발한 상태로 다시 돌아오는 데 걸리는 평균시간이 유한이냐 무한이냐에 따라 양재귀, 귀무재귀로 분류할 수 있다. 연속시간형 마르코프과정에서의 이러한 상태의 분류는 각 상태에 머무는 시간을 무시하고 변화가 일어나는 시점에서만 관찰하여 얻은 마르코프연쇄(이를 embedded Markov chain이라 한다)에서의 상태 분류와 일치한다. 또한 기약마르코프과정은 마르코프연쇄에서와 같이 모든 상태가 동시에 일시적이거나 양재귀 또는 귀무재귀가 된다. $\{X_t \mid t \geq 0\}$이 기약마르코프과정이면 다음 극한값이 존재한다.

$$\pi_j = \lim_{t \to \infty} P_{ij}(t) \tag{10.4.1}$$

이는 초기값 i의 영향을 받지 않는다. 이때 π_j는 다음의 두 가지 중에서 어느 하나를 만족한다.

(1) 모든 j에 대해 $\pi_j = 0$

(2) 모든 j에 대해 $\pi_j > 0$이고 $\sum \pi_i = 1$

이에 대한 증명은 이 책의 수준을 넘으므로 생략하기로 한다.

$\pi_j = \lim_{t \to \infty} P_{ij}(t)$가 존재하면 미분값 $P_{ij}'(t)$도 수렴하고 그의 극한값은 0이 된다. 콜모고로프의 전진방정식에 $t \to \infty$의 극한을 취하여보자. 극한과 합의 순서를 바꿀 수 있다고 가정하면 다음을 얻게 된다.

$$\begin{aligned} 0 = \lim_{t \to \infty} \frac{d}{dt} P_{ij}(t) &= \lim_{t \to \infty} [\sum_{k \neq j} \nu_k P_{kj} P_{ik}(t) - \nu_j P_{ij}(t)] \\ &= \sum_{k \neq j} \nu_k P_{kj} \pi_k - \nu_j \pi_j \end{aligned}$$

따라서 모든 j에 대하여 다음이 성립한다.

$$\nu_j \pi_j = \sum_{k \neq j} \nu_k P_{kj} \pi_k \tag{10.4.2}$$

$\pi_j = 0$, $\forall j$는 항상 위 (10.4.2)식을 만족하므로 해가 된다. 기약마르코프과정 $\{X_t \mid t \geq 0\}$에서 $\pi_j\,(j = 1, 2, 3, \cdots)$가 (10.4.2)식의 해이고 $\pi_j > 0$, $\forall j$, $\sum \pi_j = 1$을 만족하면 π_j는 바로 구하고자 하는 극한분포이다. 또한 마르코프연쇄에서와 마찬가지로 초기 분포가 극한 분포와 같으면, 즉

$$p_j = P(X(0) = j\,) = \pi_j$$

이면 다음이 성립한다.

$$\begin{aligned} P(X(t) = j) &= \sum_k \pi_k P_{kj}(t) \\ &= \sum_k P_{kj}(t) \lim_{s \to \infty} P_{ik}(s) \\ &= \lim_{s \to \infty} \sum_k P_{kj}(t) P_{ik}(s) = \lim_{s \to \infty} P_{ij}(t+s) = \pi_j \quad (10.4.3) \end{aligned}$$

식 (10.4.3)에서 보는 바와 같이 모든 j, t에 대하여 $P(X(t) = j) = \pi_j$가 성립함을 알 수 있다. 이러한 이유로 극한확률 분포 $\{\pi_j : j \in s\}$를 **불변초기분포**(invariant initial distribution) 또는 **정상분포**(stationary probability distribution)라고 부른다. 극한값 π_j는 $t \to \infty$일 때 확률과정 $X(t)$가 상태 j에 머무르는 시간의 비율을 나타낸다.

식 (10.4.2) $\nu_j \pi_j = \sum_{k \neq j} \nu_k P_{kj} \pi_k$의 왼쪽 항은 확률과정이 상태 j를 떠날 비율을, 오른쪽 항은 상태 j에 도착하는 비율을 나타내게 된다. 확률과정이 안정상태에 있기 위해서는 j상태로의 입(들어옴)과 출(나감)이 같아야 한다. 그래서 식 (10.4.2)를 **균형방정식**(balance equation)이라 부르기도 한다.

균형방정식을 이용하여 몇 가지 예에서의 극한 분포를 구하여보자.

예 10.4.1 (생사과정) 출생률과 사망률이 각각 λ_n, μ_n인 생사과정에서는 다음이 성립함을 쉽게 알 수 있다.

상태	떠날 비율	=	도착 비율
0	$\lambda_0 \pi_0$	=	$\mu_1 \pi_1$

$$
\begin{array}{lll}
1 & (\lambda_1+\mu_1)\pi_1 & = \lambda_0\pi_0+\mu_2\pi_2 \\
2 & (\lambda_2+\mu_2)\pi_2 & = \lambda_1\pi_1+\mu_3\pi_3 \\
\vdots & & \vdots \\
n \geq 1 & (\lambda_n+\mu_n)\pi_n & = \lambda_{n-1}\pi_{n-1}+\mu_{n+1}\pi_{n+1}
\end{array}
$$

위 관계식들을 정리하면 아래와 같다.

$$\lambda_n\pi_n = \mu_{n+1}\pi_{n+1},\ n \geq 0 \tag{10.4.4}$$

이는 균형방정식 (10.4.2)에 아래의 관계식들을 대입하여도 얻을 수 있다.

$$\nu_n = \lambda_n+\mu_n,\quad P_{n,n+1} = \frac{\lambda_n}{\lambda_n+\mu_n},\quad P_{n,n-1} = \frac{\mu_n}{\lambda_n+\mu_n}$$

(10.4.4)식으로부터 다음을 보일 수 있다.

$$
\begin{aligned}
\pi_1 &= \frac{\lambda_0}{\mu_1}\pi_0 \\
\pi_2 &= \frac{\lambda_1}{\mu_2}\pi_1 = \frac{\lambda_1\lambda_0}{\mu_2\mu_1}\pi_0 \\
&\ \ \vdots \\
\pi_n &= \frac{\lambda_{n-1}}{\mu_n}\pi_{n-1} = \frac{\lambda_{n-1}\lambda_{n-2}\cdots\lambda_1\lambda_0}{\mu_n\mu_{n-1}\cdots\mu_2\mu_1}\pi_0,\ n \geq 1
\end{aligned} \tag{10.4.5}
$$

$\sum \frac{\lambda_{n-1}\lambda_{n-2}\cdots\lambda_0}{\mu_n\mu_{n-1}\cdots\mu_1}$이 수렴하면 $\sum_{n=0}^{\infty}\pi_n = 1$을 이용하여 다음의 π_0를 얻을 수 있다.

$$\pi_0 = \frac{1}{1+\sum_{n=1}^{\infty}(\lambda_{n-1}\lambda_{n-2}\cdots\lambda_0)/(\mu_n\mu_{n-1}\cdots\mu_1)} \tag{10.4.6}$$

(10.4.6)을 (10.4.5)에 대입함으로써 각각의 π_n, $n \geq 0$을 구할 수 있다.

예 10.4.2 (M/M/s 대기행렬모형) 예 10.2.7에서 살펴본 M/M/s 대기행렬모형에서

$$\lambda_n = \lambda (n \geq 0), \quad \mu_n = \begin{cases} n\mu, & 1 \leq n \leq s \\ s\mu, & n > s \end{cases}$$

이므로 이를 식 (10.4.5)에 대입하면 다음을 얻는다.

$$n \leq s \text{일 때} \quad \pi_n = \frac{\lambda^n}{n!\mu^n}\pi_0$$

$$n > s \text{일 때} \quad \pi_n = \frac{\lambda^n}{(s\mu)^{n-s} s!\, \mu^s}\pi_0$$

이때 $\frac{\lambda}{s\mu} < 1$이면 $\pi_0 > 0$이 된다. 따라서 $\frac{\lambda}{s\mu} < 1$은 극한분포가 존재하기 위한 조건이 된다.

예 10.4.3 (두 상태 마르코프과정) 어떤 기계가 고장 날 때까지의 시간은 모수 μ인 지수분포를 따르고 고장 난 기계를 수리하는 데 걸리는 시간은 모수 λ 인 지수분포를 따른다고 한다. $X(t)$를 시간 t에서 기계가 작동하면 1, 수리 중이면 0이라 하자. 이때 상태공간은 $S = \{0, 1\}$이 되고 짧은 시간 h에 대해서

$$P_{01}(h) = \lambda h + o(h), \quad P_{00}(h) = 1 - \lambda h + o(h)$$
$$P_{10}(h) = \mu h + o(h), \quad P_{11}(h) = 1 - \mu h + o(h)$$

이 되며 $P_{01} = P_{10} = 1$이 된다. 이는

$$\lambda_0 = \lambda, \;\; \lambda_n = 0 (n \geq 1), \;\; \mu_1 = \mu, \;\; \mu_n = 0 \; (n \neq 1) \qquad (10.4.7)$$

인 생사과정으로 볼 수 있다. 극한분포 π_0, π_1을 아래의 세 가지 방법을 따라 구해보자.

(1) 먼저 $P_{10}(t)$, $P_{00}(t)$를 구하고 이들의 극한으로서 π_0, π_1을 구하자. (10.4.7)을 생사과정의 콜모고로프 후진방정식에 대입하면

$$P_{00}'(t) = \lambda[P_{10}(t) - P_{00}(t)] \tag{10.4.8}$$

$$P_{10}'(t) = \mu[P_{00}(t) - P_{10}(t)] \tag{10.4.9}$$

을 얻는다. 그러므로 다음이 성립한다.

$$\mu P_{00}'(t) + \lambda P_{10}'(t) = 0$$

이를 적분하면

$$\mu P_{00}(t) + \lambda P_{10}(t) = C$$

여기서 $P_{00}(0) = 1$, $P_{10}(0) = 0$이므로 $C = \mu$ 가 된다. 즉

$$\mu P_{00}(t) + \lambda P_{10}(t) = \mu \tag{10.4.10}$$

(10.4.10)을 (10.4.8)에 대입하면

$$P_{00}'(t) = \mu - (\mu + \lambda) P_{00}(t)$$

이를 풀면

$$P_{00}(t) = \frac{\lambda}{\mu + \lambda} e^{-(\mu + \lambda)t} + \frac{\mu}{\mu + \lambda} \tag{10.4.11}$$

(10.4.11)식을 (10.4.10)에 대입하면 다음이 성립한다.

$$P_{10}(t) = \frac{\mu}{\mu + \lambda} - \frac{\mu}{\mu + \lambda} e^{-(\mu + \lambda)t}$$

여기서 $t \to \infty$ 이면 $\pi_0 = \dfrac{\mu}{\mu + \lambda}$ 임을 알 수 있다.

(2) 이번에는 관계식 (10.4.7)을 균형방정식 (10.4.2)에 대입하면 다음을 얻는다.

$$\nu_0\pi_0 = \nu_1 P_{1\,0}\pi_1$$

$$\nu_1\pi_1 = \nu_0 P_{0\,1}\pi_0$$

여기에 관계식 $\nu_n = \lambda_n + \mu_n$과 $\pi_0 + \pi_1 = 1$을 대입하여 풀면

$$\pi_0 = \frac{\mu}{\lambda+\mu}, \quad \pi_1 = \frac{\lambda}{\lambda+\mu}$$

을 얻는다.

(3) (10.4.7)로부터 다음을 얻는다.

$$\sum \frac{\lambda_{n-1}\cdots\lambda_0}{\mu_n\cdots\mu_1} = \frac{\lambda_0}{\mu_1} + \frac{\lambda_1\lambda_0}{\mu_2\mu_1} + \cdots = \frac{\lambda}{\mu}$$

이를 (10.4.6)에 대입하면 $\pi_0 = \dfrac{\mu}{\lambda+\mu}$가 되고 따라서 $\pi_0 + \pi_1 = 1$로부터 π_1을 얻는다.

예 10.4.4 (기계수리모형) 같은 종류의 기계가 M개 있다. 기계들은 독립적으로 운영되며 각 기계들의 수명은 모수 μ인 지수분포를 따르고, 고장 난 기계를 수리하는 데 걸리는 시간은 모수 λ인 지수분포를 따른다고 한다. 기계가 고장 났을 때 손볼 수 있는 정비공은 한 사람밖에 없다고 하자. 기계가 고장 상태에서 수리가 끝나 다시 작동하게 되면 출생으로 보고, 고장이 일어나면 사망으로 보고 $X(t)$를 t시점에서 작동되는 기계의 수라 하면 $X(t)$는 $S = \{0, 1, 2, \cdots, M\}$을 상태공간으로 갖는 생사과정으로 볼 수 있다. 사망률 μ_n은 현재 n개의 기계가 작동되고 있다면 각 기계가 고장 날 비율이 μ이므로 $\mu_n = n\mu\,(M \ge n \ge 1)$이다. 반면 어떤 기계가 고장이 나면 수리하는 데 걸리는 시간의 비율이 λ이므로 출생률 $\lambda_n = \lambda\ (0 \le n \le M-1)$이 된다. 따라서 다음이 성립한다.

$$P_{0\,1} = P_{M\,M-1} = 1,$$

$$P_{n\,n+1} = \frac{\lambda}{n\mu + \lambda},\ P_{n\,n-1} = \frac{n\mu}{n\mu + \lambda},\quad 1 \le n \le M-1$$

위 관계를 (10.4.5)와 (10.4.6)에 대입하면 다음을 얻는다.

$$\pi_n = \frac{\dfrac{\lambda^n}{n!\mu^n}}{1 + \displaystyle\sum_{n=1}^{M} \frac{1}{n!}\left(\frac{\lambda}{\mu}\right)^n},\quad n = 0,\ 1,\ \cdots,\ M$$

10장 연습문제

10.1 X, Y가 각각 모수 λ와 μ를 갖는 지수분포를 하고 서로 독립일 때 $T = \min\{X,\ Y\}$는 모수 $\lambda + \mu$를 갖는 지수분포를 따름을 보여라.

10.2 모수 λ인 포아송과정에서 추이확률 $P_{ij}(t)$를 구하고 $P_{ij}(t)$가 채프만-콜모고로프 방정식을 만족함을 보여라.

10.3 $\mu_n = \mu,\ n > 0$인 순수사망과정(pure death process)에서 추이확률 $P_{ij}(t)$를 구하여라.

10.4 콜모고로프의 전진방정식을 유도하라.

10.5 출생률이 λ_n, 사망률이 μ_n인 생사과정에서 콜모고로프의 전진방정식을 구하여라.

10.6 $\lambda_n = \lambda,\ \ \mu_n = n\mu(n \ge 0),\ \ P(X(0) = 1) = 1$인 생사과정에서 극한분포를 구하여라.

10.7 도착률 λ를 갖는 포아송과정에서의 전이율행렬(transition rate matrix) Q를 찾아라.

10.8 $S = \{0,\ 1,\ 2,\ \cdots\}$을 상태공간으로 갖는 생사과정에서 $P_{ij}(t) =$

$P(N(t)=j|N(0)=i)$, $N(t)$는 모수 λ인 포아송과정이라 할 때 $P_{ij}(t)$에 대한 콜모고로프의 후진방정식을 식 10.3.1로부터 유도하라.

10.9 서울의 날씨를 맑음, 흐림, 비(또는 눈)의 세 가지로 분류하여 관찰하여 보니 맑은 날씨는 평균 3일인 지수분포를 따라 지속되다가 흐린 날씨로 옮겨가고, 흐린 날씨에서 평균 2일인 지수분포를 따라 머물다가 비(눈)으로 옮겨가고 여기서 평균 하루인 지수분포로 머물다가 다시 맑은 날씨로 옮겨간다고 한다. 1년 중 서울의 날씨가 맑음, 흐림, 비(눈)이 될 확률은 각각 얼마인가?

10.10 동네 ○○내과에는 환자가 모수 λ를 갖는 포아송분포로 도착을 하는데 병원 대기실에서 기다리는 환자 수가 N명보다 적으면 들어오나 그렇지 않으면 돌아간다고 한다. 각 환자의 진료시간은 모수 μ를 갖는 지수분포를 따른다고 한다. $X(t)$를 시점 t에 대기실에 있는 환자 수라 할 때 이를 생사과정으로 볼 수 있다. 상대공긴, 출생률, 사망률, 극한분포를 구하여라. $N=3$, $\lambda=2$, $\mu=3$일 때의 극한분포를 구하여라.

10.11 dt시간 동안 한 마리의 박테리아는 둘로 분열되든지 아니면 사망한다고 한다. 따라서 t시점에서의 박테리아 수는 출생률을 $\lambda_n=n\lambda$, 사망률을 $\mu_n=n\mu$로 두는 생사과정으로 볼 수 있다. 최초 k마리의 박테리아로 시작했다고 하자.

(1) 시점 t에서의 박테리아 수를 $N(t)$라 할 때 $E(N(t))=ke^{(\lambda-\mu)t}$임을 보여라.

(2) 멸종될 확률 u_k은 다음과 같음을 보여라.

$$u_k = P(\text{멸종}|N(0)=k) = \begin{cases} \left(\dfrac{\mu}{\lambda}\right)^k & (\lambda > \mu) \\ 1 & (\lambda \le \mu) \end{cases}$$

10.12 하나의 개체에서 시작되는 율과정에 대해 생각해보자.

$X(0)=1$이고 X_i는 i번째 개체가 갖는 수명(분열할 때까지의 시간)이라 하자.

$X_1, X_2, \cdots, X_j$는 서로 독립이고 모수 λ를 갖는 지수분포를 한다. T_i를 상태 i에서 $i+1$로 갈 때까지 머무는 시간이라 하고 다음 순서를 따라 율과정에서의 전이확률을 구하여라.

(1) $T_i = \min(X_1, X_2, \cdots, X_i)$를 이용하여 T_i, $i=1, 2, \cdots, j$는 서로 독립이고 각각이 $i\lambda$를 모수로 갖는 지수분포를 함을 증명하여라.

(2) $\max(X_1, X_2, \cdots, X_j) = Y_1 + Y_2 + \cdots + Y_j$. 여기서 $Y_1, Y_2, \cdots, Y_j$는 독립이고 각각 모수 $j\lambda, (j-1)\lambda, \cdots, \lambda$인 지수분포를 한다.

(힌트 : Y_i를 $i-1$ 과 i번째 실패 사이의 간격시간으로 두자.)

(3) (1)과 (2)를 이용하여

$$P(T_1 + T_2 + \cdots + T_j \le t) = (1 - e^{-\lambda t})^j$$

를 증명하라.

(4) (3)을 이용하여

$$P_{1j}(t) = (1 - e^{-\lambda t})^{j-1} - (1 - e^{-\lambda t})^j = e^{-\lambda t}(1 - e^{-\lambda t})^{j-1}$$

즉 $X(0) = 1$이면 $X(t)$는 모수 $p = e^{-\lambda t}$인 기하분포를 한다.

(5) (4)를 이용하여

$$P_{ij}(t) = \binom{j-1}{i-1}(e^{-\lambda t})^i (1 - e^{-\lambda t})^{j-i}$$

임을 보여라.

(힌트 : 모수 p인 기하분포를 하는 n개의 서로 독립인 확률변수의 합의 분포는 음이항분포가 됨을 이용하라.)

10.13 (1) 포아송과정은 마르코프성질을 만족함을 보여라.

(2) 재생과정은 마르코프성질을 만족하지 않음을 보여라.

11장 마팅게일

11.1 서론

모든 도박사들은 매 게임이 끝난 후 지난 게임의 결과를 토대로, 본인의 기대수익이 플러스가 되도록 다음 게임에 대한 작전을 짜고자 한다. 그러나 무한의 시간과 무한의 자본금이 없는 한은 공정한 게임(fair game)을 도박사에게 이익이 되도록 바꿔주는 어떠한 전략도 존재하지 않는다. 공정한 게임의 의미는 n 번까지의 누적된 정보를 조건으로 $n+1$번째에서의 기대금액을 구하면 그것은 바로 n번째 게임 후의 그가 갖고 있는 금액이 되는 것을 말한다. 마팅게일(martingale)의 어원은 도박사가 이길 때까지 판돈을 두 배씩 늘려나가는 게임이란 뜻을 가진 불어의 두문자어(머리글자를 따서 만든 말)이다. 마팅게일 이론은 확률이론 전개에서 강력한 도구가 되고 또한 금융이론, IT분야의 정보이론, 신호와 영상이론, 통신분야 등의 여러 분야를 공부하는 데 매우 중요한 역할을 한다.

P. Levy에 의해 시작된 마팅게일 개념은 J. L. Doob에 의해 체계적으로 정립되었다. 11장은 마팅게일 이론에 대한 간단한 소개를 목적으로 한다.

진영이는 이기고 질 확률이 각각 1/2인 일련의 게임을 계속한다고 하자. 첫 번째 게임에서는 1000원을 걸고 이기면 1000원 받고 끝나고, 지면 1000원을 잃고 두 번째 게임에 도전한다. 두 번째 게임에서는 2000원을 걸고, 이기면 2000원 받고 끝내고, 지면 2000원을 잃고 다시 세 번째 게임에 도전하는데 이때는 2000원의 2배인 4000원을 거는 식으로 연속된다고 하자. 진영이는 손해 볼 게 뻔한 게임을 하고 있는 것은 아닌가?

이기고 질 확률이 각각 1/2인 게임을 영원히 질 확률은 얼마인가?

n 번 모두 질 확률은 $(1/2)^n$ 이므로 영원히 질 확률은 0, 즉 언젠가는 이길 확률은 1이라고 볼 수 있다. 진영이가 n번 연속해서 지다가 $n+1$번째에 이겨 게임이 끝났다면 진영이가 얻은 금액은

$$-1000-2000-4000-\cdots-2^{n-1}\times 1000+2^n\times 1000=1000(\text{원})$$

따라서 이 게임에서 진영이가 얻게 되는 기대금액은 1000원으로 양의 값을 가지나 이는 진영이가 갖고 있는 시간과 자본금이 무한할 때의 이야기다.

위의 문제를 일반화하여 수리적 형태로 생각해보자.

각 게임의 결과를 확률변수 Y_n 을 이용하여 다음과 같이 나타내자.

즉 $P(Y_n=1)=P(Y_n=-1)=1/2$

즉 $\{Y_n=1\}$은 도박사가 이긴 사상을 가리킨다.

$n-1$번째 게임까지의 결과를 보고 n 번째 게임의 전략을 세운다면 n번째 게임에 거는 베팅금액 b_n 은 다음과 같이 표현된다.

$$b_n=b_n(Y_1,\ Y_2,\cdots,\ Y_{n-1}),\quad n\geq 2$$

X_0 를 도박사의 초기 자본금액이라 한다면 n 번째 게임 후의 총자본금은 다음과 같다

$$X_n=X_0+\sum_{i=1}^{n}b_iY_i \tag{11.1.1}$$

위의 게임이 앞에서 설명한 공정한 게임이 되기 위해서는 다음이 성립해야 한다.

$$E(X_{n+1}\mid X_0,Y_1,Y_2,\cdots,Y_n)=X_n \tag{11.1.2}$$

(11.1.1)로부터 다음을 얻는다.

$$X_{n+1} = X_n + b_{n+1} Y_{n+1}$$

따라서 다음이 성립한다.

$$\begin{aligned} E(X_{n+1} \mid Y_1, Y_2, \cdots, Y_n) &= E(X_n \mid Y_1, Y_2, \cdots, Y_n) \\ &\quad + E(b_{n+1} Y_{n+1} \mid Y_1, Y_2, \cdots, Y_n) \\ &= X_n + b_{n+1} E(Y_{n+1} \mid Y_1, Y_2, \cdots, Y_n) \\ &= X_n + b_{n+1} E(Y_{n+1}) \\ &= X_n \end{aligned} \tag{11.1.3}$$

(11.1.3)식의 두 번째 등식은 X_n과 b_{n+1}은 $Y_1, Y_2, \cdots, Y_n$에 의해 결정되기 때문이며, 세 번째와 네 번째 등식은 Y_n의 독립성과 평균이 0임을 이용하였다.

식 (11.1.2)의 의미를 풀어보면 이기거나 질 확률이 동일한 게임에서 과거의 전적에 근거한 베팅전략을 세우면 그러한 게임은 앞에서 정의한 공정한 게임이 된다.

위의 진영이의 게임을 다시 살펴본다면 n번째 게임을 진 후 진영이가 얻은 수익을 x_n이라 하면 다음이 성립한다.

$$x_n = -1000(1 + 2 + 4 + \cdots + 2^{n-1}) = -1000(2^n - 1)$$

$n+1$번째 게임의 결과에 따라 진영이의 수익은 다음과 같다.

$$x_{n+1} = \begin{cases} -1000(2^{n+1} - 1), & \text{진영이가 졌을 때} \\ 1000, & \text{진영이가 이겼을 때} \end{cases}$$

또한 다음이 성립한다.

$$P(x_{n+1} = 1000 \mid x_n = -1000(2^n - 1)) = 1/2$$
$$P(x_{n+1} = -1000(2^{n+1} - 1) \mid x_n = -1000(2^n - 1)) = 1/2$$

따라서 다음을 얻는다.

$$
\begin{aligned}
E(x_{n+1} | x_1, x_2, \cdots, x_n &= -1000(2^n - 1)) \\
&= 1/2 \times 1000 + 1/2[-1000(2^{n+1} - 1)] \\
&= -1000(2^n - 1) \\
&= x_n
\end{aligned}
$$

여기서 $E(x_{n+1} | x_1, x_2, \cdots, x_n) = x_n$과 같은 성질을 마팅게일이라고 한다.

마팅게일은 다음과 같이 정의할 수 있다.

확률과정 $\{X_n, n \geq 0\}$이 다음 조건을 만족하면 X_n을 $\{Y_n, n \geq 0\}$에 대한 **마팅게일**이라고 한다.

(1) $E(|X_n|) < \infty$

(2) $E(X_{n+1} | Y_0, Y_1, \cdots, Y_n) = X_n \ (n \geq 0)$

여기서 (2) 대신 $E(X_{n+1} | Y_0, Y_1, \cdots, Y_n) \geq X_n$을 만족하는 X_n을 **열마팅게일**(submartingale)이라 부르고 (2) 대신 $E(X_{n+1} | Y_0, Y_1, \cdots, Y_n) \leq X_n$를 만족하면 **우마팅게일**(supermartingale)이라 부른다.

n 시간까지 얻게 되는 모든 정보집합을 $\{I_n, n \geq 0\}$이라 하면 시간 n이 증가함에 따라 정보집합 I_n은 증가하게 된다. 각 게임의 결과를 Y_n이라 했을 때 n 게임 후의 나의 정보집합은 $I_n = \{Y_1, \cdots, Y_n\}$이 되고 $n+1$ 번째 게임 후의 나의 정보집합은 $I_{n+1} = \{Y_1, \cdots, Y_n, Y_{n+1}\}$이 된다.

$\{I_n, n \geq 0\}$을 이용한 마팅게일은 다음과 같이 정의된다.

다음 조건을 만족하면 확률과정 $\{(X_n, I_n), n \geq 0\}$을 마팅게일이라고 부른다.

(1) I_n이 주어지면 X_n을 알 수 있다.

(2) $E(|X_n|) < \infty$

(3) $E(X_n | I_{n-1}) = X_{n-1}$

11.2 마팅게일의 예

마팅게일의 여러 가지 예를 보자.

예 11.2.1 $\{Y_n,\ n \geq 1\}$은 평균이 0이고 독립동등분포를 하는 확률과정들의 열일 때 $X_n = \sum_{i=1}^{n} Y_i$이라 두면 $\{X_n\}$은 마팅게일이다. 다음이 성립한다.

$$
\begin{aligned}
E(X_{n+1} \mid Y_1,\ \cdots,\ Y_n) &= E(Y_{n+1} + X_n \mid Y_1,\ \cdots,\ Y_n) \\
&= X_n + E(Y_{n+1} \mid Y_1 \cdots Y_n) \\
&= X_n + E(Y_{n+1}) \\
&= X_n
\end{aligned}
$$

$P(Y_n = 1) = P(Y_n = -1) = 1/2$이면 X_n은 단순대칭확률보행과정이 되며, 단순대칭확률보행과정은 마팅게일이다.

예 11.2.2 $\{Y_n,\ n \geq 1\}$은 독립동등분포를 하는 확률과정들의 열이고 $X_n = X_0 \prod_{i=1}^{n} Y_i$라 두면 다음이 성립한다.

$$
\begin{aligned}
E(X_{n+1} \mid Y_1,\ \cdots,\ Y_n) &= E(Y_{n+1} \cdot X_n \mid Y_1,\ \cdots,\ Y_n) \\
&= X_n \cdot E(Y_{n+1} \mid Y_1 \cdots Y_n) \\
&= X_n \cdot E(Y_{n+1}) \\
&= X_n \qquad (11.2.1)
\end{aligned}
$$

식 (11.2.1)에서 $E(Y_n) = 1$이면 X_n은 마팅게일이 된다. $E(Y_n) > 1$이면 X_n은 열마팅게일, $E(Y_n) < 1$이면 X_n은 우마팅게일이 된다.

예 11.2.3 X는 $E|X| < \infty$인 확률변수이고 $\{I_n\}$은 증가하는 정보집합이라 하자.

$X_n = E(X \mid I_n)$이라 두면 $\{(X_n,\ I_n),\ n \geq 0\}$은 마팅게일이다. 다음

이 성립한다.

$$E|X_n| = E|E(X|I_n)| \le E(E(|X| \mid I_n)) = E|X| < \infty$$
$$E(X_{n+1}|I_n) = E(E(X|I_{n+1})|I_n) = E(X|I_n) = X_n$$

예 11.2.4 X_1은 (0, 1) 위에서 균등분포를 한다. $X_1 = x_1$이라는 조건 아래서 X_2의 분포는 $(0, x_1)$에서 균등분포를 하고, $X_1 = x_1$, $X_2 = x_2$ 조건 아래서 X_3 은 $(0, x_2)$ 위에서 균등분포를 한다. 즉 $X_1 = x_1, \cdots,$ $X_{n-1} = x_{n-1}$ 조건 아래서 X_n은 $(0, x_{n-1})$ 위에서 균등분포를 한다. 이때 $\{X_n\}$은 우마팅게일이다. 다음이 성립한다.

$$E(X_n|X_1 = x_1, \cdots, X_{n-1} = x_{n-1}) = \frac{1}{2}x_{n-1} \le x_{n-1}$$

예 11.2.5 $\xi_1, \xi_2, \cdots$은 서로 독립이고 $E(\xi_i) = 0$, $E(\xi_i^2) = \sigma_i^2$이다. ($\{\xi_i\}$이 동등분포일 필요는 없다.) $S_n = S_0 + \xi_1 + \cdots + \xi_n$이고 S_0는 상수, S_n의 분산을 $v_n = \sum_{i=1}^{n} \sigma_i^2$라 두면 $Z_n = S_n^2 - v_n$은 정보집합 $I_n = \{S_0, S_1, \cdots, S_n\}$에 대하여 마팅게일이 된다.

예 11.2.6 $\xi_1, \xi_2, \cdots$은 서로 독립이고 다음과 같은 분포를 갖는다.

$$P(\xi_i = 1) = p = 1 - P(\xi_i = -1)$$

이때 $S_n = S_0 + \xi_1 + \cdots + \xi_n$와 $g(x) = ((1-p)/p)^x$를 가정하면 $Z_n = g(S_n)$은 정보집합 $I_n = \{S_0, S_1, \cdots, S_n\}$에 대하여 마팅게일이 된다.

예 11.2.7 (분기과정) $\{Y_n, n \ge 1\}$은 $P(Y_n = u) = p(u)$, $n \ge 1$, $u \ge 0$를 만족하는 독립동등분포를 하는 확률변수들의 열이다. $X_0 = 1$, $X_{n+1} = Y_1 + Y_2 + \cdots + Y_{X_n}$이라 정의하면 $\{X_n\}$은 분기과정이다. $E(Y_1) = \mu$, $0 < \mu < \infty$일 때 $Z_n = \mu^{-n} X_n$ 라 두면 Z_n은 마팅게일이다.

예 11.2.8 $\xi_1, \xi_2, \cdots$은 서로 독립동등분포를 하는 확률변수들의 열이다. $\phi(\theta) = E(\exp(\theta\xi_1)) < \infty$라 두면 $S_n = S_0 + \xi_1 + \cdots + \xi_n$일 때 $Z_n = \dfrac{\exp(\theta S_n)}{\phi(\theta)^n}$은 정보집합 $I_n = \{S_0, S_1, \cdots, S_n\}$에 대하여 마팅게일이 된다.

예 11.2.9 (likelihood ratios) 관찰값 $\xi_1, \xi_2, \cdots$이 서로 독립이고 f를 확률밀도함수로 갖는다는 가정을 검정하고자 한다. 실제로는 $\xi_1, \xi_2, \cdots$은 서로 독립이고 $\{x | f(x) > 0\} = \{x | g(x) > 0\}$ 위에서 g를 확률밀도함수로 갖는다고 한다. $h(x)$를 다음과 같이 정의하면 $Z_n = h(\xi_1)h(\xi_2) \cdots h(\xi_n)$은 $I_n = \{\xi_1, \cdots, \xi_n\}$을 정보집합으로 하는 마팅게일이다.

$$h(x) = \begin{cases} f(x)/g(x), & g(x) > 0 \\ 0, & g(x) = 0 \end{cases}$$

예 11.2.10 (Option prices) $\xi_1, \xi_2, \cdots$은 독립동등분포를 하고 양의 값을 갖는 확률변수열이다. 주가(Stock price)를 다음과 같이 정의하자.

$$X_n = X_0 \, \xi_1 \cdots \xi_n$$

청산일(terminal time)을 N, 청산함수(payoff function)를 $f(x)$라 하자. 유럽형 콜옵션(call option)에서의 $f(x)$는 다음과 같이 주어진다.

$$f(x) = \begin{cases} (x - K), & x > K \\ 0, & x \le K \end{cases}$$

이는 시간 N에 주식을 K값에 살 수 있는 권리가 있음을 의미한다. 즉 주가가 K값 이상이면 권리를 행사하여 $(x - K)$만큼의 이득을 보고 주가가 K값 아래이면 권리를 포기하게 되므로 이익은 0이 된다. $h(x, n) = E(f(X_N) | X_n = x)$, $n < N$이라 두면 $h(X_n, n)$은 마팅게일이 된다.

마팅게일에서는 미래의 변동량을 과거값들을 바탕으로 예측할 수 없다.

학부과정에서 마팅게일 이론을 심도 있게 전개하기에는 어려운 면이 있다. 이를 위해서는 측도론에 바탕을 둔 확률이론에 좀 더 익숙해야 하기 때문이다.

마팅게일일 때 성립하는 중요한 부등식과 수렴정리를 기술하는 것으로서 11장을 마무리하고자 한다.

Kolmogorov의 부등식

$\{X_n,\ n \geq 1\}$이 음이 아닌 열마팅게일이면 다음이 성립한다.

$$P(\max(X_1, \cdots, X_n) > a) \leq \frac{E(X_n)}{a}, \quad a > 0$$

마팅게일 수렴정리

$\{X_n,\ n \geq 1\}$이 $sup_n E|X_n| < M < \infty$을 만족하는 마팅게일이면 다음이 성립한다. 확률 1로 $\lim_{n \to \infty} X_n$이 존재하고 또한 유한값을 갖는다.

11장 연습문제

11.1 조건부 기댓값의 성질을 이용하여 X_n이 마팅게일이면 $E(X_n) = E(X_1)$, $n \geq 0$임을 보여라. X_n이 열마팅게일이면 $E(X_{n+1}) \geq E(X_n)$, $n \geq 0$, X_n이 우마팅게일이면 $E(X_{n+1}) \leq E(X_n)$, $n \geq 0$이 성립한다.

11.2 X_n이 열마팅게일이면 $-X_n$은 우마팅게일이 된다. 이를 보여라.

11.3 $\{(X_n,\ I_n)\}$이 마팅게일이면 임의의 $m < n$에 대해서 $E(X_n | I_m) = X_m$이 성립함을 보여라.

11.4 예 11.2.5~11.2.10의 각 예에서 마팅게일임을 증명하라.

11.5 우리 주변에서 마팅게일, 열마팅게일, 우마팅게일의 예들을 찾아보자.

12장 대기행렬이론

12.1 서론

택시를 타거나 은행, 미용실, 슈퍼마켓 등 우리 주변의 어느 곳을 가나 운이 아주 좋지 않은 이상은 줄을 서서 차례를 기다려야 한다. 고객이 특정 서비스 지점에 도착하여 차례가 올 때까지 일정시간 줄을 서서 기다린 뒤 서비스를 받고 떠나는 체계를 **대기행렬체계**(Queueing system)라 하고 이를 연구하는 학문을 **대기행렬이론**(queueing theory)이라 한다. queueing이란 이름은 사람들이 꼬불꼬불 줄 서 있는 모습을 보고 붙였다고 한다. 병원, 전화교환기, 위성통신망, 이동통신망 등의 통신시스템, 제조-생산시스템, 재고관리시스템, 댐 모형 등이 대표적인 대기행렬체계이다. 대기행렬체계에 대한 연구는 1910년대 독일의 전화회사 직원 Erlang(1878~1929)의 전화교환기의 체증현상에 대한 확률적 연구로부터 시작되었다. 필자는 보통 주말에 한 번 일주일 분량의 식품을 대형 슈퍼마켓을 이용하여 구입한다. 하지만 주말에는 예외 없이 많은 사람들이 모이게 마련이어서 계산을 하기 위해 많은 시간을 투자하곤 한다. 현명한 경영자라면 계산대를 고객의 수에 따라 신축성 있게 열고 닫음으로써 고객의 만족도도 높이는 동시에 인건비 지출도 최소화하는 방법을 찾을 것이다. 그러기 위해서는 시스템 안에 있는 평균

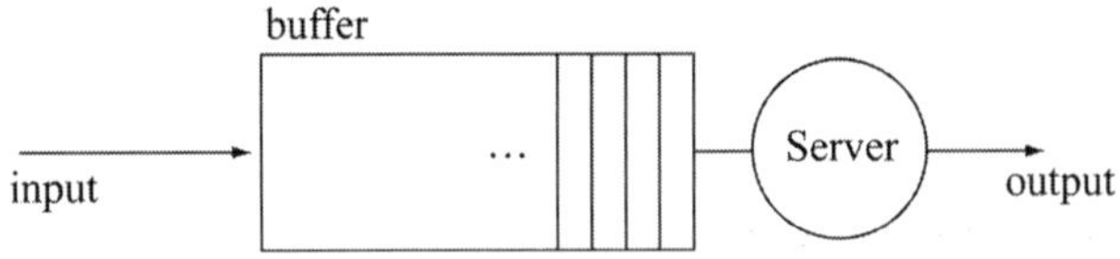

그림 12-1

고객의 수, 또는 한 고객이 시스템 안에서 보내는 평균 시간 등이 관심의 대상이 된다. 일반적으로 고객들에게 서비스를 할 때 먼저 도착한 순으로 하는 것이 일반적이겠으나 컴퓨터 체계에서 작업처리 시간이 짧은 프로그램을 우선 처리해 준다든가, 우수고객에게 우선적으로 서비스를 해 주는 등 서비스의 순서체계가 다양할 수 있고 입출금만 할 때 걸리는 시간과 대출을 받는다든가 신용카드를 신청할 때 걸리는 시간에는 많은 차이가 있으므로 서비스 시간의 분포도 다양할 수 있다. 또한 병원에서 여러 가지 검사를 받을 때처럼 두 가지 이상의 서비스를 차례로 받는 경우 등도 생각할 수 있다. 실제 상황에서 일어날 수 있는 대기행렬체계의 모형은 매우 다양하다.

대기현상에는 기다리는 주체인 고객, 기다림의 목적을 달성시켜주는 행위인 서비스 그리고 서비스 제공자 즉 서버가 있어야 한다. 환자가 고객이면 진료행위는 서비스, 의사는 서버이고 고장 난 기계가 고객이면 수리공은 서버이다.

대기행렬체계를 특징짓는 몇 가지 요소들을 살펴보자.

(1) 고객의 도착과정(Arrival Process) : 일반적인 도착과정은 시스템의 상태와는 관계없이 일어나며 이 경우 도착간격시간은 독립동등분포로 가정한다. 이는 재생과정 또는 포아송과정이다. 고객의 도착과정이 기다리는 고객 수에 영향을 받는다면 이는 상태종속도착(state-depen-dent process)이라 하고 도착과정이 음식점이 시간대에 따라 고객의 도착률이 변하는 것과 같이 비정상 도착률(nonhomogeneous Poisson process)을 갖는 경우도 있고, 그룹도착 등을 생각할 수도 있다. 도착률(λ)은 단위시간당 도착하는 평균 고객 수로서 평균도착간격시간의 역수이다.

(2) 서비스의 과정(Service Process) : 대부분의 경우 고객에 대한 서비스시간은 독립동등분포를 한다고 가정한다. 서비스율(μ)은 단위시간당 한 명의 서버가 서비스해서 내보낼 수 있는 평균 고객 수이며 이는 평균 서비스시

간의 역수이다. 경우에 따라 서비스율이 달라질 때도 있다. 기다리는 고객이 많으면 서비스 속도가 높아지는 경우가 그 예인데 이를 상태종속서비스율이라 한다.

(3) **서버의 수** : 단수서버, 복수서버 또는 무한서버 등을 가정한다. 무한서버란 실제 서버 수가 무한이라기보다는 언제든 고객이 도착하는 즉시 서비스를 받는다고 가정할 수 있는 모형을 일컫는다.

(4) **시스템의 용량**(System Capacity) : 시스템 내에 머물 수 있는 최대허용 고객 수를 말한다.

(5) **서비스 규칙** : 다음 서비스 받을 고객을 결정하는 규칙이다. 대표적인 것으로 FCFS(first come first service)(선입선출), LCFS(last come first service)(후입선출), ROS(random order service)(무작위순), Priority(우선순위), SJF(the shortest job first) 등을 들 수 있다.

(6) **고객성향**(Customer Behavior) : 고객들은 기다리는 중간에 중도포기(reneging)하기도 하고 시스템에 도착은 하나 들어오지는 않거나 경우에 따라서는 용량이 모자라 못 들어오는 경우(balking, blocking)도 있고, 기다리는 줄이 여럿인 경우에는 여기저기 짧은 줄로 옮겨 다니기도 하고(jockeying), 시스템에 들어오려다 실패한 고객은 전화 통화중일 때 대부분의 사람들이 다시 걸어보는 것과 같이 재시도(retrial)하는 경우도 있다.

대기행렬시스템을 특정 짓기 위해서는 시스템을 결정짓는 요소들을 일일이 열거해야 했으나 1953년 Kendall에 의해서 기호화되기 시작했으며 1971년 아래와 같이 몇 가지 부호를 이용하여 대기행렬체계를 간단히 표현하는 방법을 권장하게 되었다.

A/B/c/d/E :

A - 도착과정
B - 각 고객에 대한 서비스 과정
c - 서비스 제공자 수
d - 시스템 용량(시스템에 머물 수 있는 최대허용 고객 수)
E - 서비스 방식

M/M/1, M/G/1, D/D/1, GI/M/1, M/G/∞/FCFS, GI/G/2/c/LCFS 등이 그것으로 보통 M은 Markovian 또는 Memoryless의 머리글자로 포아송도착과정이나 지수분포를 따르는 도착간격시간 서비스시간 등을 의미한다. D는 확정적분포(deterministic distribution)를 나타내고 G는 일반분포(general distribution) 즉 서비스시간 분포형태가 어느 하나로 고정되지 않았다는 뜻으로 모든 분포형태를 다 포함한다. 도착과정의 경우에는 주로 GI(general and independent)를 주로 사용한다.

M^X 또는 GI^X에서의 위첨자 X는 집단을 나타낸다. M/M/1은 포아송과정으로 입력하고, 서비스시간은 지수분포를 따르며 한 명의 서비스 요원이 있는 모형을 가리키고, M^X/G/s는 복합 포아송과정(집단들은 포아송과정을 따라 도착하고 집단 내의 고객의 수는 확률변수)을 따라 입력하고, 서비스 시간은 각 고객이 독립적으로 G분포를 따르며, 서비스 제공자는 s명임을 의미한다. M/M/s/k에서 k는 체계 내에 머무를 수 있는 최대 고객 수를 나타낸다.

대기행렬체계란 고객들이 시스템에 줄 로드(load)를 갖고 들어오면 서버가 일정한 서비스규칙에 따라 로드를 처리해 나가는 방식이다.

대기행렬체계에 대한 정보가 얻어지려면 도착률 λ, 서비스율 μ, 서버 수 c 등이 주어져야 한다. 관심 있는 값들을 정리하면 다음과 같다.

(1) **제공로드**(offered load) a : 로드란 고객들이 요구하는 서비스의 양으로 결국 서비스 시간이 된다. 제공로드란 단위시간당 도착하는 고객들이 시스템에게 주는 평균 부하량을 뜻한다. 이는 (단위시간당 도착률) × (고객당 평균 서비스시간)이 된다. 즉

$$a = \lambda \cdot E(S)$$

제공로드에는 시스템에 도착하였지만 어떤 이유로 시스템에 들어오지 못한 고객이 갖고 오는 로드까지도 포함된다.

(2) **교통밀도**(traffic intensity) ρ : 서버당 할당되는 제공로드로서 제공로드를 서버의 수로 나눈 값이다.

$$\rho = \frac{a}{c}$$

즉 ρ 는 단위시간당 도착하는 고객들이 갖고 오는 부하 때문에 서버 한 명이 바쁠 것으로 예상되는 평균시간을 나타낸다.

(3) **처리로드**(carried load) a' : 제공로드 중 실제로 처리되는 로드를 말한다. 도착은 하였지만 시스템에 들어오지 못한 고객의 로드는 실제서버가 처리해야 할 로드는 아니다. 다음이 성립한다.

$$a' = a(1 - P_B)$$

여기서 P_B는 손실확률(loss probability), 즉 시스템에 도착하였지만 용량초과 및 기타 이유로 시스템 안으로 들어오지 못하고 떠난 비율을 나타낸다.

(4) **서버 이용률**(server utilization) ρ' : 1개의 서버에 할당되는 처리로드를 가리킨다. 즉 한 명의 서버가 단위시간당 처리하는 일의 양이 되며 결국 서버가 바쁠 확률과 일치한다.

$$\rho' = \frac{a'}{c}$$

다음은 대표적인 성능척도에 대해 알아보자.

(1) (시스템) 고객 수(number of customers in the system)
서비스를 받고 있는 고객까지 포함한 시스템 내에 있는 총 고객 수를 말한다.

(2) 대기 고객 수(number of customers in the queue)
줄에서 대기 중인 고객 수(서비스 받고 있는 고객은 제외)를 말한다.

(3) 대기시간(waiting time)
고객이 도착하여 서비스를 받기 직전까지 줄에서 보내는 총 시간을 일컫는다.

(4) 체제시간(system sojourn time)
입력시점부터 시스템을 떠날 때까지 시스템 내에 머문 총 시간을 말한다.

대기행렬체계를 연구함에 있어서 필요한 몇 가지 기본정리들을 살펴보자.

• Burke's 정리 : 한 명씩 도착하고 한 명씩 서비스를 받고 나가는 무한용량 대기행렬 시스템에서는 도착시점의 확률과 이탈시점의 확률이 같다. 즉, 도

착시점에서 시스템 내에 k명을 관찰할 확률은 이탈시점에서 시스템 내에 k명을 관찰할 확률과 같다.

- **PASTA(Poisson Arrivals see Time Average)** : 대기행렬 시스템에서 도착과정이 포아송과정이면 전체 고객 중에 시스템 내의 고객 수가 k 명임을 관찰하는 고객의 비율은 전체 시간 중 시스템 내의 고객 수가 k 명이 되는 시간 비율과 같다는 뜻이다. PASTA가 성립하는 이유는 포아송과정의 특성 때문이다. 즉 포아송 시점은 임의의 시점으로 간주될 수 있다.
- **Little의 법칙** : 대기행렬이론에서 가장 많이 쓰이는 법칙 중의 하나로 안정상태에서 어떤 시스템에 들어오는 고객들의 입력률(input rate), 평균 고객 수 그리고 평균 체재시간을 연결해주는 공식이다. 다음을 정의하자.

λ_e : 시스템으로 들어오는 고객의 입력률

L_s : 시스템 내의 평균 고객 수

L_q : 줄(queue) 위에 있는 평균 고객 수

W_s : 시스템 내에 머무는 평균 체재시간

W_q : 줄 위에서 보내는 평균 대기시간

다음이 성립한다.

$$L_s = \lambda_e W_s , \quad L_q = \lambda_e W_q$$

이는 (평균 고객 수) = (고객의 도착률)×(고객의 평균 대기시간)이 성립함을 의미하며, 대기행렬 이론에서 가장 기본이 되는 법칙이다.

예 12.1.1 고객이 정류장에 모수 λ인 포아송과정으로 도착하고 버스의 도착간격시간은 모수 μ 인 지수분포를 따른다고 하자. 버스가 오면 고객은 모두 타고 아무도 없으면 버스는 그냥 간다. 고객들이 타는 시간은 무시하자. 버스의 출발점을 재생성점으로 재생과정으로 볼 수 있다. 따라서 정류장에 n명이 기다리고 있을 확률을 P_n이라 하면 재생성과정 이론에 의해 다음을 얻는다.

$$P_n = \frac{(\text{한 사이클에서 상태 } n \text{이 차지하는 평균길이})}{(\text{한 사이클의 평균길이})}$$

$$= \left(\frac{\mu}{\lambda+\mu}\right)\left(\frac{\lambda}{\lambda+\mu}\right)^n$$

따라서 평균 고객 수는

$$L = \sum_{n=0}^{\infty} nP_n = \frac{\lambda}{\mu} = \lambda \cdot \frac{1}{\mu}$$

고객의 대기시간은 비기억 속성에 의해 모수 μ인 지수분포를 하므로 평균대기 시간은 $\frac{1}{\mu}$이다. 따라서 Little의 법칙이 성립함을 알 수 있다.

12.2 마르코비안 대기행렬체계

마르코비안 대기행렬체계란 고객의 도착과정이 모수 λ인 포아송과정을 따르고 각 고객이 서비스를 받는 데 걸리는 시간은 모수 μ인 지수분포를 따르는 대기행렬시스템을 일컫는다. 이후의 모든 시스템에서는 FCFS를 가정한다. 제10장 마르코프과정에서 고객이 체계 안으로 들어오면 출생으로 보고 체계를 떠날 때를 사망으로 보면 M/M/1 또는 M/M/s 등의 많은 대기행렬체계가 생사과정 형태의 마르코프과정으로 설명됨을 보았다. 따라서 이의 분석을 위해서, 마르코프 과정에서의 이론들을 이용하게 된다.

$X(t)$를 t 시점에 시스템 안에 있는 고객 수라 하고 $P(X(t)=n)$의 극한값이 존재하면 이를 π_n이라 하자. 즉,

$$\pi_n = \lim_{t\to\infty} P(X(t)=n)$$

$\pi_3 = 0.2$라면 이는 많은 시간이 흐른 후 따져보았을 때 3명의 고객이 시스템 안에 있게 되는 경우는 총 시간의 약 20%에 해당함을 의미한다. π_n을 **안정상태**

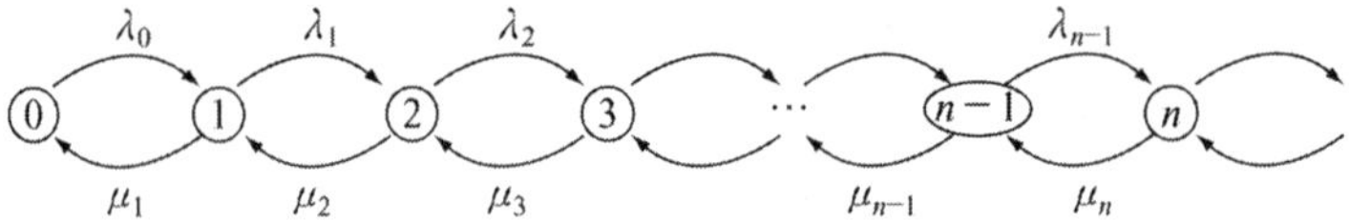

그림 12-2

확률(steady-state probability)이라고 부른다. π_n을 구하기 위해서는 대기행렬체계가 생사과정으로 설명될 때에는 10장 마르코프과정에서 공부한 균형방정식을 이용할 수 있다.

(1) $P_{n\,n+1}(h) = \lambda_n h + o(h), \quad n \geq 0$

(2) $P_{n\,n-1}(h) = \mu_n h + o(h),\ \mu_0 = 0, \quad n \geq 1$

(3) $P_{nm}(h) = o(h),\ m \neq n-1,\ n,\ n+1$

위의 세 조건을 만족하는 생사과정의 균형방정식은 아래와 같다.

$$\lambda_0 \pi_0 = \mu_1 \pi_1$$
$$(\lambda_n + \mu_n)\pi_n = \lambda_{n-1}\pi_{n-1} + \mu_{n+1}\pi_{n+1} \qquad (n \geq 1)$$

따라서

$$\pi_n = \frac{\lambda_{n-1}}{\mu_n}\pi_{n-1} = \frac{\lambda_{n-1}\lambda_{n-2}\cdots\lambda_1\lambda_0}{\mu_n\mu_{n-1}\cdots\mu_2\mu_1}\pi_0,\ n \geq 1$$

이 되고 $\sum_{n=1}^{\infty}\frac{\lambda_{n-1}\lambda_{n-2}\cdots\lambda_0}{\mu_n\mu_{n-1}\cdots\mu_1} < \infty$이면 $\sum_{n=0}^{\infty}\pi_n = 1$을 이용하여 각각의 π_n $(n \geq 0)$을 구할 수 있다.

M/M/1 체계

서비스 제공자가 한 사람뿐인 Markovian queue는 M/M/1 체계가 되며 이는 다음과 같은 생사과정이 된다.

$$\lambda_n = \lambda,\ n \geq 0$$

$$\mu_n = \mu,\ n \geq 1,\ \mu_0 = 0$$

이때 $\pi_k = \lim_{t \to \infty} P(X(t) = k),\ k = 0,\ 1,\ 2,\ \cdots$라 하고 (10.4.3)에서

$$\theta_0 = 1,\ \theta_n = \frac{\lambda_{n-1} \cdots \lambda_1 \lambda_0}{\mu_n \cdots \mu_2 \mu_1},\ n \geq 1 \tag{12.2.1}$$

라 하면 $\sum_{n=0}^{\infty} \theta_n < \infty$일 때,

$$\pi_0 = \frac{1}{\sum_{n=0}^{\infty} \theta_n},\quad \pi_n = \theta_n \pi_0,\ n \geq 1 \tag{12.2.2}$$

이 된다. 따라서 시스템이 안정될 조건은 $\lambda < \mu$ 즉 $\rho = \frac{\lambda}{\mu} < 1$이 되며,

$$\pi_0 = \begin{cases} 1 - \frac{\lambda}{\mu}, & \lambda < \mu \\ 0 \quad , & \lambda \geq \mu \end{cases}$$

이 되고 $\lambda < \mu$이면

$$\pi_k = \left(\frac{\lambda}{\mu}\right)^k \pi_0,\quad k = 0,\ 1,\ 2,\ \cdots$$

이 된다. 즉 시스템 내의 고객 수는 기하분포를 따름을 알 수 있다. 오랜 시간이 흐른 후 서비스 제공자가 쉬고 있을 확률은 $1 - \frac{\lambda}{\mu}$ 이 됨을 알 수 있다. 또한 평형상태에서의 체계 안에 있는 평균대기자 수 L은

$$L = \sum_{n=0}^{\infty} n\pi_n = \sum_{n=0}^{\infty} n\left(\frac{\lambda}{\mu}\right)^n \left(1 - \frac{\lambda}{\mu}\right) = \frac{\lambda}{\mu - \lambda} \tag{12.2.3}$$

$$L_q = \sum_{n=1}^{\infty} (n-1)\pi_n$$

$$= \sum_{n=1}^{\infty} n\pi_n - \sum_{n=1}^{\infty} p_n$$
$$= L - (1 - \pi_0)$$

이제 $\lambda < \mu$일 때 체계 안에서 기다리는 시간의 분포에 대해서 알아보자. 고객이 도착했을 때 n 명의 고객이 체계 내에 있으면 새로 도착한 고객이 체계 내에서 보내는 총 시간은 먼저 온 n 명이 서비스 받는 데 필요한 시간과 자기 자신이 서비스 받는 시간의 합이 된다.

$W_s^* =$ 시스템 내에서의 대기 시간

$W_q^* =$ 줄에서의 대기 시간

$S_i =$ i 번째 고객의 서비스 시간

이라 하면 줄에서 기다리는 시간 $W_q^* = S_1 + S_2 + \cdots + S_n$이 된다. 이때 S_1은 고객이 도착한 시각에는 이미 서비스를 받고 있는 상태이지만 지수분포의 비기억성에 의해 나머지 $S_2, S_3, \cdots$와 동일한 분포를 하며 이들은 서로 독립적이다. 따라서 체계 내에 있는 고객의 수가 n 명일 때 새로이 들어오는 고객이 체계 내에서 보내는 시간 W_s^*의 분포는

$$W_s^* = S_1 + S_2 + \cdots + S_{n+1} \sim \text{Gamma}(n+1, \mu)$$

이 된다. 여기에 총 확률(total probability)이론을 적용하면

$$P(W_s^* \le t) = \sum_{n=0}^{\infty} P(W_s^* \le t \mid n\text{명이 먼저 와 있다}) \left(\frac{\lambda}{\mu}\right)^n \left(1 - \frac{\lambda}{\mu}\right)$$

이 되고 이를 정리하면

$$P(W_s^* \le t) = 1 - e^{-t(\mu - \lambda)}$$

을 얻는다. 따라서 W_s^*의 분포는 모수가 $\mu - \lambda$인 지수분포를 따르며

$$W = E(W_s^*) = \frac{1}{\mu - \lambda} \tag{12.2.4}$$

이 된다. (12.2.3)과 (12.2.4)를 이용하면

$$L = \lambda\, W \tag{12.2.5}$$

이 성립함을 확인할 수 있다.

예 12.2.1 고객이 매 12분마다 한 명의 비율로 포아송분포를 따라 도착하고 서비스 시간은 매 8분마다 한 명 꼴로 지수분포를 따른다. L과 W를 구해보자.

풀이 $\lambda = \frac{1}{12},\ \mu = \frac{1}{8}$이므로 $L = 2,\ W = 24$가 된다.

도착률이 20% 증가하면 즉 $\lambda = \frac{1}{10}$이 되면 $L = 4,\ W = 40$. 즉 도착률이 20% 증가하면 체계 내의 평균 고객 수는 2배로 증가한다.

$\rho = \frac{\lambda}{\mu}$라 두면 $L = \frac{\rho}{1-\rho}$이 되고 이를 그래프로 그려보면 아래와 같다.

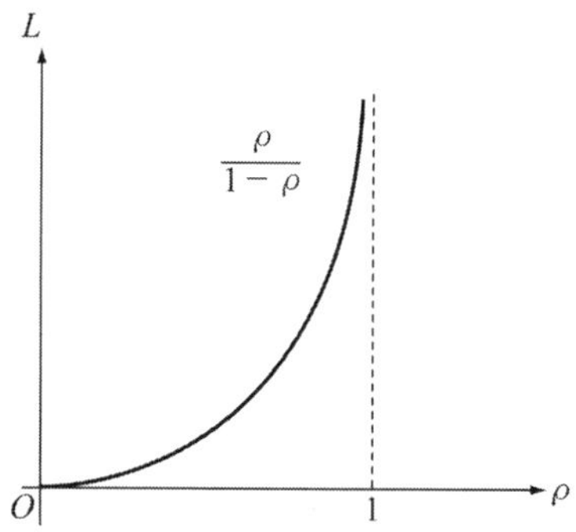

그림 12-3 ■

M/M/∞ 체계

무한히 많은 서비스 제공자가 있어 모든 고객은 도착하자마자 서비스를 받을 수 있는 경우를 생각하자. 한 고객이 체계를 떠나는 비율은 μ이므로 k명의 고객이 체계를 떠나는 비율은 $k\mu$가 된다. 따라서 M/M/∞는 $\lambda_k = \lambda,\ \mu_k = k\mu,$

$k=0, 1, 2, \cdots$ 인 생사과정이 된다. 마찬가지로 (12.2.1)과 (12.2.2)를 이용하면

$$\theta_k = \frac{1}{k!}\left(\frac{\lambda}{\mu}\right)^k, \quad k=0, 1, 2, \cdots$$

이므로

$$\pi_k = \frac{\left(\frac{\lambda}{\mu}\right)^k e^{-\frac{\lambda}{\mu}}}{k!}, \quad k=0, 1, 2, \cdots$$

을 얻는다. 여기서 $L=\dfrac{\lambda}{\mu}$ 임을 쉽게 구할 수 있으며 모든 고객은 도착하자마자 항상 서비스를 받으므로 고객이 체계 안에서 보내는 시간은 자기 자신이 서비스 받는 시간은, 즉 모수 μ인 지수분포를 따른다. 따라서 $W=\dfrac{1}{\mu}$이며 여기서도 $L=\lambda W$ 임을 확인할 수 있다.

M/M/s 체계

s 명의 서비스 제공자가 있는 모형을 생각해보자. 이 경우 다음이 성립한다.

$$\lambda_k = \lambda,\ k=0, 1, 2, \cdots, \quad \mu_k = \begin{cases} k\mu, & k=0, 1, 2, \cdots, s \\ s\mu, & k>s \end{cases}$$

$X(t)$를 t시간에 시스템 내의 고객의 수라 하면 서비스를 받고 있는 사람의 수는 $\min\{X(t), s\}$이고 서비스를 기다리고 있는 사람의 수는 $\max\{X(t)-s, 0\}$이다.

다음이 성립한다.

$$\theta_k = \begin{cases} \dfrac{1}{k!}\left(\dfrac{\lambda}{\mu}\right)^k, & k=0, 1, 2, \cdots, s \\ \dfrac{1}{s!}\left(\dfrac{\lambda}{\mu}\right)^s\left(\dfrac{\lambda}{s\mu}\right)^{k-s}, & k \ge s \end{cases}$$

$\lambda < s\mu$이면 다음이 성립한다.

$$\pi_0 = \left(\sum_{j=0}^{s-1} \frac{1}{j!} (\frac{\lambda}{\mu})^j + \frac{(\frac{\lambda}{\mu})^s}{s!(1-\frac{\lambda}{s\mu})} \right)^{-1}$$

$$\pi_k = \begin{cases} \frac{1}{s!}\left(\frac{\lambda}{\mu}\right)^s \left(\frac{\lambda}{s\mu}\right)^{k-s} \pi_0, & k \geq s \\ \frac{1}{k!}\left(\frac{\lambda}{\mu}\right)^k \pi_0, & k = 0, 1, 2, \cdots, s \end{cases}$$

다음이 성립한다.

$$L_q = \sum_{j=s}^{\infty} (j-s)\pi_j = \sum_{k=0}^{\infty} k\pi_{s+k} = \frac{\pi_0}{s!}\left(\frac{\lambda}{\mu}\right)^s \frac{\frac{\lambda}{s\mu}}{\left(1-\frac{\lambda}{s\mu}\right)^2}$$

따라서 다음이 성립함을 알 수 있다.

$$L_q = \lambda W_q, \quad W = W_q + \frac{1}{\mu}, \quad L = \lambda W = \lambda\left(W_q + \frac{1}{\mu}\right) = L_q + \frac{\lambda}{\mu}$$

M/M/1/k 체계

시스템의 최대 용량이 K일 때를 생각해보자. 즉 시스템 안에 이미 K명이 있을 때 새로 도착한 고객은 시스템 안에 들어오지 못하고 바로 떠나는 모형이다.

이 모형에서의 균형방정식은 다음과 같다.

$$\begin{aligned} &\lambda\pi_0 = \mu\pi_1 \\ &(\lambda+\mu)\pi_n = \lambda\pi_{n-1} + \mu\pi_{n+1}, \quad 1 \leq n \leq K-1 \\ &\mu\pi_K = \lambda\pi_{K-1} \end{aligned}$$

이때 $\sum_{n=0}^{K} \pi_n = 1$이 되므로 이를 이용하면 다음을 얻는다.

$$\pi_n = \frac{(\lambda/\mu)^n (1-\lambda/\mu)}{1-(\lambda/\mu)^{K+1}}, \quad 0 \leq n \leq K$$

또한 시스템 안에 있는 평균 고객 수 L은 다음과 같다.

$$L = \sum_{n=0}^{K} n\pi_n$$

$$= \frac{(1-\lambda/\mu)}{1-(\lambda/\mu)^{K+1}} \sum_{n=0}^{K} n \left(\frac{\lambda}{\mu}\right)^n$$

용량이 유한한 경우에는 도착한 모든 고객이 시스템 안에 들어갈 수 있는 것을 의미하지는 않으므로 시스템 안에 들어간 고객이 시스템 안에서 보내는 평균 시간을 구하기 위해서는 도착한 고객이 시스템 안에 들어가는 비율을 먼저 구하고 이를 이용하여 시스템 안에 들어가는 고객의 도착률을 구한 다음 W를 구하게 된다.

즉 도착한 고객이 시스템 안에 들어갈 확률은 $1-\pi_K$가 되며 따라서 시스템 안에 들어가는 고객의 도착률은 $\lambda(1-\pi_K)$이며 따라서 다음이 성립한다.

$$W = \frac{L}{\lambda(1-\pi_K)}$$

12장 연습문제

12.1 시스템에 도착하는 비율과 시스템을 떠나는 비율은 각각 λ와 μ인 M/M/1 모형에서 W^*를 임의의 고객이 시스템 안에서 보내는 시간이라 하면 W^*는 모수 $\mu-\lambda$인 지수분포를 따름을 보여라.

12.2 A아파트와 B지하철역만을 전문으로 왕복하는 택시회사가 있다. 고객은 모수 λ인 포아송과정으로 도착하고 택시는 4명이 차면 출발한다. 앞 택시가 출발한 후 다음 택시가 올 때까지의 소요시간은 모수 μ인 지수분포를 따른다. 택시가 없을 때 도착한 고객은 다른 회사 택시를 이용한다.

(1) 택시가 출발하는 시점을 재생성 시점으로 보고 한 사이클의 평균길이를 구하여라.

(2) 한 사이클 내에 고객 수가 n 명일 확률 P_n을 구하여라.

(3) 임의의 시점에서의 평균 고객 수를 구하여라.

(4) Little의 법칙이 맞는지를 확인하라.

12.3 고객의 도착과정을 포아송과정으로 가정하는 경우가 많다. 그 이유를 설명해보라. (힌트: 조건 A에 의한 포아송과정의 정의를 참조하라.)

12.4 M/M/1/k 체계에서 단위시간당 시스템으로부터 상실되는 평균 고객 수 L_B는 다음과 같음을 보여라.

$$L_B = \begin{cases} \dfrac{\lambda(1-\rho)\rho^k}{1-\rho^{k+1}} & (\rho \neq 1) \\ \dfrac{\lambda}{k+1} & (\rho = 1) \end{cases}$$

12.5 한 명의 의사가 있는 동네병원에 환자들이 시간당 두 명 꼴의 포아송과정으로 들어온다. 환자 한 명의 치료시간은 평균 20분인 지수분포를 한다고 하자. 이때의 성능척도들을 구하여라(ρ, P_n, L_q, L_s. W_q, W_s 등). 이때 의사를 한 명 더 늘리면 성능척도들은 어떻게 변하는가? 두 값을 비교해보시오.

12.6 어느 할인점에서 계산대를 하나만 열었더니 평균 10명의 고객이 계산하기를 기다리며 대기 줄에 서 있었다. 계산대를 하나 더 늘리면 각 줄에서 평균 몇 명의 고객이 기다리게 되는가? 이를 대기행렬체계로 모형화하여 풀어보라.

12.7 우리 주변의 현상 중에 대기행렬체계로 설명할 수 있는 예를 찾아 이를 모형화하여라.

13장 브라운운동

13.1 서론

브라운운동은 연속 시간과 연속 경로를 갖는 매우 중요한 확률과정 중의 하나이다. 브라운운동은 가우시안 과정이고, 연속상태공간를 갖는 연속시간형 마르코프 과정이며 동시에 독립증분을 갖는 확률과정이다. 따라서 이 세 가지에서 성립하는 확률적인 성질들을 모두 만족하므로 수학적으로 잘 정리가 되어 있다. 브라운운동은 물리, 생물 그리고 경제현상들을 설명하는 데 널리 이용된다. 브라운운동은 1827년 영국의 생물학자인 Robert Brown이 물에 띄운 화분(pollen)을 현미경으로 관찰하던 중 화분에서 나온 작은 입자가 수면을 끊임없이 돌아다니는 것을 발견, 분자들의 충돌과 관련하여 액체에 들어있는 작은 입자들의 움직임을 연구하는 것에서 시작되었고 이는 Einstein에 의해 처음으로 수학적으로 모형화(1905년)되었으며 그 후 Fokker, Plank, Wienner 등에 의해 연구되었다.

브라운운동을 정의하기 전에 먼저 대칭확률보행과정을 생각해보자. 대칭확률보행과정은 전이확률 $P_{ii+1} = 1/2 = P_{ii-1}$, $i = 0, \pm 1, \pm 2, \cdots$ 인 마르코프과정이다. 이제 전이되는 시간과 전이되는 크기가 매우 작다고 가정해보자. 즉 Δt 시간 동안 Δx 크기만큼 오른쪽으로 가거나 왼쪽으로 이동한다고 가정하자. $X(t)$

를 시간 t에서의 위치라고 하면 $X(t)$는 다음과 같이 표현할 수 있다.

$$X(t) = \Delta x(X_1 + X_2 + \cdots + X_{[t/\Delta t]})$$

여기서 X_i는 i 번째 전이가 증가하는 쪽이면 (오른쪽)$+1$, 감소하는 쪽이면 (왼쪽)-1 즉 $P(X_i = 1) = 1/2 = P(X_i = -1)$이고 서로 독립인 확률변수이고 $[t/\Delta t]$는 $t/\Delta t$ 를 넘지 않는 최대정수를 가리킨다. $E(X_1) = 0$, $Var(X_1) = 1$ 이므로 다음이 성립한다.

$$E(X(t)) = 0, \qquad Var(X(t)) = (\Delta x)^2 [t/\Delta t]$$

$\Delta x = \sigma\sqrt{\Delta t}$ 를 만족하고 $\Delta t \to 0$이면 다음이 성립한다.

$$E(X(t)) = 0, \quad Var(X(t)) \to \sigma^2 t$$

또한 다음이 성립함을 알 수 있다.

(1) 중심극한의 정리에 의해 $X(t)$는 평균이 0, 분산이 $\sigma^2 t$인 정규분포로 근사한다.

(2) $\{X(t):\ t \geq 0\}$는 독립증분 및 정상증분 성질을 갖는다.

(3) $t \to X(t)$는 연속함수(확률 1로)이다. 그러나 모든 점에서 미분이 불가능하다.

다음의 세 가지 조건을 만족하는 확률과정을 분산이 σ^2 인 **브라운운동** (Brownian motion 또는 Wiener 과정)이라고 한다.

(1) $X(0) = 0$

(2) 독립증분과 정상증분 성질을 갖는다.

(3) $X(t)$는 평균 0, 분산이 $\sigma^2 t$ 인 정규분포를 따른다.

특히 $\sigma = 1$이면 **표준브라운운동**(standard Brownian motion)이라고 한다.

(1)과 (2) 그리고 $E(X(t)) = \mu t$, $Var(X(t)) = \sigma^2 t$ 를 만족하는 확률과정은 μ 와 σ^2 을 각각 추세모수(drift)와 확산모수(variance parameter or diffusion coefficient)로 갖는 브라운운동이라고 부른다.

$X(t)$는 추세모수 μ 와 확산모수 σ^2 를 갖는 브라운운동과정이고 $B(t)$를 표준브라운운동이라 하면 다음 관계가 성립한다.

$$X(t) = \mu t + \sigma B(t)$$

표준브라운운동 $B(t)$에 대하여 다음과 같이 정의된 $Z(t)$를 **표준브라운다리** (standard Brownian bridge)라고 부른다.

$$Z(t) = B(t) - tB(t), \quad (0 \le t \le 1)$$

표준브라운다리 $Z(t)$는 다음 식을 만족한다.

$$E(Z(t)) = 0, \quad Cov(Z(s), Z(t)) = s(1-t), \quad (0 \le s \le t \le 1)$$

표준브라운운동 $B(t)$에 대하여 다음과 같이 정의되는 $Z(t), (0 \le t \le T)$를 시점 0에서 상태 a 에서 출발하여 시점 T 에 상태 b 에 도달하는 브라운다리라고 한다.

$$Z(t) = a\left(1 - \frac{t}{T}\right) + b\frac{t}{T} + \left(B(t) - \frac{t}{T}B(T)\right), \quad (0 \le t \le T) \qquad (13.1.1)$$

13.2 마르코프성질, 반사원리, 최초도달시간

브라운운동은 독립 정상증분을 가지므로 다음과 같은 마르코프성질을 만족한다.

$s > 0$이면 $X(s+t) - X(s),\ t \ge 0$는 $X(r),\ r \le s$와 서로 독립이다.

즉 현재를 알고 있으면 미래는 과거로부터 독립이다.

T_a는 표준브라운운동 $B(t)$가 최초로 a 에 도달하는 시간(hitting time)이라고 하자.

$a > 0$일 때 $P(T_a \le t)$를 $P(B(t) \le a)$와의 관계를 고려하여 구하여보자. 먼저 다음 관계식이 성립한다.

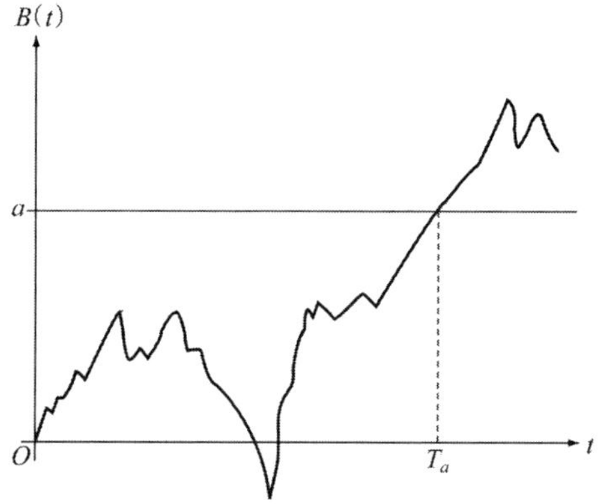

표준브라운 운동의 경로

그림 13-1

$$P(B(t) \geq a) = P(B(t) \geq a \mid T_a \leq t)P(T_a \leq t) + P(B(t) \geq a \mid T_a > t)P(T_a > t) \qquad (13.2.1)$$

여기서 $T_a \leq t$ 이면 이를 만족하는 확률과정은 $[0,\ t]$ 사이의 어느 시점에서 a 에 도달하므로 t 시점에서 a 이상이거나 또는 이하가 될 확률은 같다. 따라서 다음이 성립한다.

$$P(B(t) \geq a \mid T_a \leq t) = \frac{1}{2}$$

또한 $T_a > t$ 일 때에는 $X(t) \geq a$ 는 불가능하므로 (13.2.1)식의 오른쪽 두 번

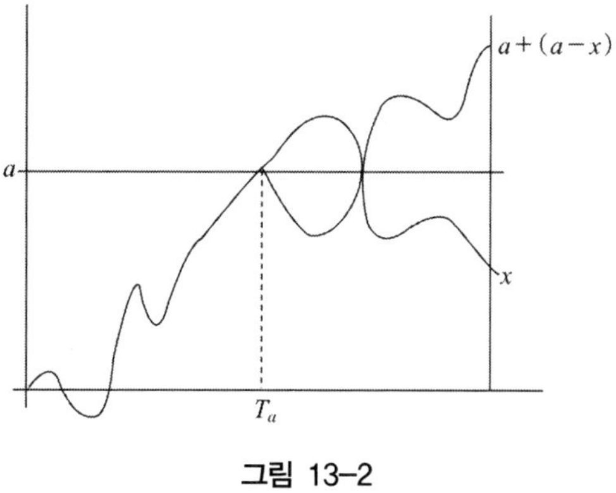

그림 13-2

째 항은 0이다. 따라서 $a > 0$일 때 다음이 성립한다.

$$P(T_a \le t) = 2P(B(t) \ge a)$$
$$= \frac{2}{\sqrt{2\pi t}} \int_a^{\infty} e^{-\frac{x^2}{2t}} dx$$

$a < 0$일 때는 $P(T_a \le t) = 2P(B(t) \ge -a)$가 성립함을 대칭성을 이용하여 쉽게 보일 수 있다.

따라서 임의의 a에 대하여 다음이 성립한다.

$$P(T_a \le t) = \frac{2}{\sqrt{2\pi}} \int_{\frac{|a|}{\sqrt{t}}}^{\infty} e^{-\frac{y^2}{2}} dy \tag{13.2.2}$$

표준브라운운동 $B(t)$에서 최초도달시점 T_a에 대해서 다음이 성립한다.

(1) $P(T_a < \infty) = 1$ (13.2.3)

(2) $E(T_a) = \infty$ (13.2.4)

따라서 브라운운동은 $a = 0$을 초기값으로 하면 (13.2.3)에 의해 언젠가는 다시 0으로 돌아오나 (13.2.4)는 돌아오는 데 걸리는 시간의 기댓값은 무한대임을 말해준다. 즉 귀무재귀과정이다. 또한 브라운운동은 연속형마팅게일이다.

예 13.2.1 $B(t)$를 표준브라운운동이라 하자. 다음을 구하여라.

(1) $P(B(1) \le 1)$

(2) $P(T_1 \le 1)$

(3) $B(t)$ 가 -2에 도달하기 전에 3에 먼저 도달할 확률

풀이 (1) $B(1) \sim N(0, 1)$이므로 $P(B(1) \le 1) = \Phi(1) = 0.841$

(2) $P(T_1 \le 1) = 2P(Y(1) \ge 1) = 2(1 - 0.841) = 0.318$

(3) $P(T_3 \le T_{-2}) = \frac{2}{2+3} = \frac{2}{5}$ ■

13.3 기하브라운운동

$\{X(t), t \geq 0\}$이 추세모수 μ와 확산모수 σ^2을 갖는 브라운운동과정일 때 다음과 같이 정의된 $\{Y(t), t \geq 0\}$를 기하브라운운동(geometric Brownian motion)이라 한다.

$$Y(t) = e^{X(t)}$$

t시간 이전의 정보가 주어졌을 때의 기하브라운운동 $\{Y(t), t \geq 0\}$의 시간 t에서의 조건부 기댓값을 구하여보자. $s < t$일 때 다음이 성립한다.

$$\begin{aligned}
&E(Y(t) \mid Y(u), 0 \leq u \leq s) \\
&= E(e^{X(t)} \mid X(u), 0 \leq u \leq s) \\
&= E(e^{X(s) + X(t) - X(s)} | X(u), 0 \leq u \leq s) \\
&= e^{X(s)} \cdot E(e^{X(t) - X(s)} | X(u), 0 \leq u \leq s) \\
&= Y(s) \cdot E(e^{X(t) - X(s)}) \\
&= Y(s) \cdot e^{\mu(t-s) + \frac{\sigma^2(t-2)}{2}} \qquad (13.3.1)
\end{aligned}$$

위 (13.3.1)식의 마지막에서 두 번째 등식은 브라운운동의 독립증분성질로부터 얻어지고 맨 마지막 등식은 $X(t) - X(s)$이 평균 $\mu(t-s)$이고 분산 $\sigma^2(t-s)$인 정규분포를 한다는 사실로부터 얻는다.

기하브라운운동은 주식가격을 모형화하는 데 유용하게 쓰인다. 예를 들어보자. $Y(t)$를 시간 t에서의 주가라 하고 주가의 변화율들 $Y(t)/Y(t-1), t \geq 1$이 독립동등분포를 한다고 가정하자.

$Z(t) = Y(t)/Y(t-1)$이라 두면 $Y(t) = Z(t)Y(t-1)$이 되고, 이를 반복적용하면 다음이 성립한다.

$$Y(t) = Z(t)Z(t-1) \cdots Z(1)Y(0)$$

즉 다음이 성립한다.

$$\log(Y(t)) = \sum_{i=1}^{t} \log(Z(i)) + \log(Y(0)) \tag{13.3.2}$$

여기서 $\log(Z_i)$, $i \geq 1$는 독립동등분포를 하므로 이를 연속형확률과정으로 생각하면 확률보행과정 $X(t) = \sum_{i=1}^{t} \log(Z(i))$는 브라운운동을 한다. 따라서 (13.3.2)식으로부터 $Y(t) = Y(0)e^{X(t)}$를 얻으며, Y_t는 기하브라운운동이 된다.

브라운운동은 파생상품의 가격결정에 유용한 Black-Scholes 방정식을 유도하는 과정에서 이용된다.

13장 연습문제

13.1 $\{X_i\}$는 $P(X_i = k) = p$, $P(X_i = -k) = 1 - p = q$인 독립동등분포를 하는 확률변수열이다. $Z(t) = X_1 + X_2 + \cdots + X_{[t/\Delta t]}$라 하자. 다음을 보여라.

(1) $E(X_i) = (p-q)k$, $Var(X_i) = 4pqk^2$

(2) $E(Z(t)) = [t/\Delta t](p-q)k$, $Var(X(t)) = [t/\Delta t]4pqk^2$

(3) $\Delta t \to 0$일 때 $E(Z(t)) \to \mu t$, $Var(Z(t)) \to \sigma^2 t$를 만족하도록 p와 k 값을 결정하라.

(4) (3)의 조건 아래서 $Z(t)$는 평균 μt와 분산 $\sigma^2 t$를 갖는 정규분포로 근사함을 설명하라. 여기서 μ와 σ^2은 각각 브라운운동 $Z(t)$의 추세모수(drift)와 확산모수(variance parameter or diffusion coefficient)라고 부른다.

13.2 $X(t)$가 $\sigma = 1$인 브라운운동을 할 때 $X(t_1), X(t_2), \cdots, X(t_n)$, $t_1 < \cdots < t_n$의 결합분포를 구하여라. (독립증분성질을 이용하라)

13.3 $X(t)$가 표준브라운운동이면 $\sigma X(t)$는 분산 σ^2인 브라운운동이 됨을 보여라. 또한 $\{X(ct), t \geq 0\}$와 $\{c^{1/2}X(t)\}$는 같은 분포를 함을 보여라. $Y(t)$가 추세모수 μ와 확산모수 σ^2를 갖는 비너(Wiener) 과정이면

$Y(t) = \sigma X(t) + \mu t$임을 보여라.

13.4 표준브라운운동 $X(t)$에 대해서 $E(X(s)X(t)) = \min\{s, t\}$임을 보여라. 또한 확산모수가 σ^2이면

$$Cov(X(s),\ X(t)) = \sigma^2 \min(s,\ t),\ \ Corr(X(s),\ X(t)) = \sqrt{\frac{s}{t}}\ \ (s \le t)$$

임을 설명하라.

13.5 표준브라운운동에서 $0 \le s < t$이면 $X(t) = x_t$ 아래서 $X(s)$의 조건부확률밀도함수를 구하여라.

13.6 (13.1.1)식을 만족하는 $Z(t)$의 평균과 $Cov(Z(s),\ Z(t)),\ 0 < s < t < T$를 구하여라.

13.7 (13.2.2)를 이용하여 표준브라운운동 $X(t)$에서 최초도달시점 T_a의 확률밀도함수를 구하여라.

13.8 최초도달시점 T_a에 대하여 $a > 0$이면 다음이 성립함을 보여라.

(1) $P(\max_{0 \le s \le t} X(s) \ge a) = P(T_a \le t) = 2P(X(t) \ge a)$

(2) $a,\ b > 0$ 이면

$$P(T_a < T_{-b}) = P(-b \text{ 에 도달하기 전에 } a\text{에 먼저 도달하는 사상}) = \frac{b}{a+b}$$

연습문제 해답

Part 1 확률이론

1. 확률

1.2 P(맑음)$=0.7$, P(맑고 바람)$=0.3$, P(비 또는 바람)$=0.6$

1.3 (1) $\dfrac{7}{\binom{10}{4}}$ (2) $\dfrac{1}{\binom{10}{4}}$ (3) $\binom{9}{3}/\binom{10}{4}=2/5$ (4) $\binom{5}{4}/\binom{10}{4}=1/42$

1.4 (1) $1-(5/6)^6 \approx 0.6651$

(2) $1-((5/6)^{12}+\binom{12}{1}(1/6)(5/6)^{11}) \approx 0.6187$

1.5 눈의 합이 5일 확률은 $4/36=1/9$, 눈의 합이 7일 확률은 $6/36=1/6$, 눈의 합이 5도 아니고 7도 아닌 확률은 $1-(10/36)=26/36$. 따라서 구하는 확률은 다음과 같다.

$$1/9+(26/36)(1/9)+(26/36)^2(1/9)+(26/36)^3(1/9)+\cdots$$
$$=(1/9)(\frac{1}{1-26/36})=\frac{2}{5}$$

1.6 $(1,1)$이 나올 확률은 $1/36$. n번 동안 $(1,1)$이 한 번도 나오지 않을 확률은 $\left(\frac{35}{36}\right)^n$. 즉 적어도 한 번 이상 나올 확률은 $1-\left(\frac{35}{36}\right)^n$. $1-\left(\frac{35}{36}\right)^n>1/2$을 만족하는 n을 구하면

$$n \geq \frac{-\log 2}{\log(\frac{35}{36})} \approx \frac{0.3010}{0.01223} \approx 24.6 \quad \text{즉 } n \geq 25$$

1.7 (1) $P(A\cup B)=P(A)+P(B)-P(A\cap B) \leq 1$ 따라서

$P(A\cap B) \geq P(A)+P(B)-1$이다.

(2) $n=1$일 때 명백하다.

$k=n-1$일 때 성립한다고 가정하고 $k=n$일 때 성립함을 보이자.

$$P((A_1\cap A_2\cap \cdots \cap A_{n-1})\cap A_n)$$
$$\geq P(A_1\cap A_2\cap \cdots \cap A_{n-1})+P(A_n)-1$$
$$\geq P(A_1)+P(A_2)+\cdots+P(A_{n-1})-(n-2)+P(A_n)-1$$
$$=P(A_1)+P(A_2)+\cdots+P(A_n)-(n-1)$$

1.8 $3/4$

1.9 (1) 0.63 (2) 0.37 (3) 0.34

1.10 18/35

1.11 (1) 0.2 (2) $P(B)=0.4,\ P(A\cap B)=0.2$

1.13 (1) 1/60 (2) 36/60 (3) 13/30

1.15 $P(A|B)=1$이면 $P(A\cap B)=P(B)$이고 또한 $P(A\cup B)=P(A)$이 성립한다.

$$P(B^c|A^c)=\frac{P(A^c\cap B^c)}{P(A^c)}=\frac{1-P(A\cup B)}{1-P(A)}=1$$

1.16 (1) $P(A\cap B)\le P(A)=0$. 따라서 $P(A\cap B)=P(A)P(B)=0$

(2) $P(A)=1$이면 $P(A^c)=0$. 따라서 (1)에 의해 A^c와 B는 서로 독립이고 연습문제 1.14에 의해 $(A^c)^c=A$와 B는 서로 독립이다.

1.17 (1) 각 시행의 결과가 R_i가 아닐 확률은 $1-p_i$. 따라서

$P(A_i^c)=(1-p_i)^k$이고

$P(A_i)=1-(1-p_i)^k$가 된다.

(2) 각 시행이 결과가 R_i도 아니고 R_j도 아닐 확률은 $1-p_i-p_j$이고

$P((A_i\cup A_j)^c)=(1-p_i-p_j)^k$. 따라서

$P(A_i\cup A_j)=1-(1-p_i-p_j)^k$.

(3) $P((A_i\cap A_j)^c)=P(A_i^c\cup A_j^c)=P(A_i^c)+P(A_j^c)-P(A_i^c\cap A_j^c)$

$P(A_i^c\cap A_j^c)=1-P(A_i\cup A_j)=(1-p_i-p_j)^k$. 따라서 구하는 확률은 다음과 같다.

$P(A_i\cap A_j)=1-(1-p_i)^k-(1-p_j)^k+(1-p_i-p_j)^k$.

(4) $P(A_i|A_j)=\dfrac{P(A_i\cap A_j)}{P(A_j)}=\dfrac{1-(1-p_i)^k-(1-p_j)^k+(1-p_i-p_j)^k}{(1-p_j)^k}$

1.18 (1) $1-P(n$번의 시행 결과가 모두 실패$)=1-(1-p)^n$

(2) i번째 시행의 결과 성공하는 사상을 A_i라 하면 $P(A_i)=p$가 된다.

P(모든 시행의 결과가 성공)

$$=P(\cap_{i=1}^{\infty}A_i)=\lim_{n\to\infty}P(\cap_{i=1}^{n}A_i)=\lim_{n\to\infty}p^n=\begin{cases}0, & p<1\\ 1, & p=1\end{cases}$$

1.19 (1) $(0.45)(0.32)+(0.3)(0.6)+(0.35)(0.55)=0.5165$

(2) $\dfrac{(0.45)(0.32)}{0.5165}\approx 0.2788$

1.20 확률이 같을 때: (1) p (2) $p^2+(1/2)p(1-p)+(1/2)p(1-p)=p$

$p_1>p_2$일 때: (1) $(1/2)(p_1+p_2)$

(2) $p_1p_2+(1/2)p_1(1-p_2)+(1/2)p_2(1-p_1)=(1/2)(p_1+p_2)$

1.21 $P(G|T)=P(T|G) \Leftrightarrow \dfrac{P(G\cap T)}{P(G)}=\dfrac{P(G\cap T)}{P(T)} \Leftrightarrow P(G)=P(T)$

1.22 B=부작용이 일어나는 사상, A=치료되는 사상이라 두면

$P(A)=P(A|B)P(B)+P(A|B^c)P(B^c)=(0.05)(0.3)+(0.95)(0.99)=0.9555$

$P(A\cap B^c)=P(B^c)P(A|B^c)=(0.05)(0.3)=0.015$

1.23 3/55

2. 이산확률변수와 이산확률분포

2.1 200개 중 불량품의 개수를 X라 하면 $X\approx Poisson(np=2)$.

따라서 $P(X\geq 2)=1-p_X(0)-p_X(1)=1-e^{-2}-2e^{-2}=1-3e^{-2}\approx 0.594$

2.2 X를 1단계에서 선택한 5개의 제품 중 불량품의 개수, Y를 2단계에서 선택한 10개의 제품 중 불량품의 개수라 하면

(1) $P(X=1, Y\geq 1)$

(2) $P(X=0)+P(X=1, Y=0$ 또는 $1)$

2.3 $P(X=n)=p^{n-1}q+q^{n-1}p \quad (n=2,3,\cdots)$

2.4 $B(n,p)$에서 n이 크고 p가 작으면 포아송근사를 이용할 수 있다. p가 커서 1에 가까운 값이면 $q=1-p$는 0에 가까운 값이 된다. 따라서 $Y=n-X$라 두면 $Y\sim B(n,1-p)$ 즉 X는 성공률 p인 베르누이 시행에서의 성공횟수가 되고 Y는 성공률 $q=1-p$(실패율)인 베르누이 시행을 n번 했을 때의 성공횟수가 된다. 따라서 다음이 성립한다.

$$P(X>280)=P(n-X<n-280)=P(Y<20)$$

이고 $Y\approx Poisson(9)$이므로

$$P(X>280)\approx \sum_{k=0}^{19}\frac{9^k e^{-9}}{k!}$$

2.5 (2) $E(\frac{1}{2}X(X+1))=\sum_{n=1}^{\infty}\frac{1}{2}n(n+1)P(X=n)$

$$=\sum_{n=1}^{\infty}\sum_{i=1}^{n} iP(X=n)$$

$$=\sum_{i=1}^{\infty} i\sum_{n=i}^{\infty}P(X=n)$$

$$=\sum_{i=1}^{\infty} iP(X\geq i)$$

(3) $Var(X) = 2b - a - a^2$

2.7 (1) 시스템이 작동할 확률을 α라 하면

$$\alpha = \binom{8}{0} p^0 (1-p)^8 + \binom{8}{1} p^1 (1-p)^7 + \binom{8}{2} p^2 (1-p)^6$$

따라서 구하는 확률은 $1-\alpha$

(2) $\alpha_1 = (1-p)^5 + 5p(1-p)^4$

$\alpha_2 = (1-p)^7 + 7p(1-p)^6 + 21p^2(1-p)^5$

따라서 $\alpha_1 > \alpha_2$를 만족하는 p를 찾으면 된다.

$$\alpha_1 - \alpha_2 = -(1-p)^4 p^2 (10-15p) > 0, \quad p > \frac{2}{3}$$

2.10 (1) $2p(1-p)$

(2) $\dfrac{2p(1-p)}{\binom{3}{2} p^2 (1-p)} = 2/3$

(3) 10일 후 2단위 증가하기 위해서는 10일 동안 6단위 증가하고 4단위 감소하면 된다. 따라서 구하는 확률은 $\binom{10}{6} p^6 (1-p)^4$

2.19 $Y \sim Poisson(p\lambda)$

2.20 (1) $P(X=k) = P(1-P)^{k-1}, \ k = 1,2,3,\cdots$

3. 연속확률변수와 연속확률분포

3.2 $F(x) = \begin{cases} 0, & x < 0 \\ \dfrac{x}{8} + \dfrac{3}{16}x^2, & 0 \le x \le 2 \\ 1, & 2 < x \end{cases}$

3.3 $F_Y(y) = 1 - F(\dfrac{y-b}{a}), \quad f_Y(y) = -\dfrac{1}{a} f(\dfrac{y-b}{a})$

3.4 $y \ge 0, \ F_Y(y) = F_X(y) - F_X(-y)$이고 따라서

$f_Y(y) = f_X(y) + f_X(-y), \ y \ge 0$

3.5 $f_Y(y) = \dfrac{1}{n} y^{\frac{1}{n}-1}, \ 0 \le y \le 1$

3.7 (2) $\mu = \beta\Gamma(1 + \dfrac{1}{\alpha}), \quad \sigma^2 = \beta^2[\Gamma(1 + \dfrac{2}{\alpha}) - \{\Gamma(1 + \dfrac{1}{\alpha})\}^2]$

3.10 $F_Y(y) = P(\log X \ge -\lambda y) = P(X \ge e^{-\lambda y}) = 1 - e^{-\lambda y}$

따라서 $f_Y(y) = \lambda e^{-\lambda y}$, $y > 0$이므로 모수 λ인 지수분포가 된다.

3.11 $F_Y(y) = P(Y \le y) = P(F(X) \le y) = P(X \le F^{-1}(y))$

$$= F(F^{-1}(y)) = y, \quad 0 \le y \le 1$$

따라서 $Y \sim unif(0,1)$이다.

3.12 $E(X) = e^{\mu + \sigma^2/2}$, $Var(X) = e^{2\mu + \sigma^2} \cdot (e^{\sigma^2} - 1)$

3.13 $f(t) = 24t^2 e^{-8t^3}$, $t \ge 0$이므로 $\alpha = 3$, $\beta = 1/2$인 웨이블분포이다.

3.15 (1) $c\int_0^\infty x^{\alpha-1}e^{-x^\alpha}dx = c(-\frac{1}{\alpha})e^{-x^\alpha}]_0^\infty = \frac{c}{\alpha} = 1$. 따라서 $c = \alpha$.

(2) $$E(X) = \int_0^\infty x \cdot \alpha x^{\alpha-1}e^{-x^\alpha}dx$$
$$= \int_0^\infty y^{\frac{1}{\alpha}}e^{-y}dy \qquad (x^\alpha = y, \quad \alpha x^{\alpha-1}dx = dy, \quad x = y^{\frac{1}{\alpha}})$$
$$= \Gamma(1 + \frac{1}{\alpha})$$

$$E(X^2) = \int_0^\infty x^2 \cdot \alpha x^{\alpha-1}e^{-x^\alpha}dx$$
$$= \int_0^\infty y^{\frac{2}{\alpha}}e^{-y}dy \qquad (x^\alpha = y, \quad \alpha x^{\alpha-1}dx = dy, \quad x = y^{\frac{1}{\alpha}})$$
$$= \Gamma(1 + \frac{2}{\alpha})$$

따라서 $Var(X) = E(X^2) - (E(X))^2 = \Gamma(1 + \frac{2}{\alpha}) - (\Gamma(1 + \frac{1}{\alpha}))^2$

(3) $P(X > t) = \int_t^\infty \alpha x^{\alpha-1}e^{-x^\alpha}dx = \int_{t^\alpha}^\infty e^{-y}dy = e^{-t^\alpha}$

$$\frac{P(X > s+t | X > t)}{P(X > s)} = \frac{P(X > s+t)}{P(X > t)P(X > s)} = \frac{e^{-(s+t)^\alpha}}{e^{-s^\alpha}e^{-t^\alpha}}$$
$$= \exp(s^\alpha + t^\alpha - (s+t)^\alpha)$$

$\alpha > 1$이면 $s^\alpha + t^\alpha - (s+t)^\alpha < 0$

$\alpha < 1$이면 $s^\alpha + t^\alpha - (s+t)^\alpha > 0$

따라서 $\alpha > 1$이면 $P(X > s+t \mid X > t) < P(X > s)$이 성립한다.

3.17 $f_Z(z) = \frac{1}{\sqrt{2\pi}}e^{-\frac{z^2}{2}}$, $-\infty < z < \infty$이다.

$Y = Z^2$이라 두면 $f_Y(y) = \frac{1}{2\sqrt{y}}(f_Z(\sqrt{y}) + f_Z(-\sqrt{y}))$

$$= \frac{1}{2\sqrt{y}} \frac{2}{\sqrt{2\pi}} e^{-\frac{y}{2}}$$

$$= \frac{1}{\sqrt{2\pi y}} e^{-\frac{y}{2}}$$

$$\sim \Gamma(\frac{1}{2}, \frac{1}{2}) \qquad (\Gamma(\frac{1}{2}) = \sqrt{\pi})$$

4. 다차원확률변수와 결합확률분포

4.1 $P(X \le YZ) = \int_0^1 \int_0^1 \int_0^{yz} 1\, dxdydz = \int_0^1 \int_0^1 yz\, dydz = \frac{1}{4}$

$P(X + Y \le Z) = -\int_0^1 \int_0^{1-x} \int_{x+y}^1 dzdydx = \frac{1}{6}$

4.2 $P(N_1 = n_1, N_2 = n_2, N_3 = n_3, N_{4이상} = n_4)$

$= \frac{10!}{n_1!n_2!n_3!n_4!}(\frac{1}{6})^{n_1}(\frac{1}{6})^{n_2}(\frac{1}{6})^{n_3}(\frac{1}{2})^{n_4}, \quad n_1 + n_2 + n_3 + n_4 = 10$

모수 10, 1/6, 1/6, 1/6, 1/2을 갖는 다항분포이다.

4.3 $f_X(x) = \lambda e^{-\lambda x},\ x > 0, \quad f_Y(y) = \mu e^{-\mu y},\ y > 0$ 즉 X, Y는 각각 모수 λ와 μ를 갖는 지수분포를 따른다.

$$P(X < Y) = \int_0^\infty \int_0^y \lambda\mu e^{-\lambda x} e^{-\mu y}\, dxdy$$

$$= \int_0^\infty \mu e^{-\mu y}(1 - e^{-\lambda y})dy = 1 - \frac{\mu}{\mu + \lambda} = \frac{\lambda}{\mu + \lambda}$$

4.4 $1 = c\int_0^1 \int_0^{1-x} (x + y)\, dydx = \frac{c}{3}$. 따라서 $c = 3$.

$f_X(x) = \int_0^{1-x} 3(x + y)dy = \frac{3}{2}(1 - x^2), \quad 0 < x < 1$

4.5
$$F(x,y)=\begin{cases}\frac{3}{2}xy(x+y) & 0<x+y<1\\ 3[(x+y)(\frac{1}{2}xy-x-y+2)-1], & 1<x+y<2,\ x<1,\ y<1\\ -\frac{3}{2}(x^2-x), & 0<x<1,\ y>1\\ -\frac{3}{2}(y^2-y) & x>1,\ 0<y<1\\ 1 & x>1,\ y>1\end{cases}$$

4.6 $F(x,y)=\begin{cases}1-e^{-x}-xe^{-y}, & 0<x<y<\infty\\ 1-e^{-y}-ye^{-y}, & 0<y<x<\infty\end{cases}$

$F_X(x)=1-e^{-x},\quad f_X(x)=e^{-x},\quad x>0$

$F_Y(y)=1-e^{-y}-ye^{-y},\quad f_Y(y)=ye^{-y},\quad y>0$

4.7 (1) $f(x,y)=x^{-1},\quad 0\le y\le x\le 1$

(2) $f_Y(y)=-\log y,\quad 0<y\le 1$

(3) $f_{X|Y}(x|y)=-\dfrac{x^{-1}}{\log y}$

(4) $E(X|Y)=-\dfrac{(1-Y)}{\log Y}$

4.8 삼각형의 면적이 1/2이므로 $f(x,y)=2,\ 0\le x\le y\le 1$이다.

$f_X(x)=2(1-x),\quad 0<x<1$

$f_Y(y)=2y,\quad 0<y<1$

따라서 조건부확률밀도함수는 다음과 같다.

$$f_{X|Y}(x|y)=\frac{1}{y},\quad 0<x<y$$

$$f_{Y|X}(y|x)=\frac{1}{1-x},\quad x<y<1$$

$$P(X>1/2\,|\,Y=y)=\int_{1/2}^{y}\frac{1}{y}\,dx=\begin{cases}\frac{1}{y}(y-\frac{1}{2}), & \frac{1}{2}<y<1\\ 0, & \text{그 밖에서}\end{cases}$$

4.10 $$f_{X+Y}(a)=\frac{\lambda^{\alpha_1}\lambda^{\alpha_2}}{\Gamma(\alpha_1)\Gamma(\alpha_2)}\int_0^a\lambda e^{-\lambda(a-y)}(\lambda(a-y))^{\alpha_1-1}\lambda e^{-\lambda y}(\lambda y)^{\alpha_2-1}dy$$

$$=\frac{\lambda^{\alpha_1+\alpha_2}}{\Gamma(\alpha_1)\Gamma(\alpha_2)}e^{-\lambda a}\int_0^a(a-y)^{\alpha_1-1}y^{\alpha_2-1}dy$$

$$=\frac{\lambda^{\alpha_1+\alpha_2}}{\Gamma(\alpha_1)\Gamma(\alpha_2)}e^{-\lambda a}a^{\alpha_1+\alpha_2-1}\int_0^1(1-x)^{\alpha_1-1}x^{\alpha_2-1}dx\qquad (y=ax\text{로 치환})$$

$$= \frac{\lambda^{\alpha_1+\alpha_2}}{\Gamma(\alpha_1)\Gamma(\alpha_2)} e^{-\lambda a} a^{\alpha_1+\alpha_2-1} B(\alpha_1, \alpha_2)$$

$$= \frac{\lambda^{\alpha_1+\alpha_2}}{\Gamma(\alpha_1+\alpha_2)} e^{-\lambda a} a^{\alpha_1+\alpha_2-1}$$

따라서 $X+Y \sim \Gamma(\alpha_1+\alpha_2, \lambda)$이다.

4.11 $f_{X+Y}(z) = \int_0^z f_X(x) f_Y(z-x) dx$

$$= \begin{cases} \int_0^z a^{-2} dx = za^{-2}, & 0 \le z \le a \\ \int_{z-a}^a a^{-2} dx = (2a-z)a^{-2}, & a \le z \le 2a \end{cases}$$

4.12 $x+y=2$이므로 $k \ge 2$인 임의의 k에 대하여 다음이 성립한다.

$$\begin{aligned} P(X+Y=k) &= \sum_{i=1}^{k-1} p_X(i) p_Y(k-i) \\ &= \sum_{i=1}^{k} p(1-p)^{i-1} p(1-p)^{k-i-1} \\ &= (k-1)p^2(1-p)^{k-2}, \quad k \ge 2\text{인 정수} \end{aligned}$$

이는 $X+Y \sim NB(2,p)$임을 보여준다. 여기에 수학적 귀납법을 쓰면 $\sum_{i=1}^{n} X_i \sim NB(n,p)$를 보일 수 있다.

4.14

$$\begin{aligned} 1 &= \int_{-\infty}^{\infty}\int_{-\infty}^{\infty}\int_{-\infty}^{\infty} f(x_1,x_2,x_3) dx_3 dx_2 dx_1 \\ &= \int_0^1 \int_0^{1-x_1} \int_0^{1-x_1-x_2} cx_1x_2(1-x_3) dx_3 dx_2 dx_1 \\ &= \frac{c}{144} \end{aligned}$$

따라서 $c=144$.

$$\begin{aligned} f_{X_1}(x_1) &= \int_0^{1-x_1} \int_0^{1-x_1-x_2} 144x_1x_2(1-x_3) dx_3 dx_2 \\ &= 144 \int_0^{1-x_1} \left(\frac{1}{2}x_1x_2 - \frac{1}{2}x_1^3x_2 - \frac{1}{2}x_1x_2^3 - x_1^2x_2^2\right) dx_2 \\ &= 144\left(\frac{1}{8}x_1 - \frac{1}{3}x_1^2 + \frac{1}{4}x_1^3 - \frac{1}{24}x_1^5\right), \quad 0 \le x_1 \le 1 \end{aligned}$$

위 식의 중간과정에서 얻게 되는 (X_1, X_2)의 여백확률밀도함수를 쓰면 다음과 같다.

$$f_{X_1,X_2}(x_1,x_2) = 144\left(\frac{1}{2}x_1x_2 - \frac{1}{2}x_1^3x_2 - \frac{1}{2}x_1x_2^3 - x_1^2x_2^2\right),$$

$$0 \le x_1, x_2 \le 1, \quad x_1 + x_2 \le 1$$

이를 이용하여 다음 계산을 하자.

$$P(X_1+X_2 \le \frac{1}{2}) = \int_0^{1/2}\int_0^{1/2-x_1} f_{(X_1,X_2)}(x_1,x_2)dx_2dx_1 = 0.15625$$

4.15 (1) $P(X>3, Y>3) = \sum_{x=4}^{\infty}\sum_{y=4}^{\infty}\frac{p^2}{(1-p)^2}(1-p)^{x+y}$

$$= \frac{p^2}{(1-p)^2}\frac{(1-p)^4}{p}\frac{(1-p)^4}{p} = (1-p)^6$$

(2) $P(X>Y) = P(X \ge Y+1) = \frac{p^2}{(1-p)^2}\sum_{y=1}^{\infty}\sum_{x=y+1}^{\infty}(1-p)^{x+y}$

$$= \frac{p^2}{(1-p)^2}\sum_{y=1}^{\infty}(1-p)^y\frac{(1-p)^{y+1}}{1-(1-p)}$$

$$= \frac{p}{(1-p)}\sum_{y=1}^{\infty}(1-p)^{2y}$$

$$= \frac{1-p}{2-p}$$

(3) $P(X>3Y) = P(X \ge 3Y+1) = \sum_{y=1}^{\infty}\sum_{x=3y+1}^{\infty}\frac{p^2}{(1-p)^2}(1-p)^{x+y}$

$$= \frac{p}{1-p}\sum_{y=1}^{\infty}(1-p)^{4y}$$

$$= \frac{p(1-p)^3}{1-(1-p)^4}$$

(4) $P(X=Y) = \frac{p^2}{(1-p)^2}\sum_{x=1}^{\infty}(1-p)^{2y} = \frac{p^2}{(1-p)^2}\frac{(1-p)^2}{1-(1-p)^2} = \frac{p^2}{1-(1-p)^2}$

4.16 (1) $f_{U,V}(u,v) = f(u,\frac{v}{u})\left|\frac{1}{u}\right|$

(2) $f_{W,Z}(w,z) = |z| f(wz,z)$

4.17 $$f_{X,Y}(x,y) = \frac{\lambda^{\alpha+\beta}}{\Gamma(\alpha)\Gamma(\beta)}e^{-\lambda(x+y)}x^{\alpha-1}y^{\beta-1}, \quad x>0,\ y>0$$

$x = uv,\ y = u-uv$

$$J(x,y) = \begin{vmatrix} 1 & 1 \\ \frac{y}{(x+y)^2} & \frac{-x}{(x+y)^2} \end{vmatrix} = -\frac{1}{x+y} = -\frac{1}{u}$$

따라서

$$f_{U,V}(u,v) = f_{X,Y}(uv,\ u-uv)\cdot u, \qquad u-uv>0,\ uv>0$$

$$= \frac{\lambda^{\alpha+\beta}u^{\alpha+\beta-1}e^{-\lambda u}}{\Gamma(\alpha+\beta)}\cdot\frac{\Gamma(\alpha+\beta)v^{\alpha-1}(1-v)^{\beta-1}}{\Gamma(\alpha)\Gamma(\beta)}, \quad u>0, 0<v<1$$

결합확률밀도함수가 u의 함수와 v함수의 곱의 형태이므로 U와 V는 서로 독립이다.

$f_U(u) \sim \Gamma(\alpha+\beta,\ \lambda)$, $f_V(v) \sim \mathrm{Beta}(\alpha,\beta)$가 된다.

4.18 $f(x_1,x_2,x_3) = \lambda^3 e^{-\lambda(x_1+x_2+x_3)}, \quad x_1>0,\ x_2>0,\ x_3>0$

$x_1 = y_1,\quad x_2 = y_2 - y_1,\quad x_3 = y_3 - y_2$이고 야코비안행렬식을 구하면

$$J(x_1,x_2,x_3) = \begin{vmatrix} 1 & 0 & 0 \\ 1 & 1 & 0 \\ 1 & 1 & 1 \end{vmatrix} = 1$$

따라서

$$\begin{aligned} f_{Y_1,Y_2,Y_3}(y_1,y_2,y_3) &= f_{X_1,X_2,X_3}(y_1,y_2-y_1,y_3-y_2)|J|^{-1} \\ &= \lambda^3 e^{-\lambda(y_1+y_2-y_1+y_3-y_2)}, \quad y_1>0,\ y_2-y_1>0,\ y_3-y_2>0 \\ &= \lambda^3 e^{-\lambda y_3}, \quad 0<y_1<y_2<y_3 \end{aligned}$$

$$\begin{aligned} f_{Y_2}(y_2) &= \int_{y_2}^{\infty}\int_0^{y_2} \lambda^3 e^{-\lambda y_3} dy_1 dy_3 \\ &= \int_{y_2}^{\infty} \lambda^3 e^{-\lambda y_3} y_2 dy_3 \\ &= \lambda^2 y_2 e^{-\lambda y_2}, \quad y_2>0 \end{aligned}$$

즉 $Y_2 \sim \Gamma(2,\lambda)$이다.

4.19 (1) $(y-x)^n$

(2) $(1-x)^n - (y-x)^n$

(3) $\binom{n}{k} x^k (1-y)^{n-k}$

4.20 $X<Y$이므로 $Z=Y$이고 $f_Z(z) = f_Y(z) = ze^{-z}$, $z>0$이다.

5. 생성함수와 극한정리

5.3
$$\begin{aligned} M_X(t) = \sum_{k=1}^{\infty} e^{tk}(1-p)^{k-1}p &= \frac{p}{1-p}\sum_{k=1}^{\infty}(e^t(1-p))^k \\ &= \frac{p}{1-p}\frac{e^t(1-p)}{1-e^t(1-p)} \\ &= \frac{pe^t}{1-e^t(1-p)} \end{aligned}$$

세 번째 등식이 성립하는 범위는 $e^t(1-p)<1$ 즉 $t<-\ln(1-p)$이다.

5.9 독립 동등분포를 하는 확률변수열 $X_1,X_2,\cdots,X_n$은 평균 μ, 분산 $\sigma^2<\infty$이고 공통의 적률생성함수 $M_X(t)$가 존재한다고 가정하자.

$S_n = X_1 + X_2 + \cdots + X_n$이라 두면 $T_n = \frac{S_n - n\mu}{\sigma\sqrt{n}} = -n\frac{\mu}{\sigma\sqrt{n}} + \frac{S_n}{\sigma\sqrt{n}}$

T_n의 적률생성함수를 구하면 아래와 같다.

$$M_{T_n}(t) = \exp(-n\frac{\mu}{\sigma\sqrt{n}}t)M_{S_n}(\frac{t}{\sigma\sqrt{n}})$$

$$= \exp(-n\frac{\mu}{\sigma\sqrt{n}}t)(M_X(\frac{t}{\sigma\sqrt{n}}))^n$$

$$= \left(\exp(-\frac{\mu}{\sigma\sqrt{n}}t)M_X(\frac{t}{\sigma\sqrt{n}})\right)^n$$

위 식의 양변에 로그를 취하면 다음과 같다.

$$\ln M_{T_n}(t) = n\left(\ln M_X(\frac{t}{\sigma\sqrt{n}}) - \frac{\mu}{\sigma\sqrt{n}}t\right) \tag{5.1}$$

$$= \frac{t^2}{\sigma^2}\frac{\ln M_X(\frac{t}{\sigma\sqrt{n}}) - \mu(\frac{t}{\sigma\sqrt{n}})}{(t/\sigma\sqrt{n})^2}$$

한편 $M_X(0) = 1,\ M_X'(0) = \mu,\ M_X''(0) = E(X^2) = \mu^2 + \sigma^2$이다.

$$\lim_{t\to 0}\frac{\ln M_X(t) - \mu t}{t^2} = \lim_{t\to 0}\frac{M_X'(t)/M_X(t) - \mu}{2t}$$

$$= \lim_{t\to 0}\frac{M_X''(t) - \mu M_X(t)}{2M_X(t) + 2tM_X'(t)}$$

$$= \frac{M_X''(0) - \mu M_X'(0)}{2}$$

$$= \frac{E(X^2) - \mu^2}{2}$$

$$= \frac{\sigma^2}{2} \tag{5.2}$$

위 식의 두 번째와 세 번째 등식은 로피탈(L'Hospital's theorem)의 정리를 이용하였다.

(5.2)의 결과를 (5.1)에 적용하면 $n\to\infty$일 때 다음을 얻는다.

$$\ln M_{T_n}(t) \ \to\ \frac{t^2}{\sigma^2}\cdot\frac{\sigma^2}{2} = \frac{t^2}{2}$$

즉 $M_{T_n}(t) \ \to\ e^{t^2/2}$. 따라서 적률생성함수의 연속성의 정리를 이용하면 T_n의 분포가 $n\to\infty$일 때 표준정규분포로 근사하게 된다. 즉

$$P(T_n \le x) \ \to\ \Phi(x)$$

5.14 $m = 50(1.96)$

5.16 공정한 주사위라 가정했을 때 X를 180회 중 6의 눈이 나온 횟수라 하면 $X \sim B(180, \frac{1}{6})$이다. $E(X) = 30, Var(X) = 25$. 따라서 공정한 주사위를 불공정이라 판단할 확률은

$$\begin{aligned}
P(X < 25,\ X > 35) &= 1 - P(25 \le X \le 35) \\
&= 1 - \sum_{k=25}^{35} \binom{180}{k} (\frac{1}{6})^k (\frac{5}{6})^{180-k} \\
&\approx 1 - P(-1 \le \frac{X-30}{5} \le 1) \\
&= 1 - (\Phi(1) - \Phi(-1)) \\
&\approx 0.32
\end{aligned}$$

같은 방법으로 $P(X < 30 - a,\ X > 30 + a) = 1 - P(-a \le X - 30 \le a)$

$$\begin{aligned}
&= 1 - P(-\frac{a}{5} \le Z \le \frac{a}{5}) \\
&\approx 1 - \Phi(\frac{a}{5}) + \Phi(-\frac{a}{5}) = 0.01
\end{aligned}$$

$a = 12.65$. 따라서 $X \le 27,\ X \ge 33$이면 불정공하다고 판단한다.

Part 2 확률과정론

7장 마르코프연쇄

7. 1 (1)
$$\boldsymbol{P}^{(2)} = \boldsymbol{P}^2 = \begin{bmatrix} 0.47 & 0.13 & 0.4 \\ 0.42 & 0.14 & 0.44 \\ 0.26 & 0.17 & 0.57 \end{bmatrix}$$

(2) $P(X_3 = 1 | X_1 = 0) = P_{01}^{(2)} = 0.13$,

$P(X_3 = 1 | X_0 = 0) = P_{01}^{(3)} = 0.16$

(3) $P(X_2 = i, X_4 = j) = P(X_2 = i)\ P(X_2 = i,\ X_4 = j)$

$$\begin{aligned}
&= \sum_{k \in S} p_k P_{ki}^{(2)} P_{ij}^{(2)} = \sum_{k=0}^{2} p_k P_{ki}^{(2)} P_{ij}^{(2)} \\
&= 0.2\ P_{0i}^{(2)} P_{ij}^{(2)} + 0.3\ P_{1i}^{(2)} P_{ij}^{(2)} + 0.5\ P_{2i}^{(2)} P_{ij}^{(2)}
\end{aligned}$$

7. 2 (1) $\boldsymbol{P}^{(4)} = \boldsymbol{P}^4 = \begin{bmatrix} 0.9671 & 0.0329 \\ 0.3942 & 0.6058 \end{bmatrix}$,

$$P(X_4=1)=p_0\,P_{01}^{(4)}+p_1\,P_{11}^{(4)}=0.0901$$

(2) $\boldsymbol{P}^{(2)}=\boldsymbol{P}^2=\begin{bmatrix}0.9813 & 0.0187\\ 0.2244 & 0.7756\end{bmatrix}$, $P(X_3=1|X_1=1)=P_{11}^{(2)}=0.7756$

(3) $[\pi_0,\pi_1]\begin{bmatrix}0.99 & 0.01\\ 0.12 & 0.88\end{bmatrix}=[\pi_0,\pi_1] \qquad \therefore\ \pi_0=\dfrac{12}{13},\ \pi_1=\dfrac{1}{13}$

7.3

$$\begin{array}{c} \\ 0\\1\\2\\3\\12\\13\\23\end{array}\begin{array}{c}\begin{array}{ccccccc}0 & 1 & 2 & 3 & 12 & 13 & 23\end{array}\\ \begin{bmatrix}0.93 & 0.01 & 0.02 & 0.04 & 0 & 0 & 0\\ 0 & 0.94 & 0 & 0 & 0.02 & 0.04 & 0\\ 0 & 0 & 0.95 & 0 & 0.01 & 0 & 0.04\\ 0 & 0 & 0 & 0.97 & 0 & 0.01 & 0.02\\ 1 & 0 & 0 & 0 & 0 & 0 & 0\\ 1 & 0 & 0 & 0 & 0 & 0 & 0\\ 1 & 0 & 0 & 0 & 0 & 0 & 0\end{bmatrix}\end{array}$$

7.4

$$\boldsymbol{P}=\begin{array}{c} \\ 0\\1\\2\\3\end{array}\begin{array}{c}\begin{array}{cccc}0 & 1 & 2 & 3\end{array}\\ \begin{bmatrix}1-p & p & 0 & 0\\ 1-p & 0 & p & 0\\ 1-p & 0 & 0 & p\\ 0 & 0 & 0 & 1\end{bmatrix}\end{array}$$

7.5 X_n=n번 시행 후 상자 A에 들어있는 공의 개수,

p=상자 A가 선택될 확률

$$\boldsymbol{P}=\begin{array}{c} \\ 0\\1\\2\\ \vdots\\ N\end{array}\begin{array}{c}\begin{array}{cccccccc}0 & 1 & 2 & 3 & & & & N\end{array}\\ \begin{bmatrix}1-p & p & 0 & 0 & \cdots & \cdots & \cdots & 0\\ (1/N)(1-p) & (p/N)+(1-p)(N-1)/N & p(N-1)/N & 0 & \vdots & \vdots & \cdots & 0\\ 0 & (2/N)(1-p) & (2p/N)+(1-p)(N-2)/N & p(N-2)/N & \vdots & \vdots & \cdots & 0\\ \vdots & \vdots & \vdots & & \vdots & \vdots & \cdots & 0\\ 0 & 0 & 0 & & \cdots & 0 & 1-p & p\end{bmatrix}\end{array}$$

7.6

$$\boldsymbol{P}=\begin{array}{c} \\ 0\\1\\2\\3\end{array}=\begin{array}{c}\begin{array}{cccc}0 & 1 & 2 & 3\end{array}\\ \begin{bmatrix}0.9 & 0.1 & 0 & 0\\ 0.54 & 0.42 & 0.04 & 0\\ 0 & 0.54 & 0.42 & 0.04\\ 0 & 0 & 0.6 & 0.4\end{bmatrix}\end{array}$$

7.7

$$\boldsymbol{P}=\begin{array}{c} \\ (0,0)\\(0,1)\\(1,0)\\(1,1)\end{array}\begin{array}{c}\begin{array}{cccc}(0,0) & (0,1) & (1,0) & (1,1)\end{array}\\ \begin{bmatrix}0.3 & 0.7 & 0 & 0\\ 0 & 0 & 0.6 & 0.4\\ 0.3 & 0.7 & 0 & 0\\ 0 & 0 & 0.6 & 0.4\end{bmatrix}\end{array}$$

7.8

$$\boldsymbol{P}=\begin{array}{c} \\ 0\\1\\2\\3\end{array}\begin{array}{c}\begin{array}{cccc}0 & 1 & 2 & 3\end{array}\\ \begin{bmatrix}\alpha & 1-\alpha & 0 & 0\\ 0 & \alpha & 1-\alpha & 0\\ 0 & 0 & \alpha & 1-\alpha\\ 1-\alpha & 0 & 0 & \alpha\end{bmatrix}\end{array}$$

7.9 $C_1 = \{0, 1, 2\},\ C_2 = \{3, 4\},\ C_3 = \{5, 6, 7\}$

7.10 흡수상태 $=\{0, 1\}$

7.11 주기 = 3

7.12 (1)

$$I + P + P^{(2)} + P^{(3)} + P^{(4)} = \begin{array}{c} \\ 0 \\ 1 \\ 2 \\ 3 \end{array} \begin{array}{c} \begin{array}{cccc} 0 & 1 & 2 & 3 \end{array} \\ \begin{bmatrix} 33/16 & 15/16 & 1 & 1 \\ 2 & 7/4 & 5/8 & 5/8 \\ 5/4 & 7/4 & 3/2 & 1/2 \\ 13/8 & 5/4 & 9/16 & 25/16 \end{bmatrix} \end{array}$$

7.13 (1) $f_{ij} = P(X_k = j \text{ for some } k \mid X_0 = i)$

$$= P(X_1 = j \mid X_0 = i) + \sum_{m \neq j} P(X_1 = m \mid X_0 = i)\, P(X_k = j \text{ for some } k,$$

$$2 \le k \mid X_1 = m)$$

$$= P_{ij}^{(1)} + \sum_{m \neq j} P_{im} f_{mj}$$

(2)

$$I + F - F_d = \begin{array}{c} \\ 0 \\ 1 \\ 2 \\ 3 \\ \vdots \end{array} \begin{array}{c} \begin{array}{cccc} 0 & 1 & 2 & 3 \end{array} \\ \begin{bmatrix} 1 & f_{01} & f_{02} & f_{03} & \cdots \\ f_{10} & 1 & f_{12} & f_{13} & \cdots \\ f_{20} & f_{21} & 1 & f_{23} & \cdots \\ f_{30} & f_{31} & f_{32} & 1 & \cdots \\ \vdots & \vdots & \vdots & \vdots & \ddots \end{bmatrix} \end{array}$$

$$[P \cdot (I + F - F_d)]_{i,j\,entry} = \sum_{m=0}^{\infty} P_{im} \cdot [(I + F - F_d)\text{의 } m, j\ entry]$$

$$= \sum_{\substack{m=0 \\ m \neq j}}^{\infty} P_{im} f_{mj} + P_{ij}$$

(3) Ⅰ. 유한상태공간이고 기약이므로 모든 상태는 재귀적이다.

Ⅱ. $\begin{bmatrix} f_{00} & f_{01} & f_{02} \\ f_{10} & f_{11} & f_{12} \\ f_{20} & f_{21} & f_{22} \end{bmatrix} = \begin{bmatrix} 1 & 0 & 0 \\ \frac{1}{2} & 0 & \frac{1}{2} \\ \frac{1}{2} & \frac{1}{2} & 0 \end{bmatrix} \begin{bmatrix} 1 & f_{01} & f_{02} \\ f_{10} & 1 & f_{12} \\ f_{20} & f_{21} & 1 \end{bmatrix}$

$\Rightarrow\ f_{00} = 1\ ,\ f_{10} = 1\ ,\ f_{20} = 1$

$\therefore$ 0 : 흡수상태, 1, 2 : 일시상태

7.14 $i \in C_i$ 이므로 $S = \cup\, C_i$. 한편 $C_i \cap C_j \neq \varnothing$라 가정하면 $k \in C_i \cap C_j$인 $k \in S$가 존재한다. $\forall l \in C_i$ 이면 $i \leftrightarrow l$ 이고, $i \leftrightarrow k$이고 $k \leftrightarrow j$이므로 $l \leftrightarrow j$가 성립한다. 즉, $l \in C_j$이고, 따라서 $C_i \subset C_j$이다. 같은 방법으로 $C_i \supset C_j$이 된다. $\therefore\ C_i = C_j$

7.15 상태 j가 일시적이면 $E(N_{ij}) < \infty \ \forall i \in S$.

모든 상태가 일시적이라 가정하면 $\sum_{j \in S} E(N_{ij}) < \infty$이다.(∵ 유한의 유한합은 유한이다.)

한편, $\sum_{j \in S} E(N_{ij}) = E\left(\sum_{j \in S} N_{ij}\right) = \infty$이 되므로 이는 서로 모순이다.

따라서 유한상태공간에서 모든 상태가 일시적일 수 없다.

기약 마르코프연쇄는 동치류를 가지며 재귀냐 일시냐는 Class Property이고 유한상태공간에서 모든 상태가 일시적이 될 수는 없다 하였으므로 모든 상태는 재귀상태가 된다. 또한 귀무재귀냐 양재귀냐 또한 Class Property이고 유한상태공간에서 모든 상태가 귀무재귀일 수 없으므로 모든 상태는 양재귀상태이다. 즉 모든 상태의 평균재귀시간은 유한하다.

7.16 (1) $X_0 = i$, $I_{ij}(k) = \begin{cases} 1, & X_k = j \\ 0, & elsewhere \end{cases}$, $k \geq 1$라 두자.

$E\left[I_{ij}^{(k)}\right] = P(\ I_{ij}^{(k)} = 1) = P(\ X_k = j \mid X_0 = i\ ) = P_{ij}^{(k)}$

$N_{ij}^{(n)} = \sum_{k=1}^{n} I_{ij}^{(k)} = i$에서 출발하여 시간 1에서 시간 n 동안 j를 방문한 횟수)

$E\left[N_{ij}^{(n)}\right] = E\left[\sum_{k=0}^{n} I_{ij}^{(k)}\right] = \sum_{k=1}^{n} P_{ij}^{(k)} = (\boldsymbol{P}^{(1)} + \cdots + \boldsymbol{P}^{(n)})$의 $(i,\ j)$원소

(2) (1)에서 $\frac{1}{n} E\left[N_{ij}^{(n)}\right] = \frac{1}{n}\sum_{k=1}^{n} P_{ij}^{(k)}$이고 $P_{ij}^{(k)}$는 $k \to \infty$에 따라 i에 무관한 값을 갖게 되므로 $\frac{1}{n}\sum_{k=1}^{n} P_{ij}^{(k)}$도 i와 무관하게 된다. $\left(P_{ij}^{(k)} \to \pi_j \ \ as\ k \to \infty\right)$

(3) $P_{ij}^{(n+1)} = \sum_{k \in S} P_{ik}^{(n)} P_{kj}$,

$$\nu_j = \lim_{m \to \infty} \frac{1}{m} \sum_{n=1}^{m} P_{ij}^{(n+1)} = \sum_{k \in S} \left(\frac{1}{m} \sum_{n=1}^{m} P_{ik}^{(n)}\right) P_{kj} = \sum_{k \in S} \nu_k P_{kj}$$

7.18 $E(N_{ij}) = \sum_{n=1}^{\infty} n\, P(N_{ij} = n) \ = \sum_{n=1}^{\infty} n\, f_{ij} f_{jj}^{\,n-1}(1 - f_{jj})$

$= 1 f_{ij} f_{jj}^{0}(1 - f_{jj}) + 2 f_{ij} f_{jj}^{1}(1 - f_{jj}) + \dots,$

$(1 - f_{jj})\, E(N_{ij}) = \dfrac{f_{ij}\,(1 - f_{jj})}{(1 - f_{jj})} \quad \Rightarrow \quad E(N_{ij}) = \dfrac{f_{ij}}{1 - f_{jj}} \qquad \because f_{jj} < 1$

7.20 (1) $p_1 = \frac{2}{7}$, $\pi_2 = \frac{3}{7}$, $\pi_3 = \frac{2}{7}$

(2) $\pi_1 = \frac{1}{10}$, $\pi_2 = \frac{1}{10}$, $\pi_3 = \frac{2}{5}$, $\pi_4 = \frac{2}{5}$

7.22 (1) $P(X_{26}=C|X_{20}=C,\ X_{21}=C)=P^5((C,\ C)|(C,C))+P^5((S,\ C)|(C,\ C))$

$$=0.63218$$

(2) $\pi_1=\dfrac{1}{4},\ \pi_2=\dfrac{3}{20},\ \pi_3=\dfrac{3}{20},\ \pi_4=\dfrac{9}{20}$

$\therefore$ (흐린 날의 비율) $=\dfrac{3}{20}+\dfrac{9}{20}=\dfrac{3}{5}$

(3) 모두 1

7.23 (1)

$$P=\begin{array}{c|cccccc|} & \text{자} & \text{졸} & 1 & 2 & 3 & 4 \\ \hline \text{자} & 1 & 0 & 0 & 0 & 0 & 0 \\ \text{졸} & 0 & 1 & 0 & 0 & 0 & 0 \\ 1 & 0.1 & 0 & 0.2 & 0.7 & 0 & 0 \\ 2 & 0.1 & 0 & 0 & 0.2 & 0.7 & 0 \\ 3 & 0.1 & 0 & 0 & 0 & 0.2 & 0.7 \\ 4 & 0.1 & 0.7 & 0 & 0 & 0 & 0.2 \end{array}=\begin{bmatrix} I & O \\ R & Q \end{bmatrix}$$

(2) $A=\{$자, 졸$\}$: 흡수상태

$T=\{1,\ 2,\ 3,\ 4\}$: 일시상태

$M=I+QM$

$$M=(I-Q)^{-1}=\begin{bmatrix} 0.8 & -0.7 & 0 & 0 \\ 0 & 0.8 & -0.7 & 0 \\ 0 & 0 & 0.8 & -0.7 \\ 0 & 0 & 0 & 0.8 \end{bmatrix}^{-1}$$

$$=\begin{bmatrix} 1.25 & 1.09375 & 0.9570313 & 0.8374023 \\ 0 & 1.25 & 1.09375 & 0.9570313 \\ 0 & 0 & 1.25 & 1.0937500 \\ 0 & 0 & 0 & 1.25 \end{bmatrix}$$

$$A=(I-Q^{-1})R=\begin{bmatrix} 0.8 & -0.7 & 0 & 0 \\ 0 & 0.8 & -0.7 & 0 \\ 0 & 0 & 0.8 & -0.7 \\ 0 & 0 & 0 & 0.8 \end{bmatrix}^{-1}\begin{bmatrix} 0.1 & 0 \\ 0.1 & 0 \\ 0.1 & 0 \\ 0.1 & 0.7 \end{bmatrix}$$

$$=\begin{bmatrix} 0.4138184 & 0.5861816 \\ 0.3300781 & 0.6699219 \\ 0.234375 & 0.7656250 \\ 0.125 & 0.875 \end{bmatrix}$$

7.24 $X\sim$ 수명이 끝나는 순간 생산하는 자손 수

$X\sim Poisson(\lambda)$

$\therefore\ E(X)=\lambda,\ \lambda\le 1\ \Rightarrow\ \pi_0=1$

$E(X)=\lambda,\ \lambda>1\ \Rightarrow\ \pi_0<1$

7.25 $h(N)=1$이므로

$$h(1)=\begin{cases}\dfrac{1-(p/q)}{1-(p/q)^N} & ,\ p\neq q\\ \dfrac{1}{N} & ,\ p=q\end{cases}$$

$$\Rightarrow h(i)=\begin{cases}\dfrac{1-(p/q)^i}{1-(p/q)^N} & ,\ p\neq q\\ \dfrac{i}{N} & ,\ p=q\end{cases}$$

$$\Rightarrow h(M_2)=\begin{cases}\dfrac{1-(p/q)^{M_2}}{1-(p/q)^N} & ,\ p\neq q\\ \dfrac{M_2}{N} & ,\ p=q\end{cases}$$

7. 26 $\dfrac{8}{13}$

7. 27 $\dfrac{65}{104}$

7. 28 (1) $\pi_0=1$ (2) $\pi_0=1$ (3) $\pi_0=\dfrac{-1+\sqrt{3}}{2}$ $(\because 0\le\pi_0\le 1)$

7. 29 i) $\dfrac{b}{1-b}<1 \Leftrightarrow b<\dfrac{1}{2} \Rightarrow \pi_0=\dfrac{b}{1-b}$

ii) $\dfrac{b}{1-b}\ge 1 \Leftrightarrow b\ge\dfrac{1}{2} \Rightarrow \pi_0=1$

7. 30 $\beta_i=\dfrac{1}{2}\beta_{i+1}+\dfrac{1}{2}\beta_{i-1}+1$

7. 31 $Z_n=X_1+X_2+\cdots+X_n$

(1) 대수의 법칙에 의해 $\dfrac{Z_n}{n}\rightarrow E(X_i)=1\times p+(-1)\times q=p-q$

(2) $p=0.6$

$$\frac{Z_{10000}-10000(p-q)}{\sqrt{10000\times Var(X)}}\sim N(0,1)\ \ by\ \ CLT$$

$(\because Var(X)=1^2\times p+(-1)^2\times q-\{E(X)\}^2$

$=p+q-(p-q)^2=1-0.04=0.96)$

즉 $\dfrac{Z_{10000}-2000}{98}\sim N(0,\ 1)$

$95\%\ C.I=\ (2000-1.96\times 98,\ 2000+1.96\times 98)$

7. 32 $P = \begin{bmatrix} r_0 & p_0 & 0 & 0 & 0 & \cdots \\ q_1 & r_1 & p_1 & 0 & 0 & \cdots \\ 0 & q_2 & r_2 & p_2 & 0 & \cdots \\ 0 & 0 & q_3 & r_2 & p_3 & \cdots \\ \vdots & \vdots & \vdots & \vdots & \vdots & \vdots \end{bmatrix}$

$$\Pi P = \Pi \ \Rightarrow \ \begin{matrix} r_0\pi_0 + q_1\pi_1 = \pi_0 \\ p_0\pi_0 + r_1\pi_1 + q_2\pi_2 = \pi_1 \\ p_1\pi_1 + r_2\pi_2 + q_3\pi_3 = \pi_2 \\ \vdots \end{matrix} \ \Rightarrow \ \begin{matrix} q_1\pi_1 = p_0\pi_0 \\ q_2\pi_2 = (1-r_1)\pi_1 - p_0\pi_0 = (1-r_1-q_1)\pi = p_1\pi_1 \\ q_3\pi_3 = p_2\pi_2 \\ \vdots \end{matrix}$$

$$\therefore \ \pi_1 = \frac{p_0}{q_1}\pi_0, \ \ \pi_2 = \frac{p_1}{q_2}\pi_1 = \frac{p_0 p_1}{q_1 q_2}\pi_0 \ \ \cdots$$

$$\pi_n = \left(\frac{p_0 p_1 \cdots p_{n-1}}{q_1 q_2 \cdots q_n}\right)\pi_0 \ \ (n \geq 1)$$

$$\pi_0\left(1 + \sum_{n=1}^{\infty}\frac{p_0 p_1 \cdots p_{n-1}}{q_1 q_2 \cdots q_n}\right) = 1$$

따라서 $\sum_{n=1}^{\infty}\frac{p_0 p_1 \cdots p_{n-1}}{q_1 q_2 \cdots q_n} = \infty$ 이면 일시적, $\sum_{n=1}^{\infty}\frac{p_0 p_1 \cdots p_{n-1}}{q_1 q_2 \cdots q_n} < \infty$ 이면 재귀적이다.

(3) $\sum_{n=1}^{\infty}\frac{p_0 p_1 \cdots p_{n-1}}{q_1 q_2 \cdots q_n} = \sum_{n=1}^{\infty}\left(\frac{p}{q}\right)^n < \infty$ 이기 위한 조건은 $\left(\frac{p}{q}\right) < 1$, 즉 $p < q$일 때 재귀적이다.

8장 지수분포와 포아송과정

8.1 (1) $Y_1 = \min(X_1, X_2, \cdots, X_n) \quad Y_1 \sim Exp(\lambda_1 + \lambda_2 + \cdots + \lambda_n)$

(2) $P(X_1 < X_2) = \int_0^{\infty} P(X_2 > X_1 | X_1 = x_1) \ f(x_1)\,dx_1$

$= \lambda_1 / (\lambda_1 + \lambda_2)$

(3) $S = X_i$, $T = min(X_1, \cdots, X_{i-1}, X_{i+1}, \cdots, X_n)$ 라 두면

$P\{X_i = min(X_1, \cdots, X_i, \cdots, X_n)\} = P\{X_i \leq min(X_1, \cdots, X_{i-1}, X_{i+1}, \cdots, X_n)\}$

$= \lambda_i / \sum_{j=1}^{n}\lambda_j$

8.2 $Y = \alpha X$ 이면, $G(y) = P(\alpha X \leq y) = P(X \leq \frac{y}{\alpha}) = 1 - e^{-\lambda\frac{y}{\alpha}} = 1 - e^{-\frac{\lambda}{\alpha}y}$

$\therefore \ Y = \alpha X \sim Exp\left(\frac{\lambda}{\alpha}\right)$

8.3 $P(Y=k)=P(k \le X < k+1)=\int_k^{k+1} \lambda e^{-\lambda x}\,dx = e^{-\lambda k}(1-e^{-\lambda}),\ k=0, 1, \cdots$

8.4 $P(X < Y)=\frac{2}{7}$

8.5 $E|X-Y| = \iint_{x>y} (x-y) f_X(x) f_Y(y)\,dxdy + \iint_{x<y} (y-x) f_X(x) f_Y(y)\,dxdy$

8.6 $M_{X_i}(t)=E[e^{-tX_i}]=\left(\frac{\lambda}{\lambda-t}\right)$

$S_n=\sum_{i=1}^{n} X_i$라 두면 $M_{S_n}(t)=\prod_{i=1}^{n} M_{X_i}(t) = \left(\frac{\lambda}{\lambda-t}\right)^n \sim \Gamma(n, \lambda)$

8.7 $n=9$

8.8 T; 시설의 수명 $=\sum_{i=1}^{k} X_i \sim \Gamma(k, \lambda)$

8.9 $P\{N(3)=0\}=e^{-9}$

8.10 $X \sim \exp(\lambda p)$

8.11 (1) $N_{지훈}(t) \sim p.p(\lambda p)$

(2) $Y \sim \exp\{\lambda(p+q)\}$ $\because N_{비기지않는}(t) \sim p.p\{\lambda(p+q)\}$

(3) 비기는 게임은 제외하고 생각하면,

$$P\{N_{정수}(t) \ge 5 \mid N_{지훈}(t)+N_{정수}(t)=9\} = \sum_{x=5}^{9} \binom{9}{x} \left(\frac{q}{p+q}\right)^x \left(\frac{p}{p+q}\right)^{9-x}$$

(4) $P(W>t)=P[N_{지훈}(t)<5 \text{ and } N_{정수}(t)<5]$

$= P[N_{지훈}(t)<5]\,P[N_{정수}(t)<5]$ ($\because N_{지훈}(t)$와 $N_{정수}(t)$는 독립)

여기서 $N_{지훈}(t) \sim p.p(\lambda p)$, $N_{정수}(t) \sim p.p(\lambda q)$

8.12 λt

8.13 t분 동안 지나가는 차의 수 $N(t) \sim p.p(3)$, $P\{N(5)=0\}=e^{-15}$

8.14 현석이 서비스를 받는 시간 $X \sim \exp(\mu)$

새로운 고객이 들어오는 데 걸리는 시간 $Y \sim \exp(\lambda)$

(1) $P(X-Y>0)=P(X>Y)=\frac{\lambda}{\mu+\lambda}$

(2) $E((X-Y)I_{\{X \ge Y\}})=\frac{2}{\mu}-\frac{2}{\lambda}$

8.15 (1) t시간 동안 걸려오는 전화 수

$$N(t) \sim p.p(\lambda) \;\; i.e \;\; N(t) \sim p(\lambda t), \;\; T \sim \exp(\mu)$$

임의의 통화시간인 T시간 동안 걸려오는 전화 수 $N(T) \sim p(\lambda T)$

$$P(N=k) = \int_{t=0}^{\infty} P(N(t)=k)\,\mu e^{-\mu t}\,dt = \int_0^{\infty} \frac{(\lambda t)^k e^{-\lambda t}}{k!}\mu e^{-\mu t}\,dt$$

$$= \frac{\mu\lambda^k}{k!(\mu+\lambda)} E(X^k) \qquad where \;\; X \sim \exp(\mu+\lambda)$$

(2) $\frac{1}{\mu} : \frac{1}{\lambda} = \lambda : \mu$

8.16 $N(t) \sim p.p(2)$

(1) $(1+2t+2t^2)e^{-2t}$ (2) $\frac{128e^{-6}}{9}$

(3) $\frac{1-e^{-2}-2e^{-4}}{1-e^{-2}}$ (4) 4

(5) 10

8.17 $P(N(1)=5 \mid N(2)=12) = \frac{99}{512}$

8.18 $N(t) \sim p.p(3)$ and $N(4)=15$

각 손님이 들어온 시점 ;

$U_n,\ n=1,2,\cdots,15 \sim U(0,\,4)$; 서로 독립

$Let\ S_r = r$번째 손님이 들어온 시간

$= r$-th order statistics of U_n. 즉 $S_r = U_{(r)}$

$$pdf\ of\ S_r = g_r(t) = \frac{15!}{(r-1)!(15-r)!}\left(\frac{t}{4}\right)^{r-1}\left(1-\frac{t}{4}\right)^{15-r}\left(\frac{1}{4}\right),\ 0<t<4$$

8.19 기부 약정자의 수 $N(t) \sim p.p(\lambda)$

하루에 기부하기로 약정하는 사람의 수는 $N(1)$이며 $E(N(1)) = \lambda$

기부금 총액

$$= \sum_{x=0}^{t-1} 1000N(1)(t-x) = 1000N(1)\left(t^2 - \frac{t(t-1)}{2}\right) = 1000N(1)\,\frac{t(t+1)}{2}$$

기부금 총액의 평균 $= \sum_{x=0}^{t-1} 1000\lambda(t-x) = 1000\lambda\,\frac{t(t+1)}{2}$

8.20 상점에 들어오는 고객 수 $N(t) \sim p.p(10)$, $N(t) = N_1(t) + N_2(t)$

$N_1(t) =$ 상점에 들어온 후 물건을 구매하는 고객 수 $\sim p.p(3)$

$N_2(t) =$ 상점에 들어온 후 물건을 구매하지 않는 고객 수 $\sim p.p(7)$

$$P(N_1(1)=3,\, N_2(1)=6) = P(N(1)=9) \cdot P(N_1(1)=3,\, N_2(1)=6 \mid N(1)=9)$$

$$= \frac{10^9 \cdot e^{-10}}{9!}\binom{9}{3}(0.3)^3(0.7)^6$$

8.21 (1) $m(2)=\int_0^2 3+3t\ dt = 12,\ N(2)\ \sim Poisson(12)$

$$\therefore\ P(N(2)=10)=\frac{12^{10}\,e^{-12}}{10!}$$

(2) $\int_6^7 15\ dt + \int_7^8 15-3(t-7)\ dt\ =\ 28.5,$

$$\therefore\ P(N(8)-N(6)=20)=\frac{28.5^{20}\,e^{-28.5}}{20!}$$

8.22 (1) $P(\text{하루 내왕 고객 수}=n)=\dfrac{24^n}{n\,!}e^{-24}$

(2) $m(2)=\int_0^2 (2t)\,dt = t^2]_0^2=4,$

$P(N(2)=0)=e^{-4}$

(3) $1-e^{-0.125}$

8. 23 $P(X_1\le t)=(\ S_1\le t)=P(N(t)\ge\ 1)=1-P(N(t)=0)=1-e^{-m(t)}$

8. 24 $P(N(5)-N(3)=n)=\dfrac{20^n\ e^{-20}}{n!}$

8. 25 (1) $E[X]=22,\ \ Var[X]=\dfrac{214}{3}$

(2) $E[X(t)]=E[N(t)]\ \bullet\ E(Y_i)=\dfrac{11}{4}\int_0^t \lambda(s)\ ds$

$$Var[X(t)]=\frac{107}{12}\int_0^t \lambda(s)\ ds$$

8. 26 계수기에 도착하는 분자 수 $N(t)\sim p.p(\lambda)$

$N_1(t)$; 기록되는 분자 수

$N_2(t)$; 기록되지 않는 분자 수

$N(t)=N_1(t)+N_2(t),\ N_1(t)$와 $N_2(t)$은 서로 독립이다.

$P(N_1(t)=n,\ N_2(t)=m)$

$=\sum_{k=0}^{\infty}P(N_1(t)=n,\ N_2(t)=m\,|\,N(t)=k)\ P(N(t)=k)$

$=P(N_1(t)=n,\ N_2(t)=m\,|\,N(t)=n+m)\ P(N(t)=n+m)$

$=\dbinom{n+m}{n}\ p^n(1-p)^m\ \dfrac{(\lambda t)^{n+m}\,e^{-\lambda t}}{(n+m)!}$

$$P(N_1(t)=n)=\sum_{m=0}^{\infty}P(N_1(t)=n,\ N_2(t)=m)$$

$$= \sum_{m=0}^{\infty} \frac{(n+m)!}{n!m!} p^n (1-p)^m \frac{(\lambda t)^{n+m} e^{-\lambda t}}{(n+m)!}$$

$$= \frac{(\lambda pt)^n e^{-\lambda pt}}{n!} \sum_{m=0}^{\infty} \frac{(1-p)^m (\lambda t)^n}{m!} e^{-\lambda t(1-p)}$$

$$= \frac{(\lambda pt)^n e^{-\lambda pt}}{n!} \sum_{m=0}^{\infty} \frac{\{\lambda t(1-p)\}^m e^{-\lambda t(1-p)}}{m!}$$

$$= \frac{(\lambda pt)^n e^{-\lambda pt}}{n!} \sim p.p(\lambda p)$$

8.28 $N(t) \sim p.p(10)$, $N(t) = N_1(t) + N_2(t) + N_3(t)$

$N_1(t) =$ 타입 1 방문 고객 수 $\sim p(5t)$

$N_2(t) =$ 타입 2 방문 고객 수 $\sim p(4t)$

$N_3(t) =$ 타입 3 방문 고객 수 $\sim p(t)$

(1) $P\left(N\left(\frac{1}{6}\right) \geq 1\right) = 1 - P\left(N\left(\frac{1}{6}\right) = 0\right) = 1 - \frac{\left(\frac{5}{3}\right)^0 e^{-\frac{5}{3}}}{0!} = 1 - e^{-\frac{5}{3}}$

(2) type 2의 고객이 3명 들어올 때까지 기다리는 평균 시간

$X_1, X_2, \cdots$; 타입 2 고객의 노착 시산 간격

$X_i \sim Exp(4) \quad \because N_2(t) \sim p.p(4)$

$E(X_1 + X_2 + X_3) = \frac{3}{4}$ 시간 $= 45$분

8.29 $P(N_1(t) = n_1) = \frac{(0.1\lambda t)^{n_1} e^{-0.1\lambda t}}{n_1!} \sim p.p(0.1\lambda)$

$P(N_2(t) = n_2) = \frac{(0.3\lambda t)^{n_2} e^{-0.3\lambda t}}{n_2!} \sim p.p(0.3\lambda)$

$P(N_3(t) = n_3) = \frac{(0.4\lambda t)^{n_3} e^{-0.4\lambda t}}{n_3!} \sim p.p(0.4\lambda)$

$P(N_4(t) = n_4) = \frac{(0.2\lambda t)^{n_4} e^{-0.2\lambda t}}{n} \sim p.p(0.2\lambda)$

9장 재생과정

9.2 $\forall \epsilon > 0, \ \lim_{n\to\infty} P(Y_n > \epsilon) = \lim_{n\to\infty} P\left(X \leq \frac{1}{n}\right) = \lim_{n\to\infty} \frac{1}{n} = 0$

$E(Y_n) = 0 \bullet \left(1 - \frac{1}{n}\right) + n \bullet \frac{1}{n} = 1, \ \forall n$

9.3 $P(X_i=1)=\frac{1}{3}P(X_i=2)=\frac{2}{3}, \quad P[N(1)=k] = \begin{cases} \frac{2}{3}, & k=0 \\ \frac{1}{3}, & k=1 \\ 0, & k=2,3,4 \end{cases}$

$$P[N(2)=k] = \begin{cases} 0, & k=0 \\ \frac{8}{9}, & k=1 \\ \frac{1}{9}, & k=2 \\ 0, & k=3,4,5 \end{cases}, \quad P[N(3)=k] = \begin{cases} 0, & k=0 \\ \frac{4}{9}, & k=1 \\ \frac{14}{27}, & k=2 \\ \frac{1}{27}, & k=3 \\ 0, & k=4,5,6 \end{cases}$$

9.4 재생 시간 간격: $X \sim f(x) = \begin{cases} \rho e^{-\rho(x-\delta)}, & x \geq \delta \\ 0 \quad , & x < \delta \end{cases}$

$P[N(t) \geq k] = P(S_k \leq t) = G_k(t) = ?$

$Y = X - \delta$라 두면

$$P(Y \leq t) = P(X-\delta \leq t) = P(X \leq t+\delta) = \int_{\delta}^{t+\delta} \rho e^{-\rho(x-\delta)}\, dx$$

$\therefore\ Y \sim \exp(\rho)$

9.5 재생 시간 간격: $X \sim f(x) = xe^{-x},\ x > 0$

$P[N(t) \geq n] = P(S_n \leq t) = G_n(t) = ?$

$S_1 = X_1 \quad : g_1(t) = te^{-t},\ t > 0$

$$S_2 = \sum_{k=1}^{2} X_k \ :\ g_2(t) = \int_0^t f(t-s)f(s)\,ds = \int_0^t (t-s)e^{-(t-s)} s\, e^{-s} ds$$

$$= \frac{t^3 e^{-t}}{3!},\ t > 0$$

$$S_3 = \sum_{k=1}^{3} X_k \ :\ g_3(t) = \int_{\delta}^t f(t-s)\, g_2(s)\, ds = \int_{\delta}^t (t-s)\, e^{-(t-s)} \frac{s^3 e^{-s}}{3!} ds$$

$$= \frac{t^5 e^{-t}}{5!},\ t > 0$$

$$\vdots$$

$$S_n = \sum_{k=1}^{n} X_k \ :\ g_k(t) = \int_{\delta}^t f(t-s)\, g_{k-1}(s)\, ds = \frac{t^{2n-1} e^{-t}}{(2n-1)!},\ t > 0$$

$$G_n(t) = \int_0^t \frac{s^{2n-1} e^{-s}}{(2n-1)!} ds = 1 - \sum_{k=0}^{2n-1} \frac{t^k e^{-t}}{k!},\ t > 0$$

$\therefore\ S_n \sim Gamma(2n, 1)$

$$U(t) = E[N(t)] = \sum_{n=0}^{\infty} n \times P[N(t) = n]$$

$$= \sum_{n=0}^{\infty} n \times [G_n(t) - G_{n+1}(t)]$$

$$= \sum_{n=0}^{\infty} n \times \left[\frac{t^{2n} e^{-t}}{(2n)!} + \frac{t^{2n+1} e^{-t}}{(2n+1)!} \right]$$

$$= \frac{1}{2}t - \frac{1}{2} \sum_{n=0}^{\infty} \frac{t^{2n+1} e^{-t}}{(2n+1)!}$$

$$\lim_{t \to \infty} \frac{U(t)}{t} = \lim_{t \to \infty} \frac{1}{t} \left\{ \frac{1}{2}t - \frac{1}{2} \sum_{n=0}^{\infty} \frac{t^{2n+1} e^{-t}}{(2n+1)!} \right\} = \frac{1}{2}$$

9.6 $T = 0.4363$

9.7 이발소를 찾아오는 손님의 수 $N(t) \sim p.p(\lambda)$

손님이 이발소를 찾아오는 시간 간격 $X \sim \exp(\lambda)$, $E(X) = \dfrac{1}{\lambda}$

서비스 시간 $Y \sim G(\bullet)$, $E(Y) = \mu_G$라고 하자.

(1) $E(X+Y) = \mu_G + \dfrac{1}{\lambda}$, $\dfrac{\lambda}{\lambda\mu_G + 1}$

(2) $\dfrac{E(Y)}{E(X+Y)} = \dfrac{\mu_G}{\mu_G + (1/\lambda)}$

(3) $\dfrac{\frac{\lambda}{\lambda\mu_G + 1}}{\lambda} = \dfrac{1}{\lambda\mu_G + 1}$

(4) 첫 손님이 도착하여 서비스를 받기 시작한 시점을 0으로 보았을 때, 이발소 안에 들어와 서비스를 받는 손님의 수 $N^*(t)$는 한 손님을 서비스하는 데 걸리는 시간과, 서비스 시간이 끝난 후 새로 서비스를 받기 위해 새로운 손님이 찾아오는 시간 간격의 합 $Y+Z$를 재생시간간격으로 하는 재생과정이다. 여기서 $Y \sim G(\bullet)$이고 Z는 비기억성에 의해 X와 같은 $Z \sim \exp(\lambda)$이다.

9.8 (1) $N(t) = n \Leftrightarrow X_1 + \cdots + X_n \le t$

$X_1 + \cdots + X_n + X_{n+1} > t$

따라서 $N(t) = n$은 X_{n+1}과 독립이 아니며, $N(t)$는 멈춤시간이 아니다.

(2) $N(t) + 1 = n \Leftrightarrow N(t) = n - 1$

$\Leftrightarrow X_1 + \cdots + X_{n-1} \le t$

$X_1 + \cdots + X_{n-1} + X_n > t$

$\therefore$ $N(t) + 1$은 X_{n+1}, X_{n+2}, $\cdots$와 서로 독립이므로 멈춤시간이 된다.

(3) $I_n = \begin{cases} 1, & N(t) \ge n \\ 0, & N(t) < n \end{cases}$

$$S_{N(t)+1} = \sum_{n=1}^{N(t)+1} X_n = \sum_{n=1}^{\infty} X_n I_n, \quad E(S_{N(t)+1}) = E\left(\sum_{n=1}^{\infty} X_n I_n\right) = \sum_{n=1}^{\infty} E(X_n I_n)$$

$N(t)+1$은 멈춤시간이므로, $I_n = 1 \Leftrightarrow N(t)+1 \ge n$

$N(t)+1 \ge n$을 아는 것은 $N(t)+1 < n$을 아는 것과 같고 이는 $N(t)+1 \le n-1$를 아는 것과 같으므로 이는 $X_1, X_2, \cdots, X_{n-1}$에 의해 결정된다. 따라서 I_n은 X_n과 서로 독립이다.

$\therefore\ E(X_n I_n) = E(X_n)E(I_n)$이고 $E(X_n) = E(X)$라 하면

$$E(S_{N(t)+1}) = \left\{E(X)\sum_{n=1}^{\infty} E(I_n)\right\} = \left\{E(X)\sum_{n=1}^{\infty} P(N(t)+1 \ge n)\right\}$$
$$= E(X)E(N(t)+1)$$

9.9 (2) $g(t) = E(S_{N(t)+1}) = E\{E(S_{N(t)+1} \mid X_1 = x)\}$

$$= \int_0^{\infty} E(S_{N(t)+1} \mid X_1 = x) f(x)\, dx$$
$$= \int_0^{t} \{g(t-x)+x\} f(x)\, dx + \int_t^{\infty} x f(x)\, dx$$
$$= \int_0^{t} g(t-x) f(x)\, dx + \int_0^{\infty} x f(x)\, dx$$
$$= \int_0^{t} g(t-x) f(x)\, dx + E(X_1)$$

9. 10 $N(t) \sim p.p(\lambda)$

(현재수명)$= \delta_t$ 라고 하면,

$$P(\delta_t \le x) = 1 - P(\delta_t > x) = 1 - P(N(x) = 0)$$
$$= \begin{cases} 1 - \dfrac{(\lambda x)^0 e^{-\lambda x}}{0!} = 1 - e^{-\lambda x}, & 0 \le x < t \\ 1, & x \ge t \end{cases}$$

$$\beta_t = \delta_t + \gamma_t \quad where \quad F_{\delta_t}(x) = \begin{cases} 1 - e^{-\lambda x}, & 0 \le x < t \\ 1, & x \ge t \end{cases}, \quad F_{\gamma_t}(x) = 1 - e^{-\lambda x}$$

$$E(\beta_t) = E(\delta_t) + E(\gamma_t) = \int_0^t e^{-\lambda x}\, dx + \frac{1}{\lambda} = -\frac{1}{\lambda} e^{-\lambda x}\Big]_0^t + \frac{1}{\lambda} = \frac{1}{\lambda}(1 - e^{-\lambda t}) + \frac{1}{\lambda}$$

9. 11 (수리 후 정상 작동 시간)$= X \sim F,\ E(X) = \mu_F$

(t시간 동안 관리인이 점검 오는 횟수) $= N_Y(t) \sim p.p(\lambda)$

(관리인이 점검 오는 도착간격시간)$= Y \sim \exp(\lambda)$

(수리공이 수리하고 간 뒤, 다시 수리할 때까지의 시간)$= Z$

$$Z = X + Y,\ E(Z) = E(X) + E(Y) = \mu_F + \frac{1}{\lambda} = \frac{\lambda\mu_F + 1}{\lambda}$$

(1) t시간 동안 관리인이 수리하는 횟수 $= N(t)$

$$\frac{N(t)}{t} = \frac{N_Z(t)}{t} \approx \frac{1}{E(Z)} = \frac{\lambda}{\lambda\mu_F + 1}$$

(2) t시간 동안 관리인이 들르는 횟수 $= V(t)$

$$\frac{V(t)}{t} = \frac{N_Y(t)}{t} \approx \frac{1}{E(Y)} = \lambda$$

(3) $$\frac{N(t)}{V(t)} = \frac{N(t)/t}{V(t)/t} = \frac{\dfrac{\lambda}{\lambda\mu_F + 1}}{\lambda} = \frac{1}{\lambda\mu_F + 1}$$

(4) $$\frac{E(X)}{E(Z)} = \frac{\mu_F}{\dfrac{\lambda\mu_F + 1}{\lambda}} = \frac{\lambda\mu_F}{\lambda\mu_F + 1}$$

10장 연속시간형 마르코프과정

10.1 $T = min\{X, Y\},\ T \sim \exp(\lambda + \mu)$

* 8장 연습문제의 8.1번 참고

10.2 $N(t) \sim \lambda,\ T \sim \exp(\lambda)$

$$P_{ij}(t) = P(X(t) = j \mid X(0) = i) = P(N(t) = j - i) = \frac{e^{-\lambda t}(\lambda t)^{j-i}}{(j-i)!},\ j \geq i$$

$$\sum_{k \in S} P_{ik}(t)\, P_{kj}(t) = \sum_{k \in S} \frac{(\lambda t)^{k-i} e^{-\lambda t}}{(k-i)!} \frac{(\lambda s)^{j-k} e^{-\lambda s}}{(j-k)!} \quad (i \leq k \leq j)$$

$$= e^{-\lambda(t+s)} \lambda^{j-i} \sum_{k=i}^{j} \frac{t^{k-i} s^{j-k}}{(k-i)!(j-k)!}$$

$$= \frac{e^{-\lambda(t+s)} \lambda^{j-i}}{(j-i)!} \sum_{k=i}^{j} \frac{(j-i)!\, t^{k-i} s^{j-k}}{(k-i)!(j-k)!}$$

$$= \frac{e^{-\lambda(t+s)} \lambda^{j-i}}{(j-i)!} \sum_{k=i}^{j} \binom{j-i}{k-i} t^{k-i} s^{j-k}$$

$$= \frac{e^{-\lambda(t+s)} \lambda^{j-i}}{(j-i)!} (t+s)^{j-i}$$

$$= \frac{\{\lambda(t+s)\}^{j-i} e^{-\lambda(t+s)}}{(j-i)!}$$

$$= P_{ij}(t+s)$$

10.3 순수사망 과정 $i.e$ $\begin{cases} \mu_n = \mu \ , \ n > 0 \\ \lambda_n = 0 \ , \ n \geq 0 \end{cases}$

$T \sim \exp(\mu) \quad and \quad \begin{cases} P_{i,i-1} = 1 & i \geq 1 \\ P_{i,j} \ \ = 0 & j \neq i-1 \end{cases}$

콜모고로프의 후진방정식을 이용,

$$P'_{i,j}(t) = \nu_i \sum_{k \neq i} P_{i,k} P_{k,j}(t) - \nu_i P_{i,j}(t) = \mu P_{i-1,j}(t) - \mu P_{i,j}(t)$$

$$j = i \qquad ; \ P'_{i,i}(t) = -\mu P_{i,i}(t) \qquad \Rightarrow P_{i,i}(t) = e^{-\mu t}, \quad t > 0$$

$$0 \leq j \leq i-1; \ P'_{i,i}(t) = \mu P_{i-1,j}(t) - \mu P_{i,j}(t)$$

$$\Rightarrow e^{\mu t}[P'_{i,j}(t) + \mu P_{i,j}(t)] = [e^{\mu t} P_{i,j}(t)]' = \mu e^{\mu t} P_{i-1,j}(t)$$

$$\Rightarrow P_{i,j}(t) = \mu e^{-\mu t} \int_0^t e^{\mu s} P_{i-1,j}(s) \, ds$$

$$P_{i,i}(t) = e^{-\mu t}$$

$$P_{i,i-1}(t) = \mu e^{-\mu t} \int_0^t e^{\mu s} P_{i-1,i-1}(s) \, ds = \mu t e^{-\mu t}$$

$$P_{i,i-2}(t) = \mu e^{-\mu t} \int_0^t e^{\mu s} \mu s e^{-\mu s} ds = \mu^2 \frac{1}{2!} t^2 e^{-\mu t}$$

$$P_{i,i-3}(t) = \mu e^{-\mu t} \int_0^t e^{\mu s} \mu^2 \frac{1}{2!} s^2 e^{-\mu s} ds = \mu^3 \frac{1}{3!} t^3 e^{-\mu t}$$

$$\vdots$$

$$P_{i,0}(t) = \frac{e^{-\mu t}(\mu t)^i}{i!}$$

$$\therefore \ P_{i,j}(t) = \frac{e^{-\mu t}(\mu t)^{i-j}}{(i-j)!}, \quad j \leq i$$

10.4 $P_{i,j}(t+h) = \sum_k P_{i,k}(t) P_{k,j}(h)$

$$P_{i,j}(t+h) - P_{i,j}(t) = \sum_{k \neq j} P_{i,k}(t) P_{k,j}(h) - P_{i,j}(t) P_{j,j}(h) - P_{i,j}(t)$$

$$= \sum_{k \neq j} P_{i,k}(t) P_{k,j}(h) - [1 - P_{j,j}(h)] P_{i,j}(t)$$

$$P'_{i,j}(t) = \lim_{h \to 0} \frac{P_{i,j}(t+h) - P_{i,j}(t)}{h} = \sum_{k \neq j} \lim_{h \to 0} P_{ik}(t) \frac{P_{k,j}(h)}{h} - \lim_{h \to 0} \frac{1 - P_{i,j}(h)}{h} P_{i,j}(t)$$

$$= \sum_{k \neq j} P_{i,k}(t) \nu_k P_{k,j} - \nu_j P_{i,j}(t)$$

10.5 $P'_{i,0}(t) = \sum_{k=0} q_{k0} P_{i,k}(t) - \lambda_0 P_{i,0}(t) = \mu_1 P_{i1}(t) - \lambda_0 P_{i0}(t)$

$$P'_{i,j}(t) = \sum_{k \neq j} q_{kj} P_{i,k}(t) - (\lambda_j + \mu_j) P_{i,j}(t)$$

$$= \lambda_{j-1} P_{i,j-1}(t) + \mu_{j+1} P_{i,j+1}(t) - (\lambda_j + \mu_j) P_{i,j}(t)$$

10.6 $\begin{cases} \mu_n = n\mu \,,\ n \geq 0 \\ \lambda_n = \lambda \quad,\ n \geq 0 \end{cases}$ & $P[X(0)=1]=1$

예 10.4.1을 참고로 하면,

$$\pi_1 = \frac{\lambda}{\mu}\pi_0$$

$$\pi_2 = \frac{\lambda}{2\mu}\pi_1 = \frac{\lambda^2}{2\mu^2}\pi_0$$

$$\vdots$$

$$\pi_n = \frac{\lambda^n}{n!\,\mu^n}\pi_0$$

$$\sum_{n=0}^{\infty}\pi_n = \pi_0\left(1+\frac{\lambda}{\mu}+\frac{\lambda^2}{2\mu^2}+\cdots\right) = 1$$

$$\pi_0 = \frac{1}{1+\sum_{n-1}^{\infty}\frac{1}{n!}\left(\frac{\lambda}{\mu}\right)^n}$$

따라서 $\pi_n = \frac{1}{n!}\left(\frac{\lambda}{\mu}\right)^n \pi_0,\ \pi_0 = \frac{1}{1+\sum_{n=1}^{\infty}\frac{1}{n!}\left(\frac{\lambda}{\mu}\right)^n}$

10.7 전이율 행렬 $Q = [q_{ij}]$, $q_{ii} = -\nu_i$, $q_{ij} = \nu_i P_{ij}$

포아송과정은 순수출생과정이므로 $\begin{cases} \mu_n = 0 \,,\ n \geq 0 \\ \lambda_n = \lambda \,,\ n \geq 0 \end{cases}$이다.

따라서 $q_{ii} = -\nu_i = -(\lambda_i + \mu_i) = -\lambda$

$$q_{ij} = \begin{cases} \lambda \,,\ \text{if}\ \ j = i+1 \\ 0 \,,\ \text{if}\ \ j \neq i+1 \end{cases}$$

$$\therefore Q = \begin{bmatrix} -\lambda & \lambda & 0 & \cdots & 0 \\ 0 & -\lambda & \lambda & \cdots & 0 \\ 0 & 0 & -\lambda & \cdots & 0 \\ \vdots & \vdots & \vdots & \vdots & \vdots \end{bmatrix}$$

10. 8 $P_{ij}(t) = P(N(t) = j \mid N(0) = i) = P(N(t) = j - i \mid N(0) = 0)$

$$= P(N(t) = j-i) = \frac{(\lambda t)^{j-i}\, e^{-\lambda t}}{(j-i)!},\ j \geq i$$

$$\frac{d}{dt}P_{ij}(t) = \sum_{k\neq i}\left(\lim_{h\to 0}\frac{P_{ik}(h)}{h}\right)P_{kj}(t) - \left(\lim_{h\to 0}\frac{1-P_{ii}(h)}{h}\right)P_{ij}(t)$$

$$\lim_{h\to 0}\frac{P_{ik}(h)}{h} = \lim_{h\to 0}\frac{\frac{(\lambda h)^{k-i}e^{-\lambda h}}{(k-i)!}}{h} = \begin{cases} 0 \ \text{if}\ \ k > i+1 \\ \lambda \ \text{if}\ \ k = i+1 \end{cases}$$

$$\lim_{h\to 0}\frac{1-P_{ii}(h)}{h}=\lim_{h\to 0}\frac{1-e^{-\lambda h}}{h}=\lim_{h\to 0}\lambda e^{-\lambda h}=\lambda$$

$$\therefore \frac{d}{dt}P_{ij}(t)=\lambda P_{i+1\,j}(t)-\lambda P_{ij}(t)$$

10.9 (맑음) $=1$, (흐림) $=2$, (비) $=3$

$\boldsymbol{P}'(t)=\boldsymbol{P}(t)\boldsymbol{Q}$와 $\lim_{t\to\infty} P_{ij}(t)=\pi_{ij}$를 이용하면, $O=\Pi Q$ 성립 $q_{ii}=-v_i$,

$q_{ij}=v_i P_{ij}\,(i\neq j)$이고 $P_{12}=P_{23}=P_{31}=1$이고 그 외의 $P_{ij}=0$

따라서 $q_{12}=\nu_1 P_{12}=\nu_1$, $\nu_1=1/3$

$q_{23}=\nu_2 P_{23}=\nu_2$ $\quad \nu_2=1/2$

$q_{31}=\nu_3 P_{31}=\nu_3$ $\quad \nu_3=1$

$$\Pi Q=O \quad i.e \quad [\,\pi_1 \;\; \pi_2 \;\; \pi_3\,]\begin{bmatrix}-1/3 & 1/3 & 0\\ 0 & -1/2 & 1/2\\ 1 & 0 & 1\end{bmatrix}=0 \Rightarrow -\frac{1}{3}\pi_1+\pi_3=0$$

$$\frac{1}{3}\pi_1-\frac{1}{2}\pi_2=0$$

$$\frac{1}{2}\pi_2-\pi_3=0$$

$$\sum\pi_i=1$$

$$\pi_0=\frac{1}{2},\ \pi_1=\frac{1}{3},\ \pi_2=\frac{1}{6}$$

$\therefore$ (1년 중 맑은 날의 확률) $=\frac{1}{2}$

(1년 중 흐린 날의 확률) $=\frac{1}{3}$

(1년 중 비(눈) 오는 날의 확률) $=\frac{1}{6}$

10.10 도착 분포 $\sim p.p(\lambda)$

서비스 시간 $\sim \exp(\mu)$

시점 t에 대기실에 있는 환자 수 $=X(t)$; $M/M/1/3/FCFS$

* $M/M/1/N/FCFS$

상태공간 $S=\{0,1,2,\cdots,N\}$

출생률 $\lambda_n=\begin{cases}\lambda & ,\ 0\le n\le N-1\\ 0 & ,\ n\ge N\end{cases}$, 사망률 $\mu_n=\begin{cases}\mu & ,\ 1\le n\le N\\ 0 & ,\ otherwise\end{cases}$

$P_{0,1}=1$

$P_{N,N-1}=1$

$P_{n,n+1}=\lambda/(\lambda+\mu)$, $1\le n\le N-1$

$P_{n,n-1}=\mu/(\lambda+\mu)$, $1\le n\le N-1$

이를 (10.4.5)와 (10.4.6)에 대입하면, $\pi_n = \left(\frac{\lambda}{\mu}\right)^n \pi_0,\ 1 \le n \le N$

$$\therefore\ \pi_n = \frac{\left(\frac{\lambda}{\mu}\right)^n}{1 + \sum_{n=1}^{N}\left(\frac{\lambda}{\mu}\right)^n},\ n = 0, 1, 2, \cdots, N$$

$N = 3,\ \lambda = 2,\ \mu = 3$이면,

$$\pi_n = \left(\frac{2}{3}\right)^n \pi_0,\ 1 \le n \le 3,\ \pi_0^{-1} = \frac{65}{27}$$

$$\therefore\ \pi_0 = \frac{27}{65},\ \pi_1 = \frac{18}{65},\ \pi_2 = \frac{12}{65},\ \pi_3 = \frac{8}{65}$$

10.11 (1) $N(t)$를 시간 t에서의 박테리아 수

$$\lambda_n = n\lambda,\ \mu_n = n\mu$$

$M(t) = E(N(t)) = \sum_{j=1}^{\infty} j P_{ij}(t)$라 두자.

콜모고루프의 전진방정식의 양변에 j를 곱하고 $j = 1$에서 ∞까지 합하면 다음 식을 얻는다.

$$M'(t) = (\lambda - \mu) M(t)$$

따라서 $(\log M(t))' = \lambda - \mu$이고, $M(0) = k$이므로 $M(t) = ke^{(\lambda-\mu)t}$이다.

(2) $u_k = P($멸종$|N(0) = k)$라 두면

$$u_k = \frac{\lambda_k}{\mu_k + \lambda_k} u_{k+1} + \frac{\mu_k}{\mu_k + \lambda_k} u_{k-1}, \qquad k \ge 1$$

$$u_0 = 1$$

$\lambda_k = k\lambda,\ \mu_k = k\mu$를 대입하고 위 식을 풀면 결과를 얻는다.

참고문헌

1. Ash, R. (1970) *Basic probability theory*, Wiley.
2. Durrettt, R. (1999) *Essentials of stochastic processes*, Springer.
3. Grimmett, G. and Stirzaker, D.(2001) *Probability and Random processes (3rd edition)*, Oxford University Press.
4. Kannan, D. (1979) *An introduction to stochastic processes*, Elsevier-North Holland.
5. Karlin S. and Taylor, H. M. (1975) *A first course in stochastic processes, (2nd edition)* Academic Press.
6. Karlin, S. and Taylor, H. M. (1981) *A second course in stochastic processes*, Academic Press.
7. Kao, E. (1997) *An introduction to stochastic processes*, Duxbury.
8. Minh, D.L.(2001) *Applied probability models*, Duxbury.
9. Ross, S. M. (2003) *Introduction to probability models (8th edition)*, Academic Press.
10. Ross, S. (1996) *Stochastic processes (2nd edition)*, Wiley series in probability and mathematical statistics, John Wiley and Sons.
11. Ross, S. (2002) *A first course in probability (6th edition)*, Macmillan.
12. Resnick, S. I. (1992) *Adventures in stochastic processes*, Birkhauser.
13. Taylor, H. M. and Karlin, S. (1984) *An introduction to stochastic modeling*, Academic Press.
14. 안윤기(1993) **확률과정 입문**, 자유아카데미
15. 이호우(1999) **대기행렬이론-확률과정론적 분석**, 시그마플러스
16. 최병선, 김철웅(2003) *Black-Scholes* **방정식입문**, 세경사
17. 이외숙(2013) **기초확률론**, 교우사

찾아보기

확률과 확률과정론 입문

지은이　이외숙
편낸이　조경희
펴낸곳　경문사
펴낸날　2018년 9월 3일 1판 1쇄
　　　　2020년 9월 1일 1판 2쇄
등　록　1979년 11월 9일 제1979-000023호

주　소　04057, 서울특별시 마포구 와우산로 174
전　화　(02)332-2004 팩스 (02)336-5193
이메일　kyungmoon@kyungmoon.com
facebook　facebook.com/kyungmoonsa

값 23,000원

ISBN 979-11-6073-173-6